作者仅以此书表达：

对慈爱善良、辛劳奉献的母亲的生育之恩的终生怀念！

对聪颖贤惠、深明大义的妻子的支持鼓励的深情感激！

《现代物理基础丛书》编委会

现代物理基础丛书 93

真空量子结构与物理基础探索

王顺金　著

科 学 出 版 社

北　京

内 容 简 介

本书是《真空结构、引力起源与暗能量问题》(简称“前书”)的“续集”。在“前书”的初步研究结果的基础上，“续集”继续深入探索物理学基础问题，包括真空量子结构、宇宙诞生与演化、引力的量子统计起源、基本粒子及其相互作用的形成、相对论和量子论的物质基础、真空凝聚体的运动学和动力学等问题。同时，对21世纪基础物理发展的前景、物理学变革的关键问题、现代物理学的原理性理论——相对论和量子论如何从更深层次的实体性理论——量子真空论中涌现出来的问题，提出了系统看法，进行了深入探讨，介绍了国内外研究动态及相关文献。“续集”包含下述新内容：普朗克子量子真空是量子相空间非对易几何不变度量算子基态本征解布满的量子点阵；暗能量是均匀分布于全宇宙空间的辐射子驻波，暗物质是被星系撕裂的、笼罩星系成团的那部分暗能量辐射子驻波云，二者都是由宇宙膨胀非平衡过程中、宇宙真空量子涨落能亏损后激发出来的宇宙辐射量子（宇宙膨胀子）组成；爱因斯坦方程是真空-宇宙复合系统耦合动力学的守恒定律的局域微分形式，左边爱因斯坦张量描述丢失量子涨落能的弯曲宇宙真空背景的引力场的负动量-能量张量，右边描述宇宙真空背景中激发出来的物质的正动量-能量张量；普朗克子真空是量子论和相对论的物质基础；基本粒子是普朗克子真空的微振幅谐振辐射波激发或定域束缚的谐振辐射驻波激发，这导致粒子能量-动量的相对论色散关系和德布罗意量子化关系。

本书适合从事理论物理、粒子物理-核物理、天体物理-宇宙学研究的学者和研究生，从事凝聚态理论和天体、引力现象凝聚态模拟的学者，从事物理学新数学探索研究的学者，以及关心物理学发展和变革的读者阅读参考。

图书在版编目（CIP）数据

真空量子结构与物理基础探索 / 王顺金著. —北京：科学出版社，2020.10

(现代物理基础丛书)

ISBN 978-7-03-066425-9

Ⅰ. ①真… Ⅱ. ①王… Ⅲ. ①真空-量子论-研究 Ⅳ. ①TB7 ②O413

中国版本图书馆 CIP 数据核字（2020）第 199943 号

责任编辑：钱 俊 陈艳峰 / 责任校对：杨 然

责任印制：吴兆东 / 封面设计：陈 敬

科 学 出 版 社 出版

北京东黄城根北街16号

邮政编码：100717

http://www.sciencep.com

北京虎彩文化传播有限公司 印刷

科学出版社发行 各地新华书店经销

*

2020年10月第 一 版 开本：720×1000 B5

2022年 1 月第三次印刷 印张：20

字数：395 000

定价：148.00 元

（如有印装质量问题，我社负责调换）

前　言

本书作者的前一本书《真空结构、引力起源与暗能量问题》(以下简称“前书”)，在国家自然科学基金理论物理专款、国家基础科学人才培养基金和四川大学物理学院资助下，于2016年3月由科学出版社出版。“前书”出版后应读者需求不断重印，于2016年10月第二次印刷，2017年1月第三次印刷，2017年10月第四次印刷。

上述良好的出版发行记录表明：读者喜爱、重视“前书”。由此，科学出版社钱俊编辑建议作者：或者修订、补充该书，出增订版；或者出版该书“续集”，充实提升“真空结构与物理基础问题”研究内容。由于“前书”出版仅一年多，尚未收集到足够的读者反馈意见，因而难以修订。正好作者手边有些尚未发表的相关笔记和资料，满足充实提升“真空结构与物理基础问题”研究内容的需求，因此我接受了出版“续集”的建议。“续集”新书定名为《真空量子结构与物理基础探索》。

出版“续集”新书的初衷是：①读者对这项研究课题的喜爱和重视，对这方面文献的期盼和需求，鼓励作者继续深入这项研究，为读者提供更多的初步结果供研讨。②作者曾在国内二十多个高等院校和研究所，宣讲“前书”的主要内容；听众虽深感兴趣，但却不知道如何下手参与研究。“续集”提供了一些具体示例，以启发、推动更多的人参加研究。③作者手边正好也有一些多年来未发表的初步结果，如能拿出来交流，既可以促进作者本人继续深入这项研究，又可以作为示例，给读者以启迪，助其进入该研究领域。总之，这本“续集”出版的目的是：在国内推动这项研究的同时，也促进作者在出版“续集”的准备过程中，把自身的研究深入下去，期盼在中国形成一个群体研究氛围，使“真空结构和物理基础”的探索研究成为一门学科，逐步成长、壮大。

本书在“前书”的初步研究结果的基础上，继续深入探索物理学基础问题，包括真空量子结构，宇宙诞生与演化，引力量子统计起源，基本粒子及其相互作用的形成，相对论和量子论的物质基础，真空凝聚体的运动学和动力学等问题。同时，对21世纪基础物理学发展的前景、物理学变革的关键问题、现代物理学的原理性理论——相对论和量子论如何从更深层次的实体性理论——量子真空论中涌现出来的问题，提出了系统看法，进行了深入探讨，介绍了国内外研究动态及相关文献。

“续集”包含了作者多年来，关于“真空结构和物理基础”研究探索中未发表的研究结果、交流报告、读书随感和思考杂记；还包含了作者在准备和写作“前书”期间，对相关问题的仔细思考、反复推敲和细心求证的思想过程。有些地方，只提出了问题，没有研究结果；对同一问题，从不同角度，经过多次反复思考，才从肤浅感知到逐步深入。“续集”包含的与“前书”密切相关的研究结果，出于谨慎，未收入“前书”；一些内容则是“前书”出版以后的研究心得笔记。为了让读者了解作者对问题由浅到深、由片面到比较全面和试错(try and error)的整个思考历程，尽可能列出了讨论问题、写出笔记的时间。

“续集”包含下述新内容：①普朗克子量子真空是量子相空间非对易几何不变度量算子基态本征解布满的量子点阵(第 5.5 节)。②暗能量是均匀分布于全宇宙空间的辐射子驻波，暗物质是被星系撕裂的、笼罩星系成团的部分暗能量辐射子驻波云，二者都是由宇宙膨胀非平衡过程中、宇宙真空量子涨落能亏损后激发出的宇宙辐射量子(宇宙膨胀子)组成(第 5.1 节(4)、(13))。③宇宙初期正、反粒子参与基本粒子形成过程的不对称性的 C-破坏和宇宙膨胀时间反演不对称性的 T 破坏相联系(第 1.1 节(15))。④爱因斯坦方程是真空–宇宙复合系统耦合动力学的能量-动量守恒定律的局域微分形式，左边爱因斯坦张量描述丢失量子涨落能的弯曲宇宙真空背景的引力场的负动量-能量张量，右边描述宇宙真空背景中激发出的物质的正动量-能量张量(第 7.3 节)。⑤普朗克子真空是量子论和相对论的物质基础：基本粒子是普朗克子真空的微振幅谐振辐射波激发或定域束缚的谐振辐射驻波激发，这导致粒子的能量和动量的相对论色散关系和德布罗意量子化关系(第 7.4 节，第 8.2 节，第 9.1 节，第 11.4 节)。⑥从宇宙的诞生、演化，揭示出真空的量子结构；从真空量子结构，理解物理世界的大统一(附录 V)。

本书包含三篇 11 章和由五篇文章组成的附录。

第一篇“真空量子结构研究涉及的物理学基础问题”包含两章：第 1 章“普朗克子真空模型与物理学基础问题”,列举了普朗克子真空模型应当解决的物理学基础问题并做了初步探讨，接着就真空问题、宇宙问题、引力问题、基本粒子和相互作用起源问题、相对论和量子论物质基础问题、真空凝聚体问题等，进行了更详细一些的讨论。第 2 章“真空背景研究与物理学进展”，是基于 2007 年以来，题为“真空背景研究与物理学进展:《基于真空背景场的物理学》探讨”的报告整理出来的文章，介绍了作者关于物理学基础问题的基本观点，研究这一问题的目的，打算深入理解的基本问题。强调应该在真空与物理系统相互耦合、相互作用中，理解物理学基本问题。

第二篇“真空量子结构研究的初步结果”也包含两章：第 3 章“真空量子结构与物理基础初探”，介绍了“前书”的主要结果，并做了比“前书”更深入透彻的物理解释，为后续研究提供一个背景。第 4 章“与自然对话——物理学基础问答”，是作者长期以来对物理基本问题思考的笔记，对一些重要而艰难、深奥的问题，进行了反复的思考，有的只获得初步看法，不少问题仍在疑难之中。“与自然对话”寓意是：作者对物理学基本问题，找不到现成答案，只好对大自然反复询问，经过询问—思考—再询问—再思考的反复过程，求得对大自然奥妙的一点点领悟。

第三篇“真空量子结构与物理基础探索笔记”，包含了下面七章的内容。

第 5 章“真空背景问题”，包含作者 2005 年以来关于宇宙真空背景研究、探讨的笔记，对这个方向的研究有开启和导引的作用。这些笔记讨论了真空背景的基本问题，如普朗克子量子真空与量子相空间非对易几何的关系、真空背景的几何属性、量子固体-流体性质，以及宇宙的部分暗能量被星系撕裂后形成笼罩星系的暗物质云的问题。得到的一些新结果和新观点，具有参考价值，值得深入研究。

第 6 章“宇宙演化问题”，基于 2006 年以来作者关于宇宙学的报告，讨论了宇宙学的一些基本问题，成为“前书”第 10 章宇宙膨胀研究的主要内容。新内容包括：进一步讨论了宇宙膨胀对基本粒子、黑洞、星系的影响，宇宙演化的黑洞特征和宇宙膨胀的流体漩涡行为。从宇宙-真空耦合动力学的观点，深入讨论了膨胀宇宙中真空量子涨落能亏损并输入到宇宙，形成辐射、粒子、全宇宙的暗能量和笼罩星云的暗物质。还列出一些未解决的宇宙学重要问题。

第 7 章“引力起源问题”，从引力的热力学入手，深入到引力的量子统计力学，对黑洞引力进行了广泛深入的探讨，对“前书”第 9 章黑洞引力研究有深刻影响。从真空-宇宙耦合动力学的观点，对爱因斯坦引力方程，特别是爱因斯坦张量，以及相对论、量子论的物质基础，提出了新的、值得深入研究的新解释。

第 8 章“基本粒子及其相互作用起源问题”，从普朗克子真空晶体辐射型激发和缺陷变形的观点，探讨基本粒子及其相互作用形成问题，讨论了定域缺陷对辐射粒子驻波的束缚和基本粒子静止质量的形成。

第 9 章“相对论和量子论物质基础问题”，从普朗克子真空晶体中超长波、超低能激发的微振幅谐振辐射波性质，论证了相对论色散关系和德布罗意量子化关系的来源；从普朗克子真空晶体缺陷激发的动力学的观点，深入探讨了狭义相对论中尺缩、钟慢、质量增长等相对论效应的物质基础。

第 10 章“真空结构与凝聚态物理问题”强调：真空量子结构和物理基础研究，急切需要凝聚态物理学家参与。介绍了文小刚的“凝聚态弦网理论”和克莱纳特的“多值场论”。这些理论观点和数学方法对真空量子结构和基本粒子形成的研究具有重要的参考价值。在 10.3 节最后的联想、评注和问题中，从真空凝聚体的观点，深入阐述了普朗克子真空晶体模型对宇宙演化、暗能量和黑洞问题的处理。

第 11 章“相关问题与杂想”，包含了一些与真空结构和物理基础探索相关的感言、对物理学统一的建议，还介绍了近年来国内外学者关于真空结构和物理基础研究的现状。

附录转载了五篇相关文章，从更广阔的视野，从宇宙学、社会学、哲学的角度，看待真空结构和物理基础研究的科学哲学和社会学意义。《物理真空介质的超流性》一文，仿效朗道论述超流的思路，论证了相对论时空背景的对称性必然导致运动粒子的超流性。《从物理学的观点看系统论和系统结构的层次性》一文，论述了物理学与系统论的深刻联系：物理学的物质结构层次性理论，正是系统论的物质结构层次性理论的物理学形式，也给社会结构演化的定量描述提供了可参考、可比拟的物理模型。《量子多体理论的某些进展》一文，介绍了作者在量子多体理论研究方面的主要结果，当前的"真空结构与物理基础"研究，正是这项研究向纵深的自然延续。《科学的交叉、融合与发展》一文，是作者多次报告的综合，从物理学各个分支融合的现状，从物理学与其他自然科学交叉的视野，从物理学与社会科学和哲学深度关联的角度，探讨了物理学的发展，它对整个科学发展和社会进步的意义。《从宇宙演化看物理学大统一》一文，从宇宙的诞生、演化，揭示出真空的量子结构；从真空量子结构，理解物理世界的大统一。

现代物理学是一片美丽、灿烂的蓝天，晴空中有浮云、彩霞。希望穿越太空窥视宇宙奥秘的物理学孩童们，抱憾不能透过浮云、彩霞和湛蓝的天空，窥视太空以外深沉而神秘的宇宙。"前书"和"续集"，不过是这些渴知自然之谜、深究科学哲理的物理学顽童们，探索宇宙之谜、自然真谛的稚语。

作者感谢四川大学物理学院对本书出版的资助，感谢龚敏教授、张红教授和理论物理中心对出版"续集"的大力支持，感谢岑理相、陶军、黎雷老师和姚绍武同学，对公式编辑的帮助。感谢科学出版社钱俊编辑对出版"续集"的建议并负责组织整个出版工作。

王顺金

四川大学物理学院　理论物理中心

2019年12月31日于蓉城

目　　录

第二篇 真空量子结构研究的初步结果

第三篇　真空量子结构与物理基础探索笔记

第一篇　真空量子结构研究涉及的物理学基础问题

本篇介绍真空量子结构研究要解决哪些物理学基础问题

第 1 章　普朗克子真空模型与物理学基础问题

1.1　普朗克子真空模型应当解决的问题

建立普朗克子真空模型，是为了更深入地理解现代物理学的微观物质基础，解答现代物理学尚未解答而又急需解答的基础问题。这些问题涉及对物理学-宇宙学重大难题的解答，关系到物理学的突破和它的进一步发展。

普朗克子真空模型应当解决的物理学基础问题，概括说来，包括：微观量子论效应、宏观相对论效应和宇观宇宙学效应的物理本质问题，以及基本粒子及其相互作用的微观物质起源问题。具体说来，就是：从真空微观量子结构，理解引力的起源，宇宙的起源和演化，基本粒子及其相互作用的起源，相对论的原理和量子论的原理的物质基础，以及这些问题与量子真空晶体凝聚态物理运动学和动力学的关系。

“前书”《真空结构、引力起源与暗能量问题》，初步讨论了下面三个问题：①电中性、球形黑洞引力的微观量子统计起源和半经典量子化近似；②宇宙膨胀导致的宇宙内的真空量子涨落能亏损和宇宙物质的起源及暗能量的起源；③基本粒子作为真空晶体的缺陷型激发的尺缩、钟慢、质量增长等相对论效应的物质基础。详细讨论见“前书”。

“前书”对上述问题的研究、讨论，是初步的，不够深入，许多问题尚未触及。下面列出一些需要深入、细致讨论的问题。

(1) 基本粒子的起源问题。中微子、光子和引力子等静止质量为零的粒子的起源，类似晶体声子和固体自旋波激发，需要在普朗克子晶体中仔细研究。对于静止质量非零的基本粒子，首先要解决最稳定的两类基本粒子——质子和电子的起源与结构问题，包括其质量、电荷、自旋等量子数的起源问题。特别要弄清楚基本粒子的内部量子数，与产生它们的真空缺陷的拓扑结构的关系。

(2) 基本粒子相互作用的起源与统一问题。基本粒子的存在导致其周围局域真空量子涨落发生变化。相互作用起源于基本粒子之间通过其局域真空量子涨落实现的能量交换吗？如果如此，基本粒子附近局域真空量子涨落的变化如何诱导出局域规范场？势能是这些被交换的量子涨落能的平均值吗？相互作用的形式与强度，如何由形成基本粒子的真空缺陷和相互作用的中介场-局域真空量子涨落场决定？如何通过局域真空量子涨落场导致的规范场，实现相互作用的统一？

(3) 真空的宏观平稳属性的起源，相对论尺钟效应与洛伦兹时空属性的物质基础。辐射粒子的相对论效应，有静质量粒子的相对效应，尺缩-钟慢和能量-动量色散关系，真的如“前书”所描述的，是普朗克子真空晶体凝聚体及其缺陷的平均效应吗？如何具体建立真空晶体的三维缺陷的静态力学和动态动力学方程？由此导出运动物体的尺缩、钟慢和质量增加等相对论效应；基于尺缩、钟慢效应，进一步通过光速不变假定和光速对钟约定，建立起平稳的普朗克子真空背景的相对论和洛伦兹时空理论。

(4) 真空微观量子涨落属性的起源，粒子运动量子化问题，量子涨落谱问题。真空普朗克子零点量子态的高斯型量子涨落导致真空有色噪声谱吗？现行量子论的白噪声谱假定是高斯型量子涨落有色噪声谱的低能近似吗？真空量子涨落的高斯谱效应，如何影响真空缺陷的形成、基本粒子及其相互作用的形成，以及如何影响基本粒子的内部量子数及其内部运动模式？

(5) 宇宙非平衡膨胀过程与生物非平衡生长过程的类比：生物环境的物质和能量注入非平衡的生物系统，在遗传基因控制下，使其按生物自身的结构和功能生长、发育；普朗克子真空环境的量子涨落能量注入非平衡膨胀的宇宙系统，按守恒定律、基本粒子规律和宇宙自身的结构规律演化。两种非平衡过程的类似性问题？

(6) 普朗克子真空中黑洞引力与爱因斯坦引力的细致关系：如何把该模型计算的黑洞的引力势与广义相对论度规细致地联系起来，给出度规的量子统计解释和度规对应的尺缩、钟慢的量子统计解释，进而揭示引力场方程中物质的能量-动量张量导致时空度规及其变化的量子统计过程。

(7) 爱因斯坦引力场方程的量子统计解释。把广义相对论弯曲时空的宏观物理问题，转化为局域时空区域的量子统计力学问题：找出广义相对论系统中时空中任意点邻域的引力场对应的局域量子统计系统的特征量(局域引力系统的空穴激发辐射子的局域温度，空穴激发辐射子能量，辐射子数目，辐射子密度)，由引力场的局域量子统计系统计算出广义相对论以度规为基础的任何物理量。这是宏观、经典引力理论的微观、量子统计力学基础问题，即经典引力场的量子统计热力学问题。“前书”只做了初步的讨论，需要进一步细致研究。

(8) 只有解决了普朗克子真空缺陷、形变，如何局域地束缚、储存辐射粒子能量而产生出基本粒子及其质量，了解了局域辐射子束缚系统附近的引力场以及其他各种相互作用规范场的产生的量子过程之后，才能理解物质的能量-动量张量产生时空度规的量子过程、基本粒子及其相互作用形成与统一的量子过程。

(9) 什么是普朗克子量子真空实体性理论提升出来的原理性理论？这个原理性理论存在吗？作为量子真空晶体的基本原理和基本方程是什么？能否找到量子真空结构理论的原理性理论及其基本原理和基本方程？实体性理论中的普遍原理只存在于它的低能极限和连续极限中吗？作为这个特殊的真空晶体的低能涌现理

论和连续极限的基本原理和基本方程是什么？如何与相对论和量子论的基本原理和基本方程衔接起来？是否存在涌现过程中的中间状态的基本原理和基本方程？即中间过渡阶段的原理和方程存在吗？是什么？

(10) 研究电中性球形黑洞引力的量子统计结构的方法、步骤可推广吗？能否揭示一般黑洞引力的微观量子结构？能否从基本粒子尺度的真空缺陷的局域量子结构，找到它周边的引力场的量子结构？能否在对引力场微观量子结构平均后，对引力的多粒子系统密度平均后，建立起联系粒子的能量-动量分布与其局域度规-引力势的引力场方程，最终通过统计平均建立起宏观爱因斯坦引力场方程？

椭球黑洞视界面上自旋 1/2 的辐射子驻波的相干叠加如何形成椭球黑洞的总自旋，椭球黑洞信息如何保存，仅仅椭球黑洞视界面上储存的辐射子自旋态信息对黑洞总信息储存足够吗？

(11) 黑洞天体尺度的缺陷与基本粒子微观尺度的缺陷的区别何在？黑洞储存辐射子(中微子)与基本粒子储存辐射子(夸克)的区别何在？基本粒子缺陷的形成和对辐射子的束缚、储存机制，与黑洞相应的物理机制有何不同？储存辐射子的基本粒子尺度的缺陷的引力场和其他相互作用场如何形成？据此可以弄清基本粒子质量的形成和相互作用的形成吗？

(12) 总之，上述讨论、研究要解决的基本问题，可概括为：①基本粒子及其相互作用的形成；②质量和惯性的形成；③狭义相对论的涌现；④量子化条件和量子论的涌现；⑤引力理论的涌现；⑥基本粒子量子场论的涌现；⑦经典和量子宇宙学的涌现。

(13) 更需要解决现代物理学-宇宙学的难题：①暗物质；②暗能量；③宇宙诞生与演化；④天体-宇宙学其他难题。

(14) 暗物质、暗能量问题。冷物质是在不同空间尺度被局域束缚的辐射粒子驻波物质：①在基本粒子空间尺度被束缚的辐射粒子，形成基本粒子冷物质；②在黑洞空间尺度被束缚的辐射粒子，形成黑洞冷物质；③在星系、星云空间尺度被束缚的辐射粒子驻波云，可能形成暗物质这种冷物质吗？问题是：这些束缚机制是如何形成的？在不同空间尺度的、处于束缚状态的辐射子驻波形成的冷物质，其引力场分布和质量分布有何不同？

按照“前书”的讨论，暗能量是束缚在整个宇宙空间尺度的辐射子驻波，其相伴随的、与普朗克子量子涨落能亏损相对应的、普朗克子真空出现负能量空穴激发。像黑洞内部普朗克子量子涨落能量减少对应的真空负能量空穴激发一样，宇宙膨胀产生的空穴辐射子诱导出的引力场指向宇宙(黑洞)视界面，表现为(指向宇宙视界面的)斥力特征。问题是：星云出现后，如何从被宇宙束缚的整体的、均匀分布的暗能量辐射粒子(宇宙子)驻波中(见“前书”第 10 章)，分离出一块块局域的、弥散并笼罩星系、星云的辐射子驻波形成的暗物质云团(同时，相应地，伴随这些暗物质云团的真空的负能空穴激发区域，也相应地形成成团连续的引力场，它与黑洞视界外部的引力场类似，表现为指向星系、星云中心的通常的引力特征)。

(15) 正反粒子不对称性问题：①反粒子与负能量空穴引力子在能量正负性和粒子物质能量分布方面有何不同？②宇宙膨胀中生成的正能量辐射宇宙子的正的总能量和负能量空穴引力子的负的总能量是对称的(其和为零)。③正能量的宇宙子是以光速运动的宇宙尺度的准静态辐射集体激发驻波量子态，而负能量的引力子是寄居于宇宙内的真空普朗克子的空穴激发集体态驻波。④宇宙极早期，正能量的宇宙辐射子以光速运动相互碰撞、撕裂真空，形成夸克-胶子等离子体(QGP)? QGP 发生量子相变，出现微观尺度的定域束缚辐射粒子而成为电子和强子？如果是这样，则形成机制本身就是不对称的：即正能量的基本粒子是由正能量的宇宙辐射粒子碰撞产生的,负能量的空穴引力子并未参与正能基本粒子的形成过程，这就造成正反粒子参与宇宙粒子形成过程的不对称性，即形成机制不对称性导致粒子产生过程的 C-破坏。这种不对称性又与宇宙暴胀-膨胀具有时间单向性的 T 破坏有关，即宇宙膨胀过程中基本粒子产生、形成机制的 C-破坏是与时间反演不对称性的 T 破坏相联系的。

(16) 真空普朗克子结构与对柏拉图宇宙学说的注释。

柏拉图宇宙学说认为：推动宇宙的力量是一种创造性的宇宙灵魂，它用五种最基本的物质形态的最微小的单元来建造世界(卡尔·雅斯贝尔斯,《大哲学家》(上)柏拉图，第 255 页)。对柏拉图观点的注释：

建造宇宙最基本的物质形态的最微小单元是普朗克子？它的最基本的五种特性和参数是：①以光速运动的辐射粒子(光速 c)；②量子驻波(普朗克常数 $\hbar$)；③引力强度 G 确定的普朗克子球半径($r_{\mathrm{p}}=10^{-33}\mathrm{cm}$)；④质量 $m_{\mathrm{p}}=10^{-5}\mathrm{g}$,⑤自旋 $s=\dfrac{\hbar}{2}$。

从普朗克子真空的正能量的辐射粒子激发，如何构造宇宙万物(正能量物质)？中微子、光子、引力子如何从辐射子产生？电子、μ子、τ子如何从辐射粒子的束缚或禁闭中产生(辐射子多体系形成问题，旋量、矢量、张量形成问题)？(单个辐射粒子定域禁闭产生轻子及其质量，定域囚禁区域的拓扑不变量对应于电荷和弱荷？其量子涨落如何产生电磁作用和弱作用？)

辐射粒子禁闭如何变成夸克？色和味是什么(与普朗克子晶体及其缺陷的拓扑结构量子数有关吗)？两个辐射粒子、三个辐射粒子禁闭、束缚如何产生强子(即介子、质子、中子、重子如何产生)？其局域禁闭区的量子涨落如何产生弱-电作用和强作用？基本粒子中的辐射粒子的局域束缚，同时导致粒子内部区域普朗克子能量亏损，产生引力？

这些问题涉及真空旋错、位错、变形与旋量、矢量、张量场形成问题，辐射粒子定域束缚或禁闭问题，基本粒子静止质量形成问题，相互作用形成问题，辐射粒子多体系统形成的结构稳定性问题及其属性生成问题。

下面更具体、详细地分类补充、讨论一些问题。

1.2　真空结构与引力问题

一般引力场的量子结构，爱因斯坦引力场方程的微观对应：在“前书”第 71 页中，类比玻尔，用半经典方法把引力场量子化。引力场这种半经典量子化的做法是否恰当？

类似于从经典哈密顿-雅可比方程到薛定谔方程,或者从哈密顿正则方程到海森伯方程那样的量子化途径，从经典爱因斯坦引力场方程得到量子引力场方程那样的量子化途径，有问题吗？经典引力场方程，是量子多粒子系统的统计平均方程,而不是单粒子方程,就像流体力学方程是多粒子系统动力学的连续极限一样。这一宏观涌现性质，使得引力场方程不能用通常量子化方案实现量子化吗？什么是正确的引力场量子化方案？

1.3　真空结构与天体-宇宙学问题

黑洞的量子引力问题：带电黑洞、旋转黑洞、带电旋转黑洞等天体的引力的微观量子统计理论问题。推广施瓦茨黑洞引力量子化的处理方法，其关键是：适当处理非球对称空间构型的视界面上的法向波截断，建立曲线坐标系中法向波截断的波动方程，讨论黑洞内部的、截断的法向波动模式的能量离散化，并计算其能量密度亏损，带电黑洞和一般黑洞的能层的微观结构，这类黑洞几个区域的温度的确定，正能辐射粒子激发和负能空穴粒子激发的量子化的描述，熵的计算，等等。

宇宙膨胀对中微子质量的影响：研究宇宙膨胀在中微子运动方程中诱导出质量项，计算其大小，讨论与中微子振荡和暗物质问题的联系。

类似黑洞引力场中温度的方向性，研究凝聚态中温度的方向性产生的条件和物理效应。

类比黑洞外部存在两种辐射子流的平衡问题，研究金属中两种自旋流的产生机制及其平衡问题。

1.4 真空结构与基本粒子问题

涉及的问题：基本粒子内部和附近的局域真空量子涨落的结构，束缚辐射粒子的区域内外的平衡机制、束缚的稳定性和量子涨落变化问题。

基本粒子从真空晶体中涌现出来，除了位错或孤子机制外，是否还有另一种可能的机制——存在随机涨落的真空晶体的相对论性安德森局域化效应？随机涨落服从高斯分布，可望解决基本粒子质量、尺度与普朗克子质量、尺度相比较的等级差问题吗？了解基本粒子所在局域区域量子涨落的性质，基本粒子与局域真空相互作用的平衡问题和稳定性问题，是理解基本粒子及其相互作用形成问题的关键。

真空普朗克子量子涨落能，由于黑洞视界面截断或宇宙膨胀两种不同效应，产生的自旋 1/2 的辐射子与中微子的区别与联系，辐射子如何转化为轻子，如何组成光子(虚光子)、引力子(虚引力子)？

(1) 辐射子直接从黑洞中释放出去，就是中微子(自旋 1/2、中性的辐射子)？

(2) 一个辐射子被定域束缚就产生轻子和弱-电相互作用？

(3) 两个邻近的辐射子(4 个态)构成自旋为 1 的复合粒子，就是光子？(2 个分量的横向极化光子物理态和 1 个分量的纵光子非物理态，1 个标量态，共 4 个态的去向、归属？)组成自旋为 0 的反对称标量复合态就是时间光子？(是又一个分量的非物理态？)时间光子(反对称二辐射子态？)和纵光子(对称二辐射子态？)这两个非物理态如何在物理上抵消？非物理态是真空中的量子涨落态(虚粒子态)？

电荷诱导的静电场如何由纵光子对称态(虚光子)生成？静电场纵光子是真空中的量子涨落场？

(4) 四个邻近的辐射子(16 个态)，先构成两个类光子态(每个类光子有 2 个态，二者共 4 个态)，二者再构成自旋为 2 的复合粒子(仍然是两分量横向极化态)，就是引力子？引力子只有两个横向分量，其他两个分量是什么？哪里去了？物理上抵消了？产生负能引力场的引力子(是被物质质量牵引束缚住的、非自由的虚粒子？)是负能空穴量子，为什么引力辐射中的引力子(非束缚的自由运动量子)是正能引力量子？

物质质量诱导、牵引的引力场是 4 辐射子空穴组成的时间-时间分量(00)的复合虚粒子态？

物理上不能实现的态有两类：坐标变换或表象变换造成的非物理态和物理上抵消的涨落虚态？

上面的讨论与下面的猜测紧密联系。关于中微子、光子、引力子关系的几个猜测：

(1) 中微子由定居于一个普朗克子的、一系列普朗克子参与的、辐射型集体激发组成，涉及真空中数量极大的普朗克子晶胞的位移，只有自旋波极化效应。

(2) 光子是定居于两个近邻的普朗克子的两个辐射型集体激发的对称复合态，与光子极化矢量涉及与波矢垂直的平面内两个点的偶极振动一致。

(3) 引力子是定居于四个邻近的普朗克子的四个辐射型集体激发的对称复合态，引力子是与波矢垂直的平面内的四极振动、涉及平面内四个点一致。

(4) 寄居真空普朗克子的辐射型集体激发粒子(辐射子激发)，普朗克子晶胞是寄主，其位置给这些集体激发量子提供了一个隐量子数。

1.5　真空结构与相对论和量子论问题

普朗克子真空晶体凝聚体缺陷或孤子的相对论：把“前书”第 11 章中的一维结果推广到三维真实情况，讨论普朗克子晶体三维缺陷或孤子的相对论效应和基本粒子的质量、结构形成问题。

1.6　真空结构与凝聚态物理问题

先研究普通凝聚态晶体中，超高频声波速度慢化的理论与实验检验；然后，研究普朗克子真空晶体中，超高能伽马射线的慢化与天文检验。

类似黑洞引力场中温度的方向性，研究凝聚态中温度的方向性产生的条件和物理效应。

类似黑洞外部存在两种辐射子流的平衡问题，研究金属中两种自旋流及其机制与平衡问题。

1.7　普朗克子真空模型与自旋网络理论的关系

用文小刚的方法和数学工具给出真空的微观量子哈密顿量，普朗克子面心立方体的哈密顿量的算子表示为

$$\hat{P}_i = \hat{F}_i$$

“连接”在普朗克子真空中的意义，“开弦”和“闭弦”在普朗克子真空中的意义，费米辐射子激发的表示，玻色子和费米子的关系，用普朗克子真空的物理量及其算符，表述面心立方晶体弦网凝聚态中的各种物理量及其算符。

第 2 章　真空背景研究与物理学进展[①]

2.1　前　　言

天体物理学与宇宙学观测和量子物理学实验进展，对宇宙真空背景场提供了新认识。下述四个基本事实，表明真空背景场的物理效应已经可以观测：①在天体物理方面，微波背景辐射的存在表明真空背景参考系可以确定；②暗能量的存在表明真空背景量子涨落变化的物理效应已进入宇宙动力学方程，导致宇宙加速膨胀，对宇观真空背景场提供了新信息，需要重新考虑相对论和宇宙学问题；③在量子物理方面，Casimir 效应表明真空背景场量子涨落的变化可以测量，对宏观物理几何约束影响微观量子涨落提供了新信息；④宏观量子纠缠表明守恒律约束下的异域真空量子涨落之间的关联导致可观测的量子态的宏观纠缠，对宏观背景对称性约束微观量子涨落提供了新信息，需要重新考虑量子物理问题。

天体物理学与宇宙学观测和量子物理学实验的上述进展表明：真空背景场的微观、宏观、宇观效应，已进入物理学的视野，成为物理学实验、观测研究的对象，可以考察它对物质粒子和宇宙的物理效应。

过去的物理学在很多方面隐去了真空背景场，或给它装饰以美丽的面纱，妨碍对它的认识，不利于物理学的发展。揭开面纱，让真空背景场显式地(而非过去那样隐式地)进入物理学研究视野，研究其物理效应，已迫在眉睫。

2.2　宇宙的和谐统一

和谐统一是时代课题，表明哲学思维的转变：从分析论哲学向整体论哲学转变。在整体论哲学指导下解决社会问题、自然科学问题，包括：

(1) 人与人之间，社会的和谐统一：中国社会的和谐统一，世界的和谐统一。

(2) 人与自然之间，人与地球的和谐统一(天人合一)：在保护地球环境前提下考察人类社会发展问题。

(3) 自然界之间，在宇宙真空环境中考察：粒子、天体、宇宙与真空之间相

---

① 本章为作者在“理论物理科研与教学研讨会”上的报告(2007 年 10 月 13 日，成都)。

互作用下的和谐统一。

量子物理学也提出了类似问题，一个重要例子体现了这点：建立动态环境影响下量子系统演化的、非马尔可夫主方程，考虑系统对环境的作用和环境对系统的反作用后。系统演化的量子主方程，描述非马尔可夫的、复杂的、双向反馈的非线性过程。

D.Gross 的深刻问题：物理学是环境科学吗？

回答：把宇宙真空背景场看作最广义的环境，则物理学是环境科学。因此，物理系统=真空背景场+物质场。

物理学的时代课题是：建立"基于真空背景场的物理学"。

关键问题：考虑真空背景与物理系统的相互作用，把真空背景场的效应纳入物理学理论。

更具体地说："基于真空背景场的物理学"必须考虑在加速膨胀的宇宙的真空背景中，在存在普通物质、量子涨落、暗物质和暗能量这些宇宙基本要素的条件下，在微观、宏观和宇观真空背景场对物质的作用和影响下，考察物理学的基本问题与规律，例如宇宙真空背景场的宇观、宏观和微观的平均属性和涨落属性，真空背景的时-空对称性和守恒定律、物质的惯性、质量、引力及相互作用的起源，离散的粒子和连续的波的基本属性，粒子间的相互作用和真空的激发模式，物质运动的基本规律等。考察中要充分注意宇宙真空背景场的基本属性：宇观、宏观和微观的属性，平均属性和涨落属性，量子涨落和量子涨落的变化，暗物质、暗能量和宇宙加速膨胀的物理效应等。

2.3　在与环境或背景的联系中理解事物

离开环境，事物就不可思议；离开真空背景，物质就不可理解。应该在与环境的统一中考察事物，在与真空背景场的联系中考察物质属性及其运动规律。

真空背景是戴面纱的美女，她有三张照片：相对论、量子论和宇宙学。其中：相对论是化了妆的美女，量子论也是化了妆的美女，宇宙学是戴面纱的美女。在考察真空平均属性和涨落属性时，必须卸妆饰、揭面纱，看相对论和量子论的物理本质。以下述类比方式理解习惯和惯性。

习惯：人与稳定、平衡的社会环境的联系。

惯性：粒子与稳定、平衡的真空背景的联系。

习惯是人与环境长期相互作用达到平衡而形成的一种稳定的联系，是人与环境之间的一种局域的、稳定的联系。习惯的特征根源于局域的小环境的特性，而局域的小环境的特性却又必须从社会大环境去理解。

惯性是粒子与真空背景场长期相互作用达到平衡而形成的一种稳定的联系，

是粒子与真空背景场之间的一种局域的、稳定的联系。惯性的特征根源于局域的真空小背景的特性，而局域的真空小背景的特性却又必须从宇宙的真空大背景去理解。

惯性运动与守恒定律：粒子与真空背景场长期相互作用达到平衡后形成的一种稳定的运动状态及其保持，表现为惯性运动。惯性运动的定量化就是质量和守恒定律。惯性运动是守恒定律的基础和体现，是运动学和动力学的基础：有了惯性，才有惯性运动和守恒定律；有了惯性运动和守恒定律，才能确定运动状态，因而才有运动学；有了运动状态和守恒定律，才能谈论运动状态和物理量的变化及其变化规律，因而才有动力学。因此有下述逻辑：惯性 $\rightarrow$ 惯性运动 $\rightarrow$ 守恒律 $\rightarrow$ 运动学 $\rightarrow$ 动力学。

惯性运动的形态取决于真空背景场的对称性，真空背景场的对称性不同，守恒定律不同，惯性运动的形态也不同：①均匀、各向同性的真空背景场，导致各个方向的匀速直线的惯性运动等价性；②弯曲的(存在引力场的)真空背景场导致粒子的测地线的曲线运动。因此，真空背景场的几何对称性导致相应的惯性和惯性运动。

惯性和惯性运动是守恒定律和运动学的基础，而守恒定律和运动学又是动力学的基础。

惯性、惯性运动、守恒定律、运动学和动力学都植根于真空背景场及其对称性。应在真空背景及其对称性中理解：惯性、惯性运动、守恒定律、运动学和动力学的起源和本质。

具体、定量的研究：真空背景场的几何和粒子质量起源等问题。

真空背景的时空几何与粒子的运动学：本质与联系。

平稳、均匀和各向同性的真空背景场对物质的尺-钟效应表现为背景的时-空的洛伦兹几何学，平稳、均匀和各向同性的真空背景场对物质的能量-动量效应表现为相对论运动学。时间-空间的统一与联系靠光速 c ，物理常数变成几何常数。光速 c 把时-空变成统一体(闵氏空间)，光速 c 把时间变成空间的第四维度，光速 c 成为几何常数。

经典粒子：四维速度 V_μ 通过质量 m 变为四维动量 $P_\mu = mV_\mu$，时空几何与运动学的联系靠质量 m 。

量子波：四维波矢 k_μ 通过作用量 $\hbar$ 变为四维动量 $P_\mu = \hbar k_\mu$ ，时空几何与运动学的联系靠真空量子涨落特征量 $\hbar$ 。$\hbar$ 把真空涨落波量子的时空尺度与运动学尺度联系起来，真空量子涨落特征量 $\hbar$ 把坐标空间-动量空间变成统一体导致量子相空间，量子涨落特征量 $\hbar$ 把波矢变成动量因而使相空间维度加倍： $\vec{p} = \hbar\vec{k}$ 。

真空量子涨落是波的涨落，量子涨落影响下的波是随机量子涨落波，$\hbar$ 是真空涨落波最小作用特征量，是对相空间量子涨落的限制与约束，真空普朗克子提供了这一最小作用量。

惯性的度量是质量，质量把时空几何变成相空间几何-运动学。质量是粒子所在区域的真空背景场的物质分布发生局域偏离后，能量积累偏离强度的度量，也是这种非均匀的局域物质分布与真空背景场相互作用并趋向平衡、力图形成新的局域的、稳定联系的强度的度量。质量的特性和大小根源于粒子所在的局域真空小背景场的特性，而局域真空小背景的特性却又必须从宇宙真空大背景去理解。

质量产生所伴随的真空背景变形必然导致引力的产生。因此，引力是物质与真空背景相互作用达到平衡后诱导出的真空背景场量子涨落特性的变化，是一种局域的、稳定的量子涨落特性的变化(量子涨落能减小)，是保持物质的稳定的局域化、产生质量的需要。引力的特征根源于局域真空小背景量子涨落减小后的分布特性，而局域真空小背景量子涨落特性的变化却又必须从宇宙真空大背景量子涨落特性的变化去理解。引力既是物质存在(局域化)时所要求的真空背景量子涨落变化的条件，又是真空背景量子涨落因物质存在而诱导出的相对于无物质的真空背景量子涨落状态的偏离(减小)效应。因此，质量和引力的存在是相互依存的同一事物的两面。

惯性、惯性运动和相对性原理的关系：相对性原理的起源。

惯性及惯性运动和相对性原理的起源，是密切相关而又十分不同的两个基本问题：惯性和惯性运动起源于粒子与真空背景场之间的平衡的、定态的联系；而相对原理则来自真空背景场对所有粒子的时空行为和运动学行为的影响的一致性、同一性，而且还涉及时空度量中的某些约定。在真空背景的闵氏时-空几何属性和惯性运动的基础上，基于真空背景场对所有粒子的时-空尺度和运动学行为影响的一致性、同一性，在建立适当的时空度量约定(光速不变假定、光速对钟约定和同时性相对性)之后，就导致物理定律用闵氏时空变换不变性表述的相对性原理。物理定律的相对性原理是用闵氏几何不变性语言表述的、由真空背景场的均匀和各向同性特征导致的对所有粒子的时空行为和运动学行为影响的一致性、同一性的物理表述。

其他重要问题：粒子之间的相互作用，势场的本性，粒子的内能和质量，动能和势能的划分。

真空背景物质分布的对称性决定真空背景时-空几何的对称性，真空背景时空几何的对称性决定了物质惯性和惯性运动的形态，惯性运动的形态又决定了运动学变量的对称性和守恒定律的形态，即运动学的形态，而运动学形态决定了动力学的形态和对称性，进一步决定了相对性原理的内容和表述相对性原理的对称群。真空背景的时-空对称性、运动学对称性和相对性原理涉及的对称性，是由真空背景物质分布产生的同一种对称性的各种表现。

2.4　相对论的客观物理成分与美学修饰成分

真空背景的宏观平均效应用相对论描述，相对论用光速不变假定对钟美化了这一效应(“化妆美女”)。看“卸妆美女”，揭示光速不变性和相对性原理的物质基础。

真空背景场的相对论时-空效应的几何化，导致闵氏几何和绝对的、完全的相对性原理以及作为物质根源的真空背景场在物理时空理论中被完全隐去。

现代量子论和宇宙学的进展暗示：真空背景场的存在和它在物理学中的基础作用，强烈要求再现本来就存在的真空背景场，研究它的微观、宏观和宇观的时空效应、运动学效应、动力学效应和相对性原理。后者的物质基础是真空背景场对一切物质粒子影响的普遍的、同一的、一致的宏观平均效应。

2.4.1　真空背景微波辐射的精确测量，使我们能确定相对于真空背景的运动，建立优越参考系并确定时空的客观的、破缺的物理对称性

优越参考系：即相对于真空背景静止的参考系。就时空变换的洛伦兹对称性导致的一切惯性系平权而言，相对于真空背景静止的参考系有特殊的时空方向，其对称性是破缺了的、客观的物理对称性，而洛伦兹对称性则包含美化的、表观的对称性成分。其美化手段是光速不变假定和光速对钟约定。

真空背景微波辐射各向异性的测量精度达10^{-5}，测得地球相对于真空背景的速度为$\upsilon = 371 \pm 1.5\text{km}$ (精确可达$1.2—1.5\text{km}$)。由此可以确定相对于真空背景静止的优越参考系。

客观真实的相对论效应：在相对于真空背景静止的参考系观测，空间各向同性，运动的尺缩、钟慢，光速为c且各向同性，是客观、真实的物理。用光速对钟建立的空间各点时钟的同时性也是客观、真实的。因此，物理上真实的相对论时空的对称性，是破缺到相对于真空背景静止的优越参考系中的对称性。

建立时空参考系：静止系的时空对称性与运动系中对称性破缺。

建立时空参考系的条件：①知道尺、钟的变化规律(尺、钟在时空平移、空间转动中的变化规律已知)；②有已知物理信号对准空间不同点的钟。

对于相对于真空背景静止的观察者，建立参考系的条件已具备：①尺、钟在时空平移、空间转动中不变；②光速在时空平移、空间转动中不变为c，可以完成对钟。

对于相对于真空背景运动的观察者，建立参考系的条件不完全具备：①尺、钟在时空平移中不变，但尺在空间转动中要变且变化数量未知；②作为矢量的光速在时空平移下不变，但在空间转动下要变，而且不知道具体数值，不能用以完

成对钟。因此对运动观察者看来，时空对称性破缺了。这是因为，运动观察者相对于真空背景参考系的运动速度确定了一个特殊方向，从而破坏了尺、钟和光速等物理量的方向对称性。

2.4.2　用物理学美学修饰手段恢复破缺的时空对称性

因为运动系相对于真空背景的运动速度确定了一个特殊方向，从而破坏了物理矢量如光速的对称性。如能够通过假定、约定，恢复光速的对称性，就可以恢复破缺了的时空对称性，把静止系中的对称性推广到任意惯性系。为此：①假定在运动参考系中，光速在时空平移、空间转动中也不变仍为 c ，因而可以完成对钟(从而恢复了光速的对称性)；②同时就恢复了运动系中破缺的时空对称性：运动系中的尺、钟在时空平移、空间转动中也不变(自然恢复了被破缺了的时空对称性)。这样，通过假定光速在不同惯性系有完全相同的性质，通过约定光速在不同惯性系是同样有效的对钟手段，就在运动系中恢复了洛伦兹对称性，使运动参考系与静止参考系具有完全相同的时空对称性，使二者处于完全平等的地位，因而取消了相对于真空背景静止的参考系的特殊优越地位，达到了用洛伦兹变换不变性表述的相对性原理。

总之，基于光速不变假定和惯性系变换不变性的相对性原理的狭义相对论，通过光速不变假定和光速对钟约定这一人文的物理学美学手段，把在运动系中破缺的物理时空对称性加以修补和恢复，达到了完全的洛伦兹变换不变性表述的相对性原理。因此，它包含客观物理成分(在优越参考系中的时空对称性成分)和表观修饰成分(在运动系中被修补后出现的美学的对称性)。光速不变假定和光速对钟约定，是作为人的物理学家采用的美学修饰手段，是科学家的人文的主观假定，它所恢复的对称性因而包含人文的美学修饰成分。这与物理学中的规范不变性原理、广义协变性原理和最大对称性原理等物理学美学原理类似，把破缺的、特殊的、现实的、客观的物理对称性，修复、提升为完美的、普遍的、尚未实现的、可能的物理对称性(《物理学前沿——问题与基础》，第 176 页)。科学的美学原理，像文学的美学原理一样，具有认识论价值，在科学发展中起了积极的作用。因为，它帮助人们把现实的、特殊的、不完全的、破缺的对称美，推广为可能的、一般的、完美的对称美，帮助人类去把握、概括和想象可能的、一般的、完美的世界和可能的自然规律。

2.4.3　相对论的客观物理成分与美学修饰成分

从相对于真空背景静止的参考系中运动的尺缩、钟慢 γ 倍，光速为 c 的物理事实出发，可以严格证明：

(1) 在运动参考系中的观察者仅涉及一个钟的测量中，双程光速、回路光速不变、仍为c。但单程光速测量需要对准不同地点的两个钟，在完成对钟以前，无法测量单程光速。在相对于真空背景静止的参考系中观测，运动参考系中的光速是变化的、与方向有关的。

(2) 在相对于真空背景静止系中，光速客观已知为c，用它对钟建立的同时性也是客观的、真实的；在运动系中光速为c是表观的，以此建立的同时性也是表观的、实际上是不同时的。

(3) 在相对于真空背景静止系中观测，运动的尺缩、钟慢γ倍，是客观的、真实的，在运动系中观测运动的尺缩、钟慢γ倍是表观的。

(4) 在相对于真空背景静止系中，运动粒子质量变大$1/\gamma$倍是客观的、真实的，在运动系中运动粒子质量变大$1/\gamma$倍是表观的。

(5) 在相对于真空背景静止系中，运动粒子的色散关系$E^2 = m_0^2c^4 + p^2c^2$是客观的、真实的，在运动系中运动粒子的色散关系$E^2 = m_0^2c^4 + p^2c^2$是表观的。

(以上的讨论略去了数学论证，只保留了结论。数学论证见《物理学前沿——问题与基础》一书。)

下面考虑具体问题。

问题 1　尺子长度收缩的相对性如何发生?

让静止系中的尺子L的两端A、B，经过以速度V_x运动的坐标系$\bar{X}$轴上的$\bar{O}$点，运动系中的观察者记录的尺子两端A、B经过的时间为$\bar{T}_A$和$\bar{T}_B$，尺子两端经过$\bar{O}$点的时间间隔为$\Delta\bar{T}$，由此计算在运动系中测量到的静止系中的尺子的长度为$\bar{L} = V_x\Delta\bar{T}$。因为运动的钟比静止的钟变慢$\gamma = \sqrt{1-\left(\frac{V_x}{c}\right)^2}$倍，所以$\Delta\bar{T} = \gamma\Delta T$，$\bar{L} = \gamma V_x\Delta T = \gamma L\left(L = V_x\Delta T\right)$。因此，由运动系观测者的读数，发现静止系中(相对于背景静止)的尺子，相对于运动系来说的相对运动(是运动系相对于背景运动而非尺子相对于背景运动)，也沿运动方向缩短γ倍。显然，这种表观的尺子收缩的相对性来自运动系的钟变慢，而运动系中观察者又不感觉自己的钟变慢了，反而根据测量读数，认为相对于自己运动的(而相对于背景是静止的)尺子缩短了。

问题 2　闵氏几何如何建立，相对性原理如何产生?

真空背景闵氏几何的不变性和物理学的相对性原理。

确定四维时空的几何：由于在真空背景场中，静止的尺缩、钟慢效应是均匀、各向同性的，光子以均匀的、各向同性的恒定速度c运动(光子的惯性运动)。由此可以用光信号，在真空背景参考系中建立不同地点客观的同时性，故可以在真空背景参考系完成时空测量，得到真空背景参考系中光子运动的几何度量为零：

$$ds^2 = c^2 dt^2 - \left(dx^2 + dy^2 + dz^2\right) = 0$$

这正是真空背景场中的尺、钟属性和光信号传播属性的时空几何化，在这个相对于真空背景静止的参考系中，运动的尺缩、钟慢效应是客观的。如果假定：在任意惯性系中，光速仍是恒定的、均匀的和各向同性的等于 c，并约定以光速不变假定对钟建立同时性，则静止系中的时空度量操作可以推广到任意惯性系，上述在静止中测量得到的光传播的度量形式，在任意惯性系中测量也成立并具有相同的形式，只不过要用该惯性系的时空坐标表示出来。在矢量的几何中，把真空背景系和任意惯性系中光传播的相同度量表达式联系起来的变换是洛伦兹变换；而光传播的度量形式相同，表示它的度量形式在洛伦兹变换下不变，即表示四维空间度量 ds^2 的洛伦兹不变性和光子运动属性的相对性不变原理。在任意惯性系中，作为度量坐标的尺和作为度量时间的钟，作为四维时空度量的四个分量，自然也由洛伦兹变换与真空背景坐标系的相应的坐标尺和坐标钟联系起来，因而发生尺缩、钟慢效应。

由于真空背景场对于有质量粒子惯性运动的影响，与对光子惯性运动的影响类似，故得到非零质量粒子(由于速度小于光速)对应的非零不变几何度量为(对光速运动的光子则为零质量对应的零不变几何度量)，

$$ds^2 = c^2 dt^2 - \left(dx^2 + dy^2 + dz^2\right) \neq 0$$

同样，在任意惯性系中，由于时空的测量工具和被测对象变化规律相同、度量过程一样，在光速不变假定和光速对钟约定下建立同时性后，上述度量也具有洛伦兹变换不变性(即光速不变性和有质粒子惯性运动不变性)。

零质量光子和有质量粒子的上述度量不变性一起，导致一般情况下，运动粒子四维空间度量 ds^2 的洛伦兹不变性和粒子运动的相对性原理。

总之，上述度量的不变性要求光速 c 是四维闵氏几何不变量，而光速不变假定(和对钟约定)把时间与空间统一起来，度量不变性又隐含真空背景对所有运动物质时空属性影响的普遍性、一致性和同一性，两者一起导致时空几何是闵氏四维时空几何。这就把上述相对于真空背景场静止的尺、钟属性和粒子惯性运动属性，推广到由时空线性变换联系起来的任意惯性参考系，使得粒子惯性运动及其度量在任意惯性参考系中都具有像真空背景参考系中具有的空间均匀和各向同性的属性和相应的度量形式。反过来，假定光速是任何惯性系中的几何不变常数(因而仍可用它对钟)，认定时空度量在任意惯性参考系中不变，隐含时空度量工具和测量对象变化规律的同一性。这一光速不变性假定和对钟约定加上度量形式相同认定，就确定该时空是闵氏空间，其属性由度量的 Poincare 不变性确定：在任意闵氏空间参考系中 $ds^2 = c^2 dt^2 - \left(dx^2 + dy^2 + dz^2\right)$ 不变(空间几何属性由空间变换群

的不变性确定——这是 Klein 的爱尔朗根纲领(Erlangen Programme)所表述的)。

结论：在静止参考系中，尺钟属性和光速恒定是真实的，同时性也是真实的。在任意惯性参考系中，尺钟属性和光速恒定属性是基于对静止系性质推广的假定：假定光速 c 是在任何惯性系中不变的几何常数并可用于对钟建立同时性。上述假定和时空测量工具和测量对象变化规律的同一性，导致同时性的相对性、闵氏空间的不变性和物理学的狭义相对性原理。因此，光速不变假定和对钟约定具有主观人文美学修饰成分，而度量不变性包含真空背景对一切物质时空属性影响的普适性和同一性这一客观物理。

因此，闵氏几何的不变性和物理学相对性原理包含有客观真实物理成分和主观美学修饰成分。

2.4.4 真空背景的隐去和绝对的相对性原理

真空背景场的隐去和时空效应的相对性原理：在光速不变假定和光信号对钟约定下，真空背景场的时空(尺钟)效应就可以用闵氏几何来表示和概括，不同坐标系中光子和有质量粒子的运动的几何学度量就具有相同的形式，因而不同坐标系就具有平等的地位(相对性原理)，不同坐标系之间用保持闵氏度量不变的庞加莱变换联系起来，而光速以联系空间坐标和时间坐标的普适几何常数的形式出现，真空背景场参考系的特殊性和相对于真空背景场的运动就从闵氏几何中消失了，只剩下没有真空背景场物质基础的、纯闵氏几何的相对论尺钟效应和运动学效应，即完全隐去真空背景场的存在及其物理效应，达到尺、钟行为的纯时空几何描述和用闵氏几何坐标变换表述的完全的、没有物质基础的、不能追溯物理原因的纯几何的相对性原理。

包括真空背景场物理(尺钟)效应的时空理论，揭示了相对论时空效应的物质基础——尺钟行为和时空几何的物质基础(真空背景场)，这种时空几何的客观物理成分和美学约定成分，物理真实和美学修饰。时空几何的完全对称性(相对性)是由光速不变假定对钟和同时性相对性产生，其中包含客观物理成分和美学修饰成分。真空背景场(优越参考系)的引进使时空的完全对称性破缺，真空背景场参考系处于特殊地位，从完全平等的参考系中突现出来成为优越参考系：光速在其中是均匀的、各向同性的，其中运动的尺缩、钟慢等物理效应是真实的。光速不变假定和光速对钟约定使破缺的时空对称性得以恢复，使四维时空纳入闵氏几何描述，其对称性导致用洛伦兹变换表述的完全的相对性原理，其代价是隐去了四维时空几何的物质基础(真空背景场)，使四维物理时空变成没有物质基础的纯几何，产生出由光速不变假定和光速对钟约定导致的同时性以及尺缩和钟慢的完全的相对性等表观现象。

包括真空背景场物理效应的时空理论，在传统的相对论时空理论中补充了一句话：相对论的尺、钟行为和时空几何的物理基础是真空背景场的尺、钟物理效应，完全的闵氏几何和相对性原理来自光速不变假定和光速对钟约定，它隐去了使时空完全对称性破缺的真空背景场，由此带来同时性的相对性和闵氏几何的对称性表述的完全、绝对的相对性原理。

真空背景场的隐去和运动学效应的相对性原理：真空背景场中的用尺、钟度量得到的粒子时-空坐标，与粒子动量空间四维能量-动量之间，是闵氏空间中同一类用粒子质量联系起来的几何对象，有着密切的矢量对应关系和不变量对应关系。从这个意义上说，真空背景时空的几何性质决定了其中运动的粒子的运动学性质：真空背景场对粒子的时间周期性和空间广延性的影响，和它对运动的粒子的四维动量的影响是它的同一个属性、同一种影响的两种表现——时空几何表现和运动学表现。

粒子的时-空四维坐标和运动学四维能量-动量，都是四维几何量——矢量，它们的分量在四维闵氏几何的坐标系变换下是完全相对的，它们客观的几何-物理属性包含在其变换性质和不变量之中。由于真空背景场对粒子属性的影响完全被四维闵氏几何属性、其变换性质和不变量所体现，由于四维闵氏几何的参考系在坐标变换下是完全相对的和平等的，真空背景场就可以从物理学时空理论和运动学中隐去。真空背景场通过相对论时空几何和运动学几何，来体现它对相互作用的粒子系统的动力学的影响，这就导致四维闵氏时-空几何中微分矢量形式的动量-能量守恒定律。不同真空背景场有不同对称性的时空理论，导致不同的运动学和动力学，这是因为不同真空背景场对粒子系统的影响，是通过不同真空背景场的时空几何和运动学来施加影响的，因而有下述逻辑公式：不同真空背景场 → 不同真空背景场对称性决定的时空几何 → 不同的时间、空间度量 → 不同的运动学(能量-动量色散关系) → 不同的守恒定律形式 → 不同的动力学。

把真空背景场的运动学效应用相对论色散关系来表示和概括后，就可以在运动学、动力学和守恒定律中完全隐去真空背景场的存在及其物理效应，达到运动学、动力学和守恒定律的完全的相对性原理，即没有真空背景场、没有物质基础的、不能追溯物质原因的、由闵氏空间几何对称性表述的完全的相对性原理。

包括真空背景场物理效应的运动学和动力学理论，揭示出运动学色散关系和相对论守恒定律的物质基础，这种色散关系和守恒定律形式中的物理成分和约定成分，它所包含的物理真实和表观现象，来自对钟约定和同时性相对性产生的完全的闵氏几何对称性中的修饰成分和破缺到真空背景优越参考系后的、剩余的、真实的物理对称性成分。真空背景场的引进，使表观的、美学的、完全的对称性破缺成真实的、物理的、不完全的对称性，从完全平等的洛伦兹坐标系中突现出相对于真空背景场静止的优越坐标系，并发掘出真空背景场的物理效应，以及破缺后的、剩余的、真实的物理对称性成分。

包括真空背景场物理效应的运动学和动力学理论，在传统的相对论运动学和动力学理论中补充了一句话：相对论的运动学和动力学的物质基础是真空背景场及其运动学效应，完全的相对性原理来自光速不变假定和光速对钟约定产生的同时性相对性和由此而来的表观的闵氏几何的完全对称性和洛伦兹变换表述的完全的相对性原理。真空背景场时空的真实的对称性及其物理效应，是在相对于真空背景场静止的坐标系中观测到的、破缺了的、剩余对称性及其尺钟效应和运动学效应。

2.5 宏观量子纠缠与守恒律约束下的真空量子涨落

宏观量子纠缠的非定域性问题：宏观量子纠缠是守恒律约束下的真空量子涨落产生的宏观量子关联。研究量子纠缠的两个阶段(Zeilinger, Zoll, Cirac)：

(1) 微观量子涨落和微观量子纠缠；

(2) 真空背景量子涨落的关联与宏观量子纠缠。

在真空背景对称性导致的守恒律约束下，粒子周围的局域的真空背景的量子涨落，随着两个粒子的分离运动，形成空间上宏观分离的、非定域的两个局域的真空背景的量子涨落的关联——由守恒律约束产生的两个分离的局域的量子涨落的关联，成为宏观量子纠缠的物质基础。这要求宏观量子纠缠出现的真空背景具有绝对零度的温标。

2.5.1 量子纠缠

量子纠缠是量子力学的本质特征之一。它来自量子力学波函数的非定域性导致的、多体系统中各粒子的量子运动状态之间的非定域关联，成为量子信息(量子运动状态)在空间传递的资源。

量子运动的根源在于真空背景量子涨落对粒子运动的影响。量子涨落是真空连续介质在微观时空尺度上发生的波动的随机涨落，波的非定域性自然导致量子涨落波的非定域性。因此，在微观尺度，有如下因果关系和逻辑关系：

微观量子涨落波的非定域性 → 微观量子运动波函数的非定域性 → 微观量子关联和纠缠的非定域性

因此，微观量子纠缠的非定域性和微观量子态的非定域性，均与微观量子涨落波的非定域性相联系，这是不成问题的。

但是，微观量子涨落如何导致宏观非定域性量子纠缠，却是一个不清楚的问题。这涉及真空背景除量子涨落之外的其他性质。

2.5.2　微观粒子在真空涨落背景中的量子运动与量子纠缠

用量子涨落的时间过程追踪解释量子纠缠的形成：微观粒子在具有宏观对称性(守恒律)的真空量子涨落背景中的量子运动，由于与真空量子涨落背景交换能量-动量，其运动也是涨落的，其守恒量在量子涨落时间周期内遭到破坏，但对量子涨落时间平均之后，粒子与背景之间却又没有能量、动量交换，粒子的与其特征量子数相对应的物理量，在对量子涨落平均后是守恒的。

两粒子系统若具有某些守恒量子数，每个粒子由于与真空背景交换能量、动量，其运动是涨落的、不确定的，但两个粒子中的每一个，所经受的量子涨落运动之间又必须是关联的，才能确保系统总的量子数所对应的物理量平均守恒。两个粒子中每一个的量子涨落运动之间的关联，表现为量子纠缠。多体系统中每个粒子所感受的量子涨落的关联，是在量子涨落过程中发生的，因而在时空中是可以追踪描述的；但对量子涨落过程平均之后，却表现为超时空的、超过程的、神秘的多体系统的量子态的纠缠与关联。

当存在着量子涨落关联的两个粒子彼此分离时，由于每个粒子的运动速度不能超过光速，而真空量子涨落波以光速传播，随着粒子彼此之间的分离，粒子所伴随的局域真空量子涨落之间的关联，必须、也可以通过不断地、逐步地调整而一直保持下去，才能确保系统的总量子数对应的物理量平均守恒而不因两粒子的分离运动而破坏。当这种由某种守恒律维持的量子涨落的关联，保持到两粒子分离达到宏观距离时，就出现宏观尺度上的、看不到时间过程的、非定域的量子纠缠。

模型一：以自旋为 1/2 的两个粒子的自旋单态(s=0)为例。真空量子涨落导致两个粒子在量子涨落影响下的非定态涨落运动，考虑自旋单态关联后为(可从代数动力学模型解得，见《物理学前沿——问题与基础》，第 14 章)：

粒子 1 自旋的非定态运动：$\chi_+(1,\tau)=\sin 2\pi\tau/T\left|1\uparrow\right\rangle+\cos 2\pi\tau/T\left|1\downarrow\right\rangle$

粒子 2 自旋的非定态运动：$\chi_-(2,\tau)=\cos 2\pi\tau/T\left|2\uparrow\right\rangle+\sin 2\pi\tau/T\left|2\downarrow\right\rangle$

τ是在能追踪量子涨落过程的次微观尺度上的时间，T是量子涨落的平均周期。因为量子涨落的次微观时空尺度与通常的时空尺度可能不同，故我们用τ表示量子涨落过程中的时间。两个粒子在量子涨落影响下的非定态涨落运动的关联，由体现总角动量守恒的上述自旋涨落结构函数 $\chi_+(1)$ 和 $\chi_-(2)$ 的关联来描述。在真空量子涨落影响下，具有自旋涨落关联的系统的非定态为

$$\Psi_{s=0}(12,\tau)=\chi_+(1,\tau)\chi_-(2,\tau)$$

上述波函数表明：在涨落的时间尺度下，系统总波函数是两个粒子波函数的乘积，系统总的波函数并不反对称化；但两个粒子的(费米子)统计关联通过涨落

波函数的特性相位来实现。系统的波函数的反对称化来自粒子坐标的交换必须伴随涨落的四分之一周期(这是粒子空间移动与涨落时间周期之间的关联)：

$$\Psi_{s=0}\left(2,1,\tau+\frac{T}{4}\right)=-\chi_{+}(1,\tau)\chi_{-}(2,\tau)=-\Psi_{s=0}(1,2,\tau)$$

因为粒子坐标的交换，要通过粒子在空间的物理位置移动来实现，上述过程表明：对费米子，粒子在空间移动半圈必须伴随涨落完成四分之一周期的运动，这样才能使空间移动和涨落运动各自产生的相位均为$\pi/2$，使两粒子系统的波函数产生一个总相位因子$e^{i\pi}=-1$。因此，粒子在空间移动一圈和涨落完成二分之一周期的关联运动产生的相位均应为π。结论：粒子在空间移动一周时，自旋为 1/2 的粒子的自旋涨落仅完成半个周期 $T/2$。这可能与自旋涨落空间的拓扑有关：普朗克子的$\frac{\hbar}{2}$自旋，来自产生自旋的辐射驻波必须绕球面两圈，实现对球面的双重覆盖，这与 SU(2)群是 SO(3)群的覆盖群一致。(见《真空结构、引力起源与暗能量问题》第 8 章)。这也与用几何相位的观点考察费米子的统计性得出的结论一致：费米子在空间移动一圈时，其波函数的相位变化应为π，给出相位因子$e^{i\pi}=-1$。但是，这里把这一属性赋予了自旋为 1/2 的费米子附近的真空的量子涨落：自旋为 1/2 的粒子在存在量子涨落的空间中移动一圈时，其圈内的量子涨落仅完成半个周期。当把真空量子涨落次微观时间自由度平均掉以后，费米子附近的真空量子涨落的这一属性就遗传给了费米子本身，以费米子在空间移动一圈时，其自旋波函数会出现几何相位π的形式出现。因此，费米子在空间移动一圈产生的几何相位，是其中的真空量子涨落的物理效应。这表明，真空量子涨落的随机性，使该涨落对应的时空的几何是随机几何，应当用统计的方法加以描述(或者量子相空间非对易几何描述。见 5.5 节)。同时表明，量子涨落的随机性严格遵从量子涨落平均下的守恒定律，是守恒定律(这里是自旋守恒)控制下的随机性，正是这种守恒定律控制下的量子涨落导致量子涨落的严格关联，产生量子纠缠。正是真空量子涨落的次微观时空属性，产生了粒子在普通空间的几何相位和相应的粒子的统计法则。

上述量子涨落时空中的非定态对量子涨落次微观时间平均后，导致系统在普通时空中的定态，

$$\bar{\Psi}_{s=0}(12)=\frac{1}{2}\left(\left|1\downarrow\right\rangle\left|2\uparrow\right\rangle-\left|1\uparrow\right\rangle\left|2\downarrow\right\rangle\right)$$

上述平均导致定态概率丢失(1/2)，其恢复需要正确处理相干波振幅(概率幅)在空间的重新分布(类似于光学相干波能量在空间的重新分布)，以保持概率(能量)守恒。应注意：这里在空间不同点的两列粒子波的相干，是发生在量子涨落次微

观时间中的相干(在空间同一区域的两列粒子波的相干，也可以是发生在量子涨落次微观空间中的相干)。发生在宏观尺度的量子纠缠只能来自量子涨落的次微观时间相干，而发生在微观尺度的量子纠缠则可以来自量子涨落的次微观时间相干和次微观空间相干(二者是一致的)。

模型二：高速运动的玻色子对的纠缠。考虑静止的 π^0 衰变成两个反向运动的右旋光子：

$$\pi^0 \to \gamma_{\mathrm{r}}(\vec{k}) + \gamma_{\mathrm{r}}(-\vec{k})$$

上面两个纠缠光子的时间有关的波函数如下：

右旋光子沿 $\vec{k}$ 运动：　$\gamma_{\mathrm{r}}(1,\vec{k},\tau) = \left[\cos\Omega\tau\vec{e}_x(1) + \sin\Omega\tau\vec{e}_y(1)\right]$

右旋光子沿 $-\vec{k}$ 运动：　$\gamma_{\mathrm{r}}(2,-\vec{k},\tau) = \left[-\cos\Omega\tau\vec{e}_{-x}(2) + \sin\Omega\tau\vec{e}_{-y}(2)\right]$

两光子系统：　$\Psi_{s=0}(1,2,\tau) = \gamma_{\mathrm{r}}(1,\vec{k}\tau)\gamma_{\mathrm{r}}(2,-\vec{k}\tau)$

x-y 平面垂直于波矢 $\vec{k}$ (动量)方向，其 (x, y) 坐标选择是任意的。(e_x, e_y) 是 x-y 极化平面内的单位矢量。两个粒子在量子涨落影响下的非定态涨落运动的关联，由体现总角动量守恒的上述圆偏振涨落结构的波函数 $\gamma_{\mathrm{r}}(1)$ 和 $\gamma_{\mathrm{r}}(2)$ 的关联来描述。上述波函数表明：在涨落的次微观时间尺度下，系统总波函数是两个粒子波函数的乘积，系统总的波函数并不对称化；但两个玻色粒子的玻色统计关联，是通过其附近的真空量子涨落来实现的。系统的波函数的对称化来自粒子坐标的交换必须在涨落的二分之一周期完成。两个光子的交换包括坐标、动量和极化矢量的交换 (这相应于粒子在空间移动半圈)[$(1,\vec{k},x,y) \to (2,-\vec{k},-x,-y)$]，与涨落完成半个周期一起发生，二者均产生相位 π ，给出系统总相位因子 $\mathrm{e}^{\mathrm{i}2\pi} = 1$，故有

$$\Psi_{s=0}(2,1,\tau+T/2) = \gamma_{\mathrm{r}}(2,-\vec{k},\tau+T/2)\gamma_{\mathrm{r}}(1,\vec{k},\tau+T/2) = \Psi_{s=0}(1,2,\tau)$$

因此，对玻色子光子，粒子在空间移动一周时，自旋为 1 的粒子附近的真空量子涨落完成一个周期。这与用几何相位的观点考察玻色子统计性得出的结论一致：玻色子在空间移动一圈时，其相位变化应为 2π ，给出相位因子 $\mathrm{e}^{\mathrm{i}2\pi} = 1$ 。但是，这里把这一属性赋予了自旋为 1 的粒子附近的真空的量子涨落：自旋为 1 的粒子在存在量子涨落的空间中移动一圈时，其量子涨落完成一个周期。这可能与矢量涨落空间的拓扑有关: 辐射驻波绕普朗克子球面一周即可产生 $1\hbar$ 自旋。见《真空结构、引力起源与暗能量问题》第 8 章。当把真空量子涨落次微观时间自由度平均掉以后，玻色子真空量子涨落的这一属性就遗传给了玻色子本身，以玻色子在空间移动一圈时，其波函数会出现几何相位 2π 的形式。因此，玻色子在空间移动一圈产生的几何相位，是其中局域真空的量子涨落的物理效应。

上述量子涨落次微观时空中的非定态，对量子涨落次微观时间平均后，导致系统在普通时空中的定态：

$$\bar{\Psi}_{s=0}(12) = \frac{1}{2}\left[-\vec{e}_x(1)\vec{e}_{-x}(2) + \vec{e}_y(1)\vec{e}_{-y}(2)\right] = -\frac{1}{2}[\mathrm{L}(1)\mathrm{R}(2) + \mathrm{R}(1)\mathrm{L}(2)]$$

对两个光子坐标的交换 $(1,x,y) \to (2,-x,-y)$ 或左(右)旋波 L(R) 交换仍是对称的。上述平均导致定态概率丢失(1/2)，其恢复需要正确处理相干波振幅(概率幅)在空间的重新分布(类似于光的相干波的能量在空间的重新分布)，以保持概率(能量)守恒。

2.5.3 量子涨落的关联性与量子纠缠

量子纠缠的本质是通过量子涨落实现的、靠守恒律维持的量子关联。平稳真空背景的对称性和由此而来的守恒定律，导致对真空量子涨落的约束，这是平均属性与涨落属性二者的内在联系的体现，也是**统计物理学确定各种统计分布函数的基本原理：特定的随机统计分布是特定的对称性或守恒律约束下的分布**。因此，**任何随机性都是在某种对称性和守恒律控制下的随机性，没有绝对的随机性**(白噪声也具有波矢或频率分布的时空平移对称性)。在平稳真空背景的对称性和由此而来的守恒定律约束下的真空量子涨落，导致量子涨落在微观和宏观尺度上的关联性，并表现为多粒子系统中各个粒子量子态之间在微观和宏观尺度上的关联与纠缠。多体系统中各个粒子量子态之间在微观和宏观尺度上的关联与纠缠的维持，是靠真空量子涨落的关联性来实现的，这是整个系统的守恒定律对各个粒子的量子态的约束。只有对称性和守恒定律约束下的量子关联和纠缠，才是物理上可实现的。失去了对称性和守恒定律约束的量子涨落，就不能建立起在微观和宏观尺度上量子涨落的关联性，更不会造成多体系统中各个粒子量子态之间在微观和宏观尺度上的关联与纠缠。与守恒定律的成立要求的条件一样，量子纠缠的维持要求系统的整体性、自持性和与守恒定律相联系的对称性；这些条件的破坏，直接导致守恒定律的破坏，紧接着导致量子涨落关联性和量子纠缠的破坏和丧失。量子纠缠是系统整体守恒定律对系统各部分量子态的约束的结果，发生纠缠的各部分必须丧失个体的守恒定律才能以纠缠的方式维持整体的守恒定律。因此发生纠缠的粒子必须失去某些守恒量子数。每个粒子所有量子数都守恒的多体系统(独立粒子系统)是不可能发生纠缠的。统计法则要求的全同粒子系统具有波函数的完全(反)对称性，会造成全同性关联与纠缠，这是产生统计法则的深层次的量子涨落和相互作用造成的。失去某些守恒量子数的粒子通过真空涨落而交换该量子数所代表的物理量，从而维持该物理量的整体守恒。因此，纠缠是某种运动在守恒定律约束下，通过真空量子涨落而实现的该种运动物理量在粒子之间交换的表现。

量子纠缠的宏观非定域性是靠粒子分离运动造成的量子涨落的宏观关联来实现的，而量子涨落的这种宏观关联是守恒定律约束的结果。总量子数守恒的系统中粒子的分离运动，造成真空量子涨落的非定域性关联和量子态纠缠的宏观非定域性。

两个粒子的量子态之间的量子纠缠，来自每个粒子所在处的局域真空量子涨落之间的关联。因此，粒子之间的量子态纠缠的非定域性，来自粒子各自的局域真空量子涨落关联的非定域性。真空量子涨落关联的宏观非定域性，即宏观分离的空间两点的真空的量子涨落的关联是如何建立起来的？首先，多粒子系统每个粒子与其周围的局域真空的量子涨落必须建立起关联，才能保持多粒子系统的总量子数守恒。当两个粒子在微观的空间区域建立起一个具有某些(真空对称性所允许的)守恒量子数的系统时，就与该二粒子系统所在区域的真空的量子涨落建立起关联，使得每个粒子附近的局域真空的量子涨落能协调一致以保持该二体系统的总量子数守恒。当这两个粒子分离时，这一与粒子系统相关联的微观真空涨落就随着粒子的分离，分成两个分别追随每个粒子的相互关联的局域真空量子涨落，这两个局域真空量子涨落既与各自所拥载的粒子建立起关联，又同时通过系统总的守恒量子数的约束而彼此之间建立起关联。因此，具有总体守恒量子数的两粒子系统，随着粒子的分离运动，就使追随每个粒子的两个局域真空量子涨落之间建立起关联。具有总体守恒量子数的两粒子系统，随着两个粒子的分离运动，通过追随它们的两个局域真空量子涨落之间的非定域关联，造成它们的量子态之间的宏观非定域关联和纠缠，以保障系统总的量子数守恒。

2.5.4　物理结论

从上述观点应得出有用的物理结论，既要与现有理论协调，又要与现有实验符合。同时，从上述观点还应得出新的物理结论，可以用实验检验。

基于量子纠缠要通过守恒定律约束下的真空量子涨落关联来实现，量子纠缠态只有当具有真空对称性确定的守恒量子数时，其纠缠才能靠真空量子涨落的关联来维持。只有对称性和守恒定律约束下的量子关联和纠缠，才是物理上可实现的。(平稳真空的对称性及其允许的守恒量，有时是显然的，有时是隐蔽的、需要发掘的。)

为了避免量子态衰变导致的量子纠缠的破坏，稳定的量子纠缠态应当是系统的基态。

凡是影响真空量子涨落的物理因素(如破坏真空对称性和守恒定律的物理条件和因素)，也会影响量子纠缠的维持。如 Casimir 效应、腔场效应等，都会改变局域真空量子涨落的性质。

宇宙空间 2.7K 背景微波辐射，给电磁系统量子纠缠的维持造成宇宙性干扰。

2.6　宇宙暴胀、膨胀与因果定律(宇宙膨胀的随动因果性)

2.6.1　膨胀宇宙中的因果性:从宇宙学因果性疑难想到的

因果性概念。各种因果性：守恒定律确定的守恒量因果性，动力学方程确定的状态演化因果性，原因与结果关联确定的一般因果性，现实事物的因果性和历史遗迹的因果性，考古学中的因果性与宇宙学中的因果性。

膨胀宇宙(图 2-1)中的因果性有：膨胀宇宙的真空背景中的守恒定律确定的守恒量因果性，膨胀宇宙的真空背景中的动力学方程确定的宇宙状态演化因果性，膨胀宇宙的真空背景中宇宙现象的原因与结果关联确定的因果性。宇宙的真空背景是运动学和动力学的物质基础，自然也是因果性的物质基础。

问题：如何保证宇宙膨胀不破坏宇宙学中的历史因果性？如何把静态宇宙的真空背景中的因果性推广到动态膨胀宇宙的真空背景中的因果性？

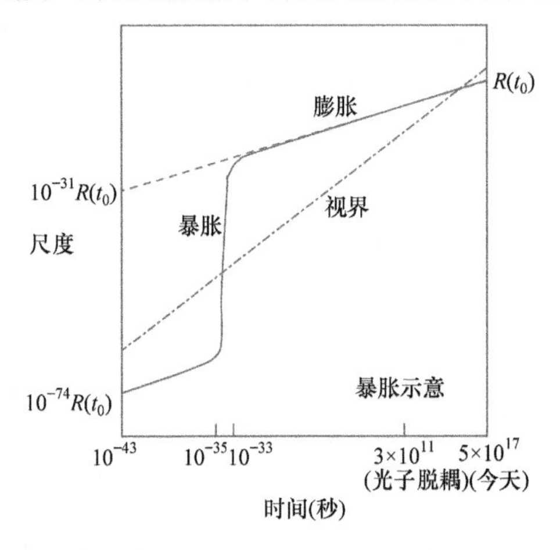

图 2-1　宇宙暴胀示意图

2.6.2　宇宙的真空背景的对称性、几何属性与物理系统的守恒定律、运动学、动力学和因果性的相互关系

稳定宇宙的(宏观平直、宇观不平直)真空背景的时空几何，导致动量-能量($\vec{P}$-E)守恒、惯性运动和运动学，进一步决定系统的动力学微分方程的具体形式。而动力学方程又确定系统状态的决定论性的时间演化，构成动力学因果性的物理基础和具体物理内容。这就是宇宙的真空背景的时空几何属性、对称性、物理系统的守恒定律、运动学、动力学和因果性的相互关系。物理学的动力学因果性是最科学、最精确的因果性，它基于守恒定律和动力学方程。

膨胀宇宙的真空背景的时空几何中有没有对称性和相应的守恒定律，有没有可以确定物理系统运动状态的守恒的运动学变量，从而可以建立运动学(守恒量的存在是建立运动学的前提与基础)和动力学，是讨论膨胀宇宙因果性的关键。

膨胀宇宙的真空背景的时空几何具有空间均匀性(膨胀宇宙中时空的空间平移不变性)、空间各向同性(膨胀宇宙的时空的空间转动不变性)，则上述两种不变性导致 de Sitter 常曲率时空。膨胀宇宙背景时空以 de Sitter 几何对称性决定惯性运动和动力学方程，并满足膨胀宇宙的时空几何中的相对性原理(即对膨胀宇宙的时空坐标系的 Beltrami 变换的协变性)。因而，膨胀宇宙的 de Sitter 时空中既有现实的因果性，又能使历史上(过去演化)的因果关系在膨胀过程中得以保持(参看本书第 6.1 节，对陆启铿、郭汉英的引文)。

上述论点，是理解宇宙学中保持因果关系的膨胀和暴胀的基础。

1. de Sitter 宇宙学

假定：

(1) 宇宙真空背景的几何完全由宇宙曲率 k 和宇宙常数 Λ 决定。

(2) 宇宙真空背景的几何动力学服从爱因斯坦引力场方程。

宇宙中天体物质的引力效应主要作用是导致宇宙真空背景的局域弯曲，而宇宙真空背景的整体几何主要由真空背景的暗能量决定，故作为初级近似，在宇宙真空背景的整体几何动力学方程中，可设

$$\rho=0,\quad p=0,\quad k\neq 0,\quad \Lambda\neq 0$$

按照上述假定，宇宙真空背景的整体几何动力学方程为

$$R_{\mu\nu}-\frac{1}{2}g_{\mu\nu}R=-\Lambda g_{\mu\nu}$$

考虑宇宙学原理及其广义相对论表示的 Robertson-Walker(RW)度规

$$\mathrm{d}s^2=\mathrm{d}t^2-R^2(t)\left\{\frac{\mathrm{d}r^2}{1-kr^2}+r^2\mathrm{d}\theta^2+r^2\sin^2\theta\mathrm{d}\varphi^2\right\}$$

在宇宙介质为理想流体的假定下，得到标准宇宙学模型两个独立的方程，弗里德曼(Friedman)方程：

$$\ddot{R}=-\frac{4\pi G}{3}(\rho+3p)+\frac{\Lambda}{3}R$$

$$\dot{R}^2+k=\frac{8\pi G}{3}\rho R^2+\frac{\Lambda}{3}R^2=\frac{8\pi G}{3}\rho_{\mathrm{eff}}R^2$$

$$H^2=\left(\frac{\dot{R}}{R}\right)^2=\frac{8\pi G}{3}\rho_{\mathrm{eff}}-\frac{k}{R^2},\quad \rho_{\mathrm{eff}}=\rho+\frac{\Lambda}{8\pi G}$$

$$\rho_c - \rho_{eff} = -\frac{3k}{8\pi GR^2}, \quad \rho_c = \frac{3H^2}{8\pi G}: \quad R \to \infty, \rho_{eff} \to \rho_c$$

第一式描述宇宙加速膨胀：由物质、辐射和宇宙常数决定；第二式描述宇宙膨胀：由物质、辐射、宇宙常数和空间几何曲率决定。

无物质时得到 de Sitter 宇宙学方程：

加速膨胀：$\ddot{R} = \frac{\Lambda}{3}R$

膨胀：　　$\dot{R}^2 + k = \frac{\Lambda}{3}R^2$ (其微分：$2\dot{R}\ddot{R} = \frac{2\Lambda}{3}\dot{R}R$，两式自洽)

其解为

$$R(t) = R_0 e^{\lambda(t-t_0)} + \frac{3k}{4\Lambda R_0} e^{-\lambda(t-t_0)}, \quad \lambda = \sqrt{\frac{\Lambda}{3}}$$

加速膨胀-暴胀完全由 Λ 决定；膨胀由 k 和 Λ 二者决定。

剩下的问题：计算 Λ 和阐明真空相变。

RW 度规如何描述宇宙学原理和宇宙对称性：

(1) 空间坐标原点的任意性体现出空间均匀性(Beltrami 度规)。

(2) 空间球对称度规体现出空间各向同性。

(3) 由于 Robertson-Walker 度规形式与时间原点选择无关，这就把宇宙学原理回推到以前任何时刻：用 RW 度规描述的宇宙在任何时刻都是空间均匀、各向同性的。

(4) 随动坐标系：该坐标系所用的量尺是随动收缩的，量钟是随动变慢的。因此，随动质点的时间和空间坐标的测量值不变。尺子客观膨胀用空间尺度因子 $R(t)$ 描述，时钟的相应变化也可由此计算。

(5) 同时性用设于坐标原点的随动的宇宙时钟，按光速不变假定与宇宙空间其他各点的时钟对准。膨胀宇宙中的光速是用随动的时钟和量尺测定的表观不变的。(实际光速有宇宙膨胀产生的附加值？)

(6) 可由光信号联系的空间各点，在膨胀过程中还能用在膨胀宇宙的真空背景中转播的随动光信号联系？膨胀不破坏在膨胀宇宙的真空背景中建立起的随动的因果性关联？

(7) Robertson-Walker 度规通过 de Sitter 宇宙学可以提供暴胀机制，但不能解决真空相变问题，即膨胀和暴胀的转变问题。

2. 膨胀宇宙的真空背景中的基本物理学

在静态平稳宇宙的真空背景中考察的基本物理学问题(时空属性、运动学、守恒定律、动力学因果关系)，都应该放在膨胀宇宙的真空背景中加以考察。例如考察：膨胀宇宙的真空背景的时空属性、运动学、对称性、守恒律、动力学因果关系，膨胀宇宙的真空背景中的暗能量，膨胀宇宙的真空背景中的暗物质。具体一些，应研究：基于 de Sitter 时空的相对论，QED，QCD，宇宙膨胀与 CP 和 T 破坏，精细结构常数 $\alpha(t)$ 和物理常数 h,e,m 随时间的变化等。

真空背景效应：相对论尺钟效应是宏观平均的时空效应，膨胀与暴胀是宇观的宇宙学效应，涨落是微观量子效应。

考虑了宇宙学效应和量子效应的物理学：膨胀宇宙的平稳(准静态)真空背景中的相对论，膨胀宇宙的量子涨落真空背景中的量子论，膨胀宇宙的量子涨落真空背景中的粒子物理学，膨胀宇宙中真空量子涨落随时空变化的引力理论，膨胀宇宙的真空背景中的天体物理学与宇宙学。

2.7　物理学面临又一次重大变革

物理学面临重大变革。上面几节讨论的物理学基本问题的彻底解决，需要突破现有物理学的理论框架。与此相呼应，基本物理常数与基本理论的对应，预示着物理学缺乏另一种基本理论：

(1) 光速 c 对应相对论：导致宏观时空观的变革。

(2) 普朗克常数 h 对应量子论：导致运动学的变革，基本物理常数的完备性要求另一基本物理常数和另一基本理论。

(3) 基本长度(质量) $l(m_0)$ 对应“量子真空论”？导致动力学的变革:出现物理系统-真空环境的耦合动力学？

动力学变革涉及普遍物质与系统的普适相互作用：这个普遍物质只能是真空背景场，这个普适相互作用只能是真空背景场与粒子的普适的相互作用。

把真空背景场与粒子的普适相互作用纳入物理学基本理论、基本定律，考虑了真空背景场的影响之后，建立物理学基本定律。物理学基本理论已经和将要发生的根本性变革预计如下。

真空背景场对粒子宏观时空的影响：真空背景场的量子涨落平均效应，产生相对论时空的尺缩、钟慢效应和粒子的惯性运动，导致宏观时空观的变革(相对论，已发生)。

真空背景场对粒子运动学的影响：真空背景场的微观量子涨落效应，产生微观量子运动学效应，导致微观运动学的变革(量子论，已发生)。

真空背景场对粒子动力学的影响：真空背景场的量子涨落变化的效应，产生真空背景场对粒子的动力学的影响，导致引力的量子统计理论和微观动力学的变革(粒子-真空耦合动力学，正在和将要发生)。

真空背景场在宇宙尺度对粒子动力学的影响：真空背景场的量子涨落由于宇宙膨胀而发生的宇宙尺度的变化，产生暗能量和真空空穴激发及其对宇宙演化的影响，导致宇宙演化动力学的变革(真空-宇宙耦合动力学，正发生，还将继续)。

基于暗能量、暗物质的宇宙观测事实，预示着宇观时空理论的变革，量子论的进一步发展要求微观时空理论的变革(将发生)。

物理学变革涉及的物理学基本问题有：

(1) 惯性、惯性运动、质量、引力与真空背景场的关系。

(2) 真空背景场的微观性质、宏观性质和宇观性质：宏观时空与微观时空，平稳时空与涨落时空，平稳宇宙的真空背景和膨胀宇宙的真空背景。

(3) 关于物理学基本理论在动力学方面的变革。物理学基本理论已经历时空观(相对论)和运动学(量子论)的变革，前者把宏观平稳真空背景的尺、钟效应和粒子质量增长效应，后者把微观量子涨落真空背景的运动学效应纳入了现代物理学基本理论。与膨胀宇宙中真空量子涨落能变化相关的暗能量、暗物质、反引力效应属于真空背景的宇观动力学效应，是当前物理学基本理论应当考虑的核心的、基本的问题。

物理学基本理论在动力学方面的变革，在于把真空背景场及其动力学影响纳入物理学的基本动力学方程，建立起包括真空背景对物理系统双向影响的、物理系统-真空环境的耦合动力学。因此，物理世界的基本要素，除了物质场(夸克场和轻子场)和规范场外，还应包括真空背景场：物理系统=真空背景场+物质场。标准模型，用物质场(夸克场和轻子场)和规范场的零点涨落来描述量子真空背景场，忽视了真空背景场的普遍性和独立存在。实际上，物质场和规范场的零点涨落仅仅是真空背景场涨落的一种成分，而后者要广泛普遍得多。质量和引力场的起源，强烈暗示真空背景场的独立存在。宇宙常数Λ不为零的爱因斯坦方程正是包含了物质场(包括暗能量、暗物质的动量-能量张量)和真空背景场(**以度规表示的爱因斯坦张量是真空量子涨落亏损后的真空引力背景场的负动量-能量张量**)二者的经典耦合动力学方程，而只包含宇宙常数Λ项、没有其他物质场的爱因斯坦方程，说明真空背景场可以脱离粒子、辐射等物质场而独立存在。

如何描述真空背景场，如何把它纳入物理学基本动力学方程？它的零点量子涨落与普通物质场的零点涨落的关系如何？真空背景场一旦激发，就变成物质场和规范场。因此，真空背景场的作用在于它的零点涨落及其与物质场的相互作用，在于它诱导出粒子的质量、引力场和其他基本相互作用。

我们面临的任务是对真空背景场的完全描述，它的各种可能的激发模式、零点涨落模式，激发模式与零点涨落模式之间的耦合，由此诱导出的各种物理场的质量、相互作用荷和其他内禀量子数，以及物理场之间的相互作用。

2.8　关于真空背景场理论

宏观真空背景场的理论：宏观平稳真空背景场理论，相对论表述平稳真空背景的尺钟效应和时空对称性及其运动学(已有)。

关于微观真空背景场的理论：真空背景微观量子涨落理论，已有白噪声量子论的运动学-动力学理论。还没有有色噪声量子论的运动学-动力学理论。

关于天体的真空背景场的理论：天体尺度真空背景场平均理论——广义相对论与天体物理(已有)。

关于膨胀宇宙的真空背景场的理论：是宇宙学原理确定的包含宇宙常数的 de Sitter 时空吗?

宇宙真空背景量子涨落变化的引力效应：宇宙常数 Λ-暗能量是膨胀宇宙中真空量子涨落能变化(亏损)引起的辐射子能量?

暗物质的真空量子涨落变化起源：是来自一部分暗能量因银河系、星云而撕裂，然后形成笼罩星系、星云而成团的暗物质云吗?

关于普朗克尺度量子真空背景和黑洞真空背景的理论(没有)。

超强引力场的真空背景场理论：黑洞的经典理论(已有，完善吗？)。

量子引力效应？黑洞的完整量子理论？极早期的量子宇宙理论?

第二篇　真空量子结构研究的初步结果

本篇介绍基于普朗克子真空模型获得的初步研究结果

第 3 章　真空量子结构与物理基础初探①

物理学的物质基础即宇宙万物的母体是量子真空。量子真空是由普朗克子量子球组成的晶体，普朗克子量子球是具有零点随机涨落的量子态。宇宙与普朗克子真空组成耦合动力学系统，宇宙万物来自普朗克子量子真空的激发，物质能量来自真空量子涨落亏损的能量。

物理系统即基本粒子和宇宙万物是由真空辐射型激发和缺陷型激发构成。

物理系统与普朗克子真空之间频繁交换能量，形成系统-真空耦合动力学。

从系统-真空耦合动力学观点，即：①从作为真空缺陷的基本粒子与真空相互作用的观点，理解基本粒子的形成和相互作用的起源；②从天体尺度的真空缺陷导致真空量子涨落能减小的观点，理解黑洞引力的起源；从物质引起真空量子涨落能变化的观点理解一般引力的起源；③从宇宙物质与真空背景交换能量的观点，理解宇宙的形成和演化，宇宙物质和能量的来源，正能粒子和负能引力的形成；④从宇宙膨胀导致真空普朗克子量子涨落能亏损的观点理解暗能量的起源。

总之，从普朗克子真空凝聚体及其激发的观点，理解量子论、相对论、基本粒子物理学和宇宙学等物理学基本理论。

3.1　中国的科技创新与物理学的变革

中国社会和经济正在进入一个新常态(不同质的、更高级的新阶段)。

社会经济新常态要靠创新来实现。创新，首先是科技创新，是实现社会经济新常态的动力。因此，社会各界对科技创新寄予了厚望。

物理学是科技的根基之一。物理学创新是科技创新的基础。

物理学的创新，特别是好奇心驱动的创新，在科技创新中占有极其重要的地位。物理学发展的历史表明：物理学基础理论的创新，是物理学创新和变革的先导和灵魂。考察当前物理学创新发展中，将要发生的变革是什么，是一件具有重大意义的事情。

① 本章综合了作者 2013 年以来的多次报告，介绍《真空结构、引力起源与暗能量问题》一书的主要内容。

3.2 当代物理学处于变革前夜

实现变革的关键是真空量子结构研究，理由如下：

(1) 表现为“乌云”或“曙光”的科学难题预示着物理学需要变革。

天体物理学、宇宙学难题：黑洞、暗物质、暗能量等问题。

基本粒子物理学难题：发散问题、粒子起源问题，惯性与质量起源问题和相互作用起源等问题。

现有物理学理论不能回答上述难题，因而成为严峻挑战。

(2) 基本物理常数与基本物理学理论的对应预示着物理学缺失一个理论。

物理学的 CGS 单位对应三个基本物理常数、三个基本理论和三次物理学变革：

光速 c	对应于	相对论	时空观变革	已有
普朗克常数 $\hbar$	对应于	量子论	运动学变革	已有
基本长度 l_{p}	对应于	真空论	动力学变革 (真空-系统耦合动力学)	缺失

(3) 爱因斯坦的伟大示范预示着基础物理学突破和发展的方向。

他对物理学最伟大的贡献都是来自对物理真空或物理背景的普遍性质和原理的研究。

20 世纪爱因斯坦在三个领域(相对论、量子论和统计物理学)对物理背景(真空和环境)的研究做出了伟大的贡献：

相对论是关于真空背景平稳性质的研究。

量子论是关于真空背景涨落性质的研究。

布朗运动是关于原子分子背景涨落性质的研究。

21 世纪基础物理学的突破很可能也在这三个方面进行，理由是：

(1) 这三个方面未研究透，还留下重大研究课题。

(2) 物理学基本困难都来自这些未研究透的问题。

本书提出普朗克子密集堆积的真空量子结构模型。基于这个模型，对三个天体物理学和物理学基本问题开展了初步研究：

(1) 黑洞的微观结构及其引力的微观量子统计起源。

(2) 膨胀宇宙中真空量子涨落能亏损与暗能量的起源。

(3) 基本粒子作为真空晶体缺陷的相对论效应：运动的尺缩、钟慢和质量-能量增加效应。

三项研究所得结果，或者与天文观测符合，或者与现有理论一致。

(4) 基于上述研究结果对物理学发展的前景提出了系统看法。

关于物理学发展前景的“奇谈怪论”和“另类想法”，可以归纳为四条：

(1) 当代物理学面临突破。

(2) 突破点在于对真空微观量子结构的研究。

(3) 突破后出现的新理论是与相对论、量子论三角鼎立的、深一层次的、实体性的量子真空论。

(4) 突破需要粒子物理学-核物理学、天体物理学-宇宙学、凝聚态物理学和数学学者们的共同努力。

上述看法的根据是：基于普朗克子真空微观结构模型，对天体物理学和物理学的三个基本问题的下述初步研究的结果。

3.3　物理学、天体物理学基础研究的初步结果(一个模型和三项结果)

3.3.1　真空的微观量子结构模型-真空的普朗克子量子球晶体模型

真空中即使没有原子、分子，但还有物质。在温度平均场近似和半经典近似下，真空由极小的普朗克子量子球密集堆积而成，叫普朗克子晶体，也可以称为量子以太。辐射量子和基本粒子是它的超低能、超长波集体激发，与声子、位错是晶格的低能、长波集体激发类似。说基本粒子由普朗克子组成，就像说声子由晶格组成一样有些模糊、不准确。实际上，声子是固体中大量晶格点阵粒子的集体相干运动和激发，而基本粒子则是普朗克子真空凝聚体中大量普朗克子的集体相干运动和激发。宇宙万物都是真空凝聚体的低能集体激发，真空大于宇宙，真空是宇宙万物之母。具体说来，真空的微观结构如下。

1) 真空的组成基元或晶胞——普朗克子

普朗克子是组成真空凝聚体的基元或晶胞。它是由标量辐射量子驻波绕成的小球，其基本参数如下：

波长	频率	能量	质量	自旋	球半径
$\lambda_P = 4\pi r_P$	$\omega_P = \dfrac{c}{2r_P}$	$e_P = \hbar\omega_P = \dfrac{\hbar c}{2r_P}$	$m_P = \dfrac{\hbar}{2cr_P}$	$s_P = \hbar/2$	$r_P = \left(\dfrac{G\hbar}{c^3}\right)^{1/2}$

在平均场近似和半经典近似下，可以把它看作绕半径为 $r_{\mathrm{P}} \approx 10^{-33}\mathrm{cm}$ 的球面两圈的辐射量子驻波球。有三种考虑可引进普朗克子。最直观的物理考虑是，假定普朗克子是半径为 $r_{\mathrm{P}} = 2Gm_{\mathrm{P}}/c^2$ 的最小量子黑洞，由波长 $\lambda_{\mathrm{P}} = 4\pi r_{\mathrm{P}}$ (绕球面两圈)的辐射量子驻波组成的半经典量子驻波球。由此可推得上述能量、质量和自旋。

在真空零点量子涨落的谐振波近似下，普朗克子的完全的量子力学描述是：球对称谐振子的基态零点涨落波函数是平均半径为 $r_{\mathrm{P}} \approx 10^{-33}\mathrm{cm}$ 的球对称的高斯波函数。

2) 普朗克子密集堆积的真空

假定：真空是普朗克子量子球密集堆积而成的晶体。

只有两种球体密集堆积结构：三层周期结构 *ABC*(面心立方晶体)和两层周期结构 *AB*(六边形密集晶体)，如图 3-1 所示。

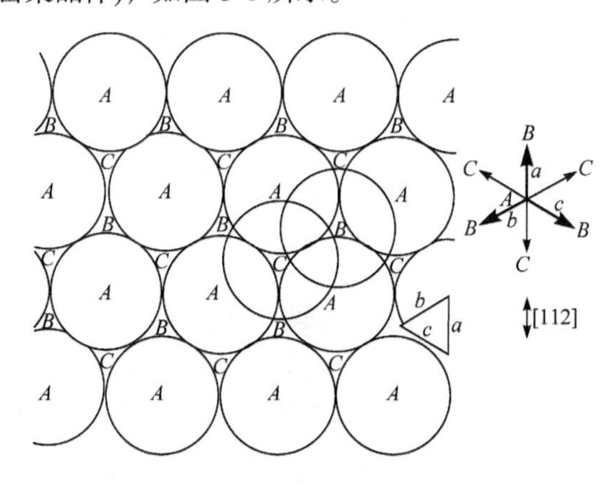

图 3-1 *ABC* 和 *AB* 型密集堆积结构

A、*B*、*C* 是球体层可以安放的三种位置。真空应力强度为

弹性系数：$k \approx \dfrac{\varepsilon_{\mathrm{P}}}{r_{\mathrm{P}}^2} \approx \dfrac{10^{19}\mathrm{GeV}}{10^{-66}\mathrm{cm}^2} \approx 10^{82}\mathrm{erg/cm}^2$

横波速度：$c_{\mathrm{v}}^2 = \dfrac{\mu_{\mathrm{v}}}{\rho_{\mathrm{v}}/c^2} = \dfrac{\mu_{\mathrm{v}}c^2}{\rho_{\mathrm{v}}} = c^2$

横向应力系数：$\mu_{\mathrm{v}} = \rho_{\mathrm{v}}$

纵向应力系数：$k_{\mathrm{v}} = -v_{\mathrm{P}}\dfrac{\partial \rho_{\mathrm{v}}}{\partial v_{\mathrm{P}}} = \dfrac{4}{3}\rho_{\mathrm{v}} = \dfrac{4}{3}\mu_{\mathrm{v}}$

$\rho_{\mathrm{v}} \sim \dfrac{C}{(v_{\mathrm{P}})^{4/3}}$ 是普朗克真空能量密度，$v_{\mathrm{P}} = \dfrac{4\pi}{3}r_{\mathrm{P}}^3$ 是普朗克子体积，C 是常数。

3) 普朗克子包含了现代物理学基本定律的要素或基因

真空的组成基元是存在着量子涨落的普朗克子量子球(球对称高斯型量子波包)。它体现出量子论、相对论以及表征广义相对论引力强度的基本长度；普朗克子是以光速运动的辐射子驻波球，以光速运动的辐射子体现相对论；普朗克子是按德布罗意关系量子化的辐射驻波量子，这体现出相对论和量子论、波动性和粒子性、连续性与离散性的结合；普朗克子辐射驻波量子球是最小的量子微观黑洞，其平均半径由引力强度确定，这包含了引力理论的基因。简言之，普朗克子量子球是以光速运动的辐射子驻波(相对论)，按德布罗意关系量子化(量子论)，是最小的量子微黑洞(引力理论)，它把相对论、量子论和引力理论的基因结合了起来，把波动性(球面驻波)和粒子性(球体)、连续性(波性)和离散性(量子性)结合了起来；它把相对论、量子论和引力理论的遗传基因，把波动性和粒子性、平均场决定论(普朗克子的平均性质)和量子涨落随机性(普朗克子高斯波包的量子涨落性质)的遗传基因，注入到真空母体的细胞之中。问题是这些遗传基因如何使相对论、量子论和引力理论的基本定律，粒子性和波动性，决定论和随机性，在量子真空极端多体系统中以超长波、超低能集体激发的形式涌现出来。

3.3.2 引力的微观量子统计起源

基于真空普朗克子晶体结构模型，把黑洞看作天体尺度的普朗克子真空中的缺陷(黑洞视界面截断导致的缺陷奇异性)，研究黑洞内部真空球面波截断导致的卡西米尔效应，对电中性球形施瓦茨黑洞引力的微观量子统计起源研究的主要结果如下。

在温度平均场近似和半经典近似下，普朗克子量子球是半径为$r_{\mathrm{P}}=\sqrt{Gh/c^3}$、质量为$m_{\mathrm{P}}=\sqrt{c\hbar/G}/2$、能量为$\varepsilon_{\mathrm{P}}=\sqrt{c^5\hbar/G}/2$、自旋为1/2的、定域于半径为$r_{\mathrm{P}}$的球内、以光速运动的、波长为$\lambda_{\mathrm{P}}=4\pi r_{\mathrm{P}}$的辐射子驻波量子小球，简称普朗克子。真空介质是普朗克子量子球密集堆积而成的晶体或量子液晶(普朗克子量子涨落导致的柔性晶体)。有静止质量的基本粒子是基本粒子尺度的真空缺陷，黑洞是天体尺度的真空缺陷，定域于缺陷之中的辐射驻波量子的动质量，产生出基本粒子和黑洞的静止质量。

施瓦茨黑洞是天体尺度的真空缺陷，其视界面的奇异性导致对黑洞球内真空径向波动模式的切断，造成黑洞球内真空径向波动模式能谱离散，内部真空量子涨落零点能相对于外部真空量子涨落零点能减少，使黑洞内部的真空普朗克子球量子涨落零点能量出现亏损，产生负能量空穴激发和相应的负引力势，相对于平直真空的量子涨落零点能形成负的能量密度差和温度-压强差。

引力是真空量子涨落零点能量密度较小和相应的等效温度较小的区域，感受到的、量子涨落能量密度较大和相应的等效温度较大区域，指向较小区域的、沿能量密度和等效温度减小方向的热压强效应。普朗克子球的量子涨落能量减小的部分，转化为一对自旋为 1/2 的费米子型的辐射子驻波空穴激发。辐射子空穴的波长为 $\lambda_{\mathrm{H}}=4\pi r_{\mathrm{H}}$、量子能为 $-e_{\mathrm{H}}=-c\hbar/2r_{\mathrm{H}}$（$r_{\mathrm{H}}$ 为黑洞半径）；辐射子是大量普朗克子的相干集体激发(大量普朗克子极微小的位移谐振组成的相干波激发)，是截面为普朗克子球截面、波长绕黑洞视界球面大圆两周自旋为 $\hbar/2$ 的天体尺度的超弦。

辐射子能量代表引力量子多体系统激发量子能量的平均值，它和温度的关系服从温度格林函数的费米子周期律 $\beta e_{\mathrm{H}}=e_{\mathrm{H}}/k_{\mathrm{B}}T=\pi$，由此得到正确的霍金-安鲁公式。

黑洞内、外区域的负引力势来自该区域普朗克子量子涨落能减小出现的负能空穴，减小的空穴能量迁移到黑洞视界面，形成一个厚度为普朗克子直径的普朗克子量子球层，以保持黑洞形成过程的能量守恒。

黑洞视界层的奇怪吸引子特性，来自其中以光速切向运动的辐射子感受到的引力温度和离心力温度(球面运动的辐射量子多体系统的温度)、引力加速度和离心力加速度(球面运动辐射量子的离心加速度)的数值相等、方向相反所达到的平衡,使进入黑洞视界球面的辐射量子被囚禁于其中造成径向波动模式的截断效应。

黑洞从外部吸积的物质进入厚度为普朗克子直径的视界层后，就转化为以光速运动的大量的自旋为 1/2 的辐射量子，视界层内的每个普朗克子寄居一个能量为 $e_{\mathrm{H}}=c\hbar/2r_{\mathrm{H}}$、波长为 $\lambda_{\mathrm{H}}=4\pi r_{\mathrm{H}}$、自旋为 1/2 的辐射量子，视界面的真空层中的普朗克子球所寄居的、数目极大(等于黑洞视界层内的普朗克子数)的辐射子，组成黑洞引力的量子多体系统，这些天体尺度的费米型辐射量子超弦，在黑洞视界面上织成密集的自旋网络结构,根据量子统计力学计算出了正确的黑洞视界温度、质量和熵。

黑洞内部引力势是径向坐标 R 的线性函数 $\phi(R)=-\dfrac{c^2}{r_{\mathrm{H}}}R$，在 $R=0$ 的原点不发散，与通常黑洞理论认为的内部引力势 $\phi(R)=-\dfrac{2GM}{R}=-\dfrac{r_{\mathrm{H}}c^2}{R}$ 相左。发现黑洞内部引力势和外部引力势，存在类似于超弦理论中的 T 对偶：在内部径向坐标 R 和外部径向坐标 r 的 T 对偶变换 $R=\dfrac{r_{\mathrm{H}}^2}{r}$ 下，黑洞内部引力势变成外部引力势：$\phi(R)=-\dfrac{c^2}{r_{\mathrm{H}}}R\rightarrow-\dfrac{2GM}{r}=\phi(r)$。黑洞内、外引力加速度均指向视界面，使黑洞视界面具有奇怪吸引子特征。

黑洞视界面外部的辐射子具有两种非平衡效应：热力学温度非平衡和力学加

速度非平衡，导致两种方向相反的辐射子流(向外离心流和向内引力流)实现的局域的能量动态平衡。

发现宇宙加速膨胀在黑洞引力势方程中诱导出极小的质量项，导致引力势径向 Yukawa 型的衰减。

讨论了一般引力系统的量子统计力学结构，提出确定一般引力场的量子多体系统的组元-辐射量子的能量、自旋、粒子数密度和系统的量子统计温度的方案。

3.3.3　膨胀宇宙中真空量子涨落能亏损与暗能量

1) 基本假定

真空由普朗克子量子球密集堆积而成(真空的普朗克子密集堆积模型) (新的假定)。

宇宙状态服从宇宙学原理：宇宙在大尺度是均匀、各向同性的(普遍认同的假定)。

宇宙演化服从 Einstein-Friedmann 方程，宇宙物质包括辐射、冷物质、暗物质、暗能量(普遍认同的假定)(空间平直 $k=0$ 假定可以取消)。

宇宙诞生于普朗克子真空中一个普朗克子的爆炸，宇宙演化的初始条件是普朗克时期的时、空尺度与能量密度：

$$t_0=\tau_{\mathrm{P}}=10^{-43}\mathrm{s}\,,\quad R(t_0)=r_{\mathrm{P}}=10^{-33}\mathrm{cm}\,,\quad \rho(t_0)=\rho_{\mathrm{vac}}$$

这是新的假定，相当于量子宇宙学的宇宙初始条件的半经典近似。该假定基于真空的普朗克子密集堆积模型：宇宙演化只能从真空的最小单元——普朗克子开始，但其量子初始条件用了普朗克子量子球的半经典近似，类似于重离子碰撞中用半经典高斯波包描述核子。

宇宙演化分三个阶段进行(普遍认同的假定)。

辐射演化：$\tau_{\mathrm{P}}=10^{-43}\mathrm{s}\to\tau_{\mathrm{inf}}=10^{-35}\mathrm{s}$

暴胀演化：$\tau_{\mathrm{inf}}\to t_{\mathrm{inf}}=10^{-33}\mathrm{s}$

暴胀结束到现在的演化：$t_{\mathrm{inf}}\to T_0=10^{18}\mathrm{s}$

上述基本假定把广义相对论(第 2 和 3 条)与量子论(第 1 和 4 条)结合起来，并纳入了宇宙暴胀论(第 5 条)。第 1、4 条是量子论半经典近似，第 5 条暴胀演化用了常用的量子相变时标。量子初始条件是基于真空的普朗克子密集堆积模型的合理推论：宇宙诞生于真空中一个普朗克子的爆炸(但用了真空普朗克子量子结构的半经典近似)。

2) 基本方程：动力学方程与物态方程

动力学方程：爱因斯坦-弗里德曼方程，包括膨胀方程：$\left(\frac{\dot{R}}{R}\right)^2=\frac{8\pi G}{3c^2}\rho=\Lambda=\lambda^2$， $\lambda=\sqrt{\frac{8\pi G\rho}{3c^2}}$

加速方程：$\frac{\ddot{R}}{R}=\frac{4\pi G}{3c^2}(\rho+3p)$

3) 基于普朗克子真空模型和上述假定与方程

研究膨胀宇宙的演化的主要结果如下：基于真空的普朗克子量子球密集堆积模型，真空量子涨落能密度就是普朗克子量子球能量密度 $\rho_{\text{vac}}=\rho_{\text{P}}$。由普朗克子真空模型和宇宙演化初始条件，认证了宇宙诞生于普朗克子真空中一个普朗克子的爆炸，从而求解宇宙动力学方程，得到现今宇宙能量密度 $\rho(T_0)$ 与宇宙年龄 T_0 或宇宙尺度 R_0 之间的关系。这是宇宙演化服从爱因斯坦-弗里德曼方程并满足普朗克子量子初始条件的自然结果。因为现今暗能量密度占宇宙能量密度的73%，因此从 $\rho(T_0)$ 也算得了暗能量密度，得到的暗能量密度 $\rho_{\text{de}}=0.73\rho(T_0)$ 与真空量子涨落能密度 ρ_{vac} 之比为 $\rho_{\text{de}}/\rho_{\text{vac}}\sim10^{-122}$，与天文数据一致。

解释了暗能量与真空量子涨落能的区别和联系：把暗能量量子的能量解释为真空量子涨落无规运动能量(即普朗克子能量)在宇宙膨胀的非平衡条件下，数量极少的减小部分转化出来的宇宙膨胀子(cosmons)的规则运动能量 $e_{\text{cosmons}}=\varepsilon_{\text{P}}\left(\frac{r_{\text{P}}}{R_0}\right)^2=10^{-122}\varepsilon_{\text{P}}$，而不是真空量子涨落(普朗克子)能量 ε_{P} 本身。

计算了暴胀期($\tau_{\inf}=10^{-35}\text{s}$)的宇宙能量密度与真空量子涨落能密度之比为：$\frac{\rho(\tau_{\inf})}{\rho_{\text{vac}}}=\frac{3}{4}\left[\frac{t_{\text{P}}}{(\tau_{\inf}-t_{\text{P}})}\right]^2=10^{-16}$，对应的大统一理论(GUT)相变温度为：$E_{\text{c}}=10^{15}\text{GeV}$，与GUT理论一致。

计算了膨胀宇宙中所有真空普朗克量子涨落无规能量减小部分，激发出来的宇宙膨胀子 e_{cosmons} 的总能量，贡献给宇宙的总质量为 10^{22} 个太阳质量，与天文数据一致；计算了微波背景辐射温度为0.1K，与天文观测值接近。

比较了把宇宙看作黑洞时其视界面的空间截断导致的普朗克子无规运动能量减少量(辐射子能量)为 $e_{\text{H}}=\varepsilon_{\text{P}}\left(\frac{r_{\text{P}}}{R_0}\right)$ 和宇宙时间膨胀导致的普朗克子无规运动能量减小量(宇宙膨胀子能量)为 $e_{\text{cosmons}}\sim\varepsilon_{\text{P}}\left(\frac{r_{\text{P}}}{R_0}\right)^2$ 的物理效应的异同：前者是宇宙作为超级黑洞的平衡态空间卡西米尔引力效应，后者是宇宙膨胀的非平衡态时间全息引力效应，二者量级不同，但是都产生负引力势和指向视界面的径向引力加速度。在宇宙中的观测者看来，其引力加速度均表现为指向宇宙视界的斥力，与指向星云中心的通常吸引力不同。

讨论了宇宙膨胀子 e_{cosmons} 诱导的引力加速度和引力势，计算了今天它们的加速度和速度的数值，论证了宇宙膨胀子驻波的分布是均匀的、准静止的，因而是暗能量的量子。

论证了真空量子涨落能亏损导致真空负能空穴激发，必然产生出相应的负引力势，其引力加速度指向引力势减小的方向(对黑洞和宇宙而言，指向视界面)。

论证了这个宇宙模型中，宇宙真空量子涨落零点能减小对应的负的引力能量和宇宙真空激发出的物质的正的能量，二者绝对值相等、符号相反，其和为零，保持宇宙-真空系统能量守恒。

论证了这个宇宙模型的初始边界解的单向不稳定性(倾向膨胀)和无穷远渐进边界解的单向不稳定性(倾向收缩)。因此，爱因斯坦-弗里德曼宇宙动力学演化是一个不断膨胀—收缩—再膨胀—再收缩的反复的循环过程。

发现爱因斯坦-弗里德曼宇宙演化动力学方程导致宇宙能量密度的时间演化具有标度律：

演化期：　Planck 期 t_{P}　　暴胀期 t_{inf}　　现在 T_0

能量密度：$\rho_{\text{vac}}=\rho_{\text{vac}}/\left(t_{\text{P}}/t_{\text{P}}\right)^2$，$\rho=\rho_{\text{vac}}/\left[\left(t_{\text{inf}}-t_{\text{P}}\right)/t_{\text{P}}\right]^2$，$\rho=\rho_{\text{vac}}/\left(T_0/t_{\text{P}}\right)^2$

时间标度变换：$t_{\text{P}}\to st_{\text{P}}$，　$t_{\text{inf}}\to st_{\text{inf}}$，　$T_0\to sT_0$

能量密度的标度变换：

$$\rho_{\text{vac}}\to\rho_{\text{vac}}/s^2,\quad \rho\left(t_{\text{inf}}\right)\to\rho\left(t_{\text{inf}}\right)/s^2,\quad \rho\left(T_0\right)\to\rho\left(T_0\right)/s^2$$

标度因子为 $1/s^2$。当宇宙演化完全由暗能量支配时，$\rho(t)=\rho_{\text{de}}=\text{const}$，标度律失效。

对 $t\to T_0$ 的平均演化为：$w_{\text{mid}}\approx\dfrac{1}{3}$，$\rho\left(t\to T_0\right)=\dfrac{2}{3}\rho_{\text{vac}}10^{-122}$

4) 从上述宇宙演化动力学可能引申出的新结果和新问题

宇宙的诞生、演化、成长类似于婴儿的生长、发育。普朗克子是真空的元胞，与细胞是人体的元胞类似；宇宙从真空的一个普朗克子爆炸开始，与婴儿从母亲的一个卵细胞分裂开始类似。两者发育、成长的不同点如下：在生物学非平衡条件下，婴儿从母体吸收氨基酸等营养物质，体内的细胞在遗传基因的控制下分裂、成长，使人体组织、器官和躯体不断发育、长大；在宇宙膨胀的非平衡条件下，愈来愈多的普朗克子进入宇宙体系之内，然后按物理学规律改造进入宇宙的普朗克子，把它们亏损的径向量子涨落无规能量转化为径向相干运动能量，即宇宙膨胀子的能量。总之，婴儿按“吸收营养导致细胞分裂”的方式成长，而宇宙按“接纳并同化普朗克子使其释放径向能量、注入并增加宇宙物质能量”的方式成长。

纳并同化普朗克子使其释放径向能量、注入并增加宇宙物质能量”的方式成长。按这个图像，宇宙物质的正能量与引力的负能量平衡，二者之和为零，保持宇宙-真空耦合系统总能量守恒。

3.3.4 普朗克子真空晶体与基本粒子的相对论效应

1) 量子化与爱因斯坦-德布罗意关系的物质基础

真空的晶胞-普朗克子极大的能量 $e_P = \hbar\omega_P$，导致普朗克子真空极大的弹性系数，使得对于超长波、超低能集体激发(涉及极大数目的真空普朗克子点阵的振幅极小的微振动)，谐振子近似是描述这类微振动的极好近似。对于真空的谐振子激发，能量与角频率成正比，比例系数为作用量 I： $E = I\omega$ 。

作为普朗克子真空晶体的最小单元普朗克子晶胞，提供了角动量的最小单位 $I_P = \hbar/2$，使得普朗克常数 $\hbar$ 成为不可逾越的最小作用量常数。因此，普朗克子为长度、时间、角动量设定了最小下限，也成为爱因斯坦关系 $E = \hbar\omega$ 和德布罗意关系的物质基础。

2) 基本粒子作为孤立子激发的物质基础(杨顺华著:《晶体位错理论基础》(一)，第 314 页)

真空的孤子激发，作为超长波、超低能集体激发，包含了约10^{20}个普朗克子参与，它们的极微小的相干、协同位移振动，导致参与的普朗克子之间的谐振(弹性)相互作用。

设普朗克子真空晶体空间周期长度为 a 的点阵中，处于第 n 点的普朗克子的微小位移为 $\xi_n(\ll 1)$，其坐标为 $x_n = (n+\xi_n)a$ 。由上面论述知道，发生极其微小位移的、处于第 n 点和第 $n+1$ 点的两个普朗克子之间的相互作用为谐振子型：

$$\frac{\kappa}{2}\left[(x_{n+1}-x_n)-a\right]^2$$

具有高斯型能量密度分布的普朗克子真空的密集点阵结构，会形成微弱的空间周期为 a 的周期性平均势场。它对超长波、超低能真空孤子激发中发生微小位移的每个普朗克子，又提供了一个极弱的三角周期函数的平均势场(每个普朗克子点阵的周期性邻域对它的平均场)：

$$V\left(1-\cos 2\pi x_n / a\right)$$

普朗克子真空中的孤子激发，包含极其众多的普朗克子的极微小位移，它感受到的总势场为

$$U = V\sum\left(1-\cos 2\pi x_n / a\right)+\frac{\kappa}{2}\sum\left[(x_{n+1}-x_n)-a\right]^2$$

或

$$U = V\sum_{n}\left(1-\cos 2\pi\xi_n\right)+\frac{\kappa}{2}\sum_{n}\left(\xi_{n+1}-\xi_n\right)^2$$

普朗克子之间的谐振势强度κ极大，而普朗克子点阵感受的周期性平均势场强度V极弱。

势能极小的平衡条件

$$\frac{\partial U}{\partial \xi_n}=0$$

导致差分方程

$$\kappa a^2\left(\xi_{n+1}-2\xi_n+\xi_{n-1}\right)=2\pi V\sin 2\pi\xi_n$$

称为 Frenkel-Contorova 方程。若$\left(\xi_{n+1}-\xi_n\right)\ll 1$，则差分方程过渡到微分方程：

$$\kappa a^2\frac{\mathrm{d}^2\xi}{\mathrm{d}n^2}=2\pi V\sin 2\pi\xi$$

一阶积分解为

$$\left(\frac{\mathrm{d}\xi}{\mathrm{d}n}\right)^2=\frac{2V}{\kappa a^2}(1-\cos 2\pi\xi)$$

在渐进条件下：

$$n\to\pm\infty,\quad \xi\to 0,\quad \frac{\mathrm{d}\xi}{\mathrm{d}n}\to 0$$

得到孤子位移分布的积分解：

$$u=\xi a=\frac{2a}{\pi}\arctan\left[\exp\left\{\pm\pi\left(n-n_0\right)/l_0\right\}\right]$$

若孤子尺度为$l_0 a$，其中数量因子l_0由下式确定：

$$l_0^2=\kappa a^2/4V$$

$4V$为一个周期内周期势的能量，孤子能量由l_0个周期势场的能量之和$4l_0V$构成，因此

$$l_0=\kappa a^2/4l_0V$$

这是接近普朗克子能量的κa^2与孤子(基本粒子)能量$4l_0V$之比。它也等于基本粒子尺度$l_0 a$与普朗克子尺度a之比：

$$l_0=\frac{l_0 a}{a}=\kappa a^2/4l_0V\approx 10^{20}$$

孤子能量(基本粒子能量)为

$$e_s\sim 4l_0V\sim \kappa a^2/l_0\sim 10^{-20}\times 10^{19}\,\mathrm{GeV}\sim 0.1\,\mathrm{GeV}$$

这与基本粒子理论和实验结果一致。

l_0^2 由十分强大的普朗克子相互作用强度 κa^2 (接近普朗克子能量)与十分微弱的周期势能强度 $4V$ 之比决定。普朗克子间距为

$$a \approx 10^{-33}\,\text{cm}$$

孤子尺度为基本粒子尺度

$$l_0 a \approx 10^{-13}\,\text{cm}$$

由此得

$$l_0 \approx 10^{-20}\,\text{cm}\,,\quad l_0^2 = \kappa a^2 / 4V \approx 10^{40}$$

即一个周期内的平均场势能比普朗克子能量小 40 个量级。

考虑动力学，需要在势场影响之外，加入正比于加速度的动能项。这二者一起导致孤子位移波动场的非线性 Sin-Gordon 方程，

$$\kappa a^2 \frac{\partial^2 \xi}{\partial n^2} - m a^2 \frac{\partial^2 \xi}{\partial t^2} = 2\pi V \sin 2\pi\xi$$

其解是真空位移波动场组态描述的时间有关的孤立子型激发。

考虑以速度 v 匀速运动的孤子解，则孤子位移坐标变为

$$\xi_n = \xi\left(n - \frac{vt}{a}\right)$$

从前面的动态方程可得定态方程，

$$\kappa a^2 \left(1 - \frac{m v^2}{\kappa a^2} \frac{\mathrm{d}^2 \xi}{\mathrm{d} n^2}\right) = 2\pi V \sin 2\pi\xi$$

由此得动态孤子解为

$$u = \xi a = \frac{2a}{\pi} \sum \arctan\left[\exp\left\{\pm\pi\left((n - n_0) - \frac{vt}{a}\right) / l_0 \sqrt{1 - \beta^2}\right\}\right]$$

上述解描述初始时刻处于点阵 n_0 的运动孤子，由大量普朗克子的位移场的空间分布和时间匀速运动构成：孤子是由大量普朗克子位移场组成的集体激发，这种位移场的匀速运动就是孤子的惯性运动。它描述相对论性的有静止质量的基本粒子。其中相对论效应因子 $\beta = v / c$ ，真空信号速度(光速) $c = \sqrt{\kappa a^2 / m}$ ， m 为普朗克子质量。静止时尺度为 $l_0 a$ 的孤子，运动时的尺度变为

$$l_0 a \sqrt{1 - \beta^2}$$

发生了相对论性的尺度沿运动方向缩短。因此，真空中孤子的匀速运动是相对论性的惯性运动，并产生长度收缩和质量-能量变大等相对论效应(杨顺华著：《晶体位错理论基础》(一)，第 230—234 页)。

普朗克子之间的巨大相互作用能(接近普朗克子能量)和真空晶体微弱的周期

性平均场能量，可能是基本粒子的空间尺度和激发能量尺度，与普朗克子相比具有巨大等级差的来源。这为基本粒子质量的等级差问题，提供比较具体的、可能的解决思路或线索。

因此，普朗克子真空晶体点阵分布的简谐微振动和真空晶体周期性结构产生的极微弱的周期性平均势场，导致孤立子型的基本粒子激发及其质量等级差和尺缩相对论效应!!

下面介绍作为位错型激发的基本粒子的能量质量问题(杨顺华著:《晶体位错理论基础》(一)，第 230—234 页)。对真空晶体的螺旋位错，若静止能量为 E_0，则以速度 v 运动时的能量增加为

$$E = E_0 / \gamma , \qquad \gamma = \sqrt{1-\beta^2}$$

能量-质量增长导致粒子频率变大、时钟变慢。

三维球形位错运动时，其应力分布从球对称分布变为椭球分布，相应的应变也从球形变为椭球，其形状沿运动方向发生收缩，与尺缩相对论效应相联系(杨顺华著:《晶体位错理论基础》(一)，第 232，233 页)。

3) 发散的来源与消除

位错的连续介质理论导致位错能短波发散(杨顺华著:《晶体位错理论基础》(一)，第 234 和 314 页)。考虑真空晶体的离散结构和最小晶格长度后，短波能发散可以消除(杨顺华著:《晶体位错理论基础》(一)，第 314，340，345 页)。

3.4　对真空背景的研究可能导致 21 世纪基础物理学的突破

相对论研究平稳真空背景的性质和原理(相对论时空理论)。21 世纪对平稳真空背景的进一步研究将揭示：真空凝聚体的物质结构及其动力学，据此揭示相对论及其尺、钟效应和质量效应的物质基础，区分相对论时空理论的客观物理成分和美学修饰成分。

量子论研究涨落真空背景的性质和原理(量子运动学)。21 世纪对量子涨落真空背景的进一步研究将揭示：

(1) 真空的微观量子结构(真空是普朗克子密集堆积的凝聚体？)。

(2) 量子涨落和量子纠缠的本性(量子纠缠源自守恒定律约束下的真空量子涨落？)。

(3) 从平衡态真空量子涨落与粒子的相互作用，解释相对论尺缩、钟慢效应的物理机制，基本相互作用的起源。

(4) 从真空凝聚体空间截断、位错和变形对真空量子涨落的影响，揭示基本粒子质量的起源、引力和相互作用的起源。

从无限的相对论时空背景到有限的宇宙时空背景的研究。21 世纪对有限的宇宙背景时空的进一步研究包括：

(1) 弯曲平稳真空背景研究将揭示宏观引力及其热力学规律的物质基础。

(2) 弯曲涨落真空背景研究将揭示弯曲时空的量子涨落性质，受限真空背景量子涨落的热力学及其量子统计力学，最终建立起引力的量子统计力学。

(3) 从膨胀宇宙真空背景的准静态绝热膨胀对称性和守恒定律，研究膨胀宇宙真空背景的绝热平稳几何学，阐明 de Sitter 宇宙时空几何中，相对性原理与宇宙学原理(优越系)的相容性。

(4) 膨胀宇宙非平衡过程对真空量子涨落的影响的研究，将揭示宇宙非平衡膨胀时的宇宙与真空交换能量的耦合动力学，从而理解暗能量和暗物质的量子统计力学起源。

因果概念的更新。宏观平稳真空背景的决定论守恒定律和微观量子涨落真空背景的随机性统计定律的统一：事物存在的动力学是事物在平稳真空对称性及其守恒律控制的决定论动力学和真空量子涨落控制的最可几存在的随机动力学的统一(宏观定律是事物在量子涨落真空背景中的最可几存在的平均定律)。

3.5 现代物理学基本定律是从量子真空中涌现出来的低能长波定律

如上所述，量子真空凝聚体的元胞——普朗克子包含了相对论、量子论和引力理论的全部基因，从真空凝聚体产生的宇宙万物，从基本粒子到整个宇宙，作为极端的普朗克子多体系统的集体激发(基本粒子是包含约10^{20}个普朗克子参与的集体激发)，它们的状态和所服从的基本物理定律，应当是普朗克子所包含的这些基因在多体系统低能长波集体现象中的表达。因此，现代物理学基本定律应当是从普朗克子量子真空凝聚体中涌现出来的低能长波定律；正像人体的结构和功能以及生化规律，是人体的细胞基因在人体多细胞系统中的表达一样。研究这种表达过程，是物理学和生物学的极其艰巨而伟大的任务。

普朗克子真空理论与现代物理学涌现理论的关系如下。

(1) 现代物理学的完备性与稳定性。

完备性(理论自持性)：原理性理论与实体性理论达到的完备性。

稳定性(理论自洽性)：相对论、量子论与真空论三足鼎立建立起的稳定性和自洽性。

(2) 原理性涌现理论与实体性微观理论的关系。

实体性微观理论为原理性涌现理论提供微观物质基础。

原理性涌现理论是实体性微观理论的量子统计结果。

作为宏观平均理论和微观多体理论，原理性涌现理论与实体性微观理论在各自的领域内发挥作用。它们之间是互补关系，宏观和微观的关系，不能相互取代。

物理学各个分支学科前沿问题的常规研究，无疑会促进物理学在目前的框架内的发展，但不能解答本文前面所提出的物理学的基本难题，也不能导致物理学基础的突破。这些难题超出了现代物理学的理论框架，只有基础突破了(实际上是基础扩大了)的现代物理学才能回答上述难题。物理学的常规研究和物理学的基础突破，属于常规发展和基础变革、量变和质变的两种不同的发展，后者的要旨是回答物理学基本难题，必然涉及物理学基础的变动(扩大)。目前的初步研究使我们相信，物理学基础的突破很可能来自对真空微观量子结构的研究。

物理学基础的突破不是要推翻现代物理学两大支柱——相对论和量子论，而是要揭示这两个“原理性理论”背后的物质基础——对应的微观“实体性理论”，补充现代物理学的完备性所要求的、但目前尚缺乏的第三个支柱——“真空微观量子结构及其低能激发的量子理论”。这第三根支柱将使现代物理学理论体系在实体和原理两个方面变得完整，从而成为更加稳固的三角鼎立的理论体系，并和相对论、量子论和宇宙学一起，解答现代粒子物理学、天体物理学和宇宙学的难题。

最后，让我们用以下问答结束本节。

问：超弦理论，圈量子引力理论，自旋网络理论，也想解决物理学中相互作用的统一问题和物理学突破问题。你有何看法？

答：我没有深入研究这些理论，不能做出恰当评论。但是，我首先要肯定：凡是致力于物理学突破的努力都是值得尊敬和鼓励的，至于他们能取得多少进展，能否成功，这是另一个问题。对极其困难而伟大的物理学目标的献身和探索，是物理学勇士们的事业，可能成功，但多数人会失败，或部分失败。错误是难免的。超弦理论，圈量子引力理论，自旋网络理论，有它们的合理内核，给人类提供了有用的知识和信息。

3.6　中国物理学家面临的挑战与机遇和青年学子的使命

物理学院的师生们在 21 世纪从事物理学事业是十分幸运的。因为这个世纪，

是物理学面临伟大变革、充满挑战和机遇的世纪，

是物理学的时势造英雄的世纪，

是将产生伟大物理学家的世纪，
是历史赋予年轻学子历史使命的世纪，
因而是时势已在，英雄待出的世纪。
年轻学子们要
勇敢肩负起这个时代赋予的历史大任，
顽强奋斗，坚持不懈，
为 21 世纪物理学变革贡献力量，
书写自己为物理学奋斗的辉煌人生。

斯坦福大学一位年轻人问史蒂夫 · 乔布斯：“我怎么能成为你那样的人？”乔布斯作出了著名的回答：“另类思维。”

A. Geim (发现石墨烯，获 2010 年诺贝尔物理学奖)2015 年 1 月 23 日，在报告 *Random Walk to Stockholm* 中，告诫年轻学生：“在常规研究中关注新的、非常规的现象。”

21 世纪物理学的突破更需要另类思维、敢于创新的人！

第 4 章　与自然对话——物理学基础问答[①]

4.1　惯性、惯性运动、质量、引力与真空背景场问题

粒子的惯性来自粒子与存在着量子涨落的真空背景的相互作用，是这种相互作用达到平衡而形成的一种稳定的、粒子与背景之间共有的状态与联系；惯性的度量——质量是这种联系的稳固性的度量。粒子的质量来自这种相互作用达到平衡时所形成的稳定状态中所储备的辐射能量对应的质量。这种稳定状态来自真空背景中稳定的、平衡的缺陷对辐射粒子的束缚，束缚于缺陷中的辐射子的能量和动质量，即粒子的相对论性能量和质量。

相互作用达到平衡的含义是：粒子和背景之间由量子涨落诱导的能量-动量交换，使粒子及其周围的真空背景发生变化从而形成一种动态平衡的稳定状态，此时粒子和真空背景之间由量子涨落诱导的能量-动量交换的平均值为零。因此，没有存在着量子涨落的真空背景，没有这种背景与粒子之间由量子涨落诱导的稳定的相互作用，就没有粒子的惯性和质量。粒子的惯性，是粒子对与其动态耦合达到平衡的真空背景的习惯与连接。

粒子与背景之间保持稳定平衡的运动叫惯性运动：惯性运动是粒子与真空背景之间相互作用达到稳定平衡时的运动状态。

粒子和真空背景的相互作用是在微观层次上进行、由量子涨落诱导的。在宏观层次上、在统计平均意义下的平衡和相应的惯性运动，与在微观层次上的相应的量子涨落运动是相辅相成的。

粒子惯性运动速度的变化(出现加速运动)，打破了粒子与真空背景之间相互作用的原有平衡，必然造成粒子和真空背景之间的能量-动量流的转移，力求建立起粒子与真空背景之间相互作用的新的平衡。当粒子达到一个新的匀速惯性运动速度时，两者之间新的平衡就达成了，粒子的质量、能量和动量都发生了相应的变化，与之平衡的真空背景场也发生相应的变化并形成新的能量分布和与之对应的新的引力场分布。因此，任何粒子的质量分布都必然在其周围改变真空背景场的能量分布以求与之达成平衡，引力场正是物质场分布造成背景场量子涨落能

① 本章源自作者从 1998 年至 2017 年的研究思考笔记。

分布发生变化的结果。

爱因斯坦引力场方程，正确地表述了物质的能量-动量流分布与表征真空量子涨落能分布变化的引力场度规之间的深刻联系。爱因斯坦抽去了真空背景场，因而也隐去了粒子与真空背景场之间的相互作用和相应的能量-动量流交换达到平衡的过程。这是一个微观相互作用、双向反馈的非线性过程，决定了粒子质量的生成和分布，粒子的存在改变其周围真空量子涨落分布使自己获得质量，同时生成引力场及时空度规。因此，粒子质量的来源是粒子与背景场相互作用，能量-动量流交换达到平衡的非线性过程，是一个量子涨落分布变化和引力场度规生成的过程，涉及真空背景场微观量子涨落结构的细节变化和宏观平均引力场度规的生成，连接二者的桥梁是引力的局域量子统计理论。

真空背景场的性质分为：微观性质、宏观性质和宇观性质。

宏观性质：是真空背景的宏观统计平均性质，用光速和相对论来描述。宏观性质可概括为相对论及其尺缩、钟慢和粒子运动质量增长效应。平直时空背景用狭义相对论描述，弯曲时空背景用广义相对论描述。

微观性质：是真空微观量子涨落性质，是相对论背景的坐标-动量相空间的涨落性质和对激发粒子的相对论性相空间的坐标-动量涨落效应。现代量子论把它描述成白噪声型的涨落，用守恒的最小相空间体积元 h^4 来做完全的刻画，出现了以发散为代价的一系列问题。量子涨落很可能不是白噪声，而是有色噪声，除 $\hbar$ 外还需另外一至两个特征常数来描述，发散问题和质量问题可望同时解决。白噪声量子涨落必然导致粒子的点状结构和质量发散；而有色噪声量子涨落则导致粒子的扩展结构，给发散问题的解决留下余地。

宇观性质：是真空背景在宇宙尺度的性质。宇宙加速膨胀预示暗能量的存在，表明宇宙膨胀对真空背景量子涨落性质的影响，导致与暗能量有关的宇观时空性质(如 de Sitter 时空性质)。

4.2 真空背景场的微观性质问题

真空背景场的微观量子涨落应是有色噪声涨落，存在涨落谱和相应的特征常数。可能用两类常数描述：一类刻画普朗克尺度下的剧烈的有色量子涨落强度与范围，另一类刻画与粒子质量和引力有关的基本现象和等级差问题。

粒子的定域束缚的辐射能量分布，导致所在区域真空背景场量子涨落梯度式减弱，引力场(甚至相互作用)是真空背景场量子涨落的不均匀性引起的：在粒子质量分布较强之处，正是量子涨落较弱之处，而引力指向量子涨落减弱的方向，粒子的质量分布从内向外逐步减小，这种分布诱导出的引力场正好相反：从外向内逐步增强。这种产生粒子质量的定域束缚辐射量子的规则运动引起的真空背景量子涨落能的梯度式减弱，相对于无定域束缚辐射规则运动的区域的量子涨落形成了一个负压强，这种指向粒子质量分布中心的负压强就表现为引力。因此，质量的产生和引力的产生是同一件事的两个方面，是微观量子涨落变化的结果，是真空背景场量子涨落强度出现空间不均匀性的产物，这是粒子-真空背景相互作用中能量-动量平衡所要求的。

粒子附近的局域真空背景量子涨落梯度式减弱形成的负压强，与宇宙膨胀导致的宇宙大尺度的真空背景场量子涨落减弱形成的负压强，可能是同一个原因——量子涨落变化造成的，都是真空背景场量子涨落减弱的结果。所不同的是：粒子附近真空量子涨落减弱形成的负压强(表现为引力)，可能是产生质量的定域束缚辐射的规则运动诱导出来的，而宇宙大尺度的真空量子涨落减弱形成的负压强(指向膨胀方向，表象为斥力)，是宇宙膨胀造成的。如果真的如此，则在宇宙加速膨胀、真空量子涨落能减小出现空穴激发的同时，能量守恒导致正能量辐射粒子从真空中产生出来，这些粒子是真空量子涨落减小(负能量空穴)激发出来的正能量量子，以保持宇宙膨胀过程中宇宙总能量守恒。

目前假定的真空量子涨落是白噪声，其总能量为无穷大，导致许多重整化的物理量发散，在物理上是不合理的。物理上合理的真空量子涨落应当是高频自然截断的具有高斯分布的有色噪声。真空的这种有色噪声量子涨落，正好与普朗克子作为真空零点量子涨落基态，在谐振子近似下，其波函数为高斯波包相一致。也与量子相空间非对易几何度量算子的基态本征解一致(见 5.5 节)。

4.3　真空局域缺陷区域量子涨落减弱形成的向心压强与其中形成粒子质量的定域束缚辐射的规则运动形成的离心压强的平衡问题

形成基本粒子质量的定域束缚辐射使真空量子涨落减弱，与粒子质量形成后粒子产生的引力所对应的量子涨落减弱既有联系又有区别。前者很强，以便与定域辐射的离心力平衡，并把这种辐射束缚住，以产生粒子的质量；后者很弱，类似于剩余的、很弱的 van der Waals 力。

4.4　宇宙大尺度真空背景量子涨落减弱和引力负压强问题

暗能量，具有反引力(径向斥力)特征，来自真空量子涨落能在宇宙尺度的减弱：真空量子涨落能减弱形成空穴后多出的能量，转化为充斥宇宙的径向辐射子，表现为暗能量量子；真空量子涨落能减弱造成的空穴激发，随即产生负引力势和指向宇宙视界面的径向引力加速度(类似黑洞内部负引力势和指向视界面的引力加速度)，表现为斥力。

4.5　早期宇宙尺度的真空背景量子涨落减弱形成引力负压强的过程，必然伴随着星体的加速运动和粒子从真空产生？

宇宙膨胀时星体的加速运动和粒子从真空产生是宇宙尺度上量子涨落减弱导致的物质流增加的两种形式(特别在宇宙早期)。宇宙尺度和星系尺度上量子涨落减弱的空间分布是不同的。与此相关，暗能量和暗物质，是真空量子涨落减弱在宇宙尺度上和星系尺度上不同的两种表现，是同一事物的两个侧面？

4.6　关于希格斯机制和粒子质量起源问题

希格斯机制的合理之处在于：①质量与标量场相联系；②规范场吃掉希格斯粒子增加一个纵向自由度表明：标量场可以转化为矢量场的一个分量，标量场内部自由度可以转化为规范场外部时空自由度分量。问题是：用希格斯场表征的真空自发破缺给粒子以质量只是等效的、平均的、“唯象”的处理方式，并未从“微观”上解决质量起源问题：即粒子的出现造成其所在真空的缺陷或变形，从而把辐射粒子定域束缚于其中,这些辐射粒子的相对论动质量成为粒子静质量的来源。

4.7　宏观时空与微观时空、平稳时空与涨落时空问题

洛伦兹时空是量子涨落真空背景对粒子的平均影响下的宏观时空，描述了平稳真空背景对尺、钟和粒子质量的影响。正是平稳真空背景通过对尺和钟的影响并通过光速，把时间和空间变为统一的连续统。没有平稳真空背景对尺、钟和粒子质量的影响，时空就变为牛顿的、时间和空间分离的，也与物质分离的所谓绝对的时空，即伽利略-牛顿时空。

微观量子涨落时空是基本粒子尺度的量子时空。像任何物理量的平均值和涨落是彼此独立的一样，微观涨落时空是独立于宏观平均的洛伦兹时空的。宏观平均的时空，由于其对称性导致的守恒律，使时-空坐标和能量-动量出现共轭性的

分离。微观涨落时空的极度不均匀性体现了背景场的能量-动量涨落，量子条件使时空涨落与其共轭量能量-动量涨落受约束不能分离，因而构成紧致的复时空，对普通时空而言多出的自由度表现为粒子的内部自由度。其动态为 U(4)不变时空？其定态为 U(3)不变时空(见 5.5 节)？

4.8　关于真空背景场的描述与 Φ -映射拓扑流问题 (读段一士老师论文有感)

真空背景场应当用(几个？)标量场描述，Φ -映射拓扑(环)流既可以描述真空背景场的缺陷，又可以描述具有缺陷的真空背景场的整体拓扑性质。由此看来，具有拓扑量子数的粒子一定是与定域缺陷相关的激发，Φ -映射是研究工具。

真空背景 Φ -场的零点描述各种背景场缺陷，其不均匀分布导致矢量环流，矢量环流的重数决定 Φ -映射的度，是一个拓扑量子数。

Φ -映射拓扑(环)流理论还是经典的，其量子化形式是什么？

4.9　对变量或函数的操作、方程的结构与求解问题 (见代数动力学及其算法)

对一个变量或函数施行的微分 $\hat{d}$ 操作，积分 $\hat{I}$ 操作和代数幂操作 $(\cdot)^n$ 和开方操作 $(\cdot)^{1/n}$，由这些操作构成的算子函数 $\hat{F}\left[\hat{d}(\cdot),\hat{I}(\cdot),(\cdot)^n,(\cdot)^{1/n}\right]$ 定义一个代数方程或微分积分方程的结构：

代数方程：$\hat{F}x=b$；　　微分积分方程：$\hat{F}u(x)=f(x)$

对微分积分方程的(迭代)数值求解必须离散化，方程的结构算子 $\hat{F}$ 的离散化就有一个保结构的问题：只有保结构的离散化近似求解才能保证数值近似解对严格解的精确逼近。有时可以把 $\hat{F}$ 的保结构问题变成其中的生成算子的(代数)结构的保持问题，保结构问题变成生成算子的保(代数)结构问题。(见代数动力学算法)

微分积分方程的解析解把求解变成对已知函数的有限运算。微分积分方程存在解析解的条件是：$u(x)$ 和 $f(x)$ 存在于 $\hat{F}$ 的不变子空间 H_F 内：$f(x),u(x)\in H_F\to \hat{F}u(x)\in H_F$，即 $u(x)$ 在 $\hat{F}$ 所包含的各种运算下是闭合的。这个不变子空间由有限个基矢的有限次运算生成。低阶算子 $\hat{F}$ 的方程的解生成的子空间，可用于构造以 $\hat{F}$ 为生成元的高阶 $\hat{F}$ 方程的解。这样一来，可扩展解析解存在的不变子空间及其基矢的类型。

两类算子：① $\hat{F}u(x)$ 存在于规则基矢 $g_n(x)$ 仿射的希尔伯特子空间内；② $\hat{F}u(x)$ 存在于规则基矢 $g_n(x)$ 仿射的整个希尔伯特空间内，用 $G_n(x)=\hat{F}g_n(x)$ 做基矢又如何？存在 $\hat{F}u_n(x)=u_n(x)$ ，$u(x)$ 一定不是规则基矢？

4.10 关于物理学基本理论在动力学方面的变革问题①

物理学基本理论在动力学方面的变革在于，把真空背景场及其作用纳入物理学基本动力学方程之中。因此，物理世界的基本要素，除了物质场(夸克场和轻子场)和规范场外，还应包括真空背景场。标准模型，用物质场(夸克场和轻子场)和规范场的零点涨落来描述量子真空背景场，忽视了真空背景场的独立存在。超出标准模型的质量和引力场的起源，强烈暗示不同于标准模型的真空背景场的独立存在。宇宙常数 Λ 不为零的爱因斯坦方程是包含了物质场和真空背景场二者的基本的经典动力学方程？只包含宇宙常数 Λ 项的爱因斯坦方程表明，真空背景场可以脱离通常的物理理论所确认的物质场而存在。

如何描述真空背景场，如何把它纳入物理学基本动力学方程？它的零点量子涨落与通常的物理场的零点量子涨落的关系如何？真空背景场一旦激发，就变成物质场和规范场。因此，真空背景场的独特作用，在于它的零点量子涨落及其与物理场的相互作用，在于它诱导出粒子的质量等各种荷及引力场。真空背景场是特定标量场所生成的量子多体系统，它的零点涨落量子的多体态与物理粒子的耦合导致物理粒子的质量和引力场。与此同时，该标量场的零点量子涨落的量子多体态在物理粒子存在的空间中也发生局域变化。该标量场的零点涨落量子多体态的这些局域变化，表现为物理粒子的质量等各种荷，以及各种相互作用。

我们面临的是真空背景场，它的各种可能的激发模式，它的零点量子涨落模式，各种激发模式与零点量子涨落模式的耦合，由此诱导出的各种物理场的质量及荷，它们之间的耦合与相互作用。这是真空-粒子耦合动力学问题的复杂性所在，也是人们寻求解决的宏伟目标。

4.11 关于微观粒子的时空范围及其量子态的时空定义域、全同性和泡利原理问题

把量子运动方程中的时空坐标，看作是定义在整个宏观时空流形上，这是一

① 写于2005年10月2日。

种抽象化和理想化。量子运动方程中的时空坐标和量子态波函数的时空定义域，实际上也应当是微观的：对原子在 $10^{-8} \to 10^{-7}$cm 量级，对基本粒子在 $10^{-14} \to 10^{-13}$cm 量级，对原子核在 $10^{-13} \to 10^{-12}$cm 量级。相应的量子波动和量子相干、量子关联和量子纠缠现象，也应发生在这样的微观尺度上。特别要强调的是，同一个原子内的电子才服从全同性原理和受泡利原理的限制，因为它们的量子态属于同一微观时空上的同一希尔伯特空间；而被宏观距离分开的不同的原子内的电子，则属于不同的微观时空流形上的不同的希尔伯特空间，它们不服从全同性原理，也不受泡利原理的限制。因而，对于这种场合，有“不同微观时空流形支撑的不同希尔伯特空间”的概念。

微观粒子量子态的时空尺度是由粒子的量子运动的波长和频率决定的，其物理量是微观的。在一定条件下，微观粒子量子运动的波长和频率可以延伸到介观甚至宏观的尺度；大量具有这种相同(对玻色子)或相近(对费米子)的长波和低频的量子态的粒子的集合，可以聚集在时空尺度和物理量两方面都是宏观的集体量子态上，出现这些粒子集合的宏观凝聚现象。

在宏观时空尺度和宏观物理量尺度上发生的宏观集体量子现象(如 BEC，激光，超流和超导等)需要两个条件：i 微观粒子量子运动的波长和频率应当延伸到介观甚至宏观的尺度,以便量子相干现象能在介观或宏观的时空尺度上显现出来；ii 应当有宏观数目的微观粒子具有上述相同(玻色子)或相近(费米子)的量子态，以便物理量叠加能达到宏观的量级。

关于具有微观时空尺度的量子态的粒子发生宏观尺度上的量子纠缠的问题。微观时空尺度上的量子态,在不同宏观时空区域会形成不同的微观希尔伯特空间,两个不同的微观希尔伯特空间的态矢-波函数并无重叠因而彼此正交。两个在宏观时空尺度上分离的这样的微观粒子之间的量子纠缠，不能按常规方式基于波函数来讨论。例如，全同粒子系统表现纠缠的交换项由于粒子的波函数不重叠而恒为零，因此失去纠缠的意义。量子纠缠来自量子涨落的关联性，宏观尺度上的量子纠缠来自量子涨落的关联性在宏观时空尺度上的维持。而量子涨落的关联性又来自物理守恒定律对真空量子涨落的约束——对量子涨落平均而言不能破坏物理量守恒定律。因此,这种在守恒定律或对称性约束下的真空量子涨落是关联的。而真空量子涨落的关联性就导致量子态的关联与纠缠。由于量子理论不能在时空上追究量子涨落是如何发生的，也就不能追究量子纠缠的时空机制，只是用波函数的对称化或反对称化或其他多项式叠加形式来描述纠缠。这种描述对微观纠缠是可行的，因为波函数的重叠、关联与纠缠的描述是自洽的。但对于微观量子之间的宏观量子纠缠，上述描述由于存在质疑，就失去合理性。为了仔细描述量子涨落关联性在宏观尺度上如何维持，需要在时空中描述和追踪量子关联。这需要超越现有的量子论的框架。

量子涨落的关联性与量子纠缠。平稳真空背景的对称性和由此而来的守恒定律，导致对真空量子涨落的约束，这是真空的平均属性和涨落属性两者的内在联系的体现。平稳真空背景的对称性和由此而来的守恒定律对真空量子涨落的约束，导致量子涨落在微观和宏尺度上的关联性，并表现为多粒子系统中各个粒子量子态之间在微观和宏尺度上的关联与纠缠。多体系统中各个粒子量子态之间在微观和宏尺度上的关联与纠缠的维持，是靠真空量子涨落的关联性来实现的，这是整个系统的守恒定律对各个粒子的量子态的约束的表现。只有对称性和守恒定律约束下的量子态关联和纠缠，才是物理上可实现的。失去了对称性和守恒定律约束的量子涨落，就不存在微观和宏尺度上量子涨落的关联性，更不会存在多体系统中各个粒子量子态之间在微观和宏尺度上的关联与纠缠。与守恒定律成立所要求的条件一样，量子纠缠的维持要求系统的整体性、封闭性条件。这一条件的破坏，导致守恒定律、量子涨落关联性和量子纠缠的丧失。量子纠缠是量子系统整体守恒定律对系统各部分量子态约束的表现，发生纠缠的各部分必须丧失个体的守恒定律才能以纠缠的方式维持整体守恒定律。因此，发生纠缠的粒子必须失去某些守恒量子数。每个粒子所有量子数都守恒的多体系统是没有纠缠的独立粒子系统，而全同性原理导致的多体系统波函数的对称化或反对称化引起的多体关联和纠缠，可能也与真空量子涨落导致全同粒子在不同量子态之间跃迁有关，这些粒子因跃迁而不断改变量子状态，以保持粒子的全同性。这是一种更加神秘的多体关联与纠缠。失去某些守恒量子数的多体系统中的每个粒子，通过真空量子涨落而交换该量子数所代表的物理量，从而维持系统总物理量的整体守恒。因此，微观纠缠是在某种运动的守恒定律约束下，通过真空量子涨落而实现的该种运动的物理量在粒子之间交换的表现。对于宏观纠缠，如果粒子的量子态在时空上已失去重叠，相互作用也已消失，则量子涨落和相互作用就不可能在这种宏观分离的距离上使物理量在粒子之间实现交换。但守恒物理量在各粒子之间的分配则是在守恒律控制下由量子涨落的随机性决定的：守恒量的分配方式具有由多体波函数决定的随机性，在分配数量上则遵从守恒定律，数量上是关联的。形象地说，粒子之间伴随宏观距离上的分离，量子波重叠、量子涨落和相互作用引起的关联就会消失，原来微观上纠缠的多粒子态，在守恒律控制下发生由随机波函数决定的随机性破裂(即衰变)，各粒子按多体波函数规定的概率，随机地在粒子间分配系统总的守恒物理量。因此，所谓宏观量子纠缠，与微观量子纠缠不同，实际上是一种由决定论守恒定律和量子态随机性控制下的守恒量之间的随机关联，虽然携带了纠缠态的某些信息，但失去了微观纠缠态波函数的叠加相干性①。

---

① 写于 2010 年 7 月 6 日。

4.12　关于统一场论问题

统一场论问题包括：各种基本粒子形成的统一描述；各种相互作用形成的统一描述问题。

(1) 可以在经典框架内实现统一？或者，必须在量子层次才能实现统一？

(2) 爱因斯坦失败的原因：坚持在经典框架内统一？是条件不成熟，或是目标超前？

(3) 必须在引力量子化后才能实现统一？

4.13　关于物理时空性质问题

物理时空的性质，体现在其中运动的物质的身上，即当粒子相对于真空背景场运动时，粒子的空间广延性变化、时间周期性变化和质量变化的规律性，体现出时空的属性。因为物理时空的度量是基于粒子的空间广延性和时间周期性的(尺子和时钟是由原子构成的)；而粒子的时空结构及属性，是当它从真空背景场中形成时，在粒子与真空背景场相互作用达到平衡后而获得的。因为粒子是定域束缚的相干辐射波包，粒子的时空结构及其属性的变化可以从这一定域辐射波包的结构的变化导出：粒子静能量是定域束缚(凝聚)的辐射波的动能量，这种定域束缚的辐射波波长和频率的运动学效应的平均，表现为粒子时空结构及其动量-能量的整体的运动学效应(相对论效应)。问题是：辐射波的这种非线性的、稳定的定域束缚是如何形成的？应当如何描述？

4.14　关于等效原理、惯性力和引力问题

对于无引力场的平直真空背景：粒子在做匀速运动(平直空间的惯性运动)时，会始终保持粒子与产生粒子质量的真空背景之间的相互作用的平衡。真空背景效应就在于保持这一匀速运动状态(惯性运动状态)从而保持粒子与背景相互作用的平衡；当粒子产生加速运动时，粒子运动速度的变化使得它与产生质量的真空背景之间的相互作用的平衡被打破，失去与粒子平衡的真空背景的效应以惯性力(抵抗粒子速度变化)的形式表现出来，惯性力的被克服需要注入或取出能量，使粒子和真空背景均发生变化，并通过能量物质在粒子所在区域的真空背景中的注入(取出)和重新分布，以达成新的粒子-背景的瞬时平衡；而这种新的瞬时平衡又被新一轮的速度变化所打破，接着是新一轮的能量注入(取出)和物质分布的调整，以

求新平衡的过程发生与达成。因此，没有真空背景与粒子的相互作用及其平衡，就没有质量，也没有加速运动时的惯性力和粒子质量的变化。

对于存在引力场的弯曲真空背景：粒子在引力场作用下做加速运动时，弯曲时空的真空背景的引力效应通过粒子的加速运动而完全释放出来，使粒子处于测地线惯性运动状态。这种测地线惯性运动状态，使粒子与产生质量的弯曲真空背景之间的相互作用始终保持平衡；与粒子一起运动的观测者或仪器也获得与粒子一样的效应和一样的平衡，因而测量不到这一效应；但当粒子因外力支撑而相对于真空背景静止,使引力效应不能发挥出来,或引力的加速度效应发挥不充分时，弯曲时空的引力效应得不到完全释放，则粒子与产生质量的弯曲背景之间的相互作用达不到平衡，弯曲时空的引力效应就表现为力图要充分产生粒子加速运动的引力和引力势潜能。惯性运动和测地线运动,是粒子与真空背景相互作用达到(瞬时)平衡时的运动状态； 惯性力和引力的出现则是粒子与真空背景相互作用没有达到(瞬时)平衡而力图达到(瞬时)平衡时的运动状态,而惯性力和引力正是这种力图达到(瞬时)平衡的力量的量度，即惯性力和引力是粒子与背景之间相互作用的非平衡力。

因此，无论是平直空间，还是弯曲空间，粒子与真空背景相互作用保持平衡时的运动就是惯性运动(在平直空间是匀速直线运动，在弯曲空间是测地线运动)，这是使粒子与真空背景之间的相互作用达到平衡所要求的运动状态；真空背景效应，一方面表现为使粒子保持与其处于平衡的惯性运动状态，另一方面则表现为抗拒这种平衡运动状态改变的背景效应(对平直空间表现为惯性力效应,对弯曲空间表现为引力效应；惯性力效应和引力效应都是平衡丧失时的非平衡效应；惯性运动和测地线运动则是平衡时的运动状态。平衡态的惯性运动和测地线运动不感到惯性力或引力的存在，非平衡态运动则感到惯性力和引力存在：平衡状态下力的完全抵消导致净力为零，非平衡状态下力的不完全抵消导致非零的净力。

4.15 粒子是定域束缚的相干辐射波包、粒子静质量是定域束缚辐射波能量对应的质量

粒子的静质量 m_0 来自相干辐射波的定域束缚,束缚力可能来自量子流体的压强效应：量子涨落真空为规则流体提供一个热背景，存在相干规则流动的区域伴随着真空量子涨落压强的减弱，产生量子涨落压强的空间不均匀性，施加一个对定域规则流动的束缚力，而能量-动量、角动量等真空背景的守恒定律，使这个束缚系统稳定下来(参考非相对论理想流体的结果和类比论证)。

由于辐射本身是相对论性，其能量-动量关系是相对论性的：$\varepsilon(\vec{p})=cp$；粒子

的静质量m_0来自定域束缚辐射波的动质量，因此也是相对论性的。运动粒子的能量-动量关系也可以证明是相对论性的：

$$E^2(\vec{p}) = m_0^2c^4 + c^2\vec{p}^2\ , \quad E = mc^2$$

$$\vec{p} = m\vec{v}\ , \quad m(v) = m_0 \Big/ \sqrt{1-\left(\frac{v}{c}\right)^2}$$

粒子的能量-动量关系和能量-动量守恒，导致粒子在真空介质中的运动是超流的(见《物理学前沿——问题与基础》和本书附录 I)。

真空背景物质由密集堆积的普朗克子(planckon)组成，而普朗克子是真空的零点量子涨落基态，在谐振波近似下具有球对称高斯型波函数，本身是具有随机空间大小和随机频谱分布的相干定域辐射。

通过辐射的能量-动量的色散关系

$$\varepsilon(\vec{p}) = cp$$

引进粒子的相对论性运动学。

通过德布罗意关系

$$\varepsilon(\vec{p}) = \hbar\omega\ , \quad \vec{p} = \hbar k = \hbar\left(\frac{\omega}{c}\right)$$

引进了粒子的波-粒二象性的量子运动。

通过定域量子辐射波包构成的普朗克子的大小和频谱分布的随机性，引进真空量子激发的量子波——粒子的函数的随机性——概率波。由大小和频谱具有随机分布的、密集的普朗克子组成的真空介质，既具有超强度晶体的性质，又具有涨落柔性流体的性质。特别是它的集体相干激发，具有相对论性量子流体的性质：它是相对论性的、量子性的、具有从普朗克尺度到介观尺度的随机波涨落的流体-固体(需要论证)。

由密集的普朗克子组成的、具有随机量子涨落的真空量子流体-固体介质的元激发具有：

(1) 零质量分支(“声学支”)：光子，引力子？

这种元激发破缺了真空的平移对称性和洛伦兹对称性，真空的对称性破缺决定这种元激发的种类(洛伦兹群的旋量、矢量、张量表示)和性质。

(2) 近零质量分支(近“声学支”)：中微子？

这种元激发破缺了真空的洛伦兹对称性，真空的近似对称性决定这种元激发的种类和性质。

(3) 非零质量分支(“光学支”)：各种静质量非零的基本粒子，这种元激发的定域缺陷以不同程度和方式局域地破坏了真空晶体的对称性，缺陷区域真空的微观剩余的对称性拓扑结构(类似晶胞的内部结构)决定这种元激发的种类和性质。

因此，真空的宏观和微观结构及其对称性拓扑结构决定其元激发分支的种类和性质(基本粒子的种类和性质)。(见朗道《统计物理学》的相关论述与能带论结果的类比，但需要直接详细论证。)

有两类相互作用：

(1) 真空量子涨落平缓变化的长程相互作用：电磁力和引力，零质量媒介子，不改变真空量子涨落拓扑结构，只引起晶格位移和变形。

(2) 造成真空缺陷的短程相互作用。

弱力：非零质量媒介子？缺陷改变真空量子涨落的拓扑结构，媒介子质量由缺陷大小决定，粒子和媒介子的定域缺陷均破坏真空微观拓扑结构，导致静质量。

强力：缺陷改变真空量子涨落拓扑结构，定域禁闭的夸克和胶子，在定域区内束缚的零质量辐射子导致能量沉积产生质量，粒子和媒介子(非胶子)的定域缺陷均破坏真空微观拓扑结构，导致其静质量。

重新仔细分析规范场论的结果与上述观点的联系，并进行直接、仔细的论证。

4.16 关于时空背景问题中的逻辑循环和哥德尔定理

平直真空背景和狭义相对论时空中的逻辑循环与哥德尔定理：光速与同时性的逻辑循环(测定光速需要对钟确定同时性，对钟确定同时性又需要光速已知)，使单程光速不能确定。宇宙微波背景辐射参考系的确立打破了这一循环。

弯曲(引力)真空背景中粒子与真空背景平衡的逻辑循环问题：一旦解决了质量与电荷形成问题，就可以描述引力和电磁力相互作用问题，而质量与电荷形成问题的解决又需要相互作用的知识。这是广义相对论以及相互作用问题中，荷与力的逻辑循环问题和哥德尔定理。如何打破这个循环？知道真空背景的结构及其量子统计热力学就可以打破循环吗？知道真空背景如何把物质运动束缚起来形成定域的能量结构(解决质量和荷的形成问题)，真空背景量子涨落如何导致粒子之间的相互作用，就能解决相互作用形成问题(规范场问题)？

4.17 引力系统的统计热力学问题

一旦知道质量，就可以描述弯曲真空背景对运动质量的影响。弯曲真空背景在时空上不均匀性，使得粒子-背景的平衡结构依赖时空坐标，粒子在时空中运动必然伴随这种平衡结构(粒子内禀引力能和动能平衡分布结构)的变化，表现为粒子的引力能与粒子动能之间的转化。粒子引力能分布与粒子所在区域真空背景量子涨落能的时空分布的变化有关，这种变化的取向在于把粒子的内禀能量分布始终限制在一个有限区域并保持势能分布和动能分布的平衡，使粒子具有定域的能量分布。引力场强的地方，真空背景量子涨落性质变化的梯度大，因而可以平衡更大的内禀辐射子动能；粒子向引力场较强区域的运动伴随着更多的粒子内禀引力势能转化为粒子内禀辐射子动能。

如果把平直真空背景的等效温度设为零，则存在引力场的地方真空量子涨落减小，对应的温度为负。引力场越强，量子涨落能减小越多，温度越负，真空背景量子涨落性质(如引力势)变化的时空梯度越大。真空背景的引力场和相应的背景温度本身并不能导致背景物质本身的热能流动，它只提供一个平衡背景去诱导在其中运动的物质粒子发生内禀能量的转化。即真空背景只提供一个物质粒子的平衡环境，只有通过背景与物质粒子的相互作用的平衡，才能以物质粒子为中介和物理载体实现运动、能量在时空中的转移和转化。

真空背景虽有温度和温度梯度而本身不参与热流。

真空背景不能是普通气体: 气体如有温度梯度，本身会出现热流。

真空背景不能是普通液体: 液体如有温度梯度，本身会出现热流。

真空背景只能是一种特殊固体,其中不存在像电子、声子那样的可流动粒子。

不可迁移的粒子: 虽有温度梯度，但本身不会出现热流；荷载负温度负热能的真空的空穴激发粒子(引力子？)，不迁移流动，只能定域在真空背景中，因而它们不是粒子性的激发子(而是空穴激发)。但是，粒子性的激发子放在有温度梯度的真空背景中，就会运动并发生内禀能量结构、分布的变化。因此，真空背景的负温度(梯度-引力场)是热流的诱导者，而不是参与者。静止的质量是背景负温度之源(引力源)，它在背景中产生负温度梯度(引力场)，而本身却不是热流源。而在引力场中的正能量粒子，却扮演热流的作用。两个温度不同的绝热板在其间的热导介质中产生的温度梯度场，类似于两个带质量粒子在其间的背景中产生的引力场。粒子类似带温度的绝热体(引力源质量)，它能诱导出温度梯度(引力场)，而本身不在自身的温度梯度场(引力场)中提供热流，只能把别的粒子诱导为热流。

两个温度不同的绝热板之间的热导介质有温度梯度场，为什么没有热流？晶格热运动和电子热运动在温差驱动下产生不同的热流：晶格振动热流和电子热流？高温绝缘板有没有热流源？低温绝热板有没有热流漏？有温差(压强差)而没有热流流出(热流源)和热流流走(热流漏)，就不会产生热流。高温绝缘板如没有热流源就不会给近邻热导介质加温，低温绝热板如没有热流漏就不会给近邻热导介质降温，因而没有热流源、热流漏的绝缘板，不会在其间的热导介质中形成温度梯度。有温度梯度而无热流的介质不能是热导介质。绝热介质由于没有热流就不能自动形成温度梯度。如何解决上述佯谬？

有压强差而没有物质流动的介质可能存在吗？它既可能是固体，也可能是流体。引力的热力学类比可能不恰当？引力的压强类比可能更恰当？压强可以由热运动产生，也可以由势场产生。势场的微观统计结构是什么？是由不可迁移的无规运动的量子产生？如果引力势场是由不可迁移的无规运动的量子产生，这种无规运动量子在哪些方面像热运动量子？ 引力强度(加速度)与温度类似(但可能不是同一个东西)。引力势微观系统中组成量子的无规运动，与通常热力学系统中组成量子的热运动的最大区别是：前者不可迁移，后者可迁移；但两者都有驱动力(压强)效应。

引力场中的粒子内部真空背景的势能和粒子的内禀辐射子动能的转化：向强引力场中运动的光子(粒子)，光子频率和内禀动能增加，而经过的引力场随位置变化，光子(粒子)变化(增加)的能量来自变化的真空背景的引力场的能量。只有把光子(粒子)和它所在的局域真空背景看成一个系统，把系统总能量分成粒子内禀辐射子动能和局域真空背景的引力势能两个部分，才能理解系统能量守恒：较弱引力场中的光子(粒子)附近包含较多的真空背景引力势能和较小的粒子内禀辐射子动能；较强引力场中的光子(粒子)附近包含较小的引力背景势能和较大粒子内禀辐射子动能；当光子(粒子)从较弱引力场进入较强引力场时，变得更负的真空背景的负引力势能就转化为光子(粒子)的内禀动能，系统总能量守恒。人们看到的光子(粒子)在引力场中频率和能量的增加，只是光子(粒子)的内禀动能部分，光子(粒子)附近真空背景的负引力势能部分并未计算在内。因此，处于真空背景中的粒子，其所在区域的局域真空背景负引力势能成为其总能量的一部分：粒子总能量包括粒子内禀运动动能和粒子所在区域的局域真空背景的负引力势能。引力场强处，光子频率变大、波长变短，意味着这里的局域真空背景的引力势能更负。

具有内禀运动的波被折射系数(引力场的比喻)不均匀的真空背景所囚禁和局域化：局域化束缚的内禀运动波的动能和折射系数不均匀性对应的真空背景的势能，构成粒子-真空系统的总能量。还应考虑真空背景局域化区域的总自旋和总角动量问题。

理想超流介质中的受限的定域束缚运动(漩涡、位错、缺陷)所形成的稳定的引力场(或温度场、压强场、张力场)的不均匀性(这种场的微观量子自身不能迁移运动，但它作为粒子的平衡真空背景，却可以诱导出其中粒子的惯性运动)：理想流体(液晶？)中漩涡、位错、缺陷等的稳定性定域束缚辐射的结构，是粒子惯性力与介质压强的平衡结构。理想超流介质中，定域束缚辐射态粒子运动的惯性离心力，要求的两种基本力的平衡：真空介质背景与粒子内禀局域辐射波的平衡，意味着内禀辐射波运动的惯性离心力和介质的无规运动的压强这两种基本力的平衡，从而形成稳定的局域束缚辐射波的平衡结构和运动状态，而其他相互作用却是由此派生出来的。

第三篇　真空量子结构与物理基础探索笔记

本篇介绍基于普朗克子真空模型开展的探索研究的一些结果

第 5 章　真空背景问题

5.1　宇宙真空背景场笔记①

(1) 现代物理学只认识 4%的物质，那 96%的物质是什么？它不是定域的粒子(包括光子和中微子)，而是宇宙背景场量子涨落变化及其非定域的、均匀分布的辐射物质？对这 96%的物质尚无物理学理论描述，应当建立相应的物理理论——真空量子涨落背景场及其变化的理论，并用它去探索。

真空量子涨落背景场理论不是粒子理论的简单扩充和延伸，而是关于宇宙真空背景场的量子理论，其本质是连续的、量子波的场论，又是量子涨落波的准周期性导致的离散波动场的随机理论。但其宏观平均场理论却又是决定论的，只是在微观量子涨落的时空尺度内是随机理论，它是把时空理论与运动学联系在一起(量子条件)，然后又把运动学提升为动力学(引力)的理论(真空-系统耦合动力学)，即运动学与动力学统一的理论。

真空背景场及其量子涨落的均匀性和各向同性，在宏观上把时空背景对称性和运动学守恒定律联系起来，而在微观上形成量子相空间。真空背景场及其量子涨落的局域不均匀性，使物质粒子按真空-粒子耦合系统总体守恒定律规定的方式运动，又进一步把运动学提升为动力学，即把运动学与动力学紧密联系起来。真空背景场及其量子涨落能亏损及其不均匀性产生引力(反引力)及其他相互作用？真空背景的定域不均匀的、奇异的缺陷束缚的辐射粒子，产生基本粒子的静止质量？

(2) 按照真空背景场及其量子涨落的属性——涨落性质与平均性质，均匀涨落性质与非均匀涨落性质，量子涨落分布在时空中的变化，应当有以下理论描述：

① 均匀量子涨落真空背景场的平均场理论：均匀量子涨落真空背景场的平均场，形成宏观相对论时空论、运动学和动力学。

② 均匀量子涨落真空背景场的微观随机理论：均匀量子涨落真空背景场形成量子相空间的涨落随机复时空、量子运动学和量子动力学。

③ 微观定域的、不均匀的量子涨落背景场的随机理论：微观定域的、不均匀

---

① 作者的这些笔记记录日期分别为：2005. 06. 12—16；2006. 03. 09—10；2006. 04. 22；2006. 06. 01—05；2006. 07.18, 2006. 07. 27；2006. 09. 12；2006. 10. 04；2007.10.23—28；2008. 05。

的真空量子涨落背景(缺陷)对辐射粒子的束缚，导致粒子静止质量、各种荷的起源；真空背景量子涨落能亏损及其不均匀分布，导致引力的微观量子理论?

④ 天体尺度的真空背景量子涨落能亏损及其不均匀性分布的平均场理论:天体尺度的真空背景场量子涨落能亏损及其不均匀分布的平均，导致宏观和星体的引力理论。

⑤ 宇宙膨胀导致的宇观真空背景量子涨落能亏损的平均场理论:宇宙膨胀引起的宇观真空背景量子涨落能亏损的平均分布及星云引起其部分成团化，导致宇观引力(反引力)和暗能量理论，以及笼罩星云的暗物质及其引力理论?

宇宙真空背景场是万物存在的普遍环境，真空背景场的微观的、宏观的和宇观的属性，其平均性质和涨落性质，其平均场和涨落场的对称性，是守恒律和量子化的根源，以及相互作用的根源。它决定了真空背景时空属性、物质运动学和动力学的形态，相对性原理的形态，进而决定了从粒子到天体-宇宙的一切物质存在的形式。

(3) 真空背景场的物理效应及其相关理论：

① 平稳真空背景场的时空效应——用狭义和广义相对论描述。

② 涨落真空背景场的量子运动学效应——用量子论描述。

③ 真空背景场的动力学效应：真空背景场激发出粒子并与其耦合的动力学。

真空背景场处于基态，基本粒子是真空背景场的定态激发态，基态粒子的稳定性靠其结构的拓扑不变量和能量-动量守恒等守恒律来维持。

物质粒子与真空背景相互作用达到平衡(定态)，导致质量、惯性、能量-动量守恒，导致惯性运动。质量、惯性、能量-动量守恒来自粒子与真空背景相互耦合、相互作用达到平衡。

粒子在具有一定对称性的真空背景场中的运动，称为自由运动、惯性运动或短程线运动。这种运动始终是绝热平衡的吗？即粒子与真空背景场能够每时每刻调整自己使彼此之间的相互作用始终达到平衡吗？自由运动、惯性运动或短程线运动是粒子与真空背景场之间的相互作用每时每刻都达到平衡的运动?

粒子在与真空背景场之间相互作用、交换能量-动量，每时每刻都达到平衡的过程中,真空背景场提供的量子涨落能量是高斯型有色噪声能谱而非白噪声能谱。真空背景场动力学效应的关键是在物理学基本方程中适当纳入这一高斯型的有色噪声能谱的影响。

(4) 宇宙真空背景场结构的三个层次、三个方面及其性质：

不同层次	微观结构	宏观结构	宇观结构
结构与效应	量子涨落结构	相对论尺钟效应	引力与反引力效应
规律性	涨落随机动力学	平稳决定论	宇宙膨胀随动决定论

应有三个层次(微观、宏观、宇观)和三个方面(涨落随机动力学、平稳决定论、

宇宙膨胀随动决定论)的时空理论、运动学理论和动力学理论。

真空背景的微观时空、宏观整体或局域相对论时空、宇观时空的对称性决定了微观粒子、宏观物体、星系和宇宙的运动学和动力学形态，相对性原理的形态和宇宙一切事物的存在形式。

微观均匀量子涨落真空背景(涨落的相空间)的对称性，是量子运动学根源。

微观不均匀量子涨落真空背景及其缺陷的对称性，是引力、质量、电荷等内禀量子数的来源。

宏观平稳均匀真空背景的对称性，是相对论尺钟效应及相应的运动学的物质基础。

宏观平稳不均匀(弯曲)真空背景的对称性，是广义相对论的物质基础。

宇宙膨胀引起的宇观尺度真空背景量子涨落能亏损导致的辐射子激发，是暗能量的来源，星系引起这一辐射子激发的碎裂成团化是暗物质的来源；同时导致的真空背景负能空穴激发是引力-反引力的来源。

(5) 真空背景场量子涨落的两种极端的激发(变化)模式。

天体尺度和宇宙尺度的超长波和大范围激发(或变化)，分别表现为暗物质和暗能量。

微观粒子尺度的短波激发(或变化)和缺陷，表现为零质量和非零质量粒子的激发。

(6) 三个层次的真空背景场的对称性与守恒定律。

真空背景场的时空几何的运动群对称性，是粒子惯性运动和运动学守恒律的基础：

真空背景场的对称性决定物质的惯性和惯性运动的守恒律——运动学。

真空背景场与粒子相互作用的平衡导致粒子-真空背景耦合系统运动学守恒律。

粒子的存在导致背景场的各种模式的变形——各种形式的规范场，导致粒子与规范场复合系统的运动学守恒定律和规范不变性。

真空背景随时空坐标的局域变化使其激发模式的对称性(内部对称性)，变成坐标有关的定域对称性——规范对称性；这样形成的粒子-规范场复合系统的守恒定律，要求复合系统具有规范不变性。

物质粒子与真空背景之间，交换能量、动量、角动量等达成平衡，形成运动学；物质粒子之间通过真空背景量子涨落，交换能量、动量、角动量，达成平衡形成动力学。

势能是储备在真空背景场中的能量，是真空背景场量子涨落强度及其分布变化的度量。

(7) 真空背景场与粒子惯性：真空背景场与粒子相互耦合、相互作用的平衡导致粒子的惯性和惯性运动。粒子的惯性是粒子对其存在的环境(真空背景)的习惯性与依赖性，它来源于粒子与真空背景相互作用，在交换能量、动量过程中达成的一种平衡，惯性质量是这种平衡联系强度的度量。改变平衡(增减惯性)需要输入(出)能量，能量在空间上的连续输入的梯度表现为力。惯性的两种表现——稳态表现和动态表现：粒子与真空背景场之间平衡状态的保持表现为惯性运动(包括平直空间惯性运动和弯曲空间-引力场中的测地线运动)(惯性运动是稳态表现)，粒子与真空背景场平衡状态的改变表现为力学第二定律和能量-动量的变化(力或功率的出现是动态表现)。

(8) 粒子相对于真空背景的运动：局域匀速平衡运动与加速运动。粒子相对于真空背景场保持平衡的运动——广义惯性运动：如真空背景场均匀各向同性则为狭义惯性运动(匀速直线运动)；如真空背景场不均匀则为广义测地线运动(变速曲线运动)。粒子相对于真空背景场的运动——狭义的和广义的惯性运动，保持粒子和真空背景场复合系统能量守恒(动量、角动量守恒比较微妙，必须适当定义粒子-背景场复合系统的质心及其运动)。

(9) 关于相对论协变性：真空背景场对物理系统(被测对象)的时空属性及运动行为和对时空测量工具(尺钟)的时空属性及运动行为的影响的一致性和同一性；测量工具和被测对象两者按同一规律变化，故测量的读数不变。类比：用同一品质的铁尺测量同一品质的铁轨，即使气温变化会导致铁条的伸缩效应，由于铁尺和铁轨的长度按同一规律随温度变化，故在不同气温下测得的铁轨长度的数值结果也不变，这就是长度测量对环境温度变化的协变性。

关于规范协变性：粒子的存在导致真空背景出现规范场式的局域变形，但粒子和真空背景局域规范场一起作为一个复合系统，在二者的复合规范变换下仍保持能量、动量等物理量守恒，致使复合系统在复合规范变换下具有不变性。形象、具体地说：真空背景场的局域规范群的变换参数依赖时空坐标，故在不同时空点转动的相位角不同，因而扭曲了真空背景使其变形，诱导出与背景变形对应的局域规范场及其物理量(二类规范变换)；物质场的局域规范群变换表现为依赖坐标的局域相位角(一类规范变换)，这扭曲了物质波场的分布导致其动量分布发生变化。两类局域规范群变换的协调与整合(两类规范变换的一致性要求)，导致复合系统的总拉氏量不变，总物理量守恒。

(10) 真空背景场量子涨落与相互作用：相互作用来源于粒子的存在引起其所在区域局域真空背景量子涨落波场的变化。电磁和引力表现为长程光滑的波场的变化，弱力和强力表现为短程的缺陷束缚波场或形状的变化。局域真空背景波场变化表现为规范场，用局域对称性来刻画：局域对称群变换由于时空各点的转动相位角不同，就使真空背景场发生了扭曲变形，因而是对真空背景场实施的扭曲变形变换，真空背景场的扭曲变形部分表现为规范场，描述真空背景场变形导致的物理量的变化；对物质粒子而言表现为物质波场的局域相因子变换引起的动量分布变化。真空局域变形的对称群类型即规范场的类型，是由局域对称群的广义转动引起，自然由局域广义转动变换群决定。

由于量子涨落，真空背景场在量子涨落的时空尺度以内成为可以输运或储备能量、动量、角动量等物理量的“仓库”。通过涨落着的真空背景场作为中介实现的相互作用，可以出现粒子的能量、动量、角动量等物理量在涨落的时空尺度内不守恒的虚过程离壳效应；通过被输出或被储备的能量、动量、角动量等物理量，在涨落真空背景场中的时空迁移与输运，会出现相互作用在时空中传播的推迟效应。由于量子涨落，在真空背景场中传播的周期性波动被离散化而成为波动量子(量子脉冲或波包)，离散的波量子(量子脉冲波或波包)具有波-粒二象性，德布罗意关系把波量子(脉冲波或波包)的连续波性(频率、波长)和离散粒子性(能量、动量)联系起来。波量子(脉冲波或波包)的波-粒二象性和德布罗意关系，是真空背景场量子涨落的连续波动属性-离散粒子属性，即具有频率-能量、波矢-动量这一量子涨落波的基本属性，在物质激发的连续-离散波中的表现。在涨落的真空背景场中传播的波，在微观尺度，波的离散性与连续性与真空背景的微观晶胞结构有关，大尺度的连续波是由大量晶胞位移组成的离散波的连续极限。只有波长达到真空背景的微观量子涨落结构不破坏其波的结构时，才可以实现理想的连续波。

粒子的守恒定律是对量子涨落的平均而言，这时真空背景量子涨落的输出和输入效应的平均值为零。

(11) 真空背景场的变化与规范场、质量和引力的起源。

平稳真空背景场的局域平滑变化，用对称群的时空坐标有关的局域变换来实现，表现为经典规范场；当它被真空背景场量子涨落离散化后就成为量子规范场。

真空背景场量子涨落能量亏损平均强度的局域变化表现为经典引力场，当它被背景场量子涨落离散化后就成为量子引力场。物质粒子的定域存在，一定要改变其所在区域真空背景场的量子涨落属性，形成一个局域的束缚辐射性压强分布，在粒子定域的时空区域束缚一定数目的正能的辐射粒子和负能的空穴，产生稳定的正能量的物质场和负能量的引力场的局域分布，实现粒子与真空背景之间量子涨落导致的能量、动量交换的平衡的达成。这些稳定的局域的正能量的物质分布表现为粒子的静质量和静能量分布，而这些区域的真空背景场量子涨落能亏损引起的负能量的空穴激发则表现为引力场。因此，定域束缚的辐射粒子所对应的能量和质量在真空背景场中的稳定分布，会同时产生质量和引力场伴随效应，辐射粒子的能量和动质量的定域化束缚(粒子的产生)和真空局域量子涨落能亏损表征的空穴引力场的出现，是同一过程的两种后果。(2007.10.24)

(12) 粒子质量和引力场与真空背景场量子涨落强度的非均匀性。粒子的静质量和静能量，起源于粒子所在区域的真空背景场的某种局域化缺陷对其中辐射粒子规则运动(波流)的束缚，按流体力学规律会导致该区域内部真空背景场量子涨落强度(热压强)的减小。该规则流动区域的稳定性，要求该区域内规则流动物质的外向离心效应与该区域内的量子涨落强度变化梯度产生的内向引力效应达成平衡；宏观引力可能是这种定域辐射粒子流分布的稳定性平衡被真空量子涨落打破而产生的剩余效应，类似于 van der Waals 力。

旁证：电磁 Casimir 力形成机制：平行金属板隔离区域内真空电磁涨落因波动频率离散化而波动模式数目减少，电磁涨落能减弱，因而形成隔离区内部与外部的真空电磁涨落强度差，产生电磁 Casimir 力。因此，Casimir 力不是来自真空电磁量子涨落本身，而是来自真空电磁量子涨落强度由于金属平行板隔离效应(电磁真空缺陷)造成的改变(减小)，即真空电磁量子涨落强度改变而形成的空间梯度。类似地，维持粒子的定域束缚的辐射粒子的质量和能量分布的稳定性的强束缚的内向压强，来自物质所在区域真空量子涨落强度的减小而形成的内低、外高的量子涨落压强差。通常的引力可能是被束缚辐射流的离心压强和内外量子涨落强度差产生的内向压强的不平衡而产生的剩余压强效应，类似于 van der Waals 力。

(13) 暗能量和暗物质是真空背景场量子涨落强度大范围的变化效应(宇宙膨胀导致的宇宙内真空量子涨落能亏损同时激发出宇宙尺度和星系尺度的正能辐射量子和负能空穴量子)，而不是定域粒子的质量集合产生的引力效应(虽然二者的引力效应都与相应区域内真空量子涨落能亏损相联系，但前者是真空受限导致的、后者是宇宙膨胀导致的真空量子涨落亏损)。真空背景场量子涨落强度的微观局域变化，或缺陷区域真空量子涨落能的局域变化，表现为基本粒子及其各种相互作用；而宇观尺度和星系尺度的真空量子涨落能变化，则由宇宙膨胀引起，产生暗能量和暗物质及其反引力和引力效应(暗物质来自星系尺度真空涨落强度分布的减小所激发的辐射量子，其空穴引力效应指向星系中心；而暗能量来自宇宙尺度真空涨落能强度的减小所激发的宇宙尺度的辐射量子，其宇宙尺度的空穴引力效应，指向宇宙视界面)。

进一步说，暗能量可能来自宇宙膨胀导致的真空径向量子涨落无规能量亏损部分转化为宇宙真空背景中的准静态辐射量子的规则能量，而伴随的反引力则来自其负能空穴量子伴侣形成的引力，产生指向视界面的反引力效应。早期宇宙膨胀导致的真空量子涨落无规能量向超高能辐射量子规则能量转化的另一种形式，是经过这些超高能辐射量子碰撞产生其他基本粒子(超高能转化过程)。

(14) 相互作用与真空背景场量子涨落能分布的变化有关：定域束缚的辐射量子能量分布表现为粒子的内禀能量(质量)，而远离粒子缺陷区域的真空背景场中的量子涨落能量分布变化表现为势能。相互作用是粒子之间通过真空背景量子涨落在能量守恒条件下、在粒子之间的能量交换与传送。粒子的物理量通过真空背景场量子涨落实现输运和转移，真空背景场平均说来起着中介的作用。量子涨落过程中，这些负责转移能量的量子就是规范场中间玻色子。

相互作用与真空背景场量子涨落强度在时空分布上的变化有关：短程作用涉及微观区域的量子涨落能量分布的变化，长程相互作用涉及真空较大区域的量子涨落能量强度分布的平滑变化。

两种能量形式：局域化的辐射波对应的能量(粒子内能和质量)和非局域的量子涨落强度变化对应的能量(势能)。

粒子的内能：局域束缚的辐射驻波对应的能量(对应粒子静止质量)。

粒子的动能：粒子相对于真空背景运动时，附加的局域辐射驻波的能量。

粒子的势能：粒子周围空间量子涨落强度变化对应的能量。

(15) 数值模拟实验表明：微观时空的离散化与量子化，可以在时空坐标的函数值的构形上产生大几个量级的宏观结构；反之，宇宙尺度的有限性和由此而来的波动的周期性，会在坐标函数值的构形上产生小尺度的结构。

宏观时空点是没有量子涨落的时空点(量子涨落平均掉了的时空则是宏观时空流形)。量子涨落完成一个具有时空周期的时空点，是按量子涨落时空周期离散化的,在这些周期性离散时空点之间的物理过程是真空量子涨落控制的物理世界，是量子随机过程的物理世界。(2007.10.24)

由于量子涨落的波动性，当涨落按频谱(或波长)分解时，不同频谱(或波长)的涨落分量按德布罗意关系具有不同的能量(动量)。因此，细致地说来，量子化是按相空间而不是坐标空间进行的。只有从平均的角度，可以分别确定涨落的平均频率(或波长)对应的时空周期和平均能量(或动量)对应的能量-动量周期。如果量子涨落是白噪声，则量子涨落的平均频率是无限大、波长是无限小，时空周期是无限小，平均能量(动量)是无限大，对应的能量-动量周期也是无限小。只有有色噪声的量子涨落，才会形成有限的量子化、离散化的时空周期结构和有限大小的能量-动量周期结构。值得注意的是,现代量子论假定的量子涨落谱是白噪声的,不能造成时空的有限量子化周期结构。因此，真空背景的有限晶胞结构和相应的时空结构的有限周期性、离散性，与真空量子涨落的有色谱相联系，白噪声量子涨落谱会导致点粒子结构、真空的连续时空流形和相关的发散困难。

(16) 引力场拉格朗日中标量曲率的二次项，在线性近似下，其传播子可以出现动量的负四次项，使得单引力子交换势变成动量相关势，一定条件下，引力会变为斥力。

(17) 关于《量子真空背景场理论》的内容。(2005.11.11；2006.07.18)

① 量子真空背景场基本属性。

② 相对论与平稳真空背景场。

③ 量子论与涨落真空背景场。

④ 物理真空介质的超流性与庞加莱对称性。

⑤ 质量、惯性、惯性运动、守恒定律。

⑥ 相对性原理与真空平稳背景时空对称性：真空背景影响的同一性、一致性和普适性，是相对性原理的物质基础。用洛伦兹时空对称性和不变性表述的相对性原理，还包含光速不变假定和光速对钟约定带来的美学成分。

(2007.10.24)

⑦ 时空属性与平稳量子真空背景场：平稳真空背景变换的不变性导致平稳真空背景的几何(几何是对称群确定的不变流形–希尔伯特)。

⑧ 量子真空背景场的拓扑性激发。

⑨ 量子真空背景场的奇性(缺陷)的 Φ –场描述和 Φ –映射理论、克莱纳特多值场论。

⑩ 粒子从量子真空背景场中产生的(缺陷)几何学、运动学和动力学。

⑪ 粒子在量子真空背景场中运动的运动学。

⑫ 粒子与量子真空背景场的相互作用，真空背景场作为中介的粒子–粒子之间相互作用的动力学。

⑬ 规范场与量子真空背景场的局域变化产生的局域对称性。

⑭ 物理学基本理论的两种形态：科学认识的路线。

原理(本质)性理论与结构(实体)性理论。

普遍实体结构基本属性的提升(忽略结构细节的连续极限)表现为原理。

原理的物质载体是普遍实体结构及其属性。

从原理的物质载体的属性去理解原理的实质、原理适用的界限。

从原理性理论回归到实体性理论去寻求原理的突破点与发展方向(目前的需要)。

⑮ 对称性理论中的客观的物理成分与人文的美学修饰成分。对称性的破缺是物质世界多样化、万物产生的源泉，具体物理实体的对称性都是破缺的。

完全的对称性是物质世界的原始的、未分化的状态与属性的对称性，适合所有物质形态的普适对称性是未破缺的、完全的对称性。

从破缺的客观的、物理对称性到普遍的、完全的对称性，需加进人文的(科学家的)约定(如光速不变假定对钟和同时性的相对性)对应的、非物理的美学修饰成分(如规范场的非物理自由度)，以便恢复破缺的对称性，达到完全的对称性，此乃“科学的美学原理”。

物理学中普遍的、完全的对称性目前包括：时空的对称性和相对性原理(庞加莱不变性)、规范场论的局域对称性和规范不变性原理、广义坐标变换的协变性和广义相对论原理、最大对称性原理。

因此，物理学中普遍的、完全的对称性包括客观的物理成分与人文的美学修饰成分，这是科学的美学原理。(2007.10.24)

⑯ 相对性原理中的客观成分与约定成分。

⑰ 基本物理量的有限性带来的认识论问题：认识的精度的有限性与极限、认识分辨率的有限性与极限产生的物理基本问题(2006. 03. 10；2006. 04. 22)：

信号转播速度(光速)有限而扬弃以态(信号的传播媒体、载体)(通过光速不变假定对钟约定和同时性的相对性到达洛伦兹不变性来实现)(Pauli)(这是人为的)作用量 h 的有限性而扬弃轨道(Pauli)(这是物理的)。宇宙半径的有限性而扬弃什么(物理空间无限)？宇宙的有限演化而扬弃什么(物理时间无限)？

⑱ 基本物理量通过测量进入理论表述带来的认识论问题：认识客观性的限度(2006. 03. 10；2006. 04. 22)。用光信号对钟须对其速度做出假定因而使同时性成为相对的，使理论(相对论)具有约定成分，光速以几何和物理不变量-普适常数的形式进入理论表述，导致理论完美的对称性和运动完全的相对性，以及对信号传播媒体(以太)的扬弃。

测量仪器的作用：通过普朗克作用量进入理论，导致对测量绝对精度的扬弃，并对涨落的自在客体-量子以太的扬弃，理论只承认测量到的客体(并协原理，Bohr, Heisenberg, Pauli)。

基本物理量进入理论表述，测量和仪器的作用进入理论表述之中，是现代物理学的巨大进步和成就，但其认识论的某些引申未必是正确的、积极的。

当实证性原理不足以奠定理论基础时，需要引进假设性原理。假设性原理常常只有部分的实证基础，没有完全的证实基础。假设性原理靠以下方式保证其合理性和部分可靠性：①使理论具有最大的对称性的科学美学原则和简单性原则(这是“理论推广的物理合理性”和“理论逻辑思维的合理性”的要求)；②理论对真空背景场属性确认的相对性原则(这是物理可靠性要求)。

完全对称性的、科学的美学原则和相对性原则的实现，往往需要约定和修饰，以克服、弥补某些不对称性，因而使理论具有人文的、完美的对称美(包含非客观的、约定的美学成分)。重要的是：区分理论所包含的客观物理成分和人为的约定成分，客观的、物理的对称性成分和人文的、非物理的对称性成分。理论包含的不对称成分(对称性的破缺)正是物质(包括真空背景场)某些属性可以被确定、被认识的必要条件，也是事物产生、结构生成、事物分化的必要条件。因此，靠约定实现的完全对称性的美学原则和相对性原则，一定伴随着对真空背景场某些不对称属性的认识的扬弃，最终导致对整个真空背景场的扬弃，使原理性理论脱离产生原理的物质基础，成为没有物质基础的纯原理性理论，不利于理论的进一步发展。**把人文的、完美的对称性与物理的、不完美的对称性破缺，恰当地结合起来，从而区分人文的对称美与客观的对称美，这是确保科学发展的正确的认识论要求。**

要寻求原理的物质基础，就需要把真空背景的完全的对称性按合理方式破缺到客观的、现实的物理对称性(真空背景参考系的对称性)，把理想、完美的、无结构的真空背景，还原为真实的、不完美的、有结构的真空背景，即剥去真空背景的人文的、约定的、美学的、多余的、非物理的对称性元素。

但从美学原则、简单性原则、普适性原则、相对性原理、理论的易操作原则考虑，人文的、美学的完全对称性理论有巨大的优越性。只要按约定进行实验操作，理论就始终能保持这种完美的对称性，实验也会得到与理论一致的结果。因此，这种约定论的简洁理论具有很大的优势，爱因斯坦相对论战胜洛伦兹-庞加莱相对论就是因为前者简单、优美。因此，只有在探索相对论的物质基础，寻求理论进一步发展的途径时，才需要把完全的对称性理论破缺到只具有客观的、现实的物理对称性的理论，即剥去人文的、约定的、美学的、多余的、非物理的对称性元素，显露出其客观的、破缺的、必需的、物理的对称元素及其物质基础。(2007.10.24)

(18) 真空量子涨落背景场中的稳定涡旋运动及其类比：离心力与真空压强的平衡。(2005.11.12)

离心力的出现以惯性运动平衡的破坏为前提，压强的显现以涨落强度不均为前提。

普朗克子量子涨落的微观尺度：10^{-33}cm。

具有定域束缚平衡的基本粒子的微观尺度：$10^{-13}\sim10^{-15}\text{cm}$。

产生粒子局域束缚的真空压强差和引力的微观尺度：$10^{-13}\sim10^{-15}\text{cm}$。

产生粒子局域束缚辐射的惯性离心力和束缚力的微观尺度：$10^{-13}\sim10^{-15}\text{cm}$。

局域束缚的涡旋辐射流的离心力与压强平衡的微观尺度：稳定的粒子涡旋结构的尺度：$10^{-13}\sim10^{-15}\text{cm}$。

如何理解基本粒子尺度的等级差问题?

普朗克子量子涨落的微观尺度与形成稳定粒子涡旋运动的尺度的等级差，基本粒子尺度与普朗克子尺度的等级差：$(10^{-13}\text{cm}-10^{-15}\text{cm})/10^{-33}\text{cm}=10^{18}-10^{20}$。

与宏观稳定涡旋的比较：

龙卷风的尺度：$10\text{km}=10^{6}\text{cm}$。

分子尺度：10^{-8}cm。

龙卷风尺度与分子尺度的等级差：$10^{6}\text{cm}/10^{-8}\text{cm}=10^{14}$。

产生物质结构尺度等级差的机制是什么?

(19) 关于宇宙常数 Λ。(2006.03.09；2006.04.22)

宇宙年龄：T=137 亿年=$4.320432\times10^{17}\text{s}$。

宇宙半径：R=$1.296\times10^{28}\text{cm}$。

普朗克长度：$r=1\times10^{-33}\text{cm}$。

二者之比：$\dfrac{R}{r}\approx10^{61}$。

宇宙常数：$\Lambda\sim\left(\dfrac{r}{R}\right)^2\approx10^{-122}$与真空量子涨落压强按宇宙半径的平方反比律减小一致，其值取在宇宙半径尺度上，正比于宇宙尺度的曲率(引力)半径与普朗克尺度的曲率(引力)半径之比。什么机制导致这一结果?

答案：爱因斯坦-弗里德曼宇宙演化动力学，在宇宙演化的普朗克子初始条件下，演化到今天，自然得到上述结果(见“前书”第 10 章)。(2017.10.05)

爱因斯坦-弗里德曼宇宙演化动力学方程：是爱因斯坦方程在宇宙学原理和 Robertson -Walker 度规下的形式。包含宇宙项的爱因斯坦方程为

引力场方程：$G_{\mu\nu}=-\kappa T_{\mu\nu}$，$G_{\mu\nu}=R_{\mu\nu}-\dfrac{1}{2}Rg_{\mu\nu}-\Lambda g_{\mu\nu}$。

引力常数：$\kappa\sim\dfrac{1}{R^2}/E$，正比于单位能量的曲率。

(20) 物理学是环境科学(更准确地说是真空背景的科学,真空背景是最普遍的环境)，是我们所在的这个真空背景支配下的物质运动的基本规律的科学。基本物理常数是这个真空背景的特征属性的量度，宇宙内真空背景属性的演化，决定了其特征量的演化和由此而来的基本物理常数的演化。从这个观点出发，可以讨论宇宙真空背景的多样性及相应的物理学、物理规律的多样性。从这个观点出发，可知基本物理常数和基本物理定律是相关而独立的属性(前者与真空结构有关,后者与真空背景的对称性有关;宇宙演化则与体现物理定律的动力学方程及其初始条件、边界条件有关)，不可能从基本物理定律计算它赖以表述出来的基本物理常数。只能从宇宙真空背景的来源去了解其特征量和基本物理常数的起源。从基本物理定律不能计算、因而不能回答基本物理常数的来源问题，这是物理学中的哥德尔定理的表现，反映出物理理论的不封闭性、不自容性和不完备性，这是宇宙真空背景作为最基本的物理系统的不封闭性、不自容性和不完备性的表现。(2006.04.22；2007.10.24)

(21) 既然天体物理和宇宙学给我们提供了宇宙真空背景的定量信息，与我们过去认为的、赖以建立时空理论和物理学理论的、理想化的真空背景不大相同，我们就应该按照真实的真空背景来改造时空理论和基本物理学。真实的宇宙真空背景的最大特点是宇宙空间有限和宇宙时间演化，与理想化的宇宙空间无限、宇宙时间均匀流逝的宇宙真空背景形成鲜明的对照。首先，应修改时空理论以描述真实的宇宙真空背景，然后从这个时空理论中揭示出真实的宇宙真空背景的对称

性和相应的守恒定律。时空是宇宙真空背景的时空(是宇宙真空背景中的尺和钟的行为)，而宇宙真空背景的对称性即宇宙时空的对称性，决定了我们所在这个宇宙真空背景中的物理学的基本守恒定律，因而确定了这个物理学的基本内容。(2006.04.22；2007.10.24)

(22) 关于时空维数。(2006. 04. 22)

宇宙真空背景场的量子涨落使得平稳真空背景中的时空点变得不确定。时空坐标的平均值和对平均值的涨落，在物理根源和数学描述上都是两个独立的量。时空坐标的涨落是真空背景的量子涨落引起的，它们发生在相空间，这使得时空涨落必须在相空间描述——同时描述坐标涨落和动量涨落，因而描述时空涨落的量必须加倍。如果，平稳时空是四维的，则时空在相空间的涨落必须是八维的(与四维复空间等价)。涨落是量子的，因而涨落时空是微观的。涨落在相空间发生，因而涨落时空是复的。相空间涨落受量子化条件的限制，因而涨落复时空是紧致的。(本章第 5.5 节定量表述了这一思想，2018.05.24)

平稳时空是四维，因为我们所在的真空背景在空间上是三维的，在时间上是单向演化的(只有一个过去和一个未来，这是严格因果性的结果)。如果我们的真空背景是一个二维膜，则物理时空就变成三维的。

(23) 普朗克尺度和宇宙尺度的能量密度、压强、空间曲率和引力。(2006. 04. 23)

真空普朗克子能量密度与当今宇宙能量密度比：$\rho_{Va}/\rho_{\Lambda}=10^{122}$。

真空普朗克子压强与当今宇宙的压强比：$p_{Va}/p_{\Lambda}=10^{122}$。

真空普朗克子空间曲率与当今宇宙空间曲率之比：$(1/r_{\mathrm{P}})^2/(1/R)^2=10^{122}$。

普朗克子尺度的引力：$m_{\mathrm{P}}\left(=h\nu_{\mathrm{P}}/c^2\right)\dfrac{c^2}{r_{\mathrm{P}}}=\dfrac{hc}{r_{\mathrm{P}}^2}$，$\nu_{\mathrm{P}}r_{\mathrm{P}}\approx c$

宇宙尺度的反引力：$m_{\mathrm{R}}\left(=h\nu_{\mathrm{R}}/c^2\right)\dfrac{c^2}{R}=\dfrac{hc}{R^2}$，$\nu_R R\approx c$

两者引力之比：$(1/r_{\mathrm{P}})^2/(1/R)^2=10^{122}$，真空普朗克子尺度和宇宙尺度的引力比，等于真空普朗克子尺度和宇宙尺度的曲率之比(**引力描述空间曲率**)。

宇宙径向膨胀中角动量守恒问题？(2007.10.24)

(24) 关于引力场、希格斯场量子化问题。(2006.05.08)

普朗克子真空量子涨落形成量子无规点阵，像晶体的点阵。像晶体点阵分布的变形(机械性声学变形)，量子点阵分布的变化，形成各种物理场：静态引力场是量子涨落压强的二阶度规张量变化引起的，引起这种变化的荷是质量——定域物质分布的存在，引力波是这种变化的转播；静态电磁场是量子涨落压强的矢量性变化，引起这种变化的荷是电荷——另一种定域物质分布的存在，电磁波是这种变化的转播；长程力场与量子点阵分布的长程光滑变化相联系，短程力场与量子点阵分布的短程剧烈变化——缺陷相联系。

从上述观点出发，又因为真空背景场波动(在谐振近似下)服从能量(动量)-频率(波矢)的量子关系：$\vec{p}=\hbar\vec{k}, e=\hbar\omega$，任何波场包括引力场，只要是物理存在的，都可以量子化，真空晶体点阵的最小作用量即普朗克作用量。问题是，在什么能标下，粒子性和波动性才能并存，显示出量子论的全部内涵。远离这个量子能标尺度，则该力场表现为经典粒子或经典波，不需要量子化是因为量子效应不能在实验中表现出来。如果，引力场或电磁场是宏观的(量子效应)，是大量微观粒子携带的引力场或电磁场量子的叠加，则该宏观场因高度非线性叠加而不能量子化？只有微观场相互作用的系统才可以量子化？问题是：微观场相互作用和宏观场相互作用的拉格朗日有何不同？电磁相互作用的拉格朗日既是宏观的又是微观的，引力场的拉格朗日是宏观的，也是微观的吗？

对于希格斯场，它的物理真实性尚有待确认，其量子化问题则是确认后的问题。(2007.10.24)

(25) 惯性运动(或测地线运动)。(2006.07.27)

只有在实物与真空背景场相互作用达到平衡时，实物在真空背景场中的自由运动才称为惯性运动(或测地线运动)。因为，在这种运动中，实物与真空背景场之间始终保持平衡，而实物与真空背景场之间始终保持平衡的运动叫做惯性运动。如果背景场是均匀的、各向同性的，则运动期间实物和背景场分别保持各自的能量-动量(角动量)守恒，而惯性运动自然是匀速直线运动。如果背景场不是均匀的、各向同性的，则运动期间实物和真空背景场总体保持能量-动量(角动量)守恒，运动中会出现运动量在实物与真空背景之间的转移以达成某种时空局域平衡；而这种转移需要时间，是一个以光速实现的弛豫过程，此时的惯性运动是测地线运动。(2007.10.24)

(26) 在惯性运动(或测地线运动)参考系中，真空背景场对实物的物理作用的运动学效果看不见了，被参考系的运动抵消(吸收)了，实物表现为不受外力作用的自在之物，实物相对于惯性参考系静止可以误认为相对于真空背景场静止。由于作为被测对象的实物和测量工具的实物在时-空、动量-能量的度量上，都受到真空背景场一致的、相同的影响，它们的度量读数之间的物理和几何的数量关系因而是协变的，这就是狭义和广义相对性原理的物质基础。

(27) 两类相互作用和两类运动：实物与真空背景场相互用引起的实物与真空背景场之间的能量-动量转移与分配，实物之间的(除引力之外的)相互作用引起的实物与实物之间的能量-动量转移与分配。第一类运动可以纳入几何描述的框架，第二类运动用通常的物理定律描述。在惯性参考系中，第一类运动已被惯性系的运动抵消，剩下只能研究第二类运动。两类运动的相对性原理的内容是有差别的。两类运动的相对性原理是如何产生的？(2007.10.24)

(28) 关于广义惯性系与广义相对性原理。(2006.07.28)

从真空背景场对尺、钟影响和对被测对象时空尺度影响的一致性，得到物理方程中时空几何度量在不同参考系中的协变性,从真空背景场对所有实物的动量-能量影响的一致性，得到物理方程的运动学的协变性，从物质时空几何的协变性和物质动量-能量等运动学变量的协变性，得到物质动量-能量在时空中分布及其变化的协变性-即物质相互作用的协变性，以及动力学方程(守恒定律的时空局域微分形式)的协变性。这就是广义相对性原理的物质基础和这一原理实现的几何-物理过程。

基本物理规律的内涵：由于相互作用，在保持系统动量、能量等物理量守恒的条件下，物质的动量、能量等物理量在时空中分布的变化有两种情况：或者是动量、能量等物理量在各部分物质中分布的变化，或者是动能、势能在实物和背景中分布的变化。描述这种变化的方程称为运动方程，这种变化中的不变性称物理守恒定律。(2007.10.24)

(29) 实物在真空背景场作用下，物质和能量分布集中的问题。没有达到平衡的引力引起的物质集中都是动态物质的集中。到达黑洞后物质的集中是单向的，黑洞视界面充满了剧烈运动的辐射物质。黑洞表面剧烈运动的辐射物质的运动状态在大小两个方面有无极限？这一极限与普朗克子时空尺度的量子涨落有何关系？(2006.07.28)(见“前书”第 9 章对上述问题的回答，2017.10.05)

(30) 如果真空背景场没有剧烈的量子涨落，则平稳真空背景中的黑洞视界使黑洞成为单向封闭的、质量的奇怪吸引子-宇宙的质量只能单向向黑洞集中。有着剧烈的量子涨落的真空背景场，使黑洞视界面充满剧烈运动的辐射物质(辐射粒子)的量子涨落产生高于外部温度的量子统计涨落，因而视界面内的辐射粒子可以向视界外逃离——导致黑洞量子蒸发。

(31) 真空背景场量子涨落强度的减弱表现为空穴引力子激发，真空背景场量子涨落的增强表现为辐射粒子激发，辐射粒子的定域化束缚表现为冷物质粒子。

(32)质量起源和引力起源应同时得到说明，单纯只描述质量起源或引力起源的理论都没有从根本上解决问题。因此,质量起源的希格斯机制只是一个唯象的、等效的理论。它既没有涉及引力起源问题，更没有从微观说明质量起源问题。

(33) 宇宙是一个封闭黑洞。(2006. 07. 28)

宇宙的 Schwarzschild 黑洞半径：

$$R_{\mathrm{g}}=\frac{2MG}{c^2}=\frac{2G}{C^2}\frac{4\pi}{3}R_{\mathrm{g}}^3\rho$$

$$\rho=\frac{3c^2}{8\pi R_{\mathrm{g}}^2}=\frac{3c^2H_0^2}{8\pi}=\rho_{\mathrm{c}},\quad H_0=1/R_{\mathrm{g}}$$

若宇宙中光线和实物在宇宙真空背景场中运动轨道的弯曲完全由宇宙物质产生的引力场引起，则空间的纯几何曲率为零：$k=0$。宇宙密度等于临界密度 $\rho=\rho_c$ 表明：宇宙半径就是 Schwarzschild 黑洞半径，宇宙万物只能在其中运动而不能逃出，这正是宇宙封闭性的表现——宇宙是一个封闭的 Schwarzschild 黑洞。宇宙产生引力场的物质包括三个成分：暗能量、非重子暗物质和通常的重子物质、轻子物质及辐射。

(这是由膨胀宇宙的视界面界定的黑洞，而不是真空宇宙尺度的缺陷对其中波动模式截断形成的黑洞。后者由缺陷产生的真空量子涨落减小诱导的引力，是平衡态卡西米尔效应；前者由宇宙膨胀造成的真空量子涨落能减小诱导的引力，是非平衡态全息辐射效应；二者的引力强度的数量级不相同。见“前书”第 10 章。2017.12.05)

(34) 如果物理真空背景空间的几何就是宇宙真空背景场的几何，用光线和实物在真空背景场中的运动轨道的弯曲来定义空间的曲率和引力强度，那么空间的弯曲和空间的曲率就是物质的和物理的，是真空背景场量子涨落能亏损的分布的不均匀性的表现。因此，不存在非真空背景场的、超物质的空间弯曲和空间曲率。从这个观点出发，在建立宇宙真空背景空间的时空理论时，非物质的、非物理的、纯几何的曲率，从一开始就不应该出现在物理的时空理论中，因而必须为零：$k=0$。宇宙平均物质密度等于临界密度的宇宙学意义是：宇宙的尺度由其 Schwarzschild 半径确定，这是观测宇宙封闭性的要求或表现。即宇宙空间的曲率完全是物理的而非纯几何的，完全由宇宙物质产生的引力确定，通过产生引力而使宇宙空间出现物理弯曲的宇宙物质包括三个成分——暗能量、暗物质和重子-轻子-辐射物质；因为宇宙空间的弯曲是物理的，因此，从纯几何而言，$k=0$，宇宙空间是平直的。

(35) 辐射粒子射入黑洞不能出来，要求辐射光子在黑洞内分裂。实物粒子射入黑洞不能出来，要求实物粒子转化为辐射。一切物质进入黑洞都化为辐射而且发生分裂。这表明粒子能量在黑洞内发生了均分和耗散，黑洞类似复合原子核。这样，黑洞的性质才与动量-能量守恒自洽。但是，这与关于信息和熵的定律是否一致？(2006.07.31；2007.10.25)信息和熵的定律要求：一切物质进入黑洞都转变成自旋 1/2 的辐射粒子并储存于视界面？(2017.09.12)

(36) 关于宇宙学几个问题的探讨。

由于上述观点的重要性，下面综合、小结得更系统，题为“关于宇宙学几个问题的探讨”(为了叙述完整，有部分重复，2006.08.25)：

① 宇宙的 Schwarzschild 半径：$R_g=\dfrac{2MG}{c^2}=\dfrac{2G}{c^2}\dfrac{4\pi}{3}R_g^3\rho$

$$\rho = \frac{3c^2}{8\pi G R_g^2} = \frac{3H_0^2}{8\pi G} = \rho_c, \quad H_0 = \frac{c}{R_g}, R_g = \frac{c}{H_0} = ct$$

若宇宙中光线和实物在背景场中运动轨道的弯曲完全由宇宙物质产生的引力场引起，则空间的纯几何曲率为零：$k=0$。宇宙密度等于临界密度 $\rho=\rho_c$ 表明：宇宙半径就是 Schwarzschild 半径，宇宙万物只能在其中运动，这正是宇宙封闭性的表现，宇宙是一个封闭的黑洞。宇宙产生引力场的物质包括三个成分：暗能量、非重子暗物质和通常的重子(-轻子)物质。

② 如果物理背景空间的几何就是宇宙真空背景场的几何，用光线和实物在真空背景场中的运动轨道的弯曲来定义空间的曲率和引力，那么，空间的弯曲和空间的曲率就是物质的和物理的，是背景场量子涨落分布的不均匀性的表现。因此，不存在非真空背景场的、超物质的、纯几何的空间弯曲和空间曲率。从这个观点出发，在建立宇宙物理背景的时空理论时，非物质的、非物理的、纯几何的曲率，从一开始就不应该出现在物理的时空理论中，因而必须为零：$k=0$。宇宙平均物质密度等于临界密度的宇宙学意义是：宇宙的尺度由其 Schwarzschild 半径确定，这是观测宇宙封闭性的要求或表现；宇宙空间的曲率完全是物理的而非纯几何的，完全由宇宙物质产生的引力确定，通过产生引力而使宇宙空间出现物理弯曲的宇宙物质包括三个成分：暗能量、暗物质和重子物质；因为宇宙空间的弯曲是物理的，因此，从纯几何而言，$k=0$，宇宙空间是平直的。

③ 辐射射入黑洞不能出来，要求辐射光子在黑洞内分裂。实物粒子射入黑洞不能出来，要求实物粒子转变、分裂成辐射。一切物质进入黑洞都化为辐射而且发生分裂。这样，黑洞的性质才与动量-能量守恒自洽。但是，这与关于信息和熵的定律是否一致？(2006.07.31)

④ 以 Schwarzschild 半径为半径的球面，把引力背景场空间分为性质不同的两个区域：球外是引力场保守介质，辐射和实物在其中传播速度不超光速，因而其运动过程能量守恒且无耗散；球内是引力场耗散介质，辐射和实物在其中转变分裂成辐射粒子储存于视界面，虽能量守恒但有耗散，导致黑洞的热力学行为。(2006.08.01；2007.10.25)

⑤ 宇宙膨胀的理论描述：Friedman 方程：

$$\dot{R}^2 + k = \frac{8\pi G}{3}\rho R^2 + \frac{\Lambda}{3}R^2 = \frac{8\pi G}{3}\rho_{\text{eff}} R^2, \quad \rho_{\text{eff}} = \rho + \frac{\Lambda}{8\pi G}$$

或

$$H^2 = \left(\frac{\dot{R}}{R}\right)^2 = \frac{8\pi G}{3}\rho + \frac{\Lambda}{3} - \frac{k}{R^2} = \frac{8\pi G}{3}\rho_{\text{eff}} - \frac{k}{R^2}$$

物质 $\rho_{\rm eff}$ 造成宇宙膨胀($H \neq 0$)和空间弯曲($k \neq 0$)。如果 $R_{\rm g} = ct = \dfrac{c}{H}$ 是宇宙黑洞半径： $R_{\rm g} = \dfrac{2GM}{c^2}$， $M = \dfrac{4\pi}{3} R_{\rm g}^3 \rho_{\rm eff}$ ，则 $\rho_{\rm eff} = \rho_{\rm c} = \dfrac{3H^2}{8\pi G} = \dfrac{3c^2}{8\pi G R_{\rm g}^2}$ ， $k = 0$ 。

临界密度 $\rho_{\rm c}$ 造成宇宙膨胀($H \neq 0$)，超出临界密度的部分造成空间纯几何弯曲($k \neq 0$)。如果 $R_{\rm g} = ct = \dfrac{c}{H}$ 是宇宙黑洞半径，则 M 是宇宙的全部物质， $\rho_{\rm eff}$ 是全部物质的密度，它等于临界密度，表明 $\rho_{\rm c}$ 就是全部物质密度，不存在超越它的额外密度。因此，宇宙空间一定是平直的，宇宙物质的全部效应是造成宇宙膨胀。

$$1 - \Omega = -\frac{3k}{8\pi G R^2 \rho_{\rm eff}}, \quad \Omega = \frac{\rho_{\rm eff}}{\rho_{\rm c}}, \quad \rho_{\rm c} = \frac{3H^2}{8\pi G} = \frac{3c^2}{8\pi G R_{\rm g}^2}$$

(37) 宇宙膨胀与真空背景场。(2006. 09. 01)

尺度因子 $R(t)$ 描述宇宙所包含的真空背景空间尺度的膨胀，而宇宙空间是被宇宙演化改变过后的、不同于原始真空背景场空间， $R(t)$ 自然描述被宇宙演化改造过的真空背景场的范围在扩展(它不表示真空凝聚体本身在膨胀，而只表示这个凝聚体被宇宙演化改造的范围在膨胀)。被宇宙膨胀改造过的真空背景场自然要影响其中的尺、钟和光的传播，造成宇宙真空背景时空的变化。对于变化的真空背景场时空，它对尺、钟、光的传播以及粒子性质的影响应当从时空局域的观点来考察。一般，均匀、各向同性、稳定(准静态)的时空和真空背景场，可以有整体的几何描述，膨胀、不均匀的真空背景场则需要动态的微分几何描述。(2007.10.25)

(38) 金斯质量、金斯长度与普朗克质量、普朗克长度，在二者密度相等时是一致的： $\rho_{\rm J} = \rho_{\rm P} \to \lambda_{\rm J} = L_{\rm P}, M_{\rm J} = M_{\rm P}$ 。这表示金斯涨落与普朗克涨落的机制相同，都是引力不稳定性引起的？大于金斯长度的宇宙涨落才能发展成星系，大于普朗克长度的量子涨落才能发展成基本粒子？为什么金斯长度、金斯质量和星系尺度、星系质量的等级差，与普朗克长度、普朗克质量和基本粒子尺度、基本粒子质量的等级差如此不同？金斯长度、金斯质量比星系尺度、星系质量小很多，而普朗克长度比基本粒子尺度小很多个量级，普朗克质量比基本粒子质量大很多个量级。这种差异来自经典引力和量子引力的不稳定性的差异？金斯涨落是经典引力涨落，星系的形成是经典引力过程？(宇宙不存在永久性的金斯涨落？)而普朗克子涨落是量子引力涨落，基本粒子的形成是量子引力过程(量子真空存在永久性的普朗克量子涨落——量子效应)；后者的非线性度应比前者高很多，才能造成巨大的等级差。要在剧烈的涨落背景中形成规则的稳定结构，需要有造成巨大的尺度等级差的原因和机制？值得研究：在金斯引力扰动不稳定性方程中，包含背景巨大的普朗克子量子涨落效应，然后决定金斯长度，再考虑星系形成时，能否导致像普朗

克长度和基本粒子长度那样巨大的等级差？(2007.10.25)

(39) 运动学和动力学的区别。相互作用的平衡和运动的平衡表现为运动学(效应)，只有在非平衡相互作用和非稳定运动的过程中才能显现动力学。动力学过程的本质在于，它显现出事物各部分由于相互作用导致的运动量的交换、传递和分布的变化，显现出相关运动量交换、传递过程中的时空局域守恒定律，并产生与事物的演化、变化相联系的时间的单向流逝，其间真空背景在粒子之间运动量的交换和传递过程中只起中介的作用，这种中介作用靠真空量子涨落才能实现。平均而言，真空与粒子系统之间没有净的运动量的交换与转移，这是守恒律的要求和表现，表征过程的准静态绝热性质。因此，运动学是平衡、稳定的动力学，是时间平移不变(均匀流逝)的或周期性的动力学；而动力学是时间演化中、系统变化中的局域平衡和局域守恒定律的局域运动学，动力学是运动变化与运动守恒相统一的局域运动学。动力学是运动量分布变化与守恒的统一的非平衡准静态过程。(2006.09.06；2007.10.25；2010.07.06)

(40) 真空背景的平衡、稳定的属性，应当而且可以概括、提升为一种背景几何属性，在其中建立了坐标系才能定义物理量，描述物理定律。真空背景的平衡稳定属性一旦几何化，就可以基于真空背景对一切事物的时空尺度影响和动量能量运动量影响的同一性和一致性，通过建立时空测量的约定，自然导致用坐标变换不变性表述的相对性原理和各种坐标系的等价性，即背景几何变换对描述事物运动而言的对称性和等价性。(2007.10.25)

(41) 宇宙膨胀中，如何确定惯性运动和惯性系？宇宙膨胀导致时空对称性破缺，确定出特殊的时间方向。(2006.09.06)

粒子作为时空中的缺陷几何体，粒子的产生，是粒子内部所包含的辐射物质在时空中被定域约束产生的，进一步导致粒子的相对论性运动学色散关系 $E=E(\vec{P})$ 的约束；静止质量非零粒子的色散关系，不过是辐射粒子被定域束缚后的定域色散关系。真空背景使粒子几何体与其时空结构、运动学约束联系起来。时空约束与运动学约束一一对应。

普遍真空背景的属性归结为某些对称性确定的时空几何，时空的几何结构由度规决定，时空背景中的粒子几何体的几何结构由几何体中的粒子组元点集的坐标约束条件决定，该几何体的运动学由相应的动量空间的约束条件决定。(2006.09.09)

(42) 真空背景通过影响时空(尺、钟)来影响粒子(物质)的空间广延性和运动频率，又通过运动学影响粒子(物质)的动量-能量关系并确定守恒定律的形式。这两者都可以通过时空几何及其变换群来表述。(2006.09.07)

(43) 把真空背景的属性概括为真空背景的对称性，由真空背景对称性定义真空背景的时空几何，由几何变换群确定时空坐标的变换性质和尺钟属性、动量-能量及其色散关系，定义其他物理量、物理场，确定守恒定律的形式和内容。时间和空间二者能形成连续统的必要条件是：存在普适的速度常数，并由此解决对钟问题和同时性问题。这要靠光速不变假定和光速对钟约定来解决，从而建立起完备的时空度量和时空坐标系，时空度量(长度)的变换不变性就概括了、规定了该时空的几何属性。光速不变假定和光速对钟约定使得理论具有人文的、约定的美学成分。

当粒子之间通过真空背景相互作用时，改变动量-能量在粒子之间的分配，随之通过局域守恒定律的(微分)形式，限定和规定了动力学的形式和内容。动力学就是守恒定律在时空中的局域微分形式。(2006.09.07；2007.10.25)

(44) 真空背景确定动力学的方式：通过背景时空对称性影响时空度规，度规以协变形式进入运动方程；通过时空对称性确定运动学关系，通过局域对称性规定了相互作用和哈密顿量的形式，并通过哈密顿量确定物理量时间演化的内容和形式即动力学的内容和形式。(2006.09.07)

(45) 以上是宏观平稳真空背景的时空论、运动学、动力学效应。对于量子涨落背景，其时空论、运动学、动力学效应如何描述？(2006.09.07)

(46) 真空背景量子涨落把时空坐标和动量结合起来形成量子相空间，并把量子涨落及表征其属性的普朗克常数引进量子相空间，使由坐标-动量构成的相空间成为量子相空间，形成量子相空间非对易几何；把四维洛伦兹空间的决定论几何，变成四维复量子相空间的随机几何，把平稳的决定论的真空背景变成量子涨落的随机的真空背景；使普朗克子成为量子相空间非对易几何不变度量算子的本征基态，成为普朗克子量子涨落真空凝聚体的基元或晶胞。量子相空间非对易几何的定量表述如下：

$(\vec{r},\vec{p})$的线性组合需要另一常数 l，引进量子相空间非对易复坐标算子：

$$\vec{z}=\vec{r}+\mathrm{i}\frac{l^2}{2\hbar}\vec{p}\ ,\quad \vec{\bar{z}}=\vec{r}-\mathrm{i}\frac{l^2}{2\hbar}\vec{p}$$

非对易复坐标算子的量子约束条件(对易子)及不变度量算子：

$$\left[z_i,\bar{z}_j\right]=\delta_{ij}l^2\ ,\quad \hat{s}^2=\frac{1}{2}(\vec{z}\cdot\vec{\bar{z}}+\vec{\bar{z}}\cdot\vec{z})=\vec{r}^{\,2}+\frac{l^4}{4h^2}\vec{p}^{\,2}$$

与谐振量子的关系：谐振量子哈密顿量

$$h_{\mathrm{P}}=\frac{1}{2m_{\mathrm{P}}}\vec{p}^{\,2}+\frac{1}{2}m_{\mathrm{P}}\omega^2\vec{r}^{\,2}=\frac{m_{\mathrm{P}}\omega^2}{2}\left(\vec{r}^{\,2}+\frac{1}{m_{\mathrm{P}}^2\omega^2}\vec{p}^{\,2}\right)=\frac{m_{\mathrm{P}}\omega^2}{2}\hat{s}^2$$

其本征能量：

$$e_{P_n}=\left(n+\frac{3}{2}\right)\hbar\omega=\frac{m_P\omega^2}{2}\varepsilon_n\text{，}\quad\omega^2=\frac{k}{m_P}\text{，}\quad\frac{1}{m_P^2\omega^2}=\frac{l^4}{4h^2}$$

$$\varepsilon_n=\frac{2}{m_P\omega^2}\left(n+\frac{3}{2}\right)\hbar\omega=\left(n+\frac{3}{2}\right)\frac{l^2}{2}\text{，}\quad e_{Pn}=\frac{m_P\omega^2}{2}\varepsilon_n=\left(n+\frac{3}{2}\right)\hbar\omega\qquad(2006.09.09)$$

量子相空间不变度量算子的本征解：

$$\hat{s}^2\psi_{nlm}=\varepsilon_n\psi_{nlm}\text{，}\quad\varepsilon_n=\frac{1}{2}\left(n+\frac{3}{2}\right)l^2=\frac{2}{m_P\omega^2}e_{Pn}$$

$$\psi_{nlm}=N_{nl}\mathrm{e}^{-r^2/2l^2}H_{nl}(r)Y_{lm}(\theta,f)$$

基态：

$$\varepsilon_0=\frac{3}{4}l^2\text{，}\quad\psi_{000}=N_0\mathrm{e}^{-r^2/2l^2}\qquad(2007.10.25)$$

这正是普朗克子的波函数和对应的能量：

$$e_{P0}=\frac{m_P\omega_P^2}{2}\varepsilon_0=\frac{3}{4}l^2\frac{4h^2}{m_Pl^4}=\frac{3h^2}{m_Pl^2}$$

m_P是普朗克子质量！因此，普朗克子是量子相空间度量算子的基态，而普朗克子真空是量子相空间不变度量算子基态本征解布满的量子点阵!! (2017.09.13)

量子相空间坐标 $\vec{z}=\vec{r}+\mathrm{i}\frac{l^2}{2\hbar}\vec{p}$ 和 $\vec{\bar{z}}=\vec{r}-\mathrm{i}\frac{l^2}{2\hbar}\vec{p}$ 的双线性式 $X_{ij}=z_i\bar{z}_j$ 具有 $\mathrm{U(3)}\supset\mathrm{SU(3)}$ 对称性，它的基矢构成三维复空间，迹 $\mathrm{Tr}X_{ij}=\sum_i\bar{z}_iz_i=l^2N$ 守恒导致复空间紧致。夸克袋模型可能与此有关：普朗克子尺度的真空缺陷的量子相空间的基态导致普朗克子，强子尺度的真空缺陷的量子相空间的第一激发态导致三色夸克? (2017.11.12)($\vec{r},\vec{p}$)的非线性组合不需要另一常数：$\vec{z}=\vec{r}+\mathrm{i}\frac{\hbar}{p^2}\vec{p}$，$\vec{\bar{z}}=\vec{r}-\mathrm{i}\frac{\hbar}{p^2}\vec{p}$。(2006. 09.09) 其对易关系$\left[z_i,\bar{z}_j\right]=?$，其度量$\hat{s}^2=\frac{1}{2}(\vec{z}\cdot\vec{\bar{z}}+\vec{\bar{z}}\cdot\vec{z})=?$的本征解及其物理意义如何？(2017.09.13)

弯曲量子相空间问题可以在局域平直洛伦兹坐标系的量子相空间研究，这涉及联系引力加速系与局域平直洛伦兹坐标系和局域 Rindle 变换，由此讨论引力的消除与真空量子涨落谱的修复问题。(2017.12.12)

(47) 真空背景影响下平衡的局域性。真空背景对物质粒子的影响是局域的，是发生在粒子所在的微观局域空间区域的平衡过程。因此，真空背景的几何一般是弯曲空间的几何。只有当真空背景的影响是时空均匀和各向同性时，才有常曲率空间的背景几何学。背景空间的连续体几何性质-拓扑性质，包括微观空间小区域的拓扑性质和全空间的拓扑性质两类，这两种空间的拓扑性质也对粒子的属性产生重要的影响。从物理相互作用的观点和物理因果性的观点，应当首先侧重从局域的和粒子所在的微观局域空间区域的角度去考察，分析真空背景对物质粒子的影响，然后再扩大考察两种空间拓扑性的影响。按照这个观点，每个独立的、自由的基本粒子都有其自己所在的、与自身处于平衡状态的微观局域真空，该微观局域真空与粒子一起构成一个平衡的物理系统，表现为某一种惯性运动状态。存在粒子和没有粒子时这个区域内真空背景的能量和质量之差，叫做粒子的能量和质量。粒子的独立存在属性，粒子的惯性和惯性运动状态，以其局域平衡的微观真空属性为前提。因此，**惯性和惯性运动的起源，不是马赫观点认为的全宇宙真空背景中的物质，而是粒子所在的局域平衡的微观真空背景，即惯性和惯性运动与局域平衡的微观真空背景相联系。这不同于马赫的观点。**(2007.10.25)

(48) 真空背景场影响下的动力学。当两个粒子接近和相互作用时，首先与其附近的真空背景场相互作用，能量和质量通过真空背景场的量子涨落而传递和转移，并在两个粒子之间重新分配。在这一过程中，真空背景场只起中介作用。平均说来，真空背景场既不输出也不输入净的动量、能量等物理量，粒子系统的总动量、能量等物理量每时每刻(微分)守恒。这就是真空背景场影响下的动力学。当这两个粒子远离时，它们又通过真空背景场发生动量、能量交换，建立起各自独立的、自由的基本粒子的品格，每个粒子所在的、新的微观局域真空背景场与各自的粒子一起构成各自的粒子-局域真空的耦合动力学平衡系统，表现为一种新的惯性运动状态。真空背景影响下的动力学过程，与在时空中局域变化的、从非平衡不断调整为局域平衡的微观真空背景相联系。(2007.10.25)

(49) 惯性运动及其运动学是平衡过程和平衡态问题，涉及动量、能量在局域真空背景中的平衡分布；而动力学则是非平衡过程和局域平衡态问题，涉及动量、能量在局域真空背景和粒子之间的分布的变化。但是，由于这种能量-动量转移的弛豫过程以光速进行，而粒子的运动变化又比较缓慢，对于这一动力学的非平衡过程和局域平衡态问题，可采用准静态的、局域绝热的描述，即时空中局域平衡的描述，其物理依据是真空背景与物质系统对量子涨落而言是平均局域绝热的，真空背景场量子涨落在动力学过程中只起中介和输运运动量的作用(在平衡的运动学过程中，真空背景场量子涨落则起着产生和维持惯性、质量、引力和势场的中介和平衡的作用)。(2006. 09. 12；2007.10.25)

(50) 真空背景场的影响可以纳入几何描述的条件：①它影响尺、钟及时间、空间尺度(度量)；②它对所有物质及其运动的影响是同一的、一致的。平稳的、均匀、各向同性的真空背景场的相对论效应和不均匀的真空背景场的引力效应，满足上述条件。膨胀的、满足宇宙学原理的宇宙真空背景场也满足上述条件，因而可以纳入时空的几何描述(分别是庞加莱几何、黎曼几何和 de-Sitter 时空几何)。

真空背景场量子涨落效应破坏时空度量，不满足条件①，但应满足条件②。由于它引起时、空和能量、动量的涨落，不能纳入常规的时空几何描述，但能纳入坐标-动量相空间的非对易几何描述。如上面讨论的，其复坐标算符为 $\vec{z}=\left(\vec{r}+\frac{1}{2}\mathrm{i}l^2\vec{\nabla}\right),\vec{\bar{z}}=\left(\vec{r}-\frac{1}{2}\mathrm{i}l^2\vec{\nabla}\right),[z_m,\bar{z}_n]=l^2\delta_{mn}$ (2007.10.25，参考(46))

(51) 再论惯性的本质和起源。通过真空量子涨落，粒子与真空背景之间在交换能量、动量过程中的局域平衡表现为惯性、惯性运动、质量和引力。惯性的本质和惯性的起源是：惯性来自粒子与真空背景之间的局域的平衡联系。粒子与背景场之间的局域平衡是指没有外界约束(如外力之类)的、粒子与真空背景场两者之间相互作用的局域平衡。在这种平衡的惯性状态下，粒子不“感觉”真空背景场的存在，仿佛是“自由的”。当真空背景场是均匀的和各向同性的时，粒子与真空背景场之间局域的、平衡的联系导致粒子相对于真空背景场的静止状态或匀速直线运动状态，因为只有这种惯性状态才符合真空背景的均匀和各向同性属性，从而始终保持二者之间的平衡联系不变。当真空背景场不是均匀的和各向同性的(弯曲)时，只有粒子的测地线运动才能建立起粒子与真空背景场之间的局域平衡：真空背景场的能量、动量向粒子区域的转移伴随着粒子能量、动量的增长和粒子沿测地线向更负的引力势场区域运动(或其相反过程)，从而维持粒子-真空背景场耦合系统的总能量守恒，而动量守恒还须考察荷载引力势场的真空背景场整体的动量。其实，在均匀和各向同性的真空背景场中处于平衡状态的粒子其自身没有变化，因而感觉不到背景场的作用与存在；而在非均匀和非各向同性的真空背景场中处于时空局域平衡的粒子其自身在不断地变化,应当感觉到背景影响的存在。因此,这两种情况在物理上应当是可以区分的(除非弯曲空间中运动的物体,如人,感觉不到能量-动量在体内转移时力的存在)。如果相对性原理要求所有惯性系在所有方面平权，都不能表现或感觉真空背景场影响的存在，那么，弯曲空间的测地线运动作为“惯性系平权”就成问题(因为对能量-动量转移的感觉并不平权)。既然平直真空背景场和弯曲真空背景场在物理上可以区别，而相对于平直真空背景场和弯曲真空背景场的运动在物理上又可区分，那么如何从实验中探知它们的区别？(2006. 09. 12；2007.10.25)

(52) 关于真空背景场的几何。(2006. 10.04；2007.10.25)

① 把真空背景场的基本属性及其对物质、粒子的影响概括为一种真空背景场空间的几何，从而把真空背景场对物质粒子的时空效应和运动学效应归结为四维空间几何中的点、线、面、体等几何体及其运动学物理量的各种矢量、张量、旋量及其变换性质。这是一种十分成功而简捷的研究方法，狭义和广义相对论用四

维时空几何，规范场理论用局域内禀空间的纤维丛几何，使用这种方法，并取得成功。

② 把平稳、均匀、各向同性的真空背景场的物理效应概括为洛伦兹-闵可夫斯基-庞加莱四维时空几何，用各种矢量、张量、旋量及其变换性质来描述物质粒子的物理量。三维坐标空间的几何是静态几何，其最重要的属性是三维空间线性射影性和度量不变性。包括时间坐标的几何是惯性运动下的动态几何，其最重要的属性是四维时空线性射影性和度量不变性，三维惯性运动直线被推广为四维惯性运动测地线。

③ 把平稳、不均匀、弯曲的真空背景场的物理效应概括为四维黎曼时空几何，用弯曲空间的各种矢量、张量、旋量及其变换性质来描述物质粒子的物理量。这是四维弯曲空间的动态几何，其最重要的属性是度量不变性，平直空间的惯性运动的直线被推广为四维弯曲空间的惯性运动的测地曲线。

④ 存在量子涨落的四维平直空间和四维弯曲空间的几何是什么？是四维量子相空间非对易复几何？请对照(46)。

i. 存在量子涨落的四维平直空间：量子涨落一定发生在相空间。量子涨落相空间坐标的平均值部分和涨落部分是相对独立的，量子涨落相空间坐标可以分解为彼此独立的平均值部分和涨落部分：

$$x_\mu = \overline{x}_\mu + \tilde{x}_\mu\,,\quad p_\mu = \overline{p}_\mu + \tilde{p}_\mu$$

量子涨落四维平直空间四维坐标平均值 $\overline{x}_\mu$ 的空间是四维平直的洛伦兹-闵可夫斯基-庞加莱四维几何空间，四维动量平均值 $\overline{p}_\mu$ 的空间是对偶动量的四维平直的洛伦兹-闵可夫斯基-庞加莱四维几何空间。作为几何体点的坐标，它们受到相应的几何约束；作为物质粒子的动量，它们受到运动学约束。四维坐标的涨落部分 $\tilde{x}_\mu$ 和四维动量的涨落部分 $\tilde{p}_\mu$，作为几何体点的坐标和物质粒子的动量坐标，它们受到相应的相空间量子化运动学条件约束：$\left\langle \tilde{x}_\mu\, \tilde{p}_\nu - \tilde{p}_\nu\, \tilde{x}_\mu \right\rangle = \mathrm{i}\hbar$，或算符表示：$\tilde{x}_\mu \to \hat{x}_\mu, \tilde{p}_\mu \to \hat{p}_\mu, \left[\hat{x}_\mu, \hat{p}_\nu\right] = \mathrm{i}\hbar$。

简言之，存在量子涨落的四维平直空间的几何是：量子涨落四维平直空间坐标的平均值部分和涨落部分是相对独立的，平均值部分分别受到狭义相对论坐标的几何约束和动量的运动学约束，涨落部分受到相应的相空间量子化运动学条件的约束。

ii. 量子涨落四维弯曲空间：因为空间弯曲是宏观的，而涨落是微观的，因此可以宏观定域地呈述上述命题：宏观定域地说，量子涨落一定发生在相空间。量子涨落相空间局域坐标的平均值部分和涨落部分是相对独立的，量子涨落相空间局域坐标可以分解为彼此独立的局域平均值部分和局域涨落部分：$\mathrm{d}x_\mu = \mathrm{d}\overline{x}_\mu + \mathrm{d}\tilde{x}_\mu$，$\mathrm{d}p_\mu = \mathrm{d}\overline{p}_\mu + \mathrm{d}\tilde{p}_\mu$。量子涨落四维弯曲空间四维局域坐标的平均值 $\mathrm{d}\overline{x}_\mu$ 的空间是四维局域平直的洛伦兹-闵可夫斯基-四维几何空间，四维动量的局域平均值 $\mathrm{d}\overline{p}_\mu$ 的空间是对偶动量的四维局域平直的洛伦兹-闵可夫斯基四维几何空间。作为几何体点的局域坐标，它们受到相应的局域的几何约束，作为物质粒子的动量，它们受到局域的运动学约束。四维坐标的局域涨落部分 $\mathrm{d}\tilde{x}_\mu$ 和四维动量的局域涨落部分 $\mathrm{d}\tilde{p}_\mu$，作为局域几何点的物质粒子的局域坐标和局域动量，它们受到相应的相空间的局域量子化运动学条件约束：$\left\langle \mathrm{d}\tilde{x}_\mu \mathrm{d}\tilde{p}_\nu - \mathrm{d}\tilde{p}_\nu \mathrm{d}\tilde{x}_\mu \right\rangle = \mathrm{i}\hbar$，或用局域算符表示：$\mathrm{d}\tilde{x}_\mu \to \mathrm{d}\hat{x}_\mu, \mathrm{d}\tilde{p}_\mu \to \mathrm{d}\hat{p}_\mu, \left[\mathrm{d}\hat{x}_\mu, \mathrm{d}\hat{p}_\nu\right] = \mathrm{i}\hbar$。上述局域坐标是另一组坐标的函数。

简言之，量子涨落四维弯曲空间的几何是局域的量子复四维几何：局域地说，存在量子涨落的四维弯曲空间局域坐标的平均值部分和涨落部分是相对独立的，局域平均值部分分别受到广义相对论局域坐标的几何约束和局域动量的运动学约束，局域涨落部分受到相应的局域相空间量子化运动学条件约束。(参考(46)、(50))

考虑量子涨落复空间的坐标又是(平直)空间坐标的函数后，四维弯曲量子涨落复空间就成为非线性的。(2017.12.05)

(53) 膨胀宇宙中真空的量子涨落与粒子和暗能量的生成。(2007.10.23；2017.10.25)

存在真空量子涨落的宇宙的径向膨胀，把量子涨落的无规能转化为两种形态的规则运动能量：生成正能量的辐射粒子和负能量的真空背景空穴激发。早期小尺度的量子宇宙的迅速膨胀，主要生成高能的辐射粒子，这些粒子在类似黑洞的量子宇宙真空背景的负能空穴生成的弯曲空间中运动、碰撞和散射，经过真空缺陷生成和 QCP-强子相变，形成辐射粒子、轻子和强子的黑体辐射热平衡谱(态)。随着膨胀宇宙尺度的增加，量子涨落能量注入膨胀宇宙，生成高能辐射等基本粒子的概率下降，径向膨胀运动把量子涨落无规能量转化为规则运动能量的主要方式，变为生成大尺度辐射子驻波组成的暗能量。随着宇宙膨胀，辐射粒子能量因波长拉伸而下降，其密度迅速减小。相反，宇宙尺度的暗能量辐射子波，却随宇宙膨胀不断从量子涨落能中得到补充，以至于可以使其密度保持常数。在宇宙粒子密度占优势时，宇宙膨胀是减速的，而当暗能量密度占优势时，宇宙变为加速膨胀。

这里有几条原理起作用：①宇宙径向膨胀一定要把真空量子涨落无规运动能量转化为辐射粒子等基本粒子的规则运动能量；②转化为两种形态的规则运动能量：短波辐射粒子等基本粒子的能量和宇宙尺度辐射波的暗能量；③转化为两种形态的规则运动能量的概率与宇宙的尺度和膨胀速率有关：早期以基本粒子生成为主，后期以暗能量生成为主。

普朗克子量子涨落与背景微波辐射涨落的区别：前者是真空基元普朗克子的

量子涨落——真空基态的量子涨落(具有高斯能谱)，后者是作为真空集体激发电磁波多体物理系统的热平衡态的统计涨落，与多粒子玻色系统的热平衡态一样(具有玻色统计能谱)。

(54) 膨胀宇宙中量子涨落无规能的亏损部分向规则运动能量(辐射子能量)的转化。(2008.05.01—04)

宇宙膨胀导致星系(重子)物质的增加。真空量子涨落能量(普朗克子能量)因膨胀而把无规运动能转化为星系加速运动的规则能量，导致宇宙加速膨胀，充当暗能量角色；暗能量不是真空涨落能本身，而是真空量子涨落能随时间减小的部分诱导出来的辐射子能量(数值等于真空量子涨落能的减少部分)。膨胀宇宙导致真空量子涨落能随时间减少，把减少的量子涨落无规能量转化为宇宙尺度的辐射子能量，并使星系加速膨胀，表现为斥力效应。

估算：
$$\frac{r_{\mathrm{P}}}{R_0} \sim \frac{\lambda_{\mathrm{Planck}}}{\Lambda_{\mathrm{cosmos}}} \sim \frac{10^{-33}\,\mathrm{cm}}{10^{28}\,\mathrm{cm}} \sim 10^{-61}\ (\text{按数据})$$

$$\frac{\rho_{\Lambda}}{\rho_{\mathrm{vac}}} \sim \left(\frac{r_{\mathrm{P}}}{R_0}\right)^2 \sim 10^{-122}$$

(为什么？二者都是辐射能密度，才与半径平方成反比？这是宇宙膨胀时生成暗能量的辐射全息效应的体现？)

暗能量不是真空量子涨落能本身，而是宇宙真空量子涨落能随宇宙膨胀而出现的随时间减少部分转化出来的辐射子能量；静态宇宙真空量子涨落能本身因分布均匀、各向同性不随时间变化而为常数，因而不提供引力场，也不参与宇宙演化；膨胀宇宙中的真空量子涨落能，像光源的全息辐射一样会出现时间上的减少，并把其减少亏损部分的能量转移给宇宙和星系。量子涨落能亏损的真空出现负能空穴激发，它们诱导出的负引力势，其引力加速度表现为指向宇宙视界面的径向斥力效应。膨胀宇宙的真空量子涨落能释放到宇宙中的、宇宙尺度的长波辐射子驻波的能量表现为暗能量。

静态宇宙空间各处量子涨落能为常数，其对应的引力势为常数，引力加速度为零，在空间中不会产生引力效应。但当宇宙膨胀时，宇宙中所有存在剧烈量子涨落的普朗克子像辐射源一样，向宇宙径向辐射能量而使自己的径向涨落能减小，结果导致整个宇宙的真空量子涨落能因向宇宙辐射释放而减小，在宇宙真空中出现负能空穴，它对应的负引力势在空间中产生引力加速度(像黑洞一样)是指向宇宙视界面的。辐射和物质在宇宙膨胀时的引力效应是使膨胀减速，因为膨胀把辐射波拉长、把物质密度稀释从而增加它们的引力势能，相应地减小其膨胀速度。宇宙膨胀时真空量子涨落能量减小产生的负能空穴的引力效应是使膨胀加速，因为真空量子涨落能随着宇宙膨胀而不断地把一部分无规涨落能量释放给宇宙而同时诱导出空穴负引力势的加速度指向视界面(类似黑洞)，故表现为斥力。也即，只有真空量子涨落能随时间减小的部分，通过在量子涨落真空中形成负能空穴和相应的负能引力势，才像黑洞一样产生指向宇宙视界面的斥力效应。从平衡态物理的观点看，这一难以理解的奇怪现象与非平衡过程有关：宇宙真空背景量子涨落能，只有在非平衡的膨胀过程中才会亏损能量，产生全宇宙的负能空穴和负引力势能，指向视界面的引力强度表现为斥力加速效应。膨胀宇宙中真空量子涨落能释放到宇宙中的能量，表现为暗能量和暗物质，而在量子涨落真空中留下的负能空穴才产生负引力势和径向斥力。由于能量守恒，释放到宇宙中的物质密度、暗能量和暗物质能量密度和量子涨落真空中留下的负能空穴对应的负引力能密度，符号相反而绝对值相等。因此，尽管正能的物质、暗能量与暗物质和负能的引力势是几种不同的物质，只有正能的暗能量密度对应的全宇宙的负能空穴引力势才产生指向视界面的斥力效应。

问题是如何从真空涨落密度、宇宙膨胀率和宇宙半径计算这个负压强对应的密度 ρ_Λ，并论证 $\dfrac{\rho_\Lambda}{\rho_{\text{vac}}}\sim\left(\dfrac{r_{\text{P}}}{R_0}\right)^2\sim 10^{-122}$。

论证：$\dfrac{\rho_\Lambda}{\rho_{\text{vac}}}\sim\left(\dfrac{r_{\text{P}}}{R_0}\right)^2\sim 10^{-122}$。(2008.05.05)

假定：宇宙服从①宇宙学原理，②暗能量支配下的爱因斯坦方程，③从普朗克尺度开始的演化，则有 $\dfrac{\rho_\Lambda}{r_{\text{vac}}}\sim\left(\dfrac{r_{\text{P}}}{R_0}\right)^2\sim 10^{-122}$。

证明：

普朗克尺标：$r_{\text{P}}=\left(\hbar G/c^3\right)^{1/2}$，$t_{\text{P}}=\left(\hbar G/c^5\right)^{1/2}$

$$m_{\text{P}}=(\hbar c/G)^{1/2}=\frac{\hbar}{cr_{\text{P}}},\quad Gm_{\text{P}}=r_{\text{P}}c^2$$

真空涨落能密度：$\rho_{\text{vac}}=\rho_{\text{P}}=3m_{\text{P}}c^2/4\pi r_{\text{P}}^3$

暗能量密度：$\rho_\Lambda=\dfrac{\Lambda c^2}{8\pi G}$

爱因斯坦方程的解：$R(t)=R_0\mathrm{e}^{\lambda(T-T_0)}$，$\lambda=\sqrt{\dfrac{\Lambda}{3}}$，$R_0=cT_0$

初始条件：宇宙从普朗克尺度开始暴胀，即

$$r_{\text{P}}=R(0)=R_0\mathrm{e}^{-\lambda T_0},\quad \lambda=\sqrt{\frac{\Lambda}{3}}$$

暴胀率：

$$\lambda=\sqrt{\frac{\Lambda}{3}}=-\frac{\ln\left(r_{\text{P}}/R_0\right)}{T_0}$$

暗能量密度：

$$\rho_\Lambda = \frac{\Lambda c^2}{8\pi G} = 3\left[\ln\left(r_{\rm P}/R_0\right)/T_0\right]^2 c^2/8\pi G$$

暗能量密度与真空涨落能密度之比：

$$\frac{\rho_\Lambda}{\rho_{\rm vac}} = \frac{r_{\rm P}^3\left[\ln\left(r_{\rm P}/R_0\right)\right]^2}{2Gm_{\rm P}\left(T_0 c\right)^2} = \frac{r_{\rm P}^3}{2r_{\rm P}R_0^2}\left[\ln\left(r_{\rm P}/R_0\right)\right]^2 = \frac{\left[\ln\left(r_{\rm P}/R_0\right)\right]^2}{2}\left(\frac{r_{\rm P}}{R_0}\right)^2 \sim \frac{(61)^2}{2}\times 10^{-122}$$

结论： $\dfrac{\rho_\Lambda}{\rho_{\rm vac}} = \dfrac{1}{2}\left[\left(\dfrac{r_{\rm P}}{R_0}\right)\ln\left(\dfrac{r_{\rm P}}{R_0}\right)\right]^2 = 1860.5\times 10^{-122}$（“前书”第 10 章）

(55) 为什么以质量为荷的引力相互作用可以通过度规纳入时空几何描述，而其他相互作用只能通过规范场纳入内禀空间的几何描述(纤维丛描述)？引力也可以通过局域时空坐标矢量(半度规)纳入规范场描述吗？(2007.10.28)

(56) 局域内部对称性是粒子的内禀对称性，它和真空背景场缺陷结构的对称性有关联吗？为什么非阿贝尔规范场一定是短程力？弱力靠希格斯场破缺真空对称性，QCD 靠禁闭口袋破缺真空对称性，希格斯场是一种弱力束缚口袋？QCD 是强力禁闭口袋？既破缺真空对称性，又使传递相互作用的中介粒子质量变大，从而使相互作用成为短程的？(2007.10.28)

(57) U(1)局域规范不确定性是能量-动量在粒子和规范场之间分配的不确定性，与量子涨落相联系。非阿贝尔规范不确定性是内部规范对称群变换造成规范势的不确定性和互补的粒子家族成员状态叠加的不确定性，也与量子涨落相联系吗？如果是，则局域内部对称性和相应的规范场也是一个与量子涨落相联系的量子现象，只存在微观规范场，不存在宏观经典规范场？但为什么存在长程电磁经典规范场？如果引力场也是规范场，则存在与电磁场类似的问题。(2007.10.28)

5.2　物理真空的几何动力学属性

1. 真空背景的属性

物理真空的本质是相对论的、量子论的和宇宙学的：真空的宏观平均属性是相对论的物质基础，表现为洛伦兹时空的尺-钟效应和粒子运动学效应；真空的微观涨落属性是量子论的物质基础，表现为测不准关系和量子化条件；真空的宇观膨胀属性是宇宙学的基础，表现为宇宙加速膨胀和暗能量。相对论属性和量子论属性是定态的，宇宙学属性则是动态的或现今准静态的。

2. 环境几何学与环境动力学

平稳真空环境对物质粒子(场)的影响表现为几何效应。粒子相对于真空背景的(每时每刻的)平衡运动表现为惯性运动。涨落真空环境对物质粒子(场)的影响表现为相空间的量子几何效应(参见第 5.1 节(46)、(50)、(52)，第 5.5 节)。相对论效应和量子论效应是真空环境的定态效应，宇宙学效应则是动态效应或现今的准静态效应。黑洞在时空的奇异性(真空背景的天体尺度的缺陷)会产生拓扑效应？基本粒子在时空的奇异性(真空背景的微观尺度的缺陷)也会产生拓扑效应？

平直真空环境的影响表现为庞加莱几何，弯曲真空环境的影响表现为四维黎曼几何，经典连续介质的缺陷表现为非相对论性的介质几何拓扑。真空环境对粒子(几何位形和时空运动)的影响在什么条件下表现为空间几何效应？环境影响表现为空间几何的条件：时间上的稳定性(局域平衡性，空间整体平衡性是充分而非必要条件)、空间广延结构的对称性，对一切粒子影响的同一性、一致性、普遍性，时-空属性的简单性(可用一个参数描述，如平直时空用光速描述时间-空间统合性，爱因斯坦场方程的曲率常数和宇宙常数描述空间曲率)。

定态时空环境表现为几何学，动态时空环境表现为几何动力学。

稳定真空环境的影响表现为静态几何，变化真空环境的影响表现为动态几何——几何动力学。大爆炸后的宇宙真空环境表现为什么几何？是四维 de-Sitter 时空几何？

洛伦兹时空(静态)环境表现为几何学，爱因斯坦时空(动态)环境表现为几何动力学，其特例 de-Sitter 时空也表现为几何动力学。

平直量子涨落真空背景表现为整体四维复空间的非对易几何，度量算符的本征解把普朗克子作为量子基态引进量子真空。弯曲量子涨落真空背景表现为局域的四维复空间的非对易几何及相应量。(见本节(46)、(52)和第 5.5 节)

环境动力学描述环境和系统的双向的相互影响，表述为环境和系统的耦合动力学。当环境对所有系统的影响变成同一的、一致的、普适的时，环境的影响就表现为几何学影响，环境动力学就成为如广义相对论那样的几何动力学。

环境动力学和关联动力学的区别和联系：在环境动力学中，环境和系统之间的耦合、关联和纠缠，涉及部分相关自由度，表现为涨落，但就平均性质而言，环境和系统各自保留其平均值刻画的个性，是可以区分的，它们之间的耦合、关联和纠缠以涨落形式实现，涨落对平均性质而言是小的、稳定的。而在关联动力学中，系统组元之间的耦合、关联和纠缠如此之强，不再能以平均性质刻画、描述、区分组元的个性，强涨落使组元失去以平均性质表征的个性，关联导致不同等级的集团并显示相对的集团属性。集团中的个体则失去相对独立性。

3. 真空-系统耦合动力学与引力的时空几何动力学

真空-系统耦合动力学描述真空和系统的双向的相互影响。当真空对系统所有组元的时空尺度影响和运动学影响是同一的、一致的、普适的，而系统对环境的反馈影响仅导致真空局域几何变化时，真空-系统耦合动力学变为广义相对论那样的弯曲引力时空的几何动力学。

5.3　真空的量子固体-流体性质——理解局域束缚辐射粒子流的平衡问题

5.3.1　经典流体

1. 非相对论情况

压强：

理想流体的 Euler 方程：$\frac{\partial \vec{u}}{\partial t}+(\vec{u}\cdot\vec{\nabla})\vec{u}=\left(\frac{\partial}{\partial t}+\vec{u}\cdot\vec{\nabla}\right)\vec{u}=-\frac{1}{\rho}\vec{\nabla}p$

定态匀(光)速圆形切向涡旋流动：　$|\vec{u}|=u=c$，$\frac{\partial \vec{u}}{\partial t}=0$

切向梯度：$(\vec{u}\cdot\vec{\nabla})\vec{u}=c\vec{\nabla}_{\mathrm{t}}\vec{u}=c\frac{\mathrm{d}_{\mathrm{t}}\vec{u}}{r\mathrm{d}\theta}=c\frac{u\mathrm{d}\theta}{r\mathrm{d}\theta}\vec{e}_r=\frac{c^2}{r}\vec{e}_r$

Euler 方程化为：$\rho(\vec{u}\cdot\vec{\nabla})\vec{u}=-\vec{\nabla}p$，$\frac{\rho c^2}{r}=-\vec{\nabla}p$ (仅径向分量)

单位质量上的外向离心力被压强梯度产生的内向力平衡。

若物态方程为 $p=c^2\rho/3$，$\frac{1}{\rho}\vec{\nabla}p=\frac{c^2}{3p}\frac{\mathrm{d}p}{\mathrm{d}r}\vec{e}_r$

Euler 方程化为

$$\frac{1}{r}=-\frac{1}{3p}\frac{\mathrm{d}p}{\mathrm{d}r},\quad 3d\ln r=-d\ln p$$

压强：$d\ln\left(r^3p\right)=0$，$p=G/r^3$

如物态方程为 $p=c^2\rho$，$\frac{1}{\rho}\vec{\nabla}p=\frac{c^2}{p}\frac{\mathrm{d}p}{\mathrm{d}r}\vec{e}_{\mathrm{r}}$

Euler 方程化为$\frac{1}{r}=-\frac{1}{p}\frac{\mathrm{d}p}{\mathrm{d}r}$，$d\ln r=-d\ln p$

压强：$d\ln(rp)=0$，$p=G/r$，$\rho=G/c^2r$

流体的涡旋规则流动产生压强的径向不均匀梯度(以此理解球内束缚的辐射子的涡旋规则流动产生势场不均匀梯度——压强)。

守恒定律：动能密度与压强之和守恒：$\rho_{\mathrm{F}}=\left(\rho_k+p\right)=\text{constant}$

由连续性方程：$\frac{\partial\rho}{\partial t}+\vec{u}\cdot\vec{\nabla}\rho+\rho\mathrm{div}\vec{u}=\frac{\mathrm{d}\rho}{\mathrm{d}t}+\rho\mathrm{div}\vec{u}=0\xrightarrow{\text{无散流动}}\mathrm{d}\rho=0$

可得

$$\rho_{\mathrm{k}}=\frac{1}{2}\rho u^2,\mathrm{d}\rho_{\mathrm{k}}=\frac{1}{2}\left(\rho\mathrm{d}u^2+\mathrm{d}\rho u^2\right)=\frac{1}{2}\rho\mathrm{d}u^2$$

对无散流动($\mathrm{div}\vec{u}=0$)，由 Euler 方程可得

$$\left[\frac{\partial\vec{u}}{\partial t}+(\vec{u}\cdot\vec{\nabla})\vec{u}\right]\cdot\mathrm{d}\vec{r}=\left(\frac{\partial}{\partial t}+\vec{u}\cdot\vec{\nabla}\right)\vec{u}\cdot\mathrm{d}\vec{r}=\frac{\mathrm{d}\vec{u}}{\mathrm{d}t}\cdot\mathrm{d}\vec{r}=-\frac{1}{\rho}\vec{\nabla}p\cdot\mathrm{d}\vec{r}$$

此式可写为

$$\vec{u}\cdot\mathrm{d}\vec{u}=\frac{1}{2}\mathrm{d}u^2=-\frac{1}{\rho}\mathrm{d}p$$

或

$$\frac{1}{2}\rho\mathrm{d}u^2+\mathrm{d}p=0\text{，}\ \mathrm{d}\left(\rho_{\mathrm{k}}+p\right)=0$$

积分得

$$\rho_{\mathrm{F}}=\left(\rho_{\mathrm{k}}+p\right)=\mathrm{constant}=\rho_0c^2/3\ (\ \rho_{\mathrm{k}}=0,\rho_{\mathrm{F}}=p_0=\rho_0c^2/3\ )$$

其物理意义是：流体动能密度 ρ_{k} 增大，压强(无规涨落能) p 变小，压强减小对应的无规涨落能减小部分完全转化为规则运动动能。对于定态，压强与动能达到平衡，保证规则运动(物质粒子流)的稳定性。物质粒子流是真空量子无规涨落运动能减小转化为量子规则运动能的这一激发的结果，在宇宙膨胀过程中实现。这种转化服从真空量子流体的运动规律。问题在于对于粒子的生成，如何找出这一规律？！

由上述流体力学方程解得

$$\rho=\frac{2\rho_0}{\left(3u^2/c^2+2\right)}\text{，}\ \rho_{\mathrm{k}}=\frac{1}{2}\rho u^2=\frac{u^2}{\left(3u^2/c^2+2\right)}\rho_0\text{，}\ p=\frac{2\rho_0c^2}{3\left(3u^2/c^2+2\right)}\text{，}$$

$$\rho_{\mathrm{F}}=\left(\rho_{\mathrm{k}}+p\right)=\rho_0c^2/3$$

上述结果对任意无散流动成立，不限 $\rho, p, \vec{u}$ 的形式。(2010.05.21)

2. 相对论情况(理想流体)

动量-能量张量

$$T_{ab}=\rho u_a u_b+P\left(\eta_{ab}+u_a u_b\right)=(\rho+P)u_a u_b+\eta_{ab}P$$

$$u_a=(-1,\vec{v}/c)=(-1,\vec{v}),(c=1)\tag{a}$$

无外力的流体运动方程

$$\begin{aligned}\partial^{\mathrm{a}}T_{ab}&=u_b u^a\partial_{\mathrm{a}}\rho+(\rho+P)u_b\partial^{\mathrm{a}}u_a+(\rho+P)u_a\partial^{\mathrm{a}}u_b+\left(\eta_{ab}+u_a u_b\right)\partial^{\mathrm{a}}P\\&=u_b u_a\left(\partial^{\mathrm{a}}\rho+\partial^{\mathrm{a}}P\right)+(\rho+P)u_b\partial^{\mathrm{a}}u_a+(\rho+P)u_a\partial^{\mathrm{a}}u_b+\eta_{ab}\partial^{\mathrm{a}}P=0\end{aligned}\tag{b}$$

分解(b)式为标量方程(平行u_b)和矢量方程(垂直u_b)

$$u^a\partial_\mathrm{a}\rho+(\rho+P)\partial^\mathrm{a}u_a=0 \tag{I-1}$$

$$(P+\rho)u^a\partial_\mathrm{a}u_b+\left(\eta_{ab}+u_a u_b\right)\partial^\mathrm{a}P=0 \tag{I-2}$$

(b)式的另一种分解：

(b)式的$b=0$分量：

$$\begin{aligned}&u^a\partial_\mathrm{a}\rho+\left(\partial^0 P+u_a\partial^\mathrm{a}P\right)+(\rho+P)\partial^\mathrm{a}u_a\\&=-u_a\left(\partial^\mathrm{a}\rho+\partial^\mathrm{a}P\right)-(\rho+P)\partial^\mathrm{a}u_a+\partial_\mathrm{t}P\\&=-\left(\partial_\mathrm{t}\rho+\partial_\mathrm{t}P\right)-\vec\nabla\cdot[(\rho+P)\vec v]+\partial_\mathrm{t}P\\&=-\partial_\mathrm{t}\rho-\vec\nabla\cdot[(\rho+P)\vec v]=0\end{aligned} \tag{I-1$'$}$$

$$u^a\partial_\mathrm{a}\rho+\vec v\cdot\vec\nabla\rho+(\rho+P)\partial^\mathrm{a}u_a=\partial_\mathrm{t}\rho+\vec\nabla\cdot[(\rho+P)\vec v]=0$$

$$\begin{aligned}&\partial_\mathrm{t}\rho+\vec v\cdot\vec\nabla\rho+\vec v\cdot\vec\nabla P+(\rho+P)\vec\nabla\cdot\vec v\\&=\partial_\mathrm{t}\rho+\vec\nabla\cdot[(\rho+P)\vec v]=0\end{aligned}$$

$$\partial_\mathrm{t}\rho+\vec\nabla\cdot[(\rho+P)\vec v]=0$$

(b)式的$b=i$分量：

$$v_i u^a\partial_\mathrm{a}\rho+\partial^\mathrm{i}P+(\rho+P)u_a\partial^\mathrm{a}v_i+v_i u_a\partial^\mathrm{a}P+(\rho+P)v_i\partial^\mathrm{a}u_a=0$$

$$\begin{aligned}&v_i u^a\partial_\mathrm{a}\rho+(\rho+P)v_i\partial^\mathrm{a}u_a+(\rho+P)u_a\partial^\mathrm{a}v_i+\left(\eta_{ai}+u_a v_i\right)\partial^\mathrm{a}P\\&=v_i u_a\left(\partial^\mathrm{a}\rho+\partial^\mathrm{a}P\right)+(\rho+P)v_i\partial^\mathrm{a}u_a+(\rho+P)u_a\partial^\mathrm{a}v_i+\eta_{ai}\partial^\mathrm{a}P\\&=v_i\partial_\mathrm{t}P+(\rho+P)\left(\partial_\mathrm{t}v_i+\vec v\cdot\vec\nabla v_i\right)+\partial_\mathrm{i}P=0\end{aligned} \tag{I-2$'$a}$$

$$\begin{aligned}&\partial_\mathrm{i}P+(\rho+P)u_a\partial^\mathrm{a}v_i+v_i u_a\partial^\mathrm{a}P-v_i\left(\partial^\mathrm{t}P+u_a\partial^\mathrm{a}P\right)\\&=v_i\partial_\mathrm{t}P+(\rho+P)\left(\partial_\mathrm{t}v_i+\vec v\cdot\vec\nabla v_i\right)+\partial_\mathrm{i}P=0\end{aligned} \tag{I-2$'$b}$$

$$\partial_\mathrm{i}P+(\rho+P)u_a\partial^\mathrm{a}v_i+v_i u_a\partial^\mathrm{a}P-\left(v_i\vec v\cdot\vec\nabla P\right)=0$$

$$\partial_\mathrm{i}P+(\rho+P)\left(\partial_\mathrm{t}v_i+\vec v\cdot\vec\nabla v_i\right)+\left(v_i\partial_\mathrm{t}P\right)=0 \tag{I-2$'$c}$$

上述三种算法一致。

最后结果：

连续性方程：

$$\partial_\mathrm{t}\rho+\vec\nabla\times[(\rho+P)\vec v]=0 \tag{c}$$

速度(动量)的欧拉方程：

$$\partial_\mathrm{i}P+(\rho+P)\left(\partial_\mathrm{t}v_i+\vec v\cdot\vec\nabla v_i\right)+\left(v_i\partial_\mathrm{t}P\right)=0 \tag{d}$$

非相对论极限：$P\ll\rho$，$|\vec v|\dfrac{\mathrm{d}P}{\mathrm{d}t}\ll|\vec\nabla P|$，$\dfrac{v}{c}\ll 1$导致连续性方程和欧拉方程。由(c)

式，令 $P=0$，得连续性方程：

$$\partial_t\rho+\vec{\nabla}\cdot(\rho\vec{v})=0 \quad (\text{近似 } P=0)$$

由(d)式，令第二项 $P=0$、第三项为零，得欧拉方程：

$$\rho\left[\partial_t\vec{v}+(\vec{v}\cdot\vec{\nabla})\vec{v}\right]=-\vec{\nabla}P\ (\text{即近似：} P\ll\rho,\ \vec{v}\partial_t P=0)$$

定态圆形光速流动：

由定态连续性方程 $\vec{\nabla}\cdot[(\rho+P)\vec{v}]=0$ 和 $v_\theta=c$ 得

$$\frac{\mathrm{d}}{r\mathrm{d}\theta}(\rho+P)v_\theta=0,\quad \rho=\rho(r),\quad P=P(r)$$

光速圆周运动的定态 Euler 方程：

$$\frac{1}{\rho c^2+P}\frac{\mathrm{d}P}{\mathrm{d}r}=-\frac{1}{r}\quad (\text{因 } \rho=\rho(r),\ \vec{v}\cdot\vec{\nabla}p=\frac{c}{r}\frac{\mathrm{d}p(r)}{\mathrm{d}\theta}=0)$$

物态方程 $P=\rho c^2/3$ 的解：

$$\frac{1}{P}\frac{\mathrm{d}P}{\mathrm{d}r}=-\frac{4}{r},\quad P(r)=G/r^4,\quad \rho=3G/c^2r^4$$

力学平衡对应的能量守恒：

$$3\frac{\mathrm{d}P}{\mathrm{d}r}=c^2\frac{\mathrm{d}\rho}{\mathrm{d}r},\quad \rho c^2-3P=e$$

物态方程 $P=\rho c^2$ 的解：

$$\frac{1}{P}\frac{\mathrm{d}P}{\mathrm{d}r}=-\frac{2}{r},\quad P(r)=G/r^2,\quad \rho=G/c^2r^2$$

力学平衡对应的能量守恒：$\dfrac{\mathrm{d}P}{\mathrm{d}r}=c^2\dfrac{\mathrm{d}\rho}{\mathrm{d}r}$，$\rho c^2-P=e$

压强对应的能量为负。

5.3.2 量子固体-流体①

(1) 量子涨落的描述(涨落性质)：涨落谱的紫外行为。

(2) 对称性、守恒律、超流性(平均性质)。

(3) 质量形成问题：光子、中微子、电子、质子形成问题，介子问题，重子问题。

平衡量子本征方程：

连续性方程和 Euler 方程的定态方程有本征解？量子涨落如何进入方程？

经典方程 $\rho c^2-3P=e$ 的量子化：

① 写于 2010 年 5 月 21 日。

动能项：$\rho c^2 \to -\hbar^2 \vec{\nabla}\psi \cdot \vec{\nabla}\psi$

势能项：$-3P = -3G/r^4 \to \psi V(r)\psi = -3G/r^4$，$V(r) = -\dfrac{3G}{r^4\psi^2}$

定态能量非线性本征方程：$-\hbar^2\vec{\nabla}^2\psi - \dfrac{3G}{r^4\psi^2}\psi = E\psi$

径向方程：

$$-\hbar^2\left(\psi'' + \frac{2}{r}\psi'\right) - \frac{3G}{r^4\psi^2}\psi = E\psi\ ,\quad \psi' = \frac{\mathrm{d}\psi}{\mathrm{d}r}$$

$$\psi(r) = u(r)/r^2$$

$$-\hbar^2\left(u'' - \frac{2}{r}u' + \frac{2u}{r^2}\right) - \frac{3G}{u} = Eu\ ,\quad u' = \frac{\mathrm{d}u}{\mathrm{d}r}$$

(4) 自旋、电荷形成问题。

(5) 相互作用形成问题。

5.3.3　普朗克子小球密积堆积的量子固体真空

把真空看作由半径为 $r_{\mathrm{P}}(10^{-33}\,\mathrm{cm})$、质量为 $m_{\mathrm{P}}(10^{-4}\,\mathrm{g})$ 的小球(普朗克子–球形定域的辐射驻波)堆积而成的密积点阵固体，有两种堆积相：面心立方结构和六角密积结构，对应真空两个相(杨顺华著：《晶体位错理论基础》，第 366 页)：

面心立方结构：$ABCABCABC\cdots$　三层 ABC 周期结构。

六角密积结构：$ABABABABA\cdots$　两层 AB 周期结构。

对无限真空晶体，两种晶体相能量简并？对有限真空晶体，两种晶体相能量简并消除？

由于表面上的位错，面心立方结构比六角密积结构有较低的表面能量？

以立方体为例计算表层位错能。体积 $V \sim R^3$ 的表层位错的体积变化为 $\Delta V \sim R^2 r_{\mathrm{P}}$：

$$\frac{\Delta V}{V} \sim \frac{r_{\mathrm{P}}}{R}$$

密度 $\rho = \dfrac{m}{V}$，表层位错对应的立方体内普朗克子真空密度变化为

$$\frac{\Delta\rho}{\rho} = -\frac{\Delta V}{V} = -\frac{r_{\mathrm{P}}}{R},\quad \frac{m}{m_{\mathrm{P}}} \sim \frac{r_{\mathrm{P}}}{R_m}$$

$m = \Delta\rho \times \dfrac{4\pi}{3} r_{\mathrm{P}}^3 = m_{\mathrm{P}} \times \dfrac{r_{\mathrm{P}}}{R_m}$ 为表面位错导致内部每个普朗克子减少的质量(辐射子空穴的质量)，也是激发一个辐射子的质量(见“前书”第 9 章)。

质子质量等于表面储存三个辐射子的质量 $3m$：由质子半径 $R_m \approx 10^{-13}\,\mathrm{cm}$，

得质子质量：$M = 3m \sim 3\frac{r_{\mathrm{P}}}{R}m_{\mathrm{P}} = 3\frac{10^{-33}}{10^{-13}}10^{-4}\,\mathrm{g} = 3\times10^{-24}\,\mathrm{g}$。

类似黑洞，基本粒子的质量来自其表层位错导致内部真空密度的变化，进而产生粒子质量。问题：质子表层为何只储存三个辐射粒子？

5.4　真空无规涨落点阵背景中的物理学①

1. 真空量子涨落无规点阵及其激发——粒子质量和引力场

普朗克子尺度的真空量子涨落形成无规点阵，引力场和电磁场在其中传播。真空量子涨落无规点阵的极高能量-质量密度和刚性，导致极大的辐射波的传播速度 c。真空量子涨落无规点阵在时空的局域变化，即为量子真空的变形或缺陷型激发，导致粒子的产生。以恒定速度 c 运动传播的激发为辐射波量子(中微子、光子和引力子)，定域束缚的辐射驻波激发为有质量粒子。真空量子涨落无规点阵中使运动波在时空局域变化，诱导出的局域波包的能量为粒子的内能和质量。真空量子涨落无规点阵在诱导出局域化粒子波包的同时，相应地使该区域量子涨落能减小，诱导出与量子涨落减小对应的引力场：引力场是真空量子涨落强度变化(减小)的产物。

2. 固体物理学和连续场论的理论概念和理论方法可以借鉴

应当研究在真空量子涨落无规点阵背景上建立物质粒子和波场的物理学：物理真空的属性就是真空量子涨落无规点阵的属性，真空连续介质量子涨落形成的无规点阵具有连续介质波和固体的两重属性，波在无规点阵中的传播，对真空量子涨落无规点阵计算弹性模量和光速，无规点阵的变形、位错和缺陷形成的理论及其运动的理论，真空量子涨落点阵的零点能问题，真空量子涨落无规点阵的各种波场的 Casimir 效应，真空量子涨落无规点阵中的各种场的描述，真空量子涨落无规点阵的离散性和连续性问题，真空量子涨落无规点阵的周期性问题，真空量子涨落无规点阵的平均场的周期性问题，真空量子涨落无规点阵的安德森局域化问题，真空量子涨落无规点阵的物理属性与普适常数 $c, \hbar, G$ 的关系，粒子质量、自旋、电荷和相互作用的产生，规范场的本性，引力的本质，粒子内禀量子数的来源，反粒子的描述，与粒子的区别，发散的消除，重整化的物理实质，暗能量、暗物质的来源与本性，等等。

---

① 写于 2007 年 3 月 23 日。

5.5　量子相空间非对易几何与真空量子结构①

近年来得到的分散结果表明：量子涨落空间形成量子相空间非对易几何。近期对这一非常重要的问题，进行了更加深入、系统的研究；为“前书”中的半经典普朗克子真空模型，提供了量子相空间非对易几何这一不可或缺的数学物理基础；使普朗克子真空模型成为完全的量子力学模型：普朗克子量子真空不过是量子相空间非对易几何不变度量算子的基态本征解布满的量子点阵。本节综合介绍这一结果。

5.5.1　三维量子相空间非对易几何与稳态量子真空

1. 三维稳态量子相空间非对易几何坐标算子与不变度量算子

真空量子涨落背景把时空坐标和动量结合起来形成量子相空间，并把量子涨落特征量普朗克常数和基本长度引进量子相空间。坐标和动量算子组合构成的相空间成为整体连续统，形成量子相空间非对易几何。四维洛伦兹空间的决定论几何，变成四维复量子相空间的随机几何；平稳的决定论的真空背景变成量子涨落的随机的真空背景；量子真空晶体的元胞——普朗克子成为量子相空间非对易几何不变度量算子的基态本征态，而普朗克子真空晶体不过是量子相空间非对易几何不变度量算子的基态本征解布满的量子点阵。量子相空间坐标算子的二次型可能生成基本粒子的内部对称群。

量子相空间非对易几何的定量表述如下：

$(\vec{x},\vec{p})$的线性组合需要普朗克常数$\hbar$常数和基本长度l，以构成量子相空间非对易几何的复坐标算子：

$$\vec{z}=\vec{x}+\mathrm{i}\frac{l^2}{2\hbar}\vec{p}\ ,\quad \vec{\bar{z}}=\vec{x}-\mathrm{i}\frac{l^2}{2\hbar}\vec{p}$$

量子相空间非对易几何坐标算子的量子约束条件为

$$\left[z_i,\bar{z}_j\right]=\delta_{ij}l^2$$

量子相空间非对易几何不变度量算子为

$$\hat{s}^2=\frac{1}{2}(\vec{z}\cdot\vec{\bar{z}}+\vec{\bar{z}}\cdot\vec{z})=\vec{x}^2+\frac{l^4}{4\hbar^2}\vec{p}^2$$

不变度量算子与谐振量子的关系：谐振量子哈密顿量为

① 写于 2017 年 12 月 10—18 日。

$$h_{\mathrm{P}}=\left(\frac{1}{2m_{\mathrm{P}}}\vec{p}^{2}+\frac{1}{2}m_{\mathrm{P}}\omega^{2}\vec{x}^{2}\right)=\frac{m_{\mathrm{P}}\omega^{2}}{2}\left(\vec{x}^{2}+\frac{l^{4}}{4\hbar^{2}}\vec{p}^{2}\right)=\frac{m_{\mathrm{P}}\omega^{2}}{2}\hat{s}^{2}$$

谐振子产生和湮灭算符与量子相空间坐标算符的关系为

$$a_{i}=\sqrt{\frac{m_{\mathrm{P}}\omega}{2h}}\left(x_{i}+\frac{\mathrm{i}\hat{p}_{i}}{m_{\mathrm{P}}\omega}\right)=\frac{1}{l}\left(x_{i}+\frac{l^{2}}{2h}\mathrm{i}p_{i}\right)=\frac{1}{l}z_{i}$$

$$a_{i}^{+}=\sqrt{\frac{m_{\mathrm{P}}\omega}{2h}}\left(x_{i}-\frac{\mathrm{i}\hat{p}_{i}}{m_{\mathrm{P}}\omega}\right)=\frac{1}{l}\left(x_{i}-\frac{l^{2}}{2\hbar}\mathrm{i}p_{i}\right)=\frac{1}{l}\overline{z}_{i}$$

$$\left[a_{i},a_{j}^{+}\right]=\delta_{ij}\text{ ，}\quad z_{i}=la_{i}\text{ ，}\quad \overline{z}_{i}=la_{i}^{+}$$

谐振子哈密顿量的量子相空间坐标算子和生灭算子表示：

$$h_{\mathrm{P}}=\frac{m_{\mathrm{P}}\omega^{2}}{2}\hat{s}^{2}=\frac{m_{\mathrm{P}}\omega^{2}}{4}(\vec{\overline{z}}\times\vec{z}+\vec{z}\times\vec{\overline{z}})$$

$$=\left(\sum_{i=1}^{3}a_{i}^{+}a_{i}+\frac{3}{2}\right)\hbar\omega=\left(\hat{n}+\frac{3}{2}\right)\hbar\omega$$

参数关系：

$$\frac{1}{m_{\mathrm{P}}\omega}=\frac{l^{2}}{2\hbar}\text{ ，}\quad\frac{2\hbar}{m_{\mathrm{P}}\omega}=l^{2}\text{ ，}\quad\omega^{2}=\frac{k}{m_{\mathrm{P}}}\text{ ，}\quad\frac{1}{m_{\mathrm{P}}^{2}\omega^{2}}=\frac{l^{4}}{4\hbar^{2}}$$

量子相空间不变度量算子的本征解，也是谐振子的本征解：

$$\hat{s}^{2}\psi_{nlm}=\varepsilon_{n}\psi_{nlm}$$

$$\varepsilon_{n}=\frac{1}{2}\left(n+\frac{3}{2}\right)l^{2}=\frac{2}{m_{\mathrm{P}}\omega^{2}}e_{\mathrm{P}_{n}}$$

$$\psi_{nlm}=N_{nl}\mathrm{e}^{-r^{2}/2l^{2}}H_{nl}(r)Y_{lm}(\theta,f)$$

谐振子本征能量：

$$e_{\mathrm{P}_{n}}=\left(n+\frac{3}{2}\right)\hbar\omega=\frac{m_{\mathrm{P}}\omega^{2}}{2}\varepsilon_{n}$$

基态本征能量和波函数为

$$\varepsilon_{0}=\frac{3}{4}l^{2}\text{ ，}\quad\psi_{000}=N_{0}\mathrm{e}^{-r^{2}/2l^{2}}$$

这正是普朗克子的波函数和能量：

$$e_{\mathrm{P}_{0}}=\frac{m_{\mathrm{P}}\omega_{\mathrm{P}}^{2}}{2}\varepsilon_{0}=\frac{3}{4}l^{2}\frac{4h^{2}}{m_{\mathrm{P}}l^{4}}=\frac{3h^{2}}{m_{\mathrm{P}}l^{2}}$$

参数关系：

$$l = 2\sqrt{3}r_{\mathrm{P}}, \quad m_{\mathrm{P}}r_{\mathrm{P}} = \frac{\hbar}{2c}, \quad e_{\mathrm{P}_0} = \frac{c\hbar}{2r_{\mathrm{P}}}$$

r_{P} 和 m_{P} 是普朗克子的半径和质量(“前书”第 46 页)。

上述结果表明：普朗克子的能量和空间波函数构型是量子相空间非对易几何不变度量算子的基态，而普朗克子真空是量子相空间非对易几何不变度量算子基态布满的量子点阵。普朗克子真空模型是完全的量子力学模型。(2006.09.09; 2007.10.25；2017.09.13；2017.12.18)

2. 量子相空间坐标算子生成 $\mathrm{U}(3)\supset\mathrm{SU}(3)$ 群和 $\mathrm{SP}(6)$ 群

量子相空间坐标算子 $\vec{z} = \vec{r} + \mathrm{i}\dfrac{l^2}{2\hbar}\vec{p}$ 和 $\vec{\bar{z}} = \vec{r} - \mathrm{i}\dfrac{l^2}{2\hbar}\vec{p}$ 的分量的双线性式 $X_{ij} = \bar{z}_i z_j$ 或 $T_{ij} = a_i^+ a_j$，是量子相空间生成的 $\mathrm{U}(3)\supset\mathrm{SU}(3)$ 对称性群的生成元。a_i 的相干态本征值构成三维复空间，而不变迹算子 $\mathrm{Tr}X_{ij} = \sum\limits_i \bar{z}_i z_j = l^2\hat{N} = l^2\left(\hat{n} + \dfrac{3}{2}\right)$ ($\hat{n} = \sum\limits_{i=1}^{3} a_i^+ a_i$) 守恒导致复空间紧致。夸克袋模型可能与此有关：普朗克子尺度的量子相空间的基态导致普朗克子，强子尺度的量子相空间的缺陷的第一激发态导致三色夸克？(2017.11.12)

$\mathrm{U}(3)\supset\mathrm{SU}(3)$ 群的扩充 $\mathrm{SP}(6)$ 群的生成元为：$U_{ij} = a_i^+ a_j$，$P_{ij} = a_i a_j$ 和 $P_{ij}^+ = a_i^+ a_j^+$。这个非紧致群的物理内涵尚未仔细研讨。(2017.12.10)

$(\vec{r}, \vec{p})$的非线性组合不需要另一常数：$\vec{z} = \vec{r} + \mathrm{i}\dfrac{\hbar}{p^2}\vec{p}$，$\vec{\bar{z}} = \vec{r} - \mathrm{i}\dfrac{\hbar}{p^2}\vec{p}$。(2006.09.09)

其对易关系 $\left[z_i, \bar{z}_j\right] = ?$，其度量 $\hat{s}^2 = \dfrac{1}{2}(\vec{z}\cdot\vec{\bar{z}} + \vec{\bar{z}}\cdot\vec{z}) = ?$ 的本征解及其物理意义如何？(2017.09.13)

3. 弯曲量子相空间非对易几何与弯曲真空的量子结构

弯曲量子相空间问题可以在局域平直洛伦兹坐标系的量子相空间研究，这涉及联系引力加速系与局域平直洛伦兹坐标系的局域 Rindle 变换，由此可以讨论引力的消除与弯曲真空量子涨落亏损能谱的修复问题。把平直真空的量子结构与弯曲真空的量子结构联系起来，理解弯曲真空引力的量子统计结构。这是尚未深入研究的重要课题(见第 5.1 节(46)、(52))。(2017.12.12；2017.12.16)

5.5.2　四维动态量子相空间非对易几何与四维动态量子真空

1. 三维量子相空间非对易几何

量子相空间非对易坐标算子的量子约束条件：

$$\left[z_i, \overline{z}_j\right] = \delta_{ij} l^2$$

量子相空间非对易几何不变度量算子：

$$\hat{s}^2 = \frac{1}{2}(\vec{z} \cdot \vec{\overline{z}} + \vec{\overline{z}} \cdot \vec{z}) = \vec{x}^2 + \frac{l^4}{4h^2} \vec{p}^2$$

谐振子产生、湮灭算符与量子相空间坐标算符的关系：

$$a_i = \sqrt{\frac{m_{\mathrm{P}}\omega}{2\hbar}} \left(x_i + \frac{\mathrm{i}\hat{p}_i}{m_{\mathrm{P}}\omega} \right) = \frac{1}{l} \left(x_i + \frac{l^2}{2h} \mathrm{i} p_i \right) = \frac{1}{l} z_i$$

$$a_i^+ = \sqrt{\frac{m_{\mathrm{P}}\omega}{2h}} \left(x_i - \frac{\mathrm{i}\hat{p}_i}{m_{\mathrm{P}}\omega} \right) = \frac{1}{l} \left(x_i - \frac{l^2}{2h} \mathrm{i} p_i \right) = \frac{1}{l} \overline{z}_i$$

$$\left[a_i, a_j^+\right] = \delta_{ij}, \quad z_i = l a_i, \quad \overline{z}_i = l a_i^+$$

与谐振量子的关系：谐振量子哈密顿量，

$$h_{\mathrm{P}} = \left(\frac{1}{2m_{\mathrm{P}}} \vec{p}^2 + \frac{1}{2} m_{\mathrm{P}} \omega^2 \vec{x}^2 \right) = \frac{m_{\mathrm{P}}\omega^2}{2} \left(\vec{x}^2 + \frac{l^4}{4\hbar^2} \vec{p}^2 \right) = \frac{m_{\mathrm{P}}\omega^2}{2} \hat{s}^2$$

$$\begin{aligned} h_{\mathrm{P}} &= \frac{m_{\mathrm{P}}\omega^2}{2} \hat{s}^2 = \frac{m_{\mathrm{P}}\omega^2}{4} (\vec{\overline{z}} \cdot \vec{z} + \vec{z} \cdot \vec{\overline{z}}) \\ &= \left(\sum_{i=1}^{3} a_i^+ a_i + \frac{3}{2} \right) \hbar\omega = \left(\hat{n} + \frac{3}{2} \right) \hbar\omega \end{aligned}$$

2. 扩充为四维：引进时间第四维坐标算子和谐振子升、降算子

$$a_4 = \sqrt{\frac{m_{\mathrm{P}}\omega}{2h}} \left(x_4 + \frac{\mathrm{i}\hat{p}_4}{m_{\mathrm{P}}\omega} \right) = \frac{1}{l} \left(x_4 - \frac{l^2}{2h} \mathrm{i} p_4 \right) = \frac{1}{l} z_4$$

$$a_4^+ = \sqrt{\frac{m_{\mathrm{P}}\omega}{2\hbar}} \left(x_4 - \frac{\mathrm{i}\hat{p}_4}{m_{\mathrm{P}}\omega} \right) = \frac{1}{l} \left(x_4 + \frac{l^2}{2h} \mathrm{i} p_4 \right) = \frac{1}{l} \overline{z}_4$$

令时间 τ 为描述真空量子涨落的时间周期。x_i 描述真空量子涨落的空间尺度，扩充的时间周期变量及其动量算子为

$$x_4 = \tau, \quad p_4 = \mathrm{i}\hbar \frac{\partial}{\partial \tau}$$

$$\left[a_4, a_4^+\right] = 1, \quad z_4 = la_4, \quad \overline{z}_4 = la_4^+$$

完整的四维量子相空间非对易几何坐标算子及其对易子为

$$z_i = la_i, \quad \overline{z}_i = la_i^+, \quad \left[a_i, a_j^+\right] = \delta_{ij}\ (i, j = 1, 2, 3, 4)$$

3. 四维狄拉克哈密顿量和狄拉克方程

狄拉克哈密顿量：

$$\hat{h} = \gamma^4 a_4 = \sum_{i=1}^{3} \gamma^i a_i, \quad \hat{h}^+ = \gamma^4 a_4^+ = \sum_{i=1}^{3} \gamma^i a_i^+$$

$$\left\{\gamma^i, \gamma^j\right\} = 2\delta^{ij}$$

克莱因-高登哈密顿量：

$$\hat{H} = \left(\hat{h}^+ \hat{h}\right) = a_4^+ a_4 = \sum_{i,j=} \gamma^i \gamma^j a_i^+ a_j = \sum_i a_i^+ a_i$$

其零能量解是量子真空基态解：

$$a_i \left|0_i\right\rangle = 0, \quad \left|0\right\rangle = K \exp\left\{-\left(\frac{x_i}{l}\right)^2\right\}$$

量子真空基态 $\left|0\right\rangle = \prod_i \left|0_i\right\rangle$ 解满足

$$\hat{H}\left|0\right\rangle = a_4^+ a_4 \left|0\right\rangle = \sum_i^3 a_i^+ a_i \left|0\right\rangle = 0$$

n_i 个谐振子的本征态，可以把 n_i 个振子的产生算子 $\left(a_i^+\right)^{n_i}$ 作用在零个振子的真空态上得到

$$\left|n_i\right\rangle = \left(a_i^+\right)^n \left|0_i\right\rangle = K_n \left[\frac{1}{l}\left(x_i - \frac{l^2}{2}\frac{\partial}{\partial x_i}\right)\right]^n \exp\left\{-\left(\frac{x_i}{l}\right)^2\right\}$$

相干态是 a_i 的本征态：

$$a_i \left|\xi_i\right\rangle = \frac{1}{l}\left(x_i + \frac{l^2}{2}\frac{\partial}{\partial x_i}\right)\left|\xi_i\right\rangle = \xi_i \left|\xi_i\right\rangle$$

本征值是高斯波包质心坐标和动量 $\overline{x}_i, \overline{p}_i$ 构成的复矢量：

$$\xi_i = \frac{1}{l}\left(\overline{x}_i + \frac{l^2}{2\hbar}\mathrm{i}\overline{p}_i\right), \quad \xi_i^* = \frac{1}{l}\left(\overline{x}_i - \frac{l^2}{2\hbar}\mathrm{i}\overline{p}_i\right)$$

本征函数是质心坐标和动量为 $\overline{x}_i, \overline{p}_i$ 的高斯波包：

$$\left|\xi_i\right\rangle = N_i \exp\left[\mathrm{i}\overline{p}_i x_i / \hbar - \left(\frac{x_i - \overline{x}_i}{l}\right)^2\right]$$

相干态还可表为标准形式：

$$\left|\xi_i\right\rangle = N_i \exp\left[\xi_i a_i^+\right]_i \left|0\right\rangle = N_i \exp\left(\xi_i a_i^+\right) \mathrm{e}^{-(x_i/l)^2}$$

是谐振子波函数的叠加。

零质量狄拉克方程的解(普朗克子是真空基态，对应零质量狄拉克粒子，不出现在描述激发态的通常的四维动态狄拉克方程中)：

$$\hat{h}\left|0\right\rangle = \gamma^4 a_4 \left|0\right\rangle = \sum_{i=1}^{3} \gamma^i a_i \left|0\right\rangle = 0$$

或

$$\left[\gamma^4 a_4 - \sum_{i=1}^{3} \gamma^i a_i\right]\left|0\right\rangle = 0$$

这是零质量狄拉克粒子的旋量方程。

上述方程的解是量子真空点阵上自旋为$1/2$的普朗克子波函数，即真空零点量子涨落波函数，

$$\left|0_\mu\right\rangle = N_0 \mathrm{e}^{-\sum_{i=1}^{4}\left(\frac{x_i}{l}\right)^2} \psi_\mu$$

其中四维时空波函数是四维球对称高斯波函数 $\mathrm{e}^{-\sum_{i=1}^{4}\left(\frac{x_i}{l}\right)^2}$**，描述普朗克子空间尺度和时间周期的量子涨落。其傅里叶变换** $\mathrm{e}^{-\sum_{i=1}^{4}\left(\frac{p_i}{\hbar/l}\right)^2}$ **描述其共轭的四维动量(能量)的量子涨落。**自旋波函数ψ_μ为四分量列矢量：

$$\psi_{\mu=+\frac{1}{2}} = \sqrt{\frac{1}{2}}\begin{pmatrix}1\\0\\1\\0\end{pmatrix},\quad \psi_{\mu=-\frac{1}{2}} = \sqrt{\frac{1}{2}}\begin{pmatrix}0\\1\\0\\1\end{pmatrix}$$

量子真空晶体每个点阵上填充一个自旋$\mu=+\frac{1}{2}$和一个自旋$\mu=-\frac{1}{2}$的普朗克子，总自旋为零。考虑到普朗克子包含的真空量子涨落零点能不可观测，故量子真空的物理量的数值为零。

4. 弯曲四维量子相空间动态量子真空的狄拉克方程

上述讨论限于四维平直闵氏量子相空间描述的量子真空背景。可以把 5.5.1 节中关于三维弯曲量子真空背景的讨论推广到四维弯曲量子真空背景，在四维局域洛伦兹坐标系研究弯曲量子相空间问题，这涉及联系引力加速系与局域平直洛伦兹坐标系和局域 Rindle 变换(7.1 节)，由此可以讨论引力的消除与弯曲空间真空量子涨落亏损能谱的修复问题，把四维平直真空的量子结构与四维弯曲真空的量子结构联系起来，理解弯曲真空引力的量子统计结构。这更是需要深入研究的重要课题(见 5.1 节(46)和(52))。(2017.12.12；2017.12.16—18)

5. 其他

由四维谐振子的产生算子和湮灭算子的二次型构成的 U(4) ⊃ SU(4) 群及其扩充 SP(8) 群，其物理内涵也值得深入研究

第 6 章　宇宙演化问题

6.1　关于宇宙学几个问题[①]

6.1.1　为什么要研究天体物理学和宇宙学？

(1) 宇宙学已成为物理学的一个重要分支，成为定量的精密科学。

(2) 宇宙学提出了最重大的物理学基本问题。

(3) 宇宙学问题的解决关系到物理学的发展与变革。

(4) 年轻人应抓住这个世纪性的历史机遇，振兴中国物理学。

6.1.2　关于标准宇宙学模型

1. 关于宇宙学原理

宇宙学原理(假定)：宇宙在空间大尺度($(1.25\sim2)\times300\text{Mpc}$)范围内是均匀的和各向同性的，宇宙中不存在特殊的中心和方向。(宇宙在空间小尺度上结团为星系、星系团、超星系团。)

宇宙学原理的依据：

(1) 基于地球上的天文观测数据的引申、推广(倪光炯语)。

(2) 基于宇宙学原理的标准宇宙模型得到天文数据支持。

(3) 认识论理由：模型的简单性。

2. 关于宇宙学原理的数学表述

在广义相对论框架内对宇宙学原理的定量表述：Robertson-Walker 度规(可以更为一般)

$$\mathrm{d}s^2=\mathrm{d}t^2-R^2(t)\left\{\frac{\mathrm{d}r^2}{1-kr^2}+r^2\mathrm{d}\theta^2+r^2\sin^2\theta\mathrm{d}\varphi^2\right\}$$

$$k=\begin{cases}-1, & \text{闭合有限}\\ 0, & \text{平坦无限}\cdots\text{宇宙}\\ 1, & \text{开放无限}\end{cases}$$

① 本节内容基于作者 2006 年 8 月 25 日在四川大学的报告。

Robertson-Walker 度规如何体现宇宙学原理：

(1) 空间坐标原点的任意性体现出空间均匀性。

(2) 空间球对称度规部分体现出任一点空间各向同性。

(3) 随动坐标系：该坐标系所用的量尺是随动收缩的，量钟是随动变慢的，因此，随动质点的时间和空间坐标的测量值不变。宇宙尺度的膨胀用空间尺度因子 $R(t)$ 描述，时钟的相应变化也可由此计算。

(4) 同时性用设于坐标原点的、随动的宇宙时钟，按光速不变假定与宇宙空间其他各点的时钟对准。膨胀宇宙中的光速是用随动的时钟和量尺测定的，而实际光速应有宇宙膨胀产生的附加值吗?

(5) 由光信号联系的空间各点在宇宙膨胀过程中仍可由在膨胀宇宙的真空背景中转播的随动光信号联系，宇宙膨胀不破坏在膨胀宇宙的真空背景中建立起的随动的因果性关联吗?

Robertson-Walker 度规包含宇宙真空背景的两个待定的基本属性：空间曲率 k 和空间尺度因子 $R(t)$。

广义相对论和宇宙学原理把宇宙时空(宇宙真空背景)的基本属性的个数限制到最小：只有空间曲率 k 和空间尺度因子 $R(t)$。不同的宇宙模型仅在于空间曲率 k 和空间尺度因子 $R(t)$ 不同，$R(t)$ 又依赖于宇宙中物质的物态方程。

3. 关于空间曲率 k

一般几何学定理证明：四维常曲率空间只有三种空间几何曲率：

$$k=\begin{cases}-1, & \text{闭合有限}\\ 0, & \text{平坦无限}\cdots\text{宇宙}\\ 1, & \text{开放无限}\end{cases}$$

如果按照爱因斯坦的观点，空间的弯曲只能是物质引起的，不存在非物质引起的空间弯曲，则 $k=0$。而 $k=0$，要求 $\rho=\dfrac{3c^2}{8\pi GR_{\rm g}^2}=\dfrac{3H_0^2}{8\pi G}=\rho_c, H_0=\dfrac{c}{R_{\rm g}}, R_{\rm g}=\dfrac{c}{H_0}=T_0c$。这表明宇宙是一个封闭的、以哈勃半径 $R_{\rm g}=\dfrac{c}{H_0}=T_0c$ 为半径的黑洞。在一定意义上，我们的观测宇宙是一个与外界(因果性)隔离的封闭黑洞，我们处于宇宙黑洞之内。

4. 关于尺度因子 $R(t)$

$R(t)$ 密切依赖宇宙物质的物态方程(密度-压强 $\rho(t)$-$p(t)$ 关系)。宇宙物质的物态方程和由此决定的 $\rho(t)$、$p(t)$ 时间的演化，决定了宇宙尺度因子的时间演化规律。尺度因子 $R(t)$ 又决定了宇宙膨胀或暴胀的模式。宇宙膨胀和暴胀是宇宙模型关心的核心问题。

5. 关于尺度因子 $R(t)$ 的动力学方程

(1) **宇宙理想流体物质的动量-能量张量**：假定宇宙介质为均匀的和各向同性的相对论性理想流体，则其动量-能量张量为

$$T^{\mu\nu}=(\rho+p)U^{\mu}U^{\nu}+pg^{\mu\nu}$$

其中 ρ、p 分别是宇宙物质的能量密度和压强，静止的随动流体质点始终是静止的，其四维速度 $U^{\mu}=(1,0,0,0)$ (随动坐标系中的相对性原理)。

(2) **宇宙的动力学方程**：把罗伯逊-沃尔克宇宙学度规和宇宙的相对论理想流体物质的动量-能量张量代入爱因斯坦方程，得到标准宇宙学模型的两个独立的方程——弗里德曼(Friedman)方程：

加速方程：$\ddot{R}=-\dfrac{4\pi G}{3}(\rho+3p)+\dfrac{\Lambda}{3}R$

膨胀方程：$\dot{R}^2+k=\dfrac{8\pi G}{3}\rho R^2+\dfrac{\Lambda}{3}R^2=\dfrac{8\pi G}{3}\rho_{\text{eff}}R^2$

$$\rho_{\text{eff}}=\rho+\frac{\Lambda}{8\pi G}$$

或

$$H^2=\left(\frac{\dot{R}}{R}\right)^2=\frac{8\pi G}{3}\rho+\frac{\Lambda}{3}-\frac{k}{R^2}=\frac{8\pi G}{3}\rho_{\text{eff}}-\frac{k}{R^2}$$

$$\rho_{\text{c}}-\rho_{\text{eff}}=-\frac{3k}{8\pi GR^2}，\quad \rho_{\text{c}}=\frac{3H^2}{8\pi G}$$

$R\to\infty,\rho_{\text{eff}}\to\rho_{\text{c}}$：宇宙渐进平直?

第一式描述宇宙加速膨胀：由物质、辐射和宇宙常数决定；第二式描述宇宙膨胀：由物质、辐射、宇宙常数和空间几何曲率决定。

(3) **物态方程**：$p=p(\rho)$

由动量-能量守恒，

$$T^{\mu\nu}_{\text{v}}=0$$

可得

$$\frac{\mathrm{d}\left(\rho R^3\right)}{\mathrm{d}R}=-3pR$$

由物态方程 $p=p(\rho)$ 可求得 $p=p(R)$，进而求解 $R(t)$ 的方程。

以物质为主的宇宙： $\rho \gg p \approx 0$，得 $\rho_{\mathrm{m}} = \dfrac{C}{R^3} \sim \dfrac{C}{t^2}$

以辐射为主的宇宙： $p = \rho/3$，　得 $\rho_\gamma = \dfrac{C}{R^4} \sim \dfrac{C}{t^2}$

早期宇宙以辐射为主： $\dfrac{\rho_\gamma}{\rho_{\mathrm{m}}} \propto \dfrac{1}{R}$

6. 关于膨胀模型

(1) 天文事实：哈勃膨胀。

(2) 理论描述：弗里德曼方程：

$$\dot{R}^2 + k = \frac{8\pi G}{3}\rho R^2 + \frac{\Lambda}{3}R^2 = \frac{8\pi G}{3}\rho_{\mathrm{eff}} R^2,\quad \rho_{\mathrm{eff}} = \rho + \frac{\Lambda}{8\pi G} \tag{A}$$

或

$$H^2 = \left(\frac{\dot{R}}{R}\right)^2 = \frac{8\pi G}{3}\rho + \frac{\Lambda}{3} - \frac{k}{R^2} = \frac{8\pi G}{3}\rho_{\mathrm{eff}} - \frac{k}{R^2}$$

$$1 - \Omega = -\frac{3k}{8\pi G R^2 \rho_{\mathrm{c}}},\quad \Omega = \frac{\rho_{\mathrm{eff}}}{\rho_{\mathrm{c}}},\quad \rho_{\mathrm{c}} = \frac{3H^2}{8\pi G} = \frac{3c^2}{8\pi G R_{\mathrm{g}}^2} \tag{B}$$

方程(A)表示：ρ_{eff} 造成宇宙膨胀($H \neq 0$)，$k \neq 0$ 表示空间弯曲。如果哈勃半径 $R_{\mathrm{g}} = ct = \dfrac{c}{H}$ 就是黑洞半径：$R_{\mathrm{g}} = \dfrac{2GM}{c^2}$，则宇宙质量 $M = \dfrac{4\pi}{3}R_{\mathrm{g}}^3\rho_{\mathrm{eff}}$，宇宙密度 $\rho_{\mathrm{eff}} = \dfrac{M}{V} = \dfrac{3c^2}{8\pi G R_{\mathrm{g}}^2} = \dfrac{3H^2}{8\pi G} = \rho_{\mathrm{c}}$，$k = 0$。若 $\rho_{\mathrm{eff}} \neq \rho_{\mathrm{c}}$，则其中临界密度 ρ_{c} 造成宇宙膨胀($H \neq 0$)，而超出临界密度的部分来自空间弯曲($k \neq 0$)。

如果 $R_{\mathrm{g}} = ct = \dfrac{c}{H}$ 是宇宙黑洞半径，M 是宇宙的全部物质，则 ρ_{eff} 是宇宙的全部物质的密度，且等于临界密度 ρ_{c}：$\rho_{\mathrm{c}} = \rho_{\mathrm{eff}}$ ($\Omega = 1$)。这表明 ρ_{c} 就是全部物质密度，不存在超越 ρ_{c} 的额外密度。这时，宇宙空间一定是几何平直的($k = 0$)，宇宙物质的全部效应是造成宇宙膨胀($H \neq 0$)。

7. 关于暴胀模型

(1) 必要性，解决三个疑难：均匀性疑难、结构起源的因果性疑难和平坦性疑难。

无暴胀导致因果性疑难：观测宇宙按膨胀函数回推的大小 $\gg$ 按最大因果速度 c 回推的大小 $\rightarrow$ 观测宇宙区域内各点难于实现因果联系。

(2) 对疑难的解释，真空相变：辐射为主的膨胀：$p=\frac{1}{3}\rho \to \rho=\frac{C}{R^4} \to R(t)=At^{1/2}$ 转变为暗能量为主的暴胀：

$$\rho=\rho_{\text{vac}}=\text{const} \to R(t)=R_0\mathrm{e}^{Ht}$$

(实物为主膨胀：$p=0 \to \rho=\frac{C}{R^3} \to R(t)=At^{2/3}$)

暴胀解释疑难：暴胀把具有因果联系的宇宙暴胀成仍维持因果关联的观测宇宙，使得观测宇宙按膨胀和暴胀二者回推的大小 ≪ 按最大因果速度 c 回推的大小 → 观测宇宙区域内各点可以存在因果关联(图 6-1)

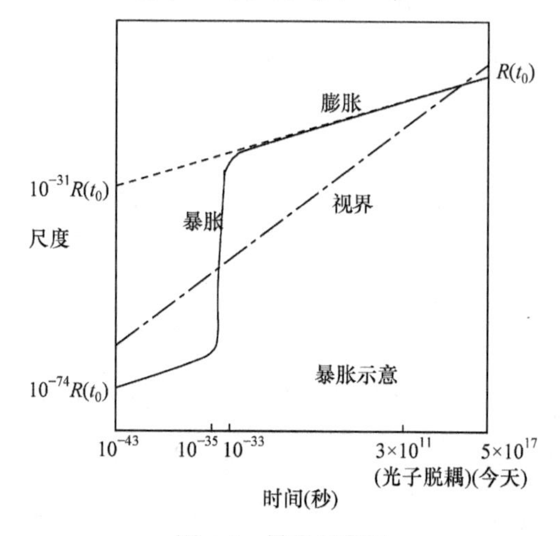

图 6-1　暴胀示意图

问题：暴胀使原来具有用光速建立起因果联系的宇宙区域变成不能用光速建立因果联系的宇宙区域。只有暴胀保障不破坏已经建立起来的因果关联(这要求暴胀不破坏表现因果关联的各种守恒定律)才有可能；平坦性疑难讨论的问题：用 $k=0$ 的解分析 $k\neq0$ 的情况合适吗？

8. 关于真空能的真实性

Jaff 认为：Casimir 效应是真实的，并不表示真空能是真实的，因为计算 Casimir 能可以不涉及真空(只涉及电磁真空涨落)。[Jaff , PRD, 72(2005)021301(R)]

评论：但计算 Casimir 能必须涉及电磁真空涨落(圈图)。因此，电磁真空涨落能、电磁真空涨落效应，作为真空涨落的一部分是真实的。一般真空涨落能存在不违背 Casimir 效应的实验，宇宙项与真空涨落能相联系是可能的。

9. 宇宙学原理、Robertson-Walker 度规与相对性原理的一致性问题(陆启铿、郭汉英等)：

(1) 可以从优越的共动坐标系中的Robertson-Walker度规经Beltrami变换变至惯性定律成立的惯性坐标系(已证明：存在直线惯性运动)。

(2) 不同时空点建立的 Robertson-Walker 度规之间可以建起坐标联系，因而它们之间是广义协变的(可证明吗？)。

(3) 因此，在其中宇宙学原理成立(宇宙表现为均匀和各向同性)的优越坐标系——共动的宇宙学坐标系，和在其中惯性定律和相对性原理成立的 Beltrami 坐标系，只不过是尺、钟和对钟方式的不同选择和不同约定，它们之间是可以相互进行坐标变换的，因而是等价的。因此，宇宙学原理、Robertson-Walker 度规和相对性原理是一致的。

6.1.3　关于现代宇宙学的天文基础和理论基础

1. 关于标准宇宙学模型

	天文观测基础	理论基础
宇宙学原理	星系分布的测量	认识论：简单性
哈勃膨胀	速度、距离测量	多普勒效应 标准模型
背景辐射	微波测量宇宙膨胀黑体辐射谱	辐射-实物退耦温度
轻元素合成	天体元素丰度测量	从粒子物理、核物理获得温度、反应截面，考虑天体环境条件、天体演化对元素丰度的修正
宇宙年龄	天体年龄测量，放射性年龄测量 $t_0 \approx \frac{2}{3H_0}\sinh^{-1}$ $\sqrt{\left\|1-\Omega_a\right\|/\Omega_a}/\sqrt{\left\|1-\Omega_a\right\|}$ $\Omega_a = 0.7\Omega_m - 0.3\Omega_v$ $+0.3 \leqslant 1$	核物理衰变理论，标准模型

2. 关于暴胀宇宙学模型

视界因果性疑难：现有观测宇宙倒推到 1 秒以后，出现视界因果性疑难。

	天文观测基础	理论基础
均匀性疑难	$\rho_{eff} = const$	标准模型
结构形成疑难	星系、星系团、超星系团	真空相变?
平直性疑难	$\Omega = 1 \to k = 0$	粒子物理

3. 关于暗物质

(1) 关于暗物质的天文观测数据。
(2) 关于分析、处理暗物质数据的理论。
(3) 关于存在暗物质结论的可靠性。
(4) 关于暗物质的解释。
(5) 关于暗物质的其他天文学和物理学效应。

依据	天文观测基础	理论基础
星系转动曲线	星系运动速度测量 $\to \rho_{\rm m}$	广义相对论
星系潮汐	星系运动速度测量 $\to \rho_{\rm m}$	标准模型
星系结构形成时间	天体年龄 $T \to \rho_{\rm m}$	流体力学

自引力不稳定性：

$$\ddot{\delta}_k + 2\frac{R}{P}\dot{\delta}_k + \left(v_s^2 k^2/R^2 - 4\pi G\rho_0\right)\delta_k = 0 \tag{2008.03.09}$$

物质性质和组分与结构形成：重子物质、非重子物质、真空能对结构形成的影响不同。

热物质：适合大尺度结构。

冷物质：适合小尺度结构。

重子物质：结构形成慢。

非重子物质：结构形成快。

真空能(暗能量)：影响结构形成。

核子/光子密度比$\eta = \dfrac{\rho_{\rm N}}{\rho_\gamma}$：由 2.7K 背景光子 ρ_γ 和轻元素合成结果确定η 。

发光物质ρ的测定：$\rho = L_\gamma \times \dfrac{M}{L}$，$L_\gamma$ 为平均光度密度，$\dfrac{M}{L}$ 为质光比。

结论：宇宙物质密度大于重子物质密度 $\rho_{\rm m} > \rho_{\rm N}$ 。

4. 关于暗能量

(1) 关于宇宙加速膨胀天文观测数据。
(2) 关于分析、处理宇宙加速膨胀的理论。
(3) 关于宇宙加速膨胀结论的可靠性。
(4) 关于存在暗能量结论的可靠性。
(5) 关于暗能量解释。
(6) 关于暗能量的其他天文学和物理学效应。

依据	天文观测基础	理论基础
SNeIa 超新星光谱红移	红移和距离测量	标准模型
背景辐射各向异性	微波辐射角分布测量	标准模型
星系结构形成	星系结构数据	广义相对论、流体力学
宇宙年龄	天体年龄测量 放射性年龄测量， $t_0 \approx \frac{2}{3H_0}\sinh^{-1}\sqrt{\lvert 1-\Omega_a\rvert/\Omega_a}/\sqrt{\lvert 1-\Omega_a\rvert}$ $\Omega_a = 0.7\Omega_m - 0.3\Omega_v + 0.3 \leqslant 1$	标准模型 核物理衰变理论

补充：CMB 各向异性：

CMB power spectrum: $l(l+1)C_1 \sim l$

$$C_l - \left\langle \lvert a_{ln}\rvert^2 \right\rangle,\ \frac{\Delta T}{T} = \sum_{lm} a_{lm} Y_{lm}(\theta, f)$$

密度涨落既导致结构形成，又导致 CMB 各向异性。温度涨落的尺度 R 应当使其时间尺度 R/c 足够长以使物质收缩形成星系，又足够短不至于使高温区域的温度因热平衡而使温度涨落消失，因此 $R/c \sim H_{\text{CMB}}^{-1}$，由最后一次散射的视界大小定出：对 k=0, Ω=1，$l = 220$。由 WMAP 数据和 CMB power spectrum 的峰谷的位置和高度定出：

$0.98 \leqslant \Omega_{\text{tratal}} \leqslant 1.08(95\%\text{CL})$；$h = 0.72 \pm 0.05, \Omega_M = 0.29 \pm 0.07, \Omega_B = 0.047 \pm 0.006$

综合考虑：$\Omega_B = 0.04, \Omega_{\text{DM}} = 0.26, \Omega_\Lambda = 0.7$；$\Omega_M / \Omega_\Lambda = \rho_M / \rho_\Lambda \sim R^3$。

5. 关于暴胀理论

(1) 暴胀模型解释：为什么宇宙均匀和各向同性(宇宙学原理)，空间几何平直，空间各点同时膨胀，星系结构如何形成等问题。

(2) 暴胀模型的发展：From Old Inflation Theory to Chaotic Eternal Self-reproducing Universe。

(3) 暴胀理论在宇宙学中，似乎不可缺少。

(4) 暴胀模型要求修改宇宙学的因果结构：暴胀因果性。

$$H_0 = 100h \times (\text{km}/\text{s})/\text{Mpc},\ h = 0.71 \pm 0.06$$

$$\rho_\Lambda = 10^{-8}\text{erg}/\text{cm}^3 = \left(10^{-3}\text{eV}\right)^4$$

6.1.4 宇宙学研究涉及的物理学基本问题

(1) 惯性、惯性运动、质量、引力与真空背景场。

(2) 真空背景场的微观性质、宏观性质和宇观性质：宏观时空与微观时空，平稳时空与涨落时空，稳定宇宙真空背景与膨胀宇宙真空背景。

(3) 关于物理学基本理论在动力学方面的变革。

物理学基本理论已经历时空观(相对论)和运动学(量子论)的革命，前者把经典平稳真空背景的尺、钟效应，后者把量子涨落真空背景的运动学效应纳入了现代物理学的两个基本理论：相对论和量子论。真空量子涨落能及其变化和相应的动态引力效应属于真空背景的动力学效应，是当前物理学基本理论尚未考虑，又必须考虑的核心的、基本的问题，它关系到对引力微观量子起源、暗能量、暗物质的认识。

物理学基本理论在动力学方面的变革，在于把真空背景场的量子涨落效应及其变化纳入物理学基本动力学方程。因此，物理世界的基本要素，除了物质场(夸克场、轻子场和规范场)外，还应包括真空背景场。标准模型，用物质场(夸克场、轻子场和规范场)的零点涨落来描述量子真空背景场，忽视了除此之外真空背景场的独立存在。质量和引力场的起源，强烈暗示真空背景场的独立存在。宇宙常数 Λ 不为零的爱因斯坦方程正是包含了物质场和真空背景场效应二者的宇宙真空背景的几何动力学方程(在宇宙学原理限制下的宇宙动力学方程)，只包含宇宙常数 Λ 项的爱因斯坦方程说明真空背景场及其影响可以脱离物质场而独立存在。

如何描述真空背景场，如何把它纳入物理学基本动力学方程？它的零点量子涨落与物理场的零点量子涨落的关系如何？真空背景场一旦激发，就变成物质场和规范场。因此，真空背景场的作用在于它的零点量子涨落及其变化，以及它与物理场的相互作用，在于它诱导出粒子的质量、规范场和引力场，在于它的变化诱导出暗能量与暗物质。

我们面临的任务是真空背景场的描述：它的各种可能的零点量子涨落模式和激发模式，激发模式与零点量子涨落模式之间的耦合，由此诱导出各种物理场的质量、内禀量子数和物理场之间的相互作用；以及在宇宙膨胀中它的量子涨落能的变化和由此诱导出的暗能量和暗物质。

6.1.5 早期宇宙演化动力学问题①

1. 早期宇宙暴胀、相变与粒子生成

宇宙暴胀产生大量超高能辐射量子($E_{de} \sim 10^{15}\text{GeV}$)，形成假真空；假真空热化进一步产生更多的高能辐射子，高能辐射子碰撞，产生基本粒子；有质量粒子产生于暴胀后的相变期。

① 写于 2014 年 4 月 18 日。

现在宇宙质量

$$M_{\text{cosmon}} = m_{\text{P}} \times \left(\frac{R}{r_{\text{D}}}\right) g = 10^{-5} \times 10^{61}\text{g} = 10^{58}\text{g}$$

暴胀后宇宙密度

$$\rho\left(t = 10^{-33}\text{s}\right) = \rho_{\text{vac}} 10^{-16}$$

暴胀后宇宙质量

$$M_{\text{inf}} = 10^{-5} \times 10^{-16} \left(\frac{R_{\text{inf}}}{r_{\text{P}}}\right)^3 \text{g} = 10^{-21} \times 10^{78}\text{g} = 10^{57}\text{g} \sim \frac{M_{\text{cosmon}}}{10}$$

暴胀前时空尺度

$$\tau_{\text{inf}} = 10^{-35}\text{s}，\ r_{\text{inf}} = 10^{-29}\text{cm}$$

如暴胀后尺度

$$R_{\text{inf}} \sim 10^{-7}\text{cm}，\ R_{\text{inf}} = r_{\text{inf}} \times 10^{22} \sim 10^{-7}\text{cm}，\quad 10^{22} \sim \text{e}^{51}$$

则暴胀后时间

$$\frac{t_{\text{inf}}}{\tau_{\text{inf}}} = 51，\ t_{\text{inf}} = 51\tau_{\text{inf}} = 51 \times 10^{-35}\text{s} \sim 10^{-33.2}\text{s}$$

与前人的时空尺度和相变温度计算一致！

问题：①暴胀期真空能量如何注入宇宙成为超高能的辐射量子(暗能量量子)？假真空是什么？②假真空如何热化，产生高能辐射量子？③高能辐射子如何碰撞，产生基本粒子？

2. 暴胀后真空与宇宙的能量交换过程？

3. 暴胀后宇宙真空量子涨落及其变化过程？

6.1.6　陆埮报告中提出的宇宙学研究的十个里程碑

(1) 支配宇宙的力(万有引力)的发现。

(2) 星系与大尺度结构的发现。

(3) 广义相对论的创建：正确的研究框架。

(4) 宇宙膨胀的发现。

(5) 大爆炸宇宙学的提出与检验。

(6) 暗物质的发现。

(7) 暴胀宇宙学。

(8) 宇宙加速膨胀的发现(暗能量的提出)。

(9) 微波背景辐射各向异性的发现。

(10) 精确宇宙学-和谐宇宙学。

本节参考资料

[1] 俞允强. 广义相对论引论. 北京: 北京大学出版社, 2004.
[2] 俞允强. 物理宇宙学讲义. 北京: 北京大学出版社, 2002.
[3] 俞允强. 热大爆炸宇宙学. 北京: 北京大学出版社, 2003.
[4] Linde A. Inflationary Cosmology. Phys. Reps. , 2000, 333-334: 575-591.
[5] Trodden M, Carroll S. Intrduction to Cosmology. arXiv-astro-ph/0401547.
[6] 陆启铿. 为什么一定要用闵氏度量. 1970; 陆启铿, 邹振隆, 郭汉英. 物理学报, 1974:225; 陆启铿, 邹振隆, 郭汉英. 自然杂志增刊, 近代物理, 1980: 97.
[7] 郭汉英, 黄超光, 田雨, 等. 物理学报, 2005: 2494.
[8] 郭汉英.相对论物理学 100 年的发展与展望(德西特不变的相对论及其宇宙学意义)中列出的文献:
Einstein A. Ann. d. Physik, 1905, 18: 639-641.
Witten E. Quantum gravity in de Sitter space. hep-th/0106109.
Bondi H. Physics and cosmology. Observatory (London), 1962, 82: 133.
Bergmann P G. Cosmology as a science. Found. Phys. , 1970, 1: 17.
Mach E. Die Mechanik in Ihrer Entwicklung Historisch-Kritisch Dargestellt. 1912; Leipzig Broc. The Science of Mechanics—A Critical and Historical Account of Its Development. La Salle, Illinois, 1966.
Guo H Y ,Huang C G, Xu Z and Zhou B. Phys. Lett. A, 2004, 331: 1; 郭汉英, 黄超光, 田雨, 等. 物理学报, 2005, 54: 2494; Guo H Y, Huang C G , Xu Z and Zhou B. Chinese Phys. Lett., 2005, 22: 2477; Guo H Y , Huang C G , Xu Z and Zhou B. Europhys. Lett., in press.
陆启铿. 为什么一定要用闵氏度量? 1970, 未发表; 陆启铿, 邹振隆, 郭汉英. 物理学报, 1974, 23: 225; 郭汉英. 科学通报, 1977, 22: 487; 邹振隆, 陈建生, 黄硼, 等. 中国科学, 1979: 588; 陆启铿, 邹振隆, 郭汉英. 自然杂志增刊, 近代物理, 1980, 1: 97; Guo H Y. Nucl. Phys. B, 1989, 6(Proc. Supp): 381.
Lu Q K. Dirac's conformal spaces and de Sitter spaces, in memory of the 100th anniversary of Einstein special relativity and the 70th anniversary of Dirac's de Sitter spaces and their boundaries, MCM-Workshop series. Vol 1. March, 2005.
Tian Y , Guo H Y , Huang C G , et al. Phys. Rev. D, 2005, 71: 044030.

6.2 真空-宇宙耦合问题①

6.2.1 真空-宇宙耦合系统

量子论和相对论的物质基础：真空的微观量子结构。

宇宙物质和宇宙所在的真空(宇宙真空)形成一个耦合系统，即宇宙物质-宇宙真空耦合系统。

① 写于 2011 年 11 月 15—30 日。

宇宙物质由超出宇宙真空背景的物质(真空基态之上的激发态粒子和非粒子晕)组成，包括物质粒子(重子、轻子和光子)、暗物质晕和暗能量。

宇宙真空背景的宇观经典平均性质用广义相对论度规描述，其微观量子涨落性质可能要用量子引力理论描述。

处于平衡、稳态的宇宙物质-宇宙真空耦合系统，以平衡态系综的量子涨落纠缠的形式在微观粒子层次上交换能量(在真空方面表现为量子涨落，在粒子方面表现为其物理量的量子不确定性)。如果把平衡态的各种物质的势能也归属到宇宙的物质系统，则在平衡态，宇宙物质-宇宙真空系统之间的能量交换平均为零。

当宇宙膨胀时，宇宙物质-宇宙真空耦合系统处于非平衡状态，宇宙物质和宇宙真空耦合系统之间出现平均值非零的能量交换，真空的一部分量子涨落能注入宇宙，宇宙物质能量增加，宇宙真空量子涨落能减小(出现负引力能)：

(1) 光子(中微子)因宇宙膨胀，其频率减小对应的能量减小部分，转化为真空背景量子涨落能量，成为真空背景基态零点能增加的部分而不可观测，因而光子(中微子)密度 $\rho_r \sim 1/R^4$ ；

(2) 重子及静质量非零粒子(冷物质粒子)，其内部被定域囚禁的辐射子(夸克或光子)构成其静能。如果这类粒子囚禁体积因膨胀而增大，则被囚禁辐射波长增加而能量减小，失去的能量转化为重子内部局域真空的能量，真空局域基态零点能因膨胀而增加，冷物质粒子作为定域囚禁的整体，由于囚禁辐射能减小被局域真空零点能增加抵消，其总能量不因宇宙膨胀而变化。如果这类粒子囚禁体积不变，其总能更是不变。因此，无论囚禁体积变与不变，而冷物质粒子密度 $\rho_b \sim 1/R^3$ ；

(3) 星系因宇宙膨胀而使引力势能增加，其增加的部分只能来自真空背景(否则宇宙物质-宇宙真空耦合系统能量守恒将被破坏)，增加的星系的引力势能定域束缚在星系系统，成为围绕星系的部分非重子暗物质晕?

(4) 作为天体尺度的缺陷的黑洞，在宇宙膨胀时的行为，与作为微观尺度的缺陷的基本粒子类似。若其半径和表面积增加，黑洞的质量和能量增加，其内部真空零点能量变化与视界层真空能变化相互平衡不改变总质量。若其半径和面积不变，其总质量更不变。

(5) 宇宙膨胀使真空微观层次的量子涨落的无规运动能沿径向膨胀方向释放出来，注入到宇宙成为可观测的物质能量，从而使宇宙加速膨胀，表现为暗能量；因为宇宙膨胀处处以相同的速率发生，宇宙体积增大率与刚进入宇宙的真空普朗克子的量子涨落能释放率相同，故暗能量密度与宇宙时空地域无关，是一个常数 $\rho_{\mathrm{de}} = \mathrm{constant}$ 。

总之，宇宙膨胀的非平衡过程，使宇宙物质与宇宙真空之间的能量交换的稳态平衡被打破，出现真空量子涨落能注入宇宙物质的可观测的能量的交换过程，释放的量子涨落能成为暗物质、暗能量、辐射和冷物质的共同来源：

对于光子(中微子)，宇宙膨胀使光子的部分辐射能注入到真空背景而自身能量减小(红移)，增加真空背景基态量子涨落能而不可观测。

对重子物质，如宇宙膨胀使体积增大，定域束缚的辐射能减小转化为粒子内部真空零点能，重子的总能量不变；如体积不变，重子能自然不变。

对于黑洞，如宇宙膨胀，其半径和表面积增加，视界面上储存的辐射子的能量增加而质量也增加，内部真空能变化与相应视界层能量变化平衡，不影响总质量。如体积不变，则其质量自然不变。

对于星系，宇宙膨胀使真空背景把部分量子涨落能量注入到星系的引力势能使其增加，等效地成为定域在星系附近的非重子暗物质晕的一部分；引力的微观平衡使引力系统存在与引力源同量级的辐射子晕，使暗物质与重子物质密度同一量级吗？(为什么前者约大 5 倍？其来源在哪里？)

宇宙膨胀使真空微观层次的量子涨落的无规涨落能减小，沿膨胀方向释放出来(与辐射源的全息辐射类似)，注入到宇宙从而使宇宙加速膨胀且能量增加，表现为暗能量。引力不稳定性造成短波辐射粒子和有质量粒子的成团，形成星系结构。引力不稳定性也会造成星系尺度的长波辐射粒子的凝聚和成团，形成暗物质吗？(2011.11.30—12.01 修改，吸收了下面的计算结果)(2017.11.12 修改)

6.2.2　宇宙膨胀对物质的影响(2011. 12. 01—02)

宇宙真空背景是定域束缚辐射构成的粒子和非定域束缚的辐射子波动激发的载体，宇宙膨胀表明宇宙物质在膨胀(其中的辐射子波长伸长)，但真空背景并不膨胀。真空背景中的基本粒子的定域半径是否也在膨胀？基本粒子体积增大时其定域辐射波波长伸长时能量的减少转移到哪里去了？转移到内部真空？黑洞有类似于基本粒子的问题。很可能其减少的能量仍储存在定域束缚区域内。这样一来，基本粒子和黑洞在宇宙膨胀时虽然半径增大但质量却不变(黑洞吸集物质时半径增大与宇宙膨胀时半径增大能量增加，有类似处和不同点)。这样的假定，与宇宙学关于辐射能密度的 $\rho_{\mathrm{R}} \sim \dfrac{1}{R^4}$ 变化律和重子能密度的 $\rho_{\mathrm{B}} \sim \dfrac{1}{R^3}$ 变化律一致。

总之，宇宙膨胀时，虽然真空背景并不膨胀，真空背景中的辐射子(光子、中微子)波长伸长，星系的尺度都在跟随增长，重子(轻子)、黑洞的定域半径可能增长(也可能不变)；但是，在真空背景上波动的辐射粒子(光子、中微子)的能量(质量)随波长增加会减小(转移到真空背景中)，定域束缚于真空背景中的粒子(重子、轻子)、黑洞、星系的质量可能不变。因此，宇宙学有宇宙物质能密度如下的变化律：辐射能密度的 $\rho_{\mathrm{R}} \sim \dfrac{1}{R^4}$ 变化律和重子能密度的 $\rho_{\mathrm{B}} \sim \dfrac{1}{R^3}$ 变化律。

6.2.3　FRW 方程、物态方程和能量守恒方程的关系

FRW 宇宙模型方程：

膨胀方程：$\left(\dfrac{\dot{R}}{R}\right)^2=\dfrac{8\pi G}{3c^2}\rho=\varLambda=\lambda^2$，　$\varLambda=\dfrac{8\pi G\rho}{3c^2}$，　$\lambda=\sqrt{\dfrac{8\pi G\rho}{3c^2}}$

加速方程：$\dfrac{\ddot{R}}{R}=-\dfrac{4\pi G}{3c^2}(\rho+3p)$

下面讨论宇宙学方程的自洽性和完备性问题。

物态方程：$p=p(\rho)$

爱因斯坦 (广义相对论) 能量守恒方程：以下令 $a=R$，

$$\dot{\rho}+\frac{\dot{a}}{a}(3\rho+3p)=0$$

$$\frac{\mathrm{d}\rho}{(3\rho+3p)}=-\frac{\mathrm{d}a}{a}=-d\ln a$$

$$F[\rho]=\int\frac{\mathrm{d}\rho}{(3\rho+3p[\rho])}=C-\ln(a)\to\rho(a)$$

讨论：

(1) 能量守恒方程加上物态方程给出 $\rho(a)$、$a(t)$ 和 $\rho(t)$，完全代替 FRW 方程。

(2) 能量守恒方程使膨胀方程和加速方程自洽。

(3) 能量守恒方程和物态方程导致宇宙物质密度和宇宙尺度的关联(二者不再独立)：

对辐射：$p=\rho/3$，得 $\dfrac{\mathrm{d}\rho}{\rho}=-4\dfrac{\mathrm{d}a}{a}$，　$\rho\sim\dfrac{1}{a^4}$

对实物：$p=0$，得 $\dfrac{\mathrm{d}\rho}{\rho}=-3\dfrac{\mathrm{d}a}{a}$，　$\rho\sim\dfrac{1}{a^3}$

对暗能量：$p=-\rho$，得 $\dot{\rho}=0$，　$\rho=\text{constant}$

(4) 从而使宇宙学方程完备：ρ 的方程和 a 方程等价：在确定初始条件 $\rho(t_0)$ 或 $a(t_0)$ 下，其解 $\rho(t,t_0)$ 或 $a(t,t_0)$ 是确定的。真空-宇宙耦合系统的真空背景方面和物质方面是相互完全确定的。

(5) 能量守恒方程和物态方程完全代替 FRW 方程：均匀各向同性的宇宙演化，在一定初始条件下，完全由能量守恒方程和物态方程确定。

(6) 对一般耦合系统，系统和环境自由度是独立的，二者的运动方程(来自能量守恒定律)是耦合的，初始条件可以独立确定，一旦确定，其解就是唯一的。

(7) 暗能量的物态方程。(2011.11.24)FRW 宇宙模型方程：

膨胀方程：$\left(\frac{\dot{R}}{R}\right)^2=\frac{8\pi G}{3c^2}\rho=\Lambda=\lambda^2$，　$\Lambda=\frac{8\pi G\rho}{3c^2}$，　$\lambda=\sqrt{\frac{8\pi G\rho}{3c^2}}$

加速方程：$\frac{\ddot{R}}{R}=-\frac{4\pi G}{3c^2}(\rho+3p)$

如果要求：切向速度与径向速度相等$V_{\mathrm{T}}=\dot{R}$，离心加速度等于膨胀加速度：$\frac{\dot{R}^2}{R}=\ddot{R}$。则由 FRW 宇宙方程得暗能量的物态方程：

$$\frac{\dot{R}^2}{R}=\frac{8\pi G}{3c^2}\rho R=\ddot{R}=-\frac{4\pi G}{3c^2}(\rho+3p)R$$

$$p=-\rho$$

切向速度与径向速度相等的论述：

$$\mathrm{d}S=R\mathrm{d}\vartheta$$

单位幅角的切线长为：$T=\frac{\mathrm{d}S}{\mathrm{d}\vartheta}=R$

切向速度定义为：$V_{\mathrm{T}}=\frac{\mathrm{d}T}{\mathrm{d}t}=\dot{R}=V_R$

暗能量膨胀加速度完全由球面 R 上的切向运动速度 $V_{\mathrm{T}}=\dot{R}$ 产生的惯性离心加速度引起：$\frac{\dot{R}^2}{R}=\ddot{R}$ 如何从真空的微观量子结构理解上述公式？(2011.11.27)

“前书”第 10 章第 6 节计算所得宇宙黑洞的膨胀速度为$V_{\mathrm{T}}=\dot{R}=c$，离心的引力加速度产生的膨胀加速度为$\kappa=\frac{c^2}{R}=\ddot{R}$，与上面结果一致，表明暗能量导致的宇宙膨胀是黑洞式的宇宙膨胀。

上述宇宙膨胀也具有流体力学含义：宇宙加速膨胀是宇宙球形涡旋表面离心力牵引的加速膨胀，宇宙演化是理想流体中一个辐射形成的球形漩涡的离心力牵引的演化。真空是辐射形成的液晶流体，暗能量主导的演化是这种辐射液晶中形成的球形辐射漩涡驱动的演化，冷物质则是辐射液晶中的缺陷。(2017.10.09)

6.2.4　两个质量为 $\boldsymbol{M}$ 相距 $\boldsymbol{R}$ 的星球的转动

1. 非相对论近似的孤立系。初速度为：径向 v_r，切向 v_t

总能量：$E=E_{\mathrm{K}}+V(r)=M\left(v_t^2+v_r^2\right)-\frac{GM^2}{r}$

总角动量：$J=2Mv_r r$

能量、角动量守恒下的转动：

能量守恒：$\mathrm{d}E = 2M\left(v_t \mathrm{d}v_t + v_r \mathrm{d}v_r\right) + \dfrac{GM^2}{r^2}\mathrm{d}r = 0$

$$v_t a_t + v_r a_r + \frac{GM}{2r^2} v_r = 0$$

角动量守恒：$\mathrm{d}J = 2M\left(r\mathrm{d}v_t + v_t \mathrm{d}r\right) = 0$

$$r a_t + v_t v_r = 0\text{，}\quad a_t = -v_t v_r / r$$

$$-v_t^2 v_r + v_r a_r + \frac{GM}{2r^2} v_r = 0\text{，}\quad a_r = v_t^2 - \frac{GM}{2r^2}$$

2. 相对论下的径向准静态运动：v_t=0，$v_r \sim 0$

总能量：　$E = 2Mc^2 - \dfrac{2GM^2}{r}$

能量守恒：$\mathrm{d}E = 2c^2 \mathrm{d}M + \dfrac{2GM^2}{r^2}\mathrm{d}r - \dfrac{4GM}{r}\mathrm{d}M = 0$

$$\left(1 - \frac{2GM}{c^2 r}\right)\frac{\mathrm{d}M}{\mathrm{d}r} + \frac{GM^2}{c^2 r^2} = 0$$

$$\frac{\mathrm{d}M}{\mathrm{d}r} + \frac{GM^2}{c^2 r^2 \left(1 - r_{\mathrm{H}} / r\right)} = 0$$

当 $r = r_{\mathrm{H}} = 2GM / c^2$ 时，质量变化出现奇异。相对论引力势和能量守恒导致黑洞视界面式的质量变化奇异性，与施瓦茨解导致度规的奇异性等价，因为此时度规与引力势密切相关。

非线性微分方程

$$\frac{\mathrm{d}M}{M^2} + \frac{G\mathrm{d}r}{\left(c^2 r^2 - 2GMr\right)} = 0$$

的解如何?

6.2.5　包括真空背景场的宇宙动力学方程(quintessence)

用标量场描述真空背景：设 ϕ 是对闵氏空间真空背景场平均值 Φ_0 的偏离，Φ_0 是参照场，不是动力学变量，不可观测。对其偏离量 ϕ 代表真空背景量子，是真空背景场量子涨落的动力学变量。其拉氏量和哈密顿量为

$$L = \frac{1}{2}\partial^{\mu}\phi\, \partial_{\mu}\phi - \frac{k}{2}\phi^2$$

$$H = \frac{1}{2}\partial^{\mu}\phi\, \partial_{\mu}\phi + \frac{k}{2}\phi^2$$

动能为无规量子涨落能，平均值为零，不可观测(若平均值不为零，则表现为物质的引力势能？可以观测？)；势能为储存于物质中的能，可以观测。真空背景标量场量子无规涨落能减少，物质能增加；反之，物质(定域束缚辐射)能减少，背景量子涨落无规能增加。总之，动能储存于真空背景，势能是束缚、储存于定域物质粒子缺陷中的辐射能(质量)(宇宙膨胀时，势能也可储存于宇宙真空背景中)。

应该在宇宙动力学方程中，把真空背景标量场加进去，在宇宙背景场和物质场的耦合中建立动力学方程，保证宇宙物质-宇宙真空耦合系统的总能量守恒。

6.2.6 宇宙真空-宇宙物质耦合系统的能量守恒问题

当宇宙真空和宇宙物质系统之间有物质能量交换(非绝热)时，宇宙真空和宇宙物质每一个分系统的能量都不守恒：一个输出物质能量，另一个则接受等量的物质能量，二者一起总能量守恒。

当宇宙真空和宇宙物质系统之间绝热(无物质能量交换)时，它们每一个的能量分别守恒。

宇宙中的星系、星体、任何物理系统，当它们与真空之间绝热(无物质能量交换)时，都分别构成一个孤立系统，各自的能量都守恒。

爱因斯坦承认引力的能-动张量和物质的能-动张量，他是如何讨论物质能-动张量和引力能-动张量之和守恒的？是在绝热条件或非绝热条件下讨论的？宇宙演化动力学方程描述宇宙真空-宇宙物质耦合系统的非平衡、非绝热、有物质能量交换的演化过程，描述二者的能量密度的变化规律：真空能量密度减小，物质能量密度增长。什么量代表真空的能量密度减小(是宇宙引力度规对应的能量密度)？

6.3 膨胀宇宙中真空量子涨落能亏损与暗能量问题[①]

1. 该章得到的数学物理结果

宇宙学方程的求解：初始条件（$t_0=\tau_{\rm P}$，$r_{\rm P}$，$\rho(t_0=\tau_{\rm P})=\rho_{\rm vac}$）和解（$\rho(t)$，$R(t)$，$\rho(R)$）是明确的，由此引述的结论也是可靠的。

2. 该章的数学物理结果的天体物理学-宇宙学解释与检验问题

这是需要论证和实验检测，也是人们疑虑的地方。下面的解释和论证需要具有说服力并配合实验检测。

① 本节介绍了“前书”第10章的深入探讨和未解决的问题。

(1) 宇宙总能量 $E(t)=\frac{4\pi}{3}R^3(t)\rho(t)$ 随时间增长，能量的来源问题。只能来自真空量子涨落能的减少。其密度减小为 $\Delta\rho_{\text{vac}}(t)$，总能量守恒使得宇宙能量密度等于真空量子涨落能密度的减小部分 $\rho(t)=\Delta\rho_{\text{vac}}(t)$。

(2) $\rho(t)$ 的组分中，暗能量、暗物质、粒子和辐射，是如何形成和分化的？宇宙早期以生成超高能辐射粒子为主形成 QGP？后来，QGP 相变产生强子、轻子？当膨胀宇宙真空的量子涨落能减少生成的辐射粒子，不足以生成基本粒子时，就以暗能量和暗物质的辐射能形式存于宇宙？

(3) 真空量子涨落能的减少 $\Delta\rho_{\text{vac}}(t)$，是方向性(径向分量)减少，还是各向同性减少？减少的部分是 ρ_{vac} 中的无规涨落能在宇宙径向膨胀过程中转化为相干的径向辐射能密度 $\Delta\rho_{\text{vac}}(t)$。对 ρ_{vac} 而言，$\Delta\rho_{\text{vac}}(t)$ 已不再是无规涨落能而是规则辐射子能，因而不再属于 ρ_{vac}；对宇宙物质而言，相干的径向的辐射能密度 $\Delta\rho_{\text{vac}}(t)$ 成为可观测的宇宙的能量密度 $\rho(t)$，并进一步分化为暗能量，暗物质，粒子和辐射。按能量守恒有 $\rho(t)=\Delta\rho_{\text{vac}}(t)$。宇宙径向膨胀的非平衡过程，把不可观测的真空量子涨落能变成宇宙中可观测物质能量的各种激发成分。对宇宙和真空复合系统，能量是守恒的。$\Delta\rho_{\text{vac}}(t)$ 具有双重身份：真空量子涨落无规能的减少部分(表现为负的引力能)和宇宙正的物质能量。宇宙物质和宇宙真空二者构成的耦合系统，能量守恒，要求二者之和为零。

(4) 宇宙学方程的能量守恒问题：宇宙总的物质能量(宇宙能量密度乘宇宙体积)，随宇宙膨胀不断增加，并不守恒。这表明，必须考虑宇宙的真空环境，宇宙本身并不是一个封闭系统。只有宇宙物质-宇宙真空耦合系统才是一个封闭系统，才能保持这个耦合系统在宇宙时间演化过程中能量守恒。但是需要了解这个耦合系统能量守恒的微观过程。

(5) 爱因斯坦-费里德曼宇宙学方程加上普朗克子初始条件的解，给出了今天正确的宇宙能量密度。问题是，这个总能量密度在宇宙演化过程中，如何分化为辐射、冷物质、暗物质和暗能量？宇宙演化三个阶段的微观过程如何描述：真空量子涨落能如何转化为径向相干辐射能，这个辐射能如何转变为宇宙各种物质能？即宇宙如何从真空量子涨落能中吸收能量而长大，并分化出四种形态的宇宙物质能量(粒子，辐射，暗物质，暗能量)。具体一些说：

① 宇宙开始时的微观量子状态，是被触发的、要爆炸的普朗克子。与组成真空的一般普朗克子有何不同？什么原因触发它爆炸？

② 从演化开始到暴胀前演化的微观过程：真空量子涨落能如何转化以及转化为何种形式的宇宙物质能？是中微子辐射能还是光子辐射能？

③ 宇宙暴胀过程的微观描述，相变的微观机制：相变中真空量子涨落能如何转化以及转化为何种形式的宇宙物质能？假真空和真真空的普朗克子晶体结构有

何不同？它们的能量密度差可以从普朗克子真空模型计算吗？

④ 从暴胀后到现在，宇宙演化的微观过程：整个演化期间真空量子涨落能如何转化以及转化为何种形式的宇宙物质能？这些过程，在缺乏引力的量子理论之前，可以用基本粒子量子场论标准模型描述吗？

⑤ 宇宙收缩过程是膨胀的逆过程吗？收缩过程中宇宙是如何把自身的四种物质的能量回归给真空，弥补真空量子涨落亏损的能量？宇宙膨胀-收缩过程和宇宙创生-湮灭过程，就像量子涨落真空中的粒子创生-湮灭过程一样反复进行，只不过一个在量子微观尺度进行，一个在宇观尺度进行吗？量子涨落的真空是这两种过程的基础，并提供母体基因吗？

第 7 章　引力起源问题

7.1　关于引力的热力学与量子统计力学——基础物理学的热点问题[①]

本节讨论的很多新想法涉及基础物理学的基本问题和新的突破。它涉及引力论和量子论的关系、相互作用的统一、全息原理。有助于理解引力、质量和惯性的起源、时空的本质、基本粒子的起源、暗能量和暗物质的本质。可促进宇宙学(宇宙起源、结构、演化理论)新进展。

上述问题给中国年轻物理学家提供了历史机遇。中国物理学家过去丧失了很多机遇，不能再丧失这次机遇！

7.1.1　黑洞视界引力场的热力学

(1) **黑洞。黑洞只有三个物理量：**质量 M 、角动量 J 、电荷 Q 。

史瓦西黑洞(球对称、不转动、不带电： $J=0$ ， $Q=0$)：

1915 爱因斯坦引力场方程： $R_{\mu\nu}-\frac{1}{2}g_{\mu\nu}=-\kappa T_{\mu\nu}$

空间弯曲　　物质运动

物质告诉空间如何弯曲，

空间告诉物质如何运动；

1916 史瓦西解：质量为 M 的星体的无转动球对称静态解的度规为

$$\mathrm{d}s^2=g_{\mu\nu}\mathrm{d}x^\mu\mathrm{d}x^\nu=-\left(1-\frac{2GM}{c^2r}\right)c^2\mathrm{d}t^2+\left(1-\frac{2GM}{c^2r}\right)^{-1}\mathrm{d}r^2+r^2\left(\mathrm{d}\theta^2+\sin^2\theta\mathrm{d}\phi^2\right)$$

设 $r_\mathrm{H}=\frac{2GM}{c^2}$ ， $r=r_\mathrm{H}$ 时， $g_{00}=0$ ， $g_{rr}=\infty$ 。

$r=r_\mathrm{H}$ 的球面为黑洞视界面，视界面以内为黑洞。

在黑洞表面，来自无穷远处静止的粒子的静能量全部变成辐射能量：

---

① 本节基于作者 2010 年 2 月 28 日—4 月 28 日多次报告的扩充，包含“前书”关于黑洞的内容及其更细致的讨论。

$m_0c^2 = mc^2 - m_0c^2$，并等于引力势能$\left(=-\dfrac{mc^2}{2}\right)$的绝对值或总动内能$mc^2$的一半：$m_0c^2 = -\dfrac{mc^2}{2} + mc^2 = \dfrac{mc^2}{2}$。(参考：“前书”第9、10两章)

还有：**克尔黑洞**(转动轴对称、不带电：$J \neq 0$，$Q = 0$)，**克尔-纽曼黑洞**(转动轴对称、带电：$J \neq 0$，$Q \neq 0$，最一般)。

下面的讨论对所有黑洞成立。

(2) **黑洞的热力学**：黑洞视界(引力场)的温度与熵，黑洞视界(引力场)的热力学定律，黑洞视界(引力场)的热力学关系。

黑洞视界表面引力场有温度、熵，满足热力学四定律：

第0定律：稳态黑洞视界表面引力强度κ是一个常数(温度定律)，对应的表面温度：

$$T = \frac{\hbar\kappa}{2\pi k_{\mathrm{B}} c}$$

第1定律：具有反映能量守恒的热力学关系：

$\mathrm{d}E = T\mathrm{d}S + \Omega\mathrm{d}J + V\mathrm{d}Q$，熵与面积成正比：$S = \dfrac{k_{\mathrm{B}}}{4}A$。

第2定律：黑洞面积(熵)永不减少：$\mathrm{d}A(\mathrm{d}S) \geqslant 0$。

第3定律：不能通过有限次物理操作把黑洞表面温度(引力)降到零，即把黑洞质量变为无穷大时：$T = \dfrac{\hbar\kappa}{2\pi k_{\mathrm{B}} c} \to 0$，$\kappa = \dfrac{c^4}{2GM} \to 0$，$M = \dfrac{c^4}{2GM} \to \infty$。

引力作为熵力，可导出经典理论：牛顿惯性(第二)定律，牛顿万有引力方程；其相对论性推广，导出爱因斯坦方程。

等效原理表明：惯性力与引力有同一来源——熵力原理。

空时涌现：空间是大量微观自由度宏观平均后的广延性质，时间是大量微观自由度宏观平均后的运动持续性质。

全息原理：物质进入黑洞后，以普朗克激子的形式集中于黑洞表面，表面激子数等于黑洞表面所包含的普朗克子的数目$N = A / l_{\mathrm{P}}^2$，表面熵$S = k_{\mathrm{B}}N$。信息储存于视界表面。

引力与熵力：引力普适、与时空联系，引力方程与热力学方程和流体力学方程类似(多粒子系统的宏观平均方程)。

在微观尺度、量子层次，统一引力与其他力也许不可能：引力和时空是从不包含引力的微观系统中涌现出来的(即引力是宏观现象，不是微观现象)。AdS/CFT对应，开弦/闭弦对应，暗示了这点。

全息原理(相对论性原理)：空间包含微观信息的方式服从全息原理，其证据和基础是黑洞物理和 AdS/CFT 对应：至少系统的部分微观信息可以用其时空视界面上的信息(全息式-信息存于视界表面)表示。全息方向伴随红移、粗粒化，可以理解引力和空间的涌现(方向)。非相对论性表现：牛顿定律、力学定律和惯性，都与此相联系。

基本概念：能量、熵、温度、能量均分。

可理解引力超距作用？弦也是涌现的？

物理逻辑关系：物质移动-空间信息熵改变-熵力或引力做功-牛顿力学、引力定律。

熵力：宏观力。例子：高分子组态趋于信息熵极大产生的熵力-弹力。

(3) 熵力原理：引力作为熵力(entropic force)，可导出经典理论：

① 牛顿惯性(第二)定律。

② 牛顿万有引力方程：其相对论性推广，可导出爱因斯坦方程。

等效原理表明：惯性力与引力有同一来源，即熵力——熵力原理。

引力与熵力：引力普适、与时空联系、引力方程与热力学方程和流体力学方程类似(表明：引力是真空背景介质变形的时空表现，是真空背景流体介质的热力学行为，是宏观理论(2011.08.09)。

引力是熵力，熵力是宏观力。

因此，在微观尺度、量子层次，统一引力与其他力也许不可能(引力也许是引力的量子多体系统统计平均后的宏观力，而不是量子层次上的微观力)：引力和对应的时空度规是从不包含引力的微观系统中涌现的。AdS/CFT 对应，开弦/闭弦对应，暗示了这点？(从微观介质中涌现的宏观平均现象，2011.08.09)

导出引力的基本概念是信息(用信息熵度量)。熵的改变产生熵力，以引力形式出现：引力的出现源于熵的改变并趋于极大原理(熵与微观状态数的对数成正比)，熵的改变并趋于极大的原理，即是微观状态数改变趋于极大的稳定平衡态原理——最可几存在原理；微观状态数局域改变导致涨落强度局域改变，出现温度梯度-引力是真空背景介质涨落强度局域变化产生的压强梯度；引力场对应的温度场类似于绝缘介质的局域变化的温度场，只有自由质量存在时才能产生温度梯度导致的能量-动量输运流动。(2011. 08. 09)

(4) 关于真空结构和粒子激发的特别重要的论述：真空的微观结构和基础物理学(microscopic structure of vacuum and fundamental physics)。

下面讨论黑洞统计力学问题、真空的微观结构、宇宙暴胀问题、强子和轻子结构问题。

① 关于真空背景介质的微观结构、基本性质和基本激发类型(2011. 08. 13；2011.08.19)：真空背景是充满密集普朗克子的量子流体-固体(因为普朗克子可以定域，它们密集堆砌紧靠而不能自由运动，无自由运动空间，故像固体；因为它

们由定域驻波组成，其组成驻波有量子涨落，可以彼此穿透，故又像流体；因为波包中所有波的分量具有波-粒二象性，故为量子流体-固体；定域驻波在有限区域内以光速运动，故是相对论性的，服从质-能关系)。普朗克子是定域的、自旋为 1/2 的量子波包，具有波-粒二象性。它的半径和质量大小有一个分布(高斯分布)其平均半径为r_{P}、平均质量为M_{P}；波包对于平均值存在随机涨落偏离，表现为真空量子涨落。密集填充于真空背景的普朗克子像大量堆积的、质量巨大的、彼此紧靠的、静态的、有弹性的小球(见下节)。充满普朗克子的真空背景的能量密度和质量密度为$\rho_{\mathrm{P}}=\left(M_{\mathrm{P}}c^2\right)/\left(4\pi r_{\mathrm{P}}^3/3\right)=\rho_{\mathrm{m}}c^2$，真空背景的切应力为$\mu=\rho_{\mathrm{m}}c^2=\rho_{\mathrm{P}}$(正应力极其巨大，不可压缩)，背景弹性波为横波，其传播速度为光速：$v^2=\dfrac{\mu}{\rho_{\mathrm{m}}}=\dfrac{\rho_{\mathrm{m}}c^2}{\rho_{\mathrm{m}}}=c^2$。真空介质的平均效应表现为相对论时空(尺钟)效应，真空介质的涨落效应(来自普朗克子空间尺度和能量大小的随机分布定义的量子涨落)表现真空量子涨落，是量子随机性的起源。真空介质的激发有三类：ⓘ 介质横波：光波(光子，自旋为 1)和自旋波(中微子，自旋为 1/2)。介质波的传播速度为光速：$v^2=\dfrac{\mu}{\rho_{\mathrm{m}}}=\dfrac{\rho_{\mathrm{m}}c^2}{\rho_{\mathrm{m}}}=c^2$。还需要证明：脱离源的、以光速传播的纵波不存在，只能是横波；而与源联系的波只能是纵波，如凝聚成电场的纵波；其源何以是电荷？ⓘⓘ 缺陷或位错：电子、质子等基本粒子，它们是定域在基本粒子尺度上的、真空介质缺陷内的辐射驻波激发形成的量子波包。关键是弄清缺陷的形成机制和稳定平衡条件，这个缺陷的来源。缺陷粒子一旦形成，它们的质能关系、相对论运动学和动力学、波-粒二象性和德布罗意关系，都可以由缺陷内定域驻波的量子性和缺陷驻波运动方程自然得到的。ⓘⓘⓘ 引力横波：引力波和引力子(自旋为 2)。关键是弄清引力波和引力的形成机制。还需要证明：脱离源的、以光速传播的引力纵波不存在，只能是横波；而与源联系的引力波只能是纵波，凝聚成引力场；其源何以是质量？

② 真空结构、相变和质子结构问题(2011. 08. 18—19)。若真空背景的基态是半径为$r_{\mathrm{P}}=10^{-33}\mathrm{cm}$、质量为$m_{\mathrm{P}}=10^{-5}\mathrm{g}\left(E_{\mathrm{P}}=m_{\mathrm{P}}c^2=10^{19}\mathrm{GeV}\right)$的球形普朗克子(定域波包)的密集堆砌物，则按晶体学规律有两种堆砌方式：六角密集晶体(hep，稍疏松)和面心立方晶体(fcc，较密集)。这样一来，可能有两种真空基态：$|\mathrm{hep}\rangle$和$|\mathrm{fcc}\rangle$。$|\mathrm{hep}\rangle$是双层堆砌体，能量高一些，可能是亚稳态；$|\mathrm{fcc}\rangle$是三层堆砌体，可能是最低能量态，即现在的物理真空态。按暴胀宇宙学，当宇宙演化到$t=10^{-31}\mathrm{s}$、$r=10^{-20}\mathrm{cm}$、$T=10^5\mathrm{GeV}$时，真空进入亚稳态，每个普朗克子储存了$T=10^5\mathrm{GeV}$的势能。当亚稳态真空相变为物理真空(真正基态)，宇宙暴胀到$R=10\mathrm{cm}$时，每

个普朗克子把其势能转化为辐射热能，这时宇宙总辐射能为：$E=10^{102}\times 10^{5}\,\mathrm{GeV}=10^{107}\,\mathrm{GeV}$，$M=E/c^2=10^{84}\,\mathrm{g}$。现在宇宙半径为$R=10^{28}\,\mathrm{cm}$，宇宙膨胀使辐射能减少为$E=10^{80}\,\mathrm{GeV}$，$M=E/c^2=10^{57}\,\mathrm{g}$。宇宙观测的重子质量为$M=10^{55}\,\mathrm{g}$，考虑到暗物质质量后，宇宙观测质量为$M=10^{56}\,\mathrm{g}$，与理论估计值接近。同样，按暴胀宇宙学，当宇宙演化到$t=10^{-27}\,\mathrm{s}$、$r_{\mathrm{P}}=10^{-16}\,\mathrm{cm}$时，温度降至$T$=1GeV(按辐射期膨胀计算)时，真空进入$|\mathrm{hep}\rangle$亚稳态，$T$=1GeV 热能完全变成每个普朗克子储存的$T$=1GeV 的势能。当亚稳态$|\mathrm{hep}\rangle$真空相变为$|\mathrm{fcc}\rangle$物理真空(真正基态)，把$T$=1GeV 势能转化为热能的相变时间为$\Delta t=h/1\mathrm{GeV}=10^{-24}\,\mathrm{s}$，在$r=10^{-16}\,\mathrm{cm}$线度内，有$N=\left(\dfrac{10^{-16}}{10^{-33}}\right)=10^{17}$个普朗克子，当每个普朗克子位置膨胀移动了$\Delta r=c\Delta t=10^{-14}\,\mathrm{cm}$(宇宙早期的高温使其真空普朗克子密度小于现在的物理真空普朗克子密度，故早期宇宙的光速小于现在的光速。若膨胀时普朗克子速度比光速小一个量级，则$\Delta r=c\Delta t=10^{-15}\,\mathrm{cm}$)，则宇宙尺寸暴胀到$R=N\Delta r\approx 10^{3}\,\mathrm{cm}$($10^{2}\,\mathrm{cm}$)，其球体内包含普朗克子数为$N=\left(\dfrac{10^{3}}{10^{-33}}\right)^3=10^{108}$($10^{105}$)。$|\mathrm{hep}\rangle$真空中每个普朗克子把其$T$=1GeV 的势能转化为辐射热能后，相变为$|\mathrm{fcc}\rangle$真空，这时$|\mathrm{fcc}\rangle$宇宙真空中总辐射能为：$E=10^{108}\,\mathrm{GeV}=10^{117}\,\mathrm{eV}=10^{105}\,\mathrm{erg}$($10^{102}\,\mathrm{erg}$)，$M=E/c^2=10^{84}\,\mathrm{g}$($10^{81}\,\mathrm{g}$)。宇宙膨胀到现在宇宙半径$R=10^{28}\,\mathrm{cm}$时，辐射能减少到$E=10^{80}\,\mathrm{erg}$($10^{76}\,\mathrm{erg}$)，$M=E/c^2=10^{59}\,\mathrm{g}$($10^{55}\,\mathrm{g}$)。(考虑到膨胀期间，辐射碰撞不断产生出重子从而不再参与能量膨胀衰减，宇宙总能量衰减要小一些)。宇宙观测的重子质量为$M=10^{55}\,\mathrm{g}$，理论估计值过大(与理论估计值一致)。宇宙暴胀到$R=10^{3}\,\mathrm{cm}$($10^{2}\,\mathrm{cm}$)时，可容纳$N=\left(\dfrac{10^{3}}{10^{-13}}\right)^3=10^{48}$($10^{45}$)个质子。因此，暴胀期间产生的质子很少，宇宙中绝大部分质子(10^{80}个)是在热碰撞中产生的。可以假定：质子是当亚稳态$|\mathrm{hep}\rangle$真空背景(缺陷)上形成的三个费米型激子组成的最低能级的缺陷型稳定激发态，激子动能与背景势能之和为质子内能。$|\mathrm{fcc}\rangle$的三层结构与三种颜色的费米子型夸克激子，夸克和轻子的三代有何关系？$|\mathrm{fcc}\rangle$真空背景结构的守恒(整体几何拓扑结构守恒)表现为重子数守恒吗？按上述观点，宇宙从大爆炸开始到现在，只存在一种从$|\mathrm{hep}\rangle$真空到$|\mathrm{fcc}\rangle$真空的相变，发生在时间$t=10^{-27}\,\mathrm{s}$、温度T=1GeV 时，使宇宙暴胀到尺度$R=10^{2}\,\mathrm{cm}$。两种真空中的普朗克子势能差为T=1GeV。暴胀是宇宙包含的微观尺度上，全部普朗克子，按量子力学测不准原

理确定的弛豫时间尺度和按亚光速进行的位置膨胀移动。暴胀超越量子论和相对论的神秘色彩不复存在。核子动能达到T=1GeV 的重离子碰撞形成原子核范围内的 QGP 相，是实验室模拟的宇宙相变前的$|\text{hep}\rangle$相。轻子是$|\text{fcc}\rangle$真空背景中的缺陷激子(定域驻波)，强子也是$|\text{fcc}\rangle$真空背景中的缺陷型激发吗？基本粒子的局域缺陷真空背景$|\text{fcc}\rangle$，决定了两类基本粒子：强子和轻子吗？

③ 普朗克子定位、$|\text{hep}\rangle$与$|\text{fcc}\rangle$真空背景中普朗克子的能量：普朗克子质量为$M_{\text{P}}=10^{-5}\text{g}$，按测不准关系，可以定位到$\Delta r=\lambda_{\text{P}}=10^{-33}\text{cm}$。能否计算$|\text{hep}\rangle$和$|\text{fcc}\rangle$真空背景中，单位普朗克子的平均势能差？这个能量来自普朗克子的两种堆砌方式的表面重叠能之差吗？如果普朗克子表面能为其总内能的10^{-17}，即为1GeV 量级，而强子态为表面能激发，则小振幅(谐振)激子的动能、势能和总能量均为1GeV 量级，$|\text{hep}\rangle$和$|\text{fcc}\rangle$真空背景中普朗克子的平均能量差为1GeV 量级。结论：若强子态是普朗克子的表面激发现象，则两种真空中普朗克子平均势能差为1GeV 量级，这个表面能差决定强子的空间尺度和质量尺度。

(上述讨论是探索性的，没有把握，更谈不上正确，仅供参考，值得深入研究。)

(5) 几个概念：

黑洞的全息原理(principle of holography)：物质进入黑洞后，以普朗克子晶体激发辐射量子(普朗克子真空激子)的形式集中于黑洞表面，表面自由度数目等于黑洞表面所包含的普朗克子的数目$N=A/l_{\text{P}}^2$，表面熵$S=k_{\text{B}}N$。

(2011.08. 09 笔记，2017.11.14 修改)：视界面上每个普朗克子寄居一个从外界进入黑洞的物质转化出来的、自旋为 1/2 的集体激发辐射粒子，其数目等于视界面上的普朗克子数N。黑洞视界面上的辐射子系统的状态数为$\Omega=2^N$，黑洞的熵为$S=k_{\text{B}}\ln\Omega=k_{\text{B}}\ln 2\times N$(见“前书”第 9 章)。信息储存于黑洞视界表面：视界面包含微观信息的方式服从全息原理：至少系统的部分微观信息可以用其时空视界面上的信息表示(全息形式，信息存于视界表面)。全息方向伴随红移、粗粒化、引力和空间等涌现的方向。为什么物质进入黑洞最后都变成真空中质量为$M_{\text{P}}=10^{-5}\text{g}$的普朗克子的集体激发？这些普朗克子的集体激发只能在视界面上以光速运动，黑洞内部的普朗克子激发一定要冲向视界面上，然后在其上运动，这就是全息原理：黑洞的信息储存于它的视界面上。

全息原理的证据和基础是黑洞物理和 AdS/CFT 对应。

全息原理的非相对论性表现：牛顿力学定律、引力定律和惯性。全息原理的相对论性表现：黑洞物理和引力物理。

上述讨论的逻辑：物质移动-空间信息熵改变-熵力—引力做功—牛顿力学—引力定律。

时空涌现(emergency of space-time)：空间是大量微观自由度宏观平均后的广延性质。时间是大量微观自由度宏观平均后的运动持续性质。

(6) **熵力**：宏观力。例子：高分子组态趋于信息熵极大产生的熵力，表现为宏观弹力。

熵: $S(E,x)=k_{\rm B}\log\Omega(E,x)$,状态数: $\Omega={\rm e}^{S/k_{\rm B}}$,配分函数: $Z(T,F)=\int{\rm d}E{\rm d}x\Omega(E,x){\rm e}^{-(E+Fx)/k_{\rm B}T}$，$Z(T,\vec{F})=\int{\rm d}E{\rm d}\vec{x}{\rm e}^{\Psi/k_{\rm B}T}$,其中自由能为：$\Psi(E,\vec{x})=S(E,\vec{x})T-E-\vec{x}\cdot\vec{F}$ 。处于温度-力学环境中系统的配分函数是系统状态数(也是 $E,\vec{x}$ 的函数)对正则系综的平均，或热学-力学环境中，系统的存在概率在相空间($E,\vec{x}$)的积分。若以自由能指数化 $C'{\rm e}^{\Psi/k_{\rm B}T}$ 为存在概率，则 S 增加使存在概率增加；系统总能(等于 $E+\vec{F}\cdot\vec{x}$ ，即等于内能 E 加势能 $\vec{F}\cdot\vec{x}$)增加，使存在概率减少；二者的平衡使存在的概率极大，决定系统最可几存在。归一化概率 $C'{\rm e}^{\Psi/k_{\rm B}T}$ 是孤立系统出现在相空间($E,\vec{x}$)点的概率密度，归一化概率 $C'{\rm e}^{\Psi/k_{\rm B}T}$ 是处于温度-力学环境中的系统出现在相空间($E,\vec{x}$)点的概率密度。给定相空间参数($T,\vec{F}$)，自由能密度极大决定了处于温度-力学环境中的系统在相空间中的最可几存在点($E_{\rm opt},\vec{x}_{\rm opt}$)：$\delta\Psi=0\to\dfrac{\partial S}{\partial E}=\dfrac{1}{T}$，$\vec{\nabla}S=\vec{F}/T$ ，由其解得最可几坐标 $E_{\rm opt}=E(T,\vec{F}),\vec{x}_{\rm opt}=\vec{x}(T,\vec{F})$ 。熵力 $=T\vec{\nabla}S$ 等于熵的梯度乘温度，指向熵增大的梯度方向，并与外力相平衡 $T\vec{\nabla}S=\vec{F}$ 。系统内部的温度等于单位熵改变(等于状态数改变率 $\Delta S=k_{\rm B}\Delta\Omega/\Omega$)所对应的能量改变，并与外部温度相平衡 $=1/\dfrac{\partial S}{\partial E}=T$ ($k_{\rm B}\dfrac{\Delta E}{\Delta S}=\Omega\dfrac{\Delta E}{\Delta\Omega}=Tk_{\rm B}$)，出现概率最大。自由能密度极大不仅决定了处于温度-力学环境中的系统在相空间中的最可几存在,而且决定了这一存在与外部环境的力学平衡和热学平衡。(温度-力学)环境中大系统存在熵密度极大包含三层含义：存在概率最大-最可几，与环境的力学和热学平衡，平衡对于外界扰动的稳定性。这是讨论真空中粒子形成、粒子惯性、粒子惯性运动的普适的统计热力学依据。(2017.11.14 修改)

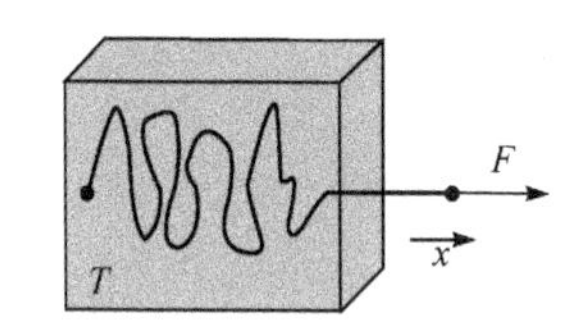

图 7-1　熵力

$\Omega(E+xF,x)\to S(E+xF,x)$，$\delta S(E+xF,x)=0$，同样得到上述结果。

(7) **引力作为熵力，可导出牛顿经典理论**：牛顿第二定律，牛顿万有引力定律。

① **导出牛顿第二定律：**

$$\Delta S = 2\pi k_{\mathrm{B}} \quad \left(\Delta x = \frac{\hbar}{mc}\right) \tag{7.1}$$

$$\Delta S = 2\pi k_{\mathrm{B}} \frac{mc}{\hbar} \Delta x \tag{7.2}$$

$$F \Delta x = T \Delta S \tag{7.3}$$

$$k_{\mathrm{B}} T = \frac{\hbar a}{2\pi c} \tag{7.4}$$

$$F = ma \tag{7.5}$$

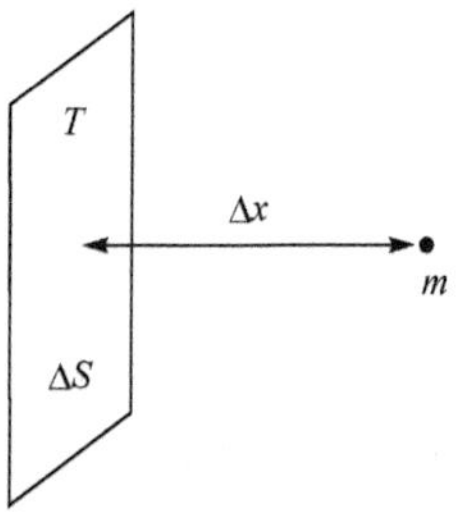

注释：

若假定位移式(7.1)和温度(7.4)满足量子波动-粒子对应($p=\hbar k, E=\hbar\omega$)，则式(7.3)表示的非平衡热流做功=引力做功，正好服从牛顿定律(7.5)。假定；$\Delta S = k_{\mathrm{B}} \dfrac{\Delta\Omega}{\Omega} = k_{\mathrm{B}}\ \Delta\ln\Omega = k_{\mathrm{B}}\ln 2\Delta N = 2\pi k_{\mathrm{B}},\cdots,\ln 2\Delta N = 2\pi$ ，$\dfrac{\Delta\Omega}{\Omega} = 2\pi$ ；$\Omega_N = k^N,\cdots,$ $\Omega_{N+x} = k^{N+x},\cdots,\Delta\Omega_N = \left(k^x - 1\right)\Omega_N = 2\pi\Omega_N,\cdots,x = \dfrac{2\pi+1}{\ln k}$ 。

图 7-2

$k = 2s+1$ 是内禀自旋为 s 的粒子的自旋状态数：k=2(自旋为 1/2)，x=10.507863：普通空间一个点粒子对应 10.5 维内禀超弦空间一个自旋为 1/2 的粒子，超弦空间维度对应内禀状态数或熵增量。

$2^{105} - 1 = 2\pi, \Delta S = k_{\mathrm{B}} \dfrac{\Delta\Omega}{\Omega} = \left(2^{105} - 1\right)k_{\mathrm{B}} = 2\pi k_{\mathrm{B}}$ ；k=3,　x=6.62 (2011.08.10)

式(7.1)～(7.5)的物理意义：一个粒子 m 掉入黑洞，移动了一个康普顿波长 $\Delta x = \lambda_c = \dfrac{\hbar}{mc}$ ，增加了一个单位的熵 $2\pi k_{\mathrm{B}}$ ，增加了 4π 个均分的热量单位 $\left(\dfrac{k_{\mathrm{B}}T}{2}\right)$ 即 $2\pi k_{\mathrm{B}}T$ ，产生了一个熵力 $F = \dfrac{2\pi k_{\mathrm{B}}T}{\lambda_c} = ma$ ，产生了一个加速度 $a = \dfrac{F}{m} = \dfrac{2\pi k_{\mathrm{B}}T}{\dfrac{\hbar}{mc}m} = \dfrac{2\pi c k_{\mathrm{B}}T}{\hbar}$ ，因此，温度要产生加速度 $k_{\mathrm{B}}T = \dfrac{\hbar a}{2\pi c}$ 。如果熵力是引力 $F = ma = T\nabla S = -m\nabla\phi = m\kappa$ ，则引力强度对应温度 $k_{\mathrm{B}}T = \dfrac{\hbar\kappa}{2\pi c}$ 。粒子在引力场 κ 中移动一个康普顿波

长后，引力对粒子做功 $2\pi k_{\mathrm{B}}T$ 变成粒子内能，增加其质量 $\Delta m = 2\pi k_{\mathrm{B}}T/c^2 = \hbar\kappa/c^3$ 。

温度-引力关系涉及量子的康普顿层次的量子效应。一个质量为 m 的粒子进入黑洞，除去自旋 s=1/2 自由度外，增加熵 $2\pi k_{\mathrm{B}}$ 对应的、自旋之外的自由度增量为 x=10.5，增加均分热能的、自旋之外的自由度是 2π 。这是粒子在黑洞中散裂后的多体统计自由度增量。(2011.08.10)

② **牛顿万有引力定律**：视界面 $A = 4\pi R^2$ (R 为黑洞半径)，自由度数 N 和能量均分定律，

$$N = \frac{Ac^3}{G\hbar} \tag{7.6}$$

$$E = \frac{1}{2}Nk_{\mathrm{B}}T \tag{7.7}$$

$$E = Mc^2 \tag{7.8}$$

方程(7.1)+(7.2)：

$$F = 2\pi k_{\mathrm{B}}T \times \frac{mc}{\hbar}\text{，}\quad T = 2Mc^2 / Nk_{\mathrm{B}} = MG\hbar / 2\pi k_{\mathrm{B}}cR^2$$

$$F = G\frac{Mm}{R^2} \tag{7.9}$$

注释：若假定：ⅰ位移(7.1)满足量子波动-粒子对应($p = \hbar k, E = h\omega$)，粒子移动一个康普顿波长，改变一个单位熵；ⅱ非平衡热流做功等于引力做功(式(7.3))；ⅲ黑洞表面以普朗克子为基本自由度，其数目等于黑洞表面除以普朗克子面积 $r_{\mathrm{P}}^2 = \dfrac{G\hbar}{c^3}$ ；ⅳ每个普朗克子真空激子(即黑洞视界面内的普朗克子晶体的集体激发辐射粒子)平均携带热能量为 $k_{\mathrm{B}}T/2$ ；ⅴ黑洞总能量是所有视界表面普朗克子晶体集体激发辐射粒子携带热能量之和且服从相对论质能公式，则有万有引力定律式(7.9)。(普朗克子晶体激发粒子能量是普朗克子的集体激发能量，普朗克子本身的巨大的内能不包括在内。)

若一个普朗克子真空激子(普朗克子晶体的集体激发辐射粒子)代表一个 bit，普朗克激子有 s(=2)个状态，则具有 N 个普朗克激子的系统的状态数为 $\Omega = s^N$ ，系统的信息熵为 $S = k_{\mathrm{B}}\log\Omega = k_{\mathrm{B}}\mathrm{N}\log s$ ，系统的信息熵与普朗克激子数成正比：$S \sim k_{\mathrm{B}}N$ 。

计算力时，使用熵改变引起热能的增减 $\Delta E = \Delta Sk_{\mathrm{B}}T$ ；计算温度时使用自由度变化引起的热能的变化 $\Delta E = \Delta Nk_{\mathrm{B}}T / 2$ 。(2011.08.10 笔记，2017.11.14 修改)

黑洞平均热能： $k_{\mathrm{B}}T \sim \dfrac{hc}{r_{\mathrm{H}}}$(是半径扩大了 $r_{\mathrm{H}} / r_{\mathrm{P}}$ 倍的普朗克子的能量，即集体

激发辐射粒子的能量)，而普朗克子能量为：$E_{\mathrm{P}} \sim \dfrac{hc}{r_{\mathrm{P}}}$。黑洞粒子数用普朗克子面积计算，而在视界面上的每一个普朗克激子的能量却缩小了 $r_{\mathrm{P}} / r_{\mathrm{H}}$ 倍。黑洞像以黑洞半径为半径的普朗克子，其视界面上激子的能量缩小了 $r_{\mathrm{P}} / r_{\mathrm{H}}$ 倍。与暗能量问题的联系：宇宙膨胀像普朗克子膨胀，其密度(暗能量密度)按球面扩张的方式减小：$\rho_{\mathrm{de}}(R) / \rho_{\mathrm{P}}(r_{\mathrm{P}}) \sim r_{\mathrm{P}}^2 / R^2$。宇宙像半径膨胀到 R 的普朗克子？(2011.08.11)

(2011.08.12 笔记)一般黑洞的经典半径：$r_{\mathrm{H}} = \dfrac{GM}{c^2} \pm \sqrt{\left(\dfrac{GM}{c^2}\right)^2 - \left(\dfrac{J}{Mc}\right)^2 - \dfrac{GQ^2}{c^4}}$，与量子半径：$r_{\mathrm{H}} = \dfrac{\hbar}{Mc}$ 联立，可以确定量子黑洞的质量：$M = M_{\mathrm{P}}(h,c,G,Q,j)$，可由下式解得

$$\left(\frac{h}{Mc}\right)^2 [1 + j(j+1)] = \frac{2Gh}{c^3} - \frac{GQ^2}{c^4}$$

这时具有电荷 Q 与角动量 j 的普朗克子的质量 $M_{\mathrm{P}} \sim 10^{-5}\mathrm{g}$，给不出其他基本粒子的质量(用黑洞半径 $r_{\mathrm{H}} = \dfrac{\hbar}{Mc}$ 可给出黑洞的质量)。

黑洞视界内是密集填充的微观普朗克子,普朗克子数是视界内微观自由度数，每个普朗克子寄居一个集体激发粒子——辐射子，贡献的热能 $k_{\mathrm{B}}T / 2$ 是激发粒子的平均能量(即激发能，才是物理上可观测的)，其平均波长决定黑洞视界的几何尺度 $r_{\mathrm{H}} \sim \dfrac{\hbar c}{k_{\mathrm{B}}T} = \lambda_{\mathrm{H}}$。普朗克子的能量 $M_{\mathrm{P}}c^2$，是物理上不可观测的。

如果把基本粒子看作具有类似量子黑洞的结构，其质量来自其视界面内普朗克子真空的集体激发辐射子的能量，粒子(量子黑洞)的尺度与其质量的量子关系仍然成立，但粒子(黑洞)的尺度和它的质量的经典关系不再是单由引力规律确定，因为由引力确定的经典关系与量子关系联立只能导致普朗克子质量，比基本粒子质量大 20 多个量级。确定基本粒子尺度和质量的物理规律的缺失，是粒子物理著名的等级差问题。

③ **引力作为熵力，对于物质连续分布，导出引力势的泊松方程**：引入局域温度、局域加速度和加速度的势 $\Phi, a = \nabla\Phi$，假定式(7.4)、(7.6)局域成立，则

$$E = \frac{1}{2} N k_{\mathrm{B}} T$$

$$k_{\mathrm{B}} T = \frac{\hbar \nabla \Phi}{2\pi k c} \tag{7.10}$$

$$dN = \frac{c^3}{G\hbar} dA \tag{7.11}$$

$$E = \frac{1}{2} k_{\text{B}} \int_{\text{S}} T dN \tag{7.12}$$

$$M = E / c^2 = \int \rho(\vec{r}) dV$$

$$M = \frac{1}{4\pi G} \int \nabla \Phi \cdot dA \tag{7.13}$$

得引力势的泊松方程：

$$\nabla^2 \Phi(\vec{r}) = 4\pi G \rho(\vec{r}) \tag{7.14}$$

加速度势即引力势 $\Phi(\vec{r})$ (或差一个符号)。

(8) 引力作为熵力，相对论性推广，导出爱因斯坦方程。

牛顿势的广义相对论推广：

R. M. Wald, General Relativity, The University of Chicago Press, 1984

$$\phi = \frac{1}{2} \log\left(-\xi^a \xi_a\right) \tag{7.15}$$

Killing 矢量 ξ^a，　红移因子 e^{ϕ}。

粒子的四分量速度 u^a, 它的加速度

$$a^b \equiv u^a \nabla_a u^b$$

$$u^b = e^{-\phi} \xi^b$$

$$a^b = e^{-2\phi} \xi^a \nabla_a \xi^b$$

Killing 方程

$$\nabla_a \xi_b + \nabla_b \xi_a = 0$$

$$a^b = -\nabla^b \phi \tag{7.16}$$

单位向外矢量：N^b 垂直于屏 S 和 ξ^b。

局域安鲁温度正比于局域加速度：

$$T = \frac{\hbar}{2\pi} e^{\phi} N^b \nabla_b \phi \tag{7.17}$$

$$\nabla_a S = -2\pi \frac{m}{\hbar} N_a \tag{7.18}$$

熵力产生加速运动，满足广义相对论力学第二定律

$$F_a = T \nabla_a S = -m e^{\phi} \nabla_a \phi \tag{7.19}$$

与熵的极值条件等价：

$$\frac{d}{dx^a} S\left(E + e^{\phi(x)} m, x^a\right) = 0 \tag{7.20}$$

视界面上自由度微分

$$dN = \frac{dA}{G\hbar} \tag{7.21}$$

视界面上能量-质量微分：

$$dE = dM = \frac{1}{2}TdN \tag{7.22}$$

视界面包围的质量：

$$M = \frac{1}{2}\int_S TdN = \frac{1}{4\pi G}\int_S e^{\phi}\nabla\phi \cdot dA \tag{7.23}$$

$$M = \frac{1}{8\pi G}\int_S dx^a \wedge dx^b \varepsilon_{abcd}\nabla^c \xi^d \tag{7.24}$$

右边运用四维空间的黎曼几何的斯托克斯定理，把面积分变为体积分并利用 Killing 矢量性质得(左边应为旋度 $\nabla^a\nabla_b - \nabla_b\nabla^a$？)，

$$\nabla^a\nabla_a\xi^b = -R_a^b\xi^a \tag{7.24}$$

左边用能量-动量张量密度计算质量，得爱因斯坦方程积分形式：

$$2\int_\Sigma \left(T_{ab} - \frac{1}{2}Tg_{ab}\right)n^a\xi^b dV = \frac{1}{4\pi G}\int_\Sigma R_{ab}n^a\xi^b dV \tag{7.25}$$

以上是对引文 1 的比较详细的介绍，包含很多笔者自己的观点与解释。

下面是我认为应当进一步研究的重要问题和观点。

7.1.2 视界引力场的热力学——平直空间安鲁效应——桥梁

问题：

视界引力场的温度与熵？

视界引力场的热力学定律？

视界引力场的热力学关系？

局域惯性系和局域 Rindle 坐标系： 通过局域惯性系建立局域洛伦兹系，通过非线性变换过渡到局域 Rindle 坐标系，引入局域视界。引进局域引力场对应的局域温度场与局域熵密度，建立局域引力场对应的局域热力学关系和热力学定律。

桥梁： Rindle 坐标系和 Rindle 观察者的平直时空视界的温度(热力学)——安鲁效应。从加速度为 κ 的坐标系观测平直($k=0$)空间发出的平面波，发现其频谱分布具有热辐射谱特征；对具有常数引力场(加速度为 κ)的空间，类似地，在相对于引力场空间静止的坐标系观察自由下落坐标系(平直 $k \neq 0$)发出的平面波，按照等效原理，也会发现其频谱分布具有热辐射谱特征？相对于引力场空间静止的坐标系与自由下落坐标系之间也是伦德勒变换(仅当引力强度随坐标 X 成反比 $\kappa \sim \frac{1}{X}$ 才如此)？这是加速运动的相对论运动学效应——热辐射效应(与匀速运动

的相对论运动学效应——多普勒效应对比)。

加速坐标系中平面波辐射向黑体辐射谱转化，是辐射(源)的加速效应；从加速坐标系观测平面波辐射谱向黑体辐射谱变形，是观测仪器的加速效应。二者有区别。(2011.08.10)

黑洞视界有温度，表示有辐射物质从黑洞发出并具有黑体辐射谱；安鲁视界有温度，是说若视界附近有辐射波，则其谱为黑体辐射谱。黑洞视界的温度是可以产生热辐射的温度，安鲁视界的温度可能是一种加速运动的(观测仪器的)相对论(观测)效应，不一定自身可以产生热辐射。

7.1.3　一般真实引力场的热力学

通过局域惯性系和局域 Rindle 坐标系讨论一般引力场：通过局域惯性系建立局域洛伦兹系，通过非线性变换过渡到局域 Rindle 坐标系，引入局域视界，然后讨论局域视界、温度、热力学关系。

引进局域引力场对应的局域温度场与局域熵密度，建立局域引力场对应的局域热力学关系和热力学定律。

7.1.4　引力场的全息原理

从引力场从内部向边界的传播规律(Green 函数)理解全息原理，这涉及：空间引力场与表面引力场的关系，引力场方程与边界引力场的贡献，波场的传播现象，波场由场源和界面影响(边界条件)决定，界面影响可归结为界面场源(边界条件)，场源和界面场源按相同传播规律决定空间场；视界内的物质对视界外的影响，通过视界场源的形式起作用——全息原理。

视界场源表现为视界熵密度。

全息原理：视界熵密度完全体现了内部物质影响外部物质的那部分信息。黑洞信息储存于视界。

7.1.5　视界的作用和 Killing 矢量的作用

普朗克子真空激发物质的运动是两类激发粒子的运动：光速激发粒子(静止质量为零的光子和中微子)的运动和定域束缚辐射构成的粒子(静止质量非零的粒子)的运动，引力场服从这些粒子系综的统计热力学。所以，引力场的热力学是光速运动物质表现出来的物理现象，因而要在视界(光锥面)和 Killing 矢量(光速运动轨道)上表现出来。

视界面-零曲面(类光曲面-保持时空对称性)：光速运动粒子的轨道曲面，其法线矢量类光，也在曲面上。视界面方程：

$$f\left(x^{\mu}\right)=C\text{，其法矢}\frac{\partial f}{\partial x^{\mu}}\text{类光：}g_{\mu\nu}=?$$

霍金-安鲁辐射只能从视界面上产生，是一种时空(引力场)边界效应，与引力场方程无关。

视界由零曲面方程确定。为什么要在一定坐标系下才能找到零曲面？只是为了求解零曲面方程方便吗？

7.1.6 引力场的量子统计力学——引力场热力学的微观量子统计理论

普朗克子(planckon)。

由普朗克子组成的真空晶体背景。

普朗克子真空晶体背景的两类激发：以光速运动的激子(光子、中微子，只有动质量，静质量为零)，定域束缚的、光速运动的辐射驻波构成的激发(导致微观静质量和真空背景的微观变化——微观缺陷与引力场)。

描述普朗克子真空两类激子的理论：光速激子的运动和定域束缚辐射激子的运动，平均运动都服从相对论，涨落运动都服从量子论。

2011.08.10 的笔记：普朗克子存在于视界面层内，是球体，它是自旋为 1/2 的球形驻波(闭弦？)。它的自由度不是 2，而是 10.5？(见前面关于熵增加和状态数增加的计算关系。)

微观粒子质量分布和微观背景缺陷的量子多体系统的量子系综是引力量子统计理论的基础：微观背景缺陷中微观粒子能量-质量分布的统计平均决定物质的动量-能量张量 $T_{\mu\nu}$，微观背景缺陷中量子多体统计平均给出的与背景时空度规变化联系的爱因斯坦张量 $G_{\mu\nu}\left[g_{\mu\nu}\right]$，给出真空背景量子涨落能减小对应的负的引力场动量-能量张量(差一个量纲常数)，真空-宇宙耦合系统能量-动量局域守恒给出二者的关系：$G_{\mu\nu}=-\kappa T_{\mu\nu}$，即引力场方程。(2017.11.14 修正)

7.1.7 动力学方程的物理解释

动力学方程(运动方程)的作用量变分原理(经典层次)或路径积分原理(量子层次)的物理意义的如下延伸：

(1) 守恒定律解释—动力学解释—动量-能量守恒原理解释。

(2) 最大熵(概率)解释—统计力学解释—最可几存在原理解释。

实时-虚时转变(Wick 转动)从数学形式上(而非物理实质上)统一了上述两种解释；物理学上的完全的统一，需要实时和虚时的物理学上的统一。

实时和虚时的物理统一将实现动量-能量守恒原理和最可几存在原理的统一：宇宙一切事物的存在是动量-能量守恒的存在和最可几的存在的并行；这种存在对

扰动是稳定的，是决定论物理学和量子随机物理学研究的对象；但这种最可几存在的稳定性不是绝对的，经典或量子环境必然造成对最可几存在状态的偏离，导致经典涨落或量子涨落，这是对上述存在方式——按守恒定律和最可几定律的存在方式的不可或缺的补充；而随机涨落本身也不是绝对随机的，它是在宏观平均守恒律(对称性)约束下的随机统计定律，成为统计物理学的研究对象。

动量-能量守恒是平稳真空背景的性质，而平稳真空背景是最可几存在的平衡态的平均真空背景。(2011.08.10 笔记，2017.11.12 修改)

7.1.8　时空背景的量子几何性质

空间量子几何涉及：量子真空的平均性质和涨落性质的几何表述，真空量子激发的最可几分布和随机偏离的几何表述(见第 5.1 节宇宙真空背景场笔记第(46)小点和第 5.5 节)。

7.1.9　问题

黑洞熵正比于面积，温度正比于引力强度，只能在量子引力框架内解决。

温度通过度规(引力势梯度)相联系，与引力场方程无关。为什么？

熵与 Noether 荷守恒联系，与微分同胚不变性有关。物理内涵是什么？

黑洞熵和与之相联系的自由度的关系(意见不统一)：正比于黑洞形成的方式数的对数，正比于黑洞内部的微观状态数，正比于黑洞视界内的量子状态数，正比于黑洞视界面内普朗克子集体激发的量子多体系统的微观状态数的对数。哪个正确？

波函数的付氏谱是量子态的波矢-频率展开，是概率守恒的幺正过程，而且各波矢-频率分量之间存在着量子相位关联；而热辐射的频谱分布对应一个热力学系综(混合态)，不对应一个量子态(纯态)，更不存在各频率分量之间的量子相位关联。

辐射量子从视界表面的隧穿，是一个幺正的量子力学过程，波包一旦完成隧穿，就通过波包收缩，变成非幺正的热力学过程。对吗？与幺正性的关系？

所有视界具有温度乃量子场论结果(引文 1 中文献[26—28])，所有视界具有熵吗？

平直真空内的加速运动者感知温度：$T=\kappa/2\pi$ (引文 1 中文献[29]；[30—36])，

引力动力学(方程)与视界热力学的关系？

在给定具有视界度规时空的量子场论，会发现视界是具有一定温度的黑洞(表面)，其分析和结论与引力场方程无关。

引力的动力学(方程)和表面项，与体项有深刻联系(引文 1 中文献[37])！其物理内涵?

视界引力场方程导致视界热力学的关系：$dS = dE + PdV$ (引文1中文献[38])。

引力泛函包含面项和体项，一般忽略面项，对体项变分得场方程。但在视界计算面项给出视界熵。

面项与体项有全息关系，表明时空动力学与视界热力学的深刻联系(引文1中文献[39—41])

热是微观粒子运动：有温度，有热，就有微观粒子运动；

时空可以加热，表明时空有微观结构、有微观粒子运动。

熵是对微观态粗粒化(积分平均)的结果(对微观态的求和与平均的结果)。看到视界的观测者，对被视界阻隔的微观自由度(信息)积分(粗粒化)后，这些被视界阻隔的微观自由度的总体(粗粒化)表现为视界的熵。

视界对黑洞内部信息的屏蔽，起着对黑洞内部微观状态粗粒化的作用，屏蔽导致信息的丢失用视界熵来度量。视界熵是视界对黑洞内部微观状态信息屏蔽、过滤程度的度量：只能知道视界面上微观状态的数量。

Rindler 视界：$g_{tt}(x)=0, g_{ll}(x) \sim 1/g_{it}$。

从视界附近出发的任何频率的量子波,在远处都表现为同一温度的热辐射谱，原始量子波的个性消失了。什么东西决定远处波被检测到的频率？出发处能量和被检测到的能量如何达到平衡与守恒？

为什么引力场中只有在视界处才有温度？引力场各点是否都有温度？视界只是计算引力场各点温度的手段？

什么是真空背景的微观结构：是微粒子？微波？或粒子-波？是气体、液体或固体？是量子液体-固体？基本(微观和宏观)参数是什么？微结构的运动形态是什么？稳定运动和涨落运动是什么？

真空背景的微观结构：是密集堆积的普朗克子晶体。(2017.11.14)

本节参考资料

[1] Verlinde E. On the origin of gravity and the law of Newtom. arXiv: 1001.0785v1[hep=th], 2010.

[2] Padmannabham T. Thermodynamicl aspect of gravity: New insights. arXiv: 0911.5004v1[gr-qc], 2009.

[3] Jacobson T. Thermodynamics of spacetime: The Einstein equation of state. Physical Review Letters, 1995, 75(7), 1260-1263.

[4] 刘辽, 赵峥, 田贵花, 等. 黑洞与时间的性质. 北京: 北京大学出版社, 2008.

[5] 俞允强. 广义相对论引论. 北京: 北京大学出版社, 2004.

7.2　黑洞与引力问题笔记

本节记载了“前书”第 9 章内容的形成过程，对一些重要问题的反复思考，提供了对第 9 章内容的深入理解。此外，还包括了对黑洞引力问题和基本粒子问题进一步研究的、移至第 8 章第 4 节的新结果。

讨论的要点：从普朗克子真空介质的微观量子结构和量子统计力学的深度研究黑洞及其引力和引力定律。在微观方面涉及量子引力论，在宏观方面涉及广义相对论，在宇观方面涉及宇宙动力学。

真空由半径为 $r_{\mathrm{P}} \approx 10^{-33}\mathrm{cm}$ 、质量为 $m_{\mathrm{P}} \approx 10^{-5}\mathrm{g}$ 的小球(称普朗克子，是定域束缚的辐射量子驻波球)堆积而成的密集点阵固体-液体。真空受限导致其内部普朗克子量子涨落能量减少，形成量子涨落无规运动的等效温度梯度，在空间出现非均匀的压强，表现为引力，使粒子在背景中的运动轨道发生弯曲。这是受限真空的平衡态的卡西米尔效应，它产生的温差可以由受限真空介质内激发量子的统计力学计算。这也是引力理论的微观量子统计力学方面。对应的引力和时空弯曲对粒子惯性运动(粒子相对于背景的平衡运动叫惯性运动)的影响，是引力理论的几何学-运动学方面，可以用黎曼几何描述。

在引力的微观量子统计力学方面，有非平衡态量子统计力学(宇宙早期演化时期)，准平衡态量子统计力学(物质粒子形成之后的宇宙演化时期，包括绝热演化)。两种情况都必须考虑真空背景与物质场之间的能量和信息交换(真空背景-真空物质耦合动力学)。

讨论的问题：① 黑洞存在热力学定律表明：黑洞既然有宏观热力学，就必有微观结构，必存在微观统计力学，成为黑洞热力学的微观基础。② 黑洞的微观结构是什么？③ 知道黑洞的微观结构之后，黑洞多体系统如何量子化？④ 黑洞量子多体系统的统计力学的具体内容是什么？如何建立黑洞的量子统计力学，推导出黑洞的热力学定律？进而推导出黑洞的其他性质，甚至黑洞的霍金热辐射？⑤ 能否把黑洞引力的量子统计力学推广到描述一般引力？一般引力的微观量子结构是什么？一般引力的微观量子统计起源是什么？是否存在一般引力的量子统计力学？能否由此推导出引力的所有定律？

7.2.1　黑洞的温度和引力问题[①]

黑洞温度来自黑洞视界隔离效应导致的黑洞视界内部真空径向量子涨落能密度减小(黑洞视界内的径向卡西米尔效应)和相应的径向温度差。

① 本节是“前书”第 8—9 章相关问题的研究笔记，但讨论更细致些。

1. 黑洞及其参数

表面温度$T_{\rm g}=\dfrac{\hbar\kappa}{2\pi k_{\rm B}c}=\dfrac{\hbar c^3}{8\pi k_{\rm B}GM}$，$\kappa=\dfrac{GM}{r_{\rm g}^2}=\dfrac{c^4}{4GM}$(非相对论引力势的结果)。

$k_{\rm B}T_{\rm g}=\dfrac{\hbar c^3}{8\pi GM}=\dfrac{\hbar c}{4\pi r}=\dfrac{\hbar}{4\pi}\omega_{\rm g}=E_{\rm g}/4\pi=\hbar k_{\rm g}c/4\pi$ (此式与$\dfrac{1}{2}k_{\rm B}T_{\rm g}=E_{\rm g}=\dfrac{1}{2}\hbar\omega_{\rm g}$差常数因子$\dfrac{1}{4\pi}$!)，$\omega_{\rm g}=2\pi\dfrac{c}{2\pi r_{\rm g}}=2\pi\nu_{\rm g}$。上式只适合黑洞表面切向运动的温度，表示在黑洞表面以光速绕球面做大圆周运动的辐射子多体系统的平均能量，其离心加速度的一半等于传统引力加速度：$\kappa=\dfrac{GM}{r_{\rm g}^2}=\dfrac{c^2}{2r_{\rm g}}$(非相对论引力势的结果)，黑洞半径$r_{\rm g}=\dfrac{2GM}{c^2}$，$GM=r_{\rm g}c^2/2$(这是非相对论传统引力加速度存在因子 2 的问题，不能达到引力-离心力平衡。见下面讨论如何解决这一问题)。上式也说明黑洞表面温度就是球面内运动的辐射子气体的温度，而引力则由球面径向温差为$T_{\rm g}$的球外辐射子气体的向内的径向引力压强产生，以平衡黑洞视界面辐射子气体球面运动产生的离心力；黑洞内部径向温度的降低，是由于黑洞表面的隔离边界条件的卡西米尔效应造成的，这是下面要讨论的核心内容。对一般引力场，$T=\dfrac{\hbar}{2\pi k_{\rm B}c}\kappa$关系中温度和引力加速度可能要局域化。(2011.12.01)

($1.5M_{\odot}$的黑洞：$k_{\rm B}T_{\rm g}\sim10^{-22}{\rm erg}\sim10^{-6}{\rm K}$，太阳质量$M_{\odot}\sim10^{33}{\rm g}$)

黑洞表面引力强度(非相对论传统公式)：$\kappa=\dfrac{GM}{r_{\rm g}^2}=\dfrac{c^4}{4GM}$(计算视界球面内辐射子所感受的引力强度时，应考虑球面内的辐射子的能量$\hbar\omega_{\rm g}=\dfrac{\hbar c}{r_{\rm g}}$和质量$E_{\rm g}=\dfrac{\hbar}{r_{\rm g}c}$在引力场中随球面半径$r_{\rm g}$变化而变化，这是相对论效应；如是，则引力强度变为相对论性的：$\kappa=\dfrac{2GM}{r_{\rm g}^2}=\dfrac{c^4}{2GM}$)，黑洞半径：$r_{\rm g}=\dfrac{2GM}{c^2}$，$GM=r_{\rm g}c^2/2$。

辐射子能量系数差$\dfrac{1}{2\pi}$来自黑洞球面辐射子能量应对圆周角2π平均，这时$\kappa=\dfrac{GM}{r^2}$；若$\kappa=\dfrac{2GM}{r^2}$，则辐射子能量系数差为$\dfrac{1}{4\pi}$来自黑洞球面辐射子能量应对双倍圆周角4π平均。如果设球面辐射子能量和质量为$E=\dfrac{\hbar c}{2\pi r}$，$m_{\gamma}=E/c^2=\dfrac{\hbar}{2\pi cr}$(已对圆周

角 2π 平均)，像前面讨论的那样，可以把温度与辐射子的引力势能等同起来 $k_B\Delta T_g = U(r) = \dfrac{GMm_\gamma}{r} = \dfrac{h}{2\pi c}\dfrac{GM}{r^2} = \dfrac{\hbar\kappa}{2\pi c}$，则得霍金-安鲁公式：在黑洞表面 $k_B\Delta T_g = U(r) = \dfrac{h\kappa}{2\pi c} = \dfrac{hc^3}{8\pi GM}$。上述公式表明：①霍金-安鲁公式要求：辐射子波长是绕球面两周，引力强度是相对论性的；②球面引力温度差对应的热能=球面辐射子的引力势能=球内普朗克子因卡西米尔效应导致的径向能量的减小量。(2012.02.19)

两种计算公式得到一样的公式：$k_B T_g \sim k_B\Delta T$。

计算结果表明：黑洞表面的温度是黑洞表面从外部指向内部的径向温差：

$$T_g = \Delta T = T_{\text{v-out}} - T_{\text{v-in}}$$

普朗克子是最小的量子微黑洞：(2011.12.25—26)

普朗克子尺度参数：$r_P = \left(\hbar G / c^3\right)^{1/2}$，$t_P = \left(\hbar G / c^5\right)^{1/2}$，$V_P = \dfrac{4\pi}{3} r_P^3$，$E_P = m_P c^2 = \dfrac{\hbar c}{2r_p} = \dfrac{1}{2}\hbar\omega_P = \dfrac{1}{2}\hbar c\Big/\left(\dfrac{3}{4\pi}V_P\right)^{1/3}$，$m_P = (\hbar c / G)^{1/2}/2 = \dfrac{\hbar}{2cr_P}$，$Gm_P = r_P c^2/2$，$2Gm_P / c^2 = r_P$ 与黑洞公式一致。因此，普朗克子能量来自集中于其表面的辐射子(这是普朗克子的半经典量子化观点，完全量子化的普朗克子是真空零点涨落基态高斯涨落波包球)，其频率为：$\dfrac{c}{r_P} = 2\pi\dfrac{c}{2\pi r_p} = 2\pi\nu_P = \omega_P$。

普朗克子能量是表面的辐射子量子零点能：$E_P = m_P c^2 = \dfrac{\hbar\omega_P}{2} = \dfrac{\hbar c}{2r_P}$。

普朗克子是最小的量子黑洞，其半径为：$2Gm_P / c^2 = r_P$，导致：$G\dfrac{h}{c^3 r_p} = r_P$，$r_P = \left(\hbar G / c^3\right)^{1/2}$。

普朗克子表面辐射子引力与离心力平衡：$a_{\text{centraf}} = \dfrac{c^2}{r_P} = \dfrac{2Gm_P}{r_P^2} = a_{gr}$。

上式 a_{gr} 的计算已考虑了普朗克子球表面上的辐射子的能量和质量随球面半径 r_P 的变化而变化的相对论效应。

普朗克子球半径与其波长同量级，考虑普朗克子量子波的测不准关系后，球面上的普朗克子量子驻波也充满球体，成为普朗克子量子球(量子高斯波包球)。

普朗克子的稳定性需要引力与离心力的微观平衡;有了由稳定的普朗克子密集堆砌的真空，就可以说明真空中宏观引力的来源(见下面的论述)。那么，微观普朗克子中的引力又从何而来？难道，吸引和排斥，是宇宙中最基本的、不可约

化、不可或缺的对立要素？排斥可以从无规热运动获得，吸引从何而来？它的来源是最神秘的。(2012.02.23)

不追究普朗克子的稳定结构的来源而把它看作基本组元，就可以从普朗克子组成的理想流体的辐射子激发(基本粒子)的涡旋运动的离心力和热压强的平衡来理解引力的热压强起源和动力学稳定结构的形成，但不能解释基本粒子这种动力学稳定结构的尺度和质量的量子等级差阶梯的形成，即不能解释与普朗克子相比，存在巨大的尺度和质量等级差的基本粒子的形成。要解释基本粒子的尺度和质量的巨大等级差，或许需要引进新的相互作用强度或新的物理要素与几何原理。(2012.03.01)

引力始终为吸引力，是因为引力势能代表真空普朗克子量子涨落径向能减小的能量，与平直真空相比，形成负能空穴辐射粒子激发。它表示存在引力场之处的真空背景的量子涨落沿引力势梯度方向的能量密度和温度比正常真空背景的量子涨落能量密度和温度低。因此，引力来自引力真空背景中的辐射子空穴的负能量激发、负温度效应，并指向温度和能量降低的梯度方向。(2012.02.24—25)

黑洞引力来源的推导中的关键假定：①真空辐射子是量子化的波。②传播波的真空介质被截断后的隔离效应：天体尺度的真空球面截断引进天体黑洞半径，真空微观空间截断引进微观黑洞(普朗克子)半径；真空介质球面截断导致球内负能量，是引力势能为负的原因；球外真空环境即正常真空的温度较高，会产生指向球心的径向热压强。③把真空看作由大量普朗克子量子驻波小球密集堆积而成的费米子多体系统，其无规量子涨落运动产生等效温度；把引力归因为截断或变形的真空各点真空量子涨落能密度和温度的变化梯度，把引力势能为负归因为该处真空量子涨落能密度和温度较之正常真空降低，把引力加速度及其方向解释为这种真空介质中高温区域指向低温区域(量子涨落能密度较高区域指向较低区域)的热压强。因此，把真空中宏观引力的起源，解释为变形和截断导致的普朗克子量子真空中的空穴激发的量子多体系统的负能量、负温度热压强效应(而不是仍把它归结为某种未知的吸引力)。只是要假定真空由普朗克子费米子球组成，其空间截断或变形就会产生负能量、负温度的量子空穴激发区域，形成负引力势，成为引力的热压强起源。(2012. 02. 24)

黑洞视界面的霍金−安鲁温度公式的物理内涵：①表示球面切向运动的辐射子系统的平均能量与表面温度的关系(球面截断的球对称径向量子波动的狄拉克方程的解表明：球表面内温度处处相同，不形成切向温度梯度，只有径向温度形成梯度)；②球面切向运动的辐射子平均能量(热能)等于辐射子径向运动能的减少量(也等于辐射子的负引力势能绝对值)；③同时表示球面上出现的径向热学平衡和力学平衡：黑洞视界面这种辐射子的切向运动产生的向外径向离心加速度正好平衡黑洞视界面内、外真空的温差产生的向内的径向量子涨落热压强产生的引力加速度；引力温差热压强加速度与曲线运动离心加速度达到平衡：引力压强指向温度梯度减小方向，引力按粒子测地线曲线运动分解为切向分量(用以产生粒子的自由引力加速或减速运动)和曲率法线方向分量(用以平衡粒子曲线运动的离心加速度)；粒子在引力场中的测地线运动是两种过程的实现：在测地线切向方向，引力场的切向分量使粒子实现自由加速(或减速)运动；在测地线法线方向，引力场的法向分量使粒子的引力加速度平衡其曲线运动的离心加速度。(2012.01.20; 2012. 02.16)

黑洞表面厚度、表面自由度数目和质量计算表明：真空由半径为 r_{P}、质量为 m_{P} 的普朗克子球体点阵密集堆集的量子固体-液体组成，存在着由普朗克子的尺度、质量和能量的测不准关系决定的相空间量子涨落(及量子涨落无规运动对应的等效温度)；局域真空的自由度与其中所包含的普朗克子的自由度有关，普朗克子真空可以出现以光速运动的辐射子(无静质量的声子型)激发和位错型激发(有静质量粒子)。(2011.11.22；2011.12.20)

2. 黑洞表面辐射子的力学平衡和热学平衡

为了平衡径向温差，黑洞表面需要表面热流运动，使其产生的离心径向温差热压强正好抵消卡西米尔引力效应产生的引力径向温差热压强：

$\kappa = \dfrac{GM}{r_{\mathrm{g}}^2} = \dfrac{c^4}{4GM}$(非相对论引力强度)，$r_{\mathrm{g}} = \dfrac{2GM}{c^2}$，$GM = r_{\mathrm{g}} c^2 / 2$

黑洞表面的辐射激子的质量为 $m_{\mathrm{g}} = k_{\mathrm{B}} T_{\mathrm{g}} / c^2$

辐射激子所受的向内引力为 $F_{\mathrm{gr}} = m_{\mathrm{g}} \kappa = \dfrac{m_{\mathrm{g}} c^4}{4GM} = \dfrac{m_{\mathrm{g}} c^2}{2r_{\mathrm{g}}}$

球面辐射激子所产生的向外离心斥力为 $F_{\mathrm{centraf}} = \dfrac{m_{\mathrm{g}} c^2}{r_{\mathrm{g}}} = \dfrac{m_{\mathrm{g}} c^4}{2GM}$

两个力差因子 2 的平衡：$2F_{\mathrm{gr}} = F_{\mathrm{centraf}}$，非相对论引力势达不成引力与离心力平衡。当所用的辐射子引力势能考虑到辐射子质量随半径而变化的相对论效应后，辐射子感受的引力加速度增大 2 倍(这一相对论效应正好导致相对论性的引力加速度)，向内引力为

$$F_{\mathrm{gr}} = m_{\mathrm{g}} 2\kappa = \frac{m_{\mathrm{g}} c^4}{2GM} = \frac{m_{\mathrm{g}} c^2}{r_{\mathrm{g}}}$$

两个力正好平衡：$F_{\mathrm{gr}} = F_{\mathrm{centraf}}$。

热平衡要求黑洞表面具有大量辐射子，离心加速度等于引力加速度意味着：离心加速度对应的离心温度与引力加速度对应的引力温度相平衡：$a_{\mathrm{centraf}} = \dfrac{c^2}{r_{\mathrm{g}}} = \dfrac{c^4}{2GM} = \kappa = \dfrac{2GM}{r_{\mathrm{g}}^2}$(考虑辐射子质量随半径变化，等价于使用相对论引力势，已解

决了因子 2 问题)。

黑洞视界面所有辐射子的总质量等于黑洞质量(能量守恒)，要求黑洞表面的自由度等于黑洞表面的普朗克子数：$Mc^2 = k_B T_B \dfrac{r_g^2}{r_P^2} = k_B T_g N_{planckon} / 4$

黑洞表面的普朗克子数等于黑洞表面积除以普朗克子球截面积：$N_{planckon} = 4\dfrac{r_g^2}{r_P^2}$
即黑洞表面被普朗克子密集填充(厚度为普朗克子直径 $2r_P$)，与真空被普朗克子球密积填充一致。

径向温度差产生的向内径向热流，被表面辐射激子的向外离心力产生的外向热流所平衡,使整个黑洞引力系统处于虽有温度梯度但没有热流的局域热平衡态。

黑洞表面辐射子微观力学平衡中因子 2 问题的解决：(2011.12.17)

黑洞半径：$r_g = \dfrac{2GM}{c^2}$ (广义相对论的结论：施瓦茨黑洞半径)

黑洞表面辐射子的离心加速度：$a_{centraf} = \dfrac{c^2}{r_g} = \dfrac{c^4}{2GM} = \dfrac{2GM}{r_g^2}$

黑洞表面辐射子的引力势能：$U = -m_r \dfrac{GM}{r_g} = -\dfrac{\hbar}{cr_g}\dfrac{GM}{r_g}$

辐射子的质量：$m_r = \hbar kc / c^2 = h / cr_g$ ，与黑洞半径成反比(这是关键)。

辐射子感受的引力：$F_{gr} = -\dfrac{dU(r_g)}{dr_g} = \dfrac{\hbar}{cr_g}\dfrac{2GM}{r_g^2} = m_r \dfrac{c^2}{r_g}$

辐射子感受的引力加速度：$a_{gr} = F_{gr} / m_r = \dfrac{c^2}{r_g} = a_{centraf}$

凡是波矢或质量与黑洞半径成反比的辐射子($m_r = X\hbar kc / c^2 = X\hbar / cr_g$)，上式都成立，都能达到引力与离心力平衡。因此，只要黑洞表面的辐射子的能量-质量与黑洞半径成反比，它们就始终达到微观力学平衡。

请注意:问题的解决借助了量子论关系：$m_r = \hbar kc / c^2 = \hbar / cr_g$ 。

因子 2 的另一种解决方案：如果沉积到黑洞表面的质量为 $2M$ ，是物理质量-吸积质量 M 的两倍，则其中一半质量 M 对应的能量 Mc^2 用于补偿黑洞外的引力势能对应的真空背景中径向能量的减小总量。事实上，无限远处的质量为 m 的粒子被吸积到黑洞表面时,按照引力系统的能量守恒,沉积到黑洞表面时其质量变为 $2m$,其中一半质量对应的能量 mc^2 用于对负的引力势能的补偿：真空背景径向涨落运动能量因引力势存在而减小，转化为黑洞表面切向运动的能量和质量。(见下面的讨论。2012.02.17)

当 $r > r_{\mathrm{g}}$ 时：球面上运动的辐射子的离心加速度：$a_{\mathrm{centraf}} = \dfrac{c^2}{r}$。球面上运动的质量为 $m_{\mathrm{r}} = X\hbar kc / c^2 = X\hbar / cr$ 的辐射的引力加速度：

$$a_{\mathrm{gr}}(r) = \frac{\mathrm{d}U(r)}{\mathrm{d}r} / m_{\mathrm{r}} = \frac{2GM}{r^2} = \frac{c^2}{r}\left(\frac{r_0}{r}\right) < a_{\mathrm{cennaf}}$$

因此，当 $r > r_{\mathrm{g}}$ 时，辐射子要离开球面飞向远方,不存在处于力学平衡和热平衡的球面。(2011.12.22)

在 r 处的辐射子质量 $m_\kappa = \hbar / cr_\kappa$，切向运动的曲率半径 r_κ，由引力加速度与离心加速度平衡决定：从

$$a_\kappa(r) = \frac{\mathrm{d}U(r)}{\mathrm{d}r} / m_\kappa = r_\kappa \frac{2GM}{r^3} = r_\kappa \frac{c^2}{r^2}\left(\frac{r_{\mathrm{g}}}{r}\right) = a_{\mathrm{cennaf}}(r_\kappa) = \frac{c^2}{r_\kappa}$$

得到离心力加速度与引力加速度相等时辐射子运动轨道的曲率半径为

$$r_\kappa = r\left(\frac{r}{r_{\mathrm{g}}}\right)^{1/2}$$

因此，在 r 处的辐射子，与引力平衡的测地线运动是沿 r_κ 球面而非 r 球面，轨道的瞬时曲率半径为 r_κ。

粒子从无穷远到达黑洞表面时的能量(质量)-黑洞吸积抽运过程和表面总质量及引力强度。(2011.12.17)

辐射子在无穷远处的能量为 $\hbar\omega_0$ 辐射子，从无穷远到达黑洞表面时的能量 $\hbar\omega(r_{\mathrm{g}})$ 为

$$\hbar\omega\left(r_{\mathrm{g}}\right) = \frac{\hbar\omega\left(r_{\mathrm{g}}\right)}{c^2} \times \frac{GM}{r_{\mathrm{g}}} + h\omega_0$$

$$\hbar\omega\left(r_{\mathrm{g}}\right) = \hbar\omega_0 / \left(1 - \frac{GM}{c^2 r_0}\right) = \hbar\omega_0 / \left(1 - \frac{1}{2}\right) = 2\hbar\omega_0$$

静质量为 m_0 的粒子从无穷远到达黑洞表面时的能量为 mc^2 (2011.12.18)：

$$mc^2 = mc^2 \times \frac{GM}{c^2 r_{\mathrm{g}}} + m_0 c^2$$

$$mc^2 = m_0 c^2 / \left(1 - \frac{GM}{c^2 r_{\mathrm{g}}}\right) = m_0 c^2 / \left(1 - \frac{1}{2}\right) = 2m_0 c^2$$

两倍于辐射子能量 $\hbar\omega_0$ 和粒子质量 m_0 的能量(质量)集中于黑洞表面，按照能量守恒原理，多出部分的能量只能来自黑洞周围的真空(它的能量低于平直真空的

能量——表现为负引力势能量)。因此，黑洞在吸积外部质量使其质量和半径长大的过程中，伴随着把其周围真空的能量(质量)吸积到其表面的抽运过程。因为表面中一半的质量来自黑洞系统本身(周围)，所以它对外的质量总体表现仅由从外吸积的辐射子的总质量 M 决定。但倍增的表面总质量 $2M$ 却在黑洞表面的引力强度中表现出来：

$$\kappa\left(r_{\mathrm{g}}\right)=\frac{2GM}{r_{\mathrm{g}}^{2}}>\frac{\mathrm{d}}{\mathrm{d}r_{\mathrm{g}}}\left(-\frac{GM}{r_{\mathrm{g}}}\right)=\frac{GM}{r_{\mathrm{g}}^{2}}$$

因此，用非相对论引力势计算粒子的引力势能时，考虑粒子质量变化的相对论效应后，所得的引力势的加速度，是相对论性的，比经典势多出因子 2。

上述论证对辐射子涉及量子论，对有质粒子则不涉及。

黑洞增加的质量 $2m_0$ 使引力势能减小：$\Delta U=\dfrac{2m_0GM}{r_{\mathrm{g}}}=m_0c^2$ 。

减小的真空能刚好转化为黑洞表面额外的能量 m_0c^2 ：黑洞表面 $2m_0$ 质量中，一半来自外部粒子，一半来自黑洞外围的真空能减小转化成的质量。(2011.12.18)

引力对粒子在半径 $r>r_{\mathrm{g}}$ 的球面上运动的束缚情况(2011.12.20—21)。

对有静质量粒子：

$$m(r)c^2-\frac{m(r)GM}{r}=m_0c^2,\quad -\frac{m(r)GM}{r}=U(r)$$

$$m=\frac{m_0}{1-\dfrac{GM}{c^2r}}=\frac{m_0}{\sqrt{1-\dfrac{v^2}{c^2}}},\quad 1-\left(\frac{v}{c}\right)^2=\left(1-\frac{GM}{c^2r}\right)^2$$

$$v^2=\frac{r_{\mathrm{g}}}{r}\left(1-\frac{r_{\mathrm{g}}}{4r}\right)c^2$$

$$\frac{\mathrm{d}m}{\mathrm{d}r}=\frac{m_0GM}{\left(1-\dfrac{GM}{c^2r}\right)^2r^2}=m_0\left[\frac{1}{r\left(1-\dfrac{GM}{rc^2}\right)}-\frac{1}{r\left(1-\dfrac{GM}{rc^2}\right)^2}\right]$$

$$F_{\mathrm{gr}}(r)=\frac{\mathrm{d}U}{\mathrm{d}r}=\frac{\mathrm{d}m}{\mathrm{d}r}\frac{GM}{r}-\frac{mGM}{r^2}$$

$$a_{\mathrm{g}}(r)=F_{\mathrm{gr}}(r)/m=-\frac{GM}{r^2\left(1-\dfrac{GM}{rc^2}\right)}=\frac{r_{\mathrm{g}}c^2}{2r^2\left(1-\dfrac{r_{\mathrm{g}}}{2r}\right)}\approx\frac{r_{\mathrm{g}}c^2}{2r^2}\left[1+\left(\frac{r_{\mathrm{g}}}{2r}\right)+\left(\frac{r_{\mathrm{g}}}{2r}\right)^2+\cdots\right]$$

因此

$$\frac{c^2}{2r_g}\left(\frac{r_g}{r}\right)^2 \leqslant a_g(r) \leqslant \frac{c^2}{r_g}\left(\frac{r_g}{r}\right)^2 = \frac{c^2}{r}\left(\frac{r_g}{r}\right) \leqslant \frac{c^2}{r}, \quad F_{gr}(r) = a_g(r)m \leqslant \frac{mc^2}{r} = F_{centraf}$$

引力不能束缚住辐射子在半径 $r > r_g$ 的球面上运动并阻止其向外辐射；但当有静质量的粒子在半径 $r > r_g$ 球面上运动时，较大的引力使粒子向内运动：

$$F_{gr}(r) = a_g(r)m = \frac{mc^2}{r}\left(\frac{r_g}{r}\right)\left[1+\left(\frac{r_g}{2r}\right)+\left(\frac{r_g}{2r}\right)^2+\cdots\right] > \frac{mc^2}{r}\left(\frac{r_g}{r}\right)\left(1-\frac{r_g}{4r}\right) = \frac{mv^2}{r} = F_{centraf}$$

(前面计算表明 $v^2 = \frac{r_g}{r}\left(1-\frac{r_g}{4r}\right)c^2$)

但在黑洞表面：

$$a_g(r_g) = -\frac{2GM}{r_g^2} = -\frac{c^2}{r_g}$$

其上运动的辐射粒子的离心力等于引力。因此，黑洞视界是特殊的球面，在其上运动的各种辐射子均被束缚在其上并形成热平衡态，从而具有离心运动温度。黑洞视界外的球面则没有这种性质，因而没有整体热平衡及整体温度(但可能有局域温度)。

3. 黑洞的膨胀和收缩中的能量过程(2011.12.26)

(1) 黑洞蒸发过程中，半径变小，表面和内部真空能量减少，伴随着向外部真空辐射能量的过程，这是辐射和放热过程。

(2) 黑洞半径增加，表面和内部真空能量增加，伴随着从周边吸积物质和能量的过程——这是吸能和吸热过程。

(3) 宇宙膨胀时，如果黑洞半径增加，表面质量增加导致黑洞质量增加，来自宇宙膨胀时真空的暗能量？也可能保持半径和质量不变？

(4) 黑洞内部真空与外部真空的能量交换(真空能本身不可观测,真空能之差才可观测)，黑洞平稳时不改变可观测的物理质量与能量，故无可观测物理效应。

一般引力场中离心流与引力热流的平衡问题。

球对称引力场情况：

r 处球面运动的辐射子感受的引力势能：$U(r) = -\frac{hc}{r}\frac{GM}{c^2 r}$

(用了非相对论引力势，但考虑了粒子质量随 r 变化的相对论效应)

r 处球面运动的辐射子感受的引力：

$$F_{\mathrm{gr}}(r)=-\frac{\mathrm{d}U(r)}{\mathrm{d}r}=-\frac{\hbar c}{r}\frac{2GM}{c^2r^2}=\frac{\hbar c}{r_\kappa}\frac{1}{r_\kappa}$$

$$r_\kappa=r\left(\frac{r}{r_{\mathrm{g}}}\right)^{1/2},\quad r_{\mathrm{g}}=\frac{2GM}{c^2}$$

r 处 r 球面上运动的辐射子感受的引力强度：

$$\kappa=\frac{F_{\mathrm{gr}}(r)}{\hbar c/rc^2}=\frac{c^2}{r_\kappa}=a_{\mathrm{cenmaf}}(r_\kappa)=\frac{c^2}{r}\left(\frac{r_{\mathrm{g}}}{r}\right)^{1/2}\leqslant\frac{c^2}{r}=a_{\mathrm{centraf}}(r)$$

r_κ 球面上运动的辐射子的离心加速度 $a_{\mathrm{cenmaf}}(r_\kappa)$ 与其引力加速度 κ 平衡。

对应的引力曲率半径为：$r_\kappa=r\left(\frac{r}{r_{\mathrm{g}}}\right)^{1/2}\geqslant r$

上述考虑，与广义相对论按黎曼几何从度规 $g_{\mu\nu}$ 计算的标量曲率得到曲率半径 r_κ 一致(David McMahon，Relativity Demystified, 216, McGraw-Hill, 2006)。计算如下：

$$R=R^{\mu\nu\sigma\rho}R_{\mu\nu\sigma\rho}=\frac{12\left(2GM/c^2\right)^2}{r^6}=\frac{12}{r_\kappa^4}$$

$$r_\kappa=\left(\frac{12}{R}\right)^{1/4}=r\left(\frac{r}{r_{\mathrm{g}}}\right)^{1/2}$$

或

$$R=g^{\mu\nu}R_{\mu\nu}=g^{\mu\nu}g^{\sigma\rho}R_{\mu\nu\sigma\rho}=-\frac{8GM}{r^3}=-\frac{4}{r_\kappa^2}$$

$$r_\kappa=\left(-\frac{4}{R}\right)^{1/2}=r\left(\frac{r}{r_{\mathrm{g}}}\right)^{1/2}$$

$$R_{0101}=-\frac{2GM}{r^3},\quad R_{0202}=R_{0303}=\left(1-\frac{2GM}{r}\right)\frac{GM}{r^3}$$

$$R_{2323}=\frac{2GM}{r^3},\quad R_{1212}=R_{1313}=-\left(1-\frac{2GM}{r}\right)^{-1}\frac{GM}{r^3}$$

在 r 球面上不存在离心流与引力热流的平衡，因为 $a_{\mathrm{centraf}}(r)>\kappa$，辐射子要脱离 r 球面；在 r_κ 球面上却存在离心流与引力热流的平衡，因为 $\kappa(r)=a_{\mathrm{centraf}}(r_\kappa)$。

引力 r_κ 曲面上辐射子平均能量为：$E_\kappa=\frac{\hbar c}{2r_\kappa}=\frac{\hbar c}{2r}\left(\frac{r_{\mathrm{g}}}{r}\right)^{1/2}=\frac{\pi\hbar\kappa}{2\pi c}=\frac{1}{2}k_{\mathrm{B}}\Delta T(r_\kappa)$

辐射子的平均能量对应的温度为：$\Delta T(r_\kappa)=\dfrac{\hbar\kappa}{k_{\mathrm{B}}c}=\dfrac{\hbar c}{k_{\mathrm{B}}r_\kappa}=\dfrac{\hbar c}{rk_{\mathrm{B}}}\left(\dfrac{r_{\mathrm{g}}}{r}\right)^{1/2}=\dfrac{\hbar c}{r_{\mathrm{g}}k_{\mathrm{B}}}\left(\dfrac{r_{\mathrm{g}}}{r}\right)^{3/2}=\Delta T_{\mathrm{g}}\left(\dfrac{r_{\mathrm{g}}}{r}\right)^{3/2}$

其引力势能为：$U_\kappa(r)=\dfrac{\hbar c}{2r_\kappa}\times\dfrac{2GM}{c^2r}=\dfrac{\hbar c}{2r_\kappa}\times\left(\dfrac{r_{\mathrm{g}}}{r}\right)\leqslant\dfrac{1}{2}\dfrac{\hbar c}{2r_\kappa}$

径向运动辐射子可以在引力场中向外辐射，切向运动辐射子不能脱离引力场，而成为在引力场中徘徊运动的虚辐射子(虚光子、虚中微子或虚引力子)——即辐射子的引力势能。在平衡态，具有径向分量的辐射子已全部离开引力系统，因此，在引力势场每一点，只存在被引力场束缚的切向运动虚辐射子。这时，在空间每一点，不存在离心流与引力热流的静态平衡，但总体上存在离心流与引力热流的动态平衡。因此，引力场和引力势中存在着处于动态离心流和热流平衡的虚辐射子流。在引力场中的虚辐射子必须以光速运动才能达成离心流和热流的平衡？上述结论可能对一般引力场也成立？一般引力场中离心力与引力不平衡的虚辐射子如何运动以形成束缚的虚辐射子流组成的引力势场？为什么有温度梯度而没有热流？虚热流如何形成一个闭合回路而成为势场？应当给出一个清晰的物理图像。

上述结果把黑洞的温度推广到一般引力场的温度。一般引力场也有温度，是粒子测地线惯性运动中粒子与真空背景平衡所必需的，即是粒子测地线惯性运动的离心力与真空背景的引力热压力的平衡所必需的。具体说：

(1) 空间各点的引力场所产生的曲率半径由光子的测地线上各点的曲率半径给出，光子在引力真空背景中的测地线上的运动保持离心力与引力的局域平衡；因为光子的测地线运动是引力真空背景中粒子的惯性运动，是粒子与真空背景交换能量过程中保持平衡的运动，而离心力与引力的局域平衡是保持真空背景与粒子的上述平衡所必需的。

(2) 可以用几种办法求得空间各点引力场产生的引力曲率半径：

① 对于一般情况，用广义相对论按黎曼几何先从引力度规 $g_{\mu\nu}$ 计算出标量曲率：$R=R^{\mu\nu\sigma\rho}R_{\mu\nu\sigma\rho}=\dfrac{12}{r_\kappa^4}$，或 $R=g^{\mu\nu}R_{\mu\nu}=\dfrac{4}{r_\kappa^2}$，进而求得的曲率半径 r_κ；

② 按照光子测地线计算曲率半径 r_κ；

③ 对球对称引力场，在曲率半径为 r_κ 的测地线上运动的质量为 $m_r=E_r/c^2=\hbar/r_\kappa c$ 的光子感受的引力加速度 κ 与离心加速度 $a_{\mathrm{centraf}}(r_\kappa)$ 平衡相等 $\kappa=$

$a_{\text{centraf}}(r_\kappa)$，得测地线的曲率半径：$r_\kappa^2 = \dfrac{\hbar c}{F_{\text{gr}}(r)}$，其中 $F_{\text{gr}}(r)$ 是质量为 $\dfrac{\hbar}{rc}$ 的光子在 r 处感受的引力，它等于引力势能 $\dfrac{\hbar}{rc}\phi$（质量乘引力势）的梯度：

$$F_{\text{gr}}(r) = \frac{\hbar}{c}\left|\vec{\nabla}\frac{f(\vec{r})}{r}\right|$$

由此得，$r_\kappa = \sqrt{\dfrac{c^2}{\left|\vec{\nabla}\dfrac{f}{r}\right|}} = r\left(\dfrac{r}{r_{\text{g}}}\right)^{1/2}$（最后一式对球形黑洞成立）。

r 处的引力场的等效黑洞半径 $r_{\text{g}}(r)$（定义 r_κ 起重要作用）与质量 $M_{\text{eff}}(r)$ 为

$$r_{\text{g}}(r) = \frac{r^3}{r_\kappa^2} = \frac{\left|\vec{\nabla}\dfrac{\phi}{r}\right|}{c^2}r^3 = \frac{2GM_{\text{eff}}(r)}{c^2}$$

$$M_{\text{eff}}(r) = \frac{\left|\vec{\nabla}\dfrac{\phi}{r}\right|}{2G}r^3$$

当 $\phi(r) = GM/r$ 时，得到球对称引力场的已知结果：

$$r_{\text{g}} = \frac{2GM}{c^2}, \quad r_\kappa = r\left(\frac{r}{r_{\text{g}}}\right)^{1/2} \geqslant r$$

(3) 有了引力曲率半径 r_κ 和辐射子引力强度 $\kappa = \dfrac{c^2}{r_\kappa}$，就可以计算该处的引力温度：$\dfrac{1}{2}k_{\text{B}}\Delta T(\vec{r}) = \dfrac{\hbar\kappa}{2\pi c} = \dfrac{\hbar c}{2\pi r_\kappa} = E_\kappa / 2\pi$（存在如何消 2π 因子问题，涉及霍金-安鲁温度定义中的 2π 因子）。

一般引力场中光子测地线运动中引力与离心力的平衡问题。考虑光子在空间一点的局域曲率圆平面内的径向运动和切向运动，其度规为

$$\mathrm{d}s^2 = -g_{00}c^2\mathrm{d}t^2 + g_{rr}\mathrm{d}r^2 + g_{tt}\mathrm{d}l^2 = 0$$

在测地线圆周上很小线段上的运动 $\mathrm{d}r=0$，$\dfrac{\mathrm{d}r}{\mathrm{d}t} = 0$，(若 $\dfrac{g_{tt}\mathrm{d}l^2}{\mathrm{d}\tau^2} = c^2$，则 $g_{tt} = 1$)

$\dfrac{\mathrm{d}^2 r}{\mathrm{d}t^2} \neq 0$：

$$\mathrm{d}s^2 = -g_{00}c^2\mathrm{d}t^2 + g_{rr}\mathrm{d}r^2 + g_{tt}\mathrm{d}l^2 = 0, \quad c^2 = \frac{g_{tt}\mathrm{d}l^2}{\mathrm{d}t^2}$$

$$g^{00}g_{00} = g^{tt}g_{tt} = 1$$

径向加速度的测地线方程为

$$\frac{d^2r}{dt^2}+\Gamma_{bc}^{r}\frac{dx^b}{dt}\frac{dx^c}{dt}=0$$

$$\frac{d^2r}{dt^2}+\Gamma_{00}^{r}\frac{dx^0}{dt}\frac{dx^0}{dt}+\Gamma_{tt}^{r}\frac{dl}{dt}\frac{dl}{dt}=0$$

$$\Gamma_{00}^{r}=-\frac{1}{2}g^{rr}\nabla_r g_{00}，\quad \Gamma_{tt}^{r}=-\frac{1}{2}g^{rr}\nabla_r g_{tt}$$

$$\frac{c^2}{r_\kappa}=a_{\text{centraf}}=\kappa=\frac{d^2r}{d\tau^2}=\frac{1}{g_{00}}\frac{d^2r}{dt^2}=\frac{c^2}{2}g^{rr}\left(\frac{1}{g_{00}}\nabla_r g_{00}+\frac{1}{g_{tt}}\nabla_r g_{tt}\right)$$

对施瓦茨解 $g_{tt}=1$， $g^{00}g^{rr}=g_{00}g_{rr}=1$， $\frac{1}{r_\kappa}=\frac{1}{2}\left|\vec{\nabla}g_{00}\right|=\frac{1}{2}\nabla_r\left(1-\frac{2GM}{c^2r}\right)=\frac{r_g}{2r^2}$，$r_\kappa=2r\left(\frac{r}{r_g}\right)$。

与前面的标量曲率解 $r_\kappa=r\left(\frac{r}{r_g}\right)^{1/2}$ 有矛盾(也与因子 2 有关！)。当 $r=r_g$ 时回不到黑洞正确解 $r=2r_g\neq r_g$，因 $\kappa_g=\frac{GM}{r_g^2}$ 是不正确的结果，这样的解可能是不正确的，导致在黑洞表面运动的光子不能平衡，因为离心力大于引力：$\frac{c^2}{r_g}>\kappa=\frac{GM}{r_g^2}=\frac{c^2}{2r_g}$。黑洞表面会辐射出光子！问题可能出在因子 1/2。

4. 黑洞温度与辐射子势能和加速度的关系(2011.12.24)

用辐射子的非相对论引力势能(而不是黑洞非相对论引力势)计算辐射子感受的引力加速度：得到正确结果。

辐射子质量：$m_r=\frac{\hbar}{2\pi cr}$(随 r 变化)

辐射子非相对论引力势能(引力势乘质量)：

$$U(r)=-\frac{m_r GM}{r}=-\frac{\hbar}{2\pi cr}\frac{GM}{r}$$

辐射子感受到的力：

$$F_{gr}(r)=-\frac{dU(r)}{dr}=-\frac{\hbar}{2\pi cr}\frac{2GM}{r^2}$$

加速度：

$$\kappa(r)=a_{\mathrm{gr}}(r)=F_{\mathrm{gr}}/m_{\mathrm{r}}=-\frac{2GM}{r^2}$$

因而有

$$\frac{1}{2}k_{\mathrm{B}}\Delta T(r)=U(r)=\frac{\hbar\kappa(r)}{4\pi c},\quad k_{\mathrm{B}}\Delta T(r)=\frac{\hbar\kappa(r)}{2\pi c}$$

必须注意两点：①辐射子质量随半径的变化 $m_{\mathrm{r}}=\frac{\hbar}{2\pi cr}$；②球壳上辐射子的势能等于一个自由度的平均热能 $-U(r)=\frac{\hbar}{2\pi cr}\frac{GM}{r}=\frac{1}{2}k_{\mathrm{B}}\Delta T(r)$，才能得到正确结果 $k_{\mathrm{B}}\Delta T(r)=\frac{\hbar\kappa(r)}{2\pi c}$。

用引力势能建立温度与能量的关系,并用上述引力加速度，可得有霍金−安鲁公式：(2012.02.18)

$$\frac{1}{2}k_{\mathrm{B}}\Delta T(r)=U(r)=\frac{\hbar\kappa(r)}{4\pi c},\quad k_{\mathrm{B}}\Delta T(r)=\frac{\hbar\kappa(r)}{2\pi c}$$

如果设球面辐射子能量和质量为 $E=\frac{\hbar c}{2\pi r}$, $m_{\mathrm{r}}=E/c^2=\frac{\hbar}{2\pi cr}$ (已对圆周 2π 平均)，把温度热能与辐射子的引力势能等同起来 $\frac{1}{2}k_{\mathrm{B}}\Delta T_{\mathrm{g}}=U(r)=\frac{GMm}{r}=\frac{\hbar}{2\pi c}\frac{GM}{r^2}=\frac{\hbar\kappa}{4\pi c}=\frac{\hbar c}{4\pi r_{\mathrm{g}}}=\frac{\hbar\omega_{\mathrm{g}}}{4\pi}$ (最后两个等式仅对黑洞表面成立)，$\kappa(r)=\frac{2GM}{r^2}$，则得霍金−安鲁公式：$k_{\mathrm{B}}\Delta T_{\mathrm{g}}=U(r)=\frac{\hbar\kappa}{2\pi c}=\frac{\hbar c^3}{8\pi GM}$。上述公式表明：黑洞球内普朗克子真空径向引力温度相对于球外温度的降低对应的热能=球面辐射子的引力势能=黑洞表面辐射子的 4π 平均能量=因球面隔离的卡西米尔效应导致的球内普朗克子径向能量的减小量(该量存在着计算卡西米尔能时用到的普朗克子质量定义的因子不确定性)。(2012.02.19)

再次强调，必须注意四点：①辐射子质量随半径的变化 $m_{\mathrm{r}}=\frac{\hbar}{2\pi cr}$ (要 2π 平均)，$\kappa(r)=\frac{2GM}{r^2}$；②球壳上辐射子的势能等于一个自由度的平均热能 $-U(r)=\frac{\hbar}{2\pi cr}\frac{GM}{r}=\frac{1}{2}k_{\mathrm{B}}\Delta T(r)$；③温度热能应当与引力势能相等，才能得到正确结果：$k_{\mathrm{B}}\Delta T(r)=\frac{\hbar\kappa(r)}{2\pi c}$；④把温差热能解释为卡西米尔能时，存在计算卡西米尔能时用到的普朗克子质量定义的因子不确定性。

注意以下修改得到的温度热能量关系和力学平衡的一致公式(2012.02.27)：

$$M(r)=M\frac{r}{r_{\mathrm{g}}},\quad m_{\mathrm{r}}=\frac{\hbar}{2\pi cr}$$

力平衡：$\kappa(r)=\frac{2GM(r)}{r^2}=\frac{2GM}{rr_{\mathrm{g}}}=\frac{c^2}{r}=a_{\mathrm{centraf}}$

温度热能关系：　$-U(r)=m_{\mathrm{r}}\frac{2GM(r)}{r}=\frac{\hbar}{2\pi cr}\frac{2GMr}{rr_a}=\frac{\hbar c}{2\pi r}=\frac{1}{2}k_{\mathrm{B}}\Delta T(r)$

球面辐射子能量 $\frac{\hbar c}{2\pi r}$ =辐射子引力势能 $U(r)$ =温度热能 $\frac{1}{2}k_{\mathrm{B}}\Delta T(r)$ =截断卡西米尔能

引力和引力势能的一致性：　$\kappa(r)=\frac{\mathrm{d}U(r)}{\mathrm{d}r}/m_{\mathrm{r}}=\frac{c^2}{r}$

温度是对于平直真空而言的温度差，它对应于引力势能差，即梯度，而非势能。

5. 黑洞热平衡机制

径向温差产生的内向引力与球面切向运动产生的外向离心力的平衡，径向温差产生的内向热流与球面切向运动产生的外向离心能流的平衡。

黑洞热平衡能量守恒机制：流入黑洞的全部物质储存于黑洞表面，黑洞周围真空量子涨落径向热运动能的减少转化为球面辐射粒子的切向热运动能。

黑洞统计热力学中的热流平衡和能量守恒，由两种物质-能量流交换来实现：径向引力流和切向离心流的交换，真空引力能量与物质能量的交换。

量子引力的核心本质：受限的局域真空量子涨落无规运动能量的局域性的具有方向性的减少，使其量子统计平均形成局域的、方向性的温度-压强差，成为引力的来源。物质粒子相对于这种由于存在着方向性温度差和辐射子能量密度差而产生的热压强引力的真空背景的平衡运动，表现为弯曲时空的几何-运动学。(2011.11.26)

6. 引力的微观起源、黑洞的热平衡、表面奇异性(2011.11.23)

黑洞从视界面开始的外部引力来自视界面开始的内部普朗克子径向量子涨落能减小产生的径向温差。热平衡要求，黑洞视界面内的辐射子的球面(切向)运动产生的向外的径向离心热流去平衡径向引力温差导致的向内的径向热流。存于黑洞表面的全部辐射子的能量即为黑洞的质量对应的能量 MC^2 。黑洞表面能密度、温度对径向尺度导数的奇异性，造成黑洞内外真空不同的波导性质的隔离性突变，表现为视界面度规的奇异性，随之带来表面能量、物质密度的奇异性(黑洞的全部物质、能量都储存于表面)。

7. 黑洞表面度规奇异性的物理内涵(2011.12.20)

度规奇异与曲率奇异，坐标奇异与内禀奇异，视界，无限红移面，它们的物理内涵。

坐标与坐标变换的物理内涵。

引力强度与温度(视界的奇异性和解析延拓是出现温度的关键)。

几何含义的物质内涵：从真空的物质结构和运动的变化理解上述几何性质不同的物理内涵。

8. 进入黑洞的粒子信息储存于黑洞表面的原因

任何辐射粒子在引力驱动下，从内部入射黑洞球面时，向外径向动量分量因引力红移而减小，而球面切向动量分量却不变，其结果是使动量方向向球面靠近，多次与球面的散射使辐射粒子最终落入球面。这也是绝大多数辐射粒子不能跑出黑洞的原因。高能的向外的径向辐射粒子可以按径向粒子热平衡分布律跑出黑洞，因为径向辐射粒子热平衡温度极低，高能粒子出现的概率很低。从外部进入黑洞的粒子，过程正好相反：由于动量径向分量不断增加，动量愈来愈趋于向内径向方向；极高能量的粒子与黑洞内的普朗克子晶体散射而分散成能量较低的辐射子(类似核子进入复合原子核内发生的过程)，这些次级辐射粒子再次与球面散射而最终落入球面。归结为两个效应：黑洞内普朗克子晶体对入射辐射子能量的散射耗散和方向弥散效应，黑洞表面的吸收效应。(需要数学论证)

7.2.2　黑洞、真空缺陷与基本粒子缺陷——普朗克子真空及其激发

黑洞表面厚度、表面自由度数目和质量计算表明：真空由半径为r_{P}、质量为m_{P}的普朗克子球体点阵密集堆积的量子固体-液体组成，存在着由普朗克子的坐标、能量-动量的测不准关系决定的相空间量子涨落(及相应的等效无规运动温度)；真空的自由度由所有普朗克子的自由度决定，可以存在以光速运动的辐射子型集体激发(无静质量的类声子)和位错型集体激发(有静质量的基本粒子)。(2011.11.22；2011. 12.20)

本节讨论的以下问题已移至第 8 章第 4 节：①电子的结构(2011.11.26)，②真空背景的可能激发和可能缺陷(2011.11.27)，③黑洞和粒子的空间尺度(质量)由等效引力耦合强度决定，④粒子激发与真空缺陷。这里只保留了第 5 项：**引力的几何属性和量子统计力学属性**(2011.11.29—30)

几何属性(真空背景的弯曲几何)：真空背景存在局域引力场$\kappa(r)$，即产生时空局域弯曲面，其曲率半径为r，球面辐射子运动离心加速度为$a_{\mathrm{centraf}}=\dfrac{c^2}{r}$，力学平衡要求球面的辐射子感受的引力与其离心力平衡：$m_{\mathrm{r}}\kappa=m_{\mathrm{r}}\dfrac{c^2}{r}$，$\kappa(r)=\dfrac{c^2}{r}$，$\vec{\kappa}=-\dfrac{c^2}{r}\vec{e}_r$

($\vec{e}_r=\dfrac{\vec{r}}{r}$)。曲率半径 r 由产生背景弯曲的引力强度分布 $\kappa(r)$ 决定：$r=\dfrac{c^2}{\kappa(r)}$。曲率球面上辐射子平均能量场为：$E(r)=\hbar\omega(r)=\hbar\dfrac{c}{r}$，应等于平均热能即温度场决定的辐射子能量：$k_{\mathrm{B}}\Delta T(r)=E(r)=\hbar\dfrac{c}{r}$。

量子统计力学属性(真空背景的热运动温度梯度场)：真空背景的引力场意味着真空背景受限或弯曲变形，造成局域真空背景的微观量子涨落热运动减小和相应的温度减小，相对于平直真空背景有一个径向的温度差：$\Delta\vec{T}_{\mathrm{g}}=T(\infty)-T(\kappa)=\dfrac{\hbar\vec{\kappa}}{2\pi k_{\mathrm{B}}c}$，温差指向曲率球径向向内方向，与引力强度 $\vec{\kappa}$ 同向。几何离心力和引力平衡(第一等式 $\kappa(r)=\dfrac{c^2}{r}$)和受限空间卡西米尔效应(第二等式 $k_{\mathrm{B}}\Delta T_{\mathrm{g}}=E=\dfrac{\hbar c}{r}$)给出亏损热能公式(有因子问题)：$k_{\mathrm{B}}\Delta T_{\mathrm{g}}=\dfrac{\hbar c}{2\pi r}=k_{\mathrm{B}}T_{\mathrm{P}}\left(\dfrac{r_{\mathrm{P}}}{r}\right)$，$r_{\mathrm{P}}=\dfrac{\hbar c}{2\pi k_{\mathrm{B}}T_{\mathrm{P}}}\sim\dfrac{10^{-27}\times10^{10}}{10^{16}}\sim10^{-33}\mathrm{cm}$)。温差对应的辐射子亏损能量 $k_{\mathrm{B}}\Delta T_{\mathrm{g}}$ 决定径向热流辐射子和切面辐射子的能量。曲率半径 r 仍要由外部给定：由产生背景弯曲的物质分布通过引力场方程决定。

几何考虑和统计热力学考虑只能给出一些关系：即空间曲率、引力强度、温度梯度、卡西米尔能之间的自洽关系。造成空间弯曲的原因是这些关系之外的物质因素——背景的缺陷和激发。

7.3　爱因斯坦方程的物理学——宇宙学意义①

(1) 爱因斯坦方程是描述宇宙真空与宇宙物质复合系统的耦合动力学方程：

$$G_{\mu\nu}=R_{\mu\nu}-Rg_{\mu\nu}=-\kappa T_{\mu\nu}$$

左边爱因斯坦张量 $G_{\mu\nu}=R_{\mu\nu}-Rg_{\mu\nu}$ 描述宇宙真空背景几何的曲率张量，右边 $T_{\mu\nu}(x_\sigma)$ 描述宇宙物质的动量-能量张量密度。这是连续真空介质中物质源产生度规 $g_{\mu\nu}$ 及背景空间弯曲、诱导出具有负能量的引力场 $\phi(x_\mu)$ 的双向的互动的非线性过程。进一步具体解释如下：

① 真空背景量子涨落的变化表现为空穴激发形成的负能量引力场 $\phi(x_\mu)$(单

① 写于 2014 年 4 月 8—10 日，6 月 26—30 日，2017 年 9 月 20 日。

位质量的引力能)；引力负能量场$\phi(x_\mu)$具有连续介质波场的特征。

② 引力场负能量产生尺缩、钟慢效应，用度规$g_{\mu\nu}$描述；度规$g_{\mu\nu}$是引力场能量$\phi(x_\mu)$的泛函$g_{\mu\nu}[\phi(x_\nu)]$。

③ 真空背景量子涨落能的减小伴随着真空正能粒子的激发和相应的物质密度的形成，用物质的动量-能量张量密度$T_{\mu\nu}(x_\sigma)$描述。

④ 物质的动量-能量张量密度$T_{\mu\nu}(x_\sigma)$引起真空背景的变化诱导的负引力势$\phi(x_\mu)$和度规$g_{\mu\nu}[\phi(x_\nu)]$是一个物质源场产生波场的过程，类似于电荷产生电场(这里是质量产生引力场)，需用二阶偏微分方程描述。由于物质场源和引力波场是同时产生的交互作用和双向反馈的非线性过程，宇宙物质场源和宇宙引力势$\phi(x_\mu)$和度规$g_{\mu\nu}[\phi(x_\nu)]$的二阶偏微分方程是非线性的(双向反馈过程就是非线性过程，必然导致非线性方程)。动量-能量张量$T_{\mu\nu}(x_\sigma)$和爱因斯坦张量$G_{\mu\nu}=R_{\mu\nu}-\frac{1}{2}Rg_{\mu\nu}$对度规和引力势$g_{\mu\nu}[\phi(x_\nu)]$而言都是非线性。考虑广义协变性，有用张量表述二者关系的广义相对论物质场-引力场方程：

$$G_{\mu\nu}=R_{\mu\nu}-\frac{1}{2}Rg_{\mu\nu}=-\kappa T_{\mu\nu}$$

⑤ 由于宇宙物质源$T_{\mu\nu}(x_\sigma)$、宇宙引力势$\phi(x_\mu)$和宇宙背景空间度规$g_{\mu\nu}[\phi(x_\nu)]$之间是一个源场产生波场、波场引导场源的双向反馈过程，源场$T_{\mu\nu}(x_\sigma)$的分布和引力势$\phi(x_\mu)$的分布并不一致：点源分布的物质场$T_{\mu\nu}(x_\sigma)$可以产生连续分布的$\phi(x_\mu)$场，这是二阶偏微分方程的转播子效应。

(2) 爱因斯坦方程描述真空背景和宇宙物质的交互生成的过程。对于宇宙演化耦合动力学，它描述真空背景和宇宙物质的相互作用和影响的过程。真空背景的负引力势和物质正能量同时生成，真空背景缺失的量子涨落能转化为宇宙物质能量，二者之和等于零，保障真空-宇宙复合系统能量守恒。

(3) 引力波的构成与检测。引力波是真空量子涨落能的变化与传播，原则上可以出现下述情况：

① 真空缺失能量的波的传播——负能空穴波的传播，②真空多出能量的波的传播——正能辐射波的传播，③真空缺失能区和多出能区的组合——空穴-粒子零能波的传播。对上述引力波的探测效应：探测到负能空穴波时，仪器负能响应(损失能量)；探测正能粒子波时，仪器正能响应(获得能量)；探测空穴-粒子零能波时，仪器零能量响应(无能量亏损或增益)。基于能量亏损-增益响应的仪器，只能探测到第一、二类引力波。如果第三类引力波波长很大，则可以在波长范围内检测正

能区和负能区的不同物理效应。星体产生的引力波可以检测它属于哪类引力波？为什么用四极极化仪器检测？因为引力波是四极振动波？

稳态引力势总是负能态。当稳态引力场变成动态引力场的引力波时，它如何从负能态转化为正能态？引力辐射一定是正能态波的传播吗？

(4) 宇宙暴胀引力波天文数据的分析。用上述观点分析近期天文数据。

(5) 分析爱因斯坦方程左右两边的微观物理过程：①从引力势到度规的微观物理过程。②物质源与引力势的交互产生过程：如何相互影响、相互决定？首先研究最基本的引力场与旋量场耦合的非线性稳态孤子激发问题，了解电子、质子的质量、电荷及其引力势、电势的形成过程，再了解复合粒子的形成问题。③中微子、光子、引力子等零质量粒子形成，是普朗克子真空的类声波线性集体激发(以光速运动，破缺平移对称性)问题，与非零质量基本粒子的形成不同(有静止质量，定域缺陷内的以光速运动的辐射驻波激发)，后者是一个非线性稳态孤子形成问题。中微子、光子、引力子的动质量如何形成，动质量如何产生，是一个微妙问题。

(6) 引力-物质系统的场论问题。引力系统的拉氏量、动量-能量张量，物质系统的拉氏量、动量-能量张量，复合系统的拉氏量、动量-能量张量，三者的关系。

引力场方程、物质场方程和复合系统场方程的变分原理，三者的关系。

引力系统能量-动量守恒问题，物质系统能量-动量守恒问题，复合系统能量-动量守恒问题，三者的条件和关系。

引力系统的变分稳定性问题，物质系统的变分稳定性问题，复合系统的变分稳定性问题，三者的关系。

(7) 爱因斯坦引力场方程，表述真空背景(环境)和宇宙物质(系统)的这个环境-系统的耦合动力学。适当调整系数，使方程两边具有相同的动量-能量密度张量性质后，方程右边(去掉负号)是宇宙物质的正的动量-能量张量，方程左边(取负号后)是爱因斯坦张量对应的用度规和曲率张量表述的宇宙真空背景量子涨落亏损产生的、负的动量-能量张量，二者之和在时空点处处为零，表示亏损能量的宇宙真空背景和获得能量的宇宙物质系统这一复合系统，在时空每一点动量-能量局域守恒。宇宙物质的动量-能量为正表明，宇宙真空背景因激发出物质而扭曲后，其量子涨落能亏损，使其动量-能量张量为负。真空背景的扭曲产生引力，产生引力的真空因丢失量子涨落能量而变负，故引力势始终为负。运动的物质使真空背景丢失能量而扭曲(物质告诉空间如何弯曲)，弯曲的真空背景丢失的能量激发出宇宙运动物质的能量(空间告诉物质如何运动)。弯曲并丢失能量的真空背景以爱因斯坦曲率张量形式描述丢失能量的负的动量-能量张量分布 $\frac{1}{\kappa}G_{\mu\nu}$(爱因斯坦张量 $G_{\mu\nu}$ 乘以量纲常数 $\frac{1}{\kappa}$)，宇宙物质以正的动量-能量张量 $T_{\mu\nu}$ 的形式表述它们的时空分布，局域动量-能量守恒使二者之和为零：$\frac{1}{\kappa}G_{\mu\nu}+T_{\mu\nu}=0$。弯曲真空背景意味着丢失能量产生负能量的引力场，从弯曲真空背景中丢失的能量转化成宇宙物质的正能量。反过来说，宇宙真空背景因丢失能量而弯曲，宇宙真空背景丢失的能量导致宇宙物质正能量的创生，这是宇宙创生同一过程的两个方面。这是一个双方反馈、互为因果的孪生过程。

谁启动了宇宙创生这一双向的过程？普朗克子的爆炸启动了宇宙创生过程：普朗克子爆炸导致的宇宙暴胀和膨胀这一动态的非平衡过程。在这一过程中，宇宙真空背景(通过普朗克子)丢失量子涨落能量而弯曲，被丢失的真空能量(通过径向辐射)变成宇宙的物质能量。这就是爱因斯坦-弗里德曼宇宙动力学的物理内容。

上述解释的新颖点在于：宇宙真空背景因弯曲而丢失的能量用爱因斯坦张量表示，并诱导出引力场的负的动量-能量张量(爱因斯坦张量，是用度规、曲率表示的真空背景因弯曲而丢失的动量-能量张量)；宇宙真空背景因弯曲丢失的动量-能量转化为宇宙物质的动量-能量，用物质的动量-能量张量$T_{\mu\nu}$表示，弯曲真空背景负的动量-能量张量$\frac{1}{\kappa}G_{\mu\nu}$(爱因斯坦张量，负的引力背景的动量-能量张量)与宇宙物质正的能量-动量张量$T_{\mu\nu}$之和为零。爱因斯坦方程是描述宇宙演化过程中真空-宇宙复合系统的动量-能量在时空中局域守恒的微分方程。爱因斯坦方程是真空-宇宙复合系统的耦合动力学方程，用度规和曲率描述真空背景弯曲，用度规和曲率的函数-爱因斯坦张量，描述宇宙的真空背景因弯曲而丢失的动量-能量张量。因为真空背景与宇宙物质相互作用交换动量-能量是一个双向反馈的过程，故爱因斯坦方程是非线性的(反馈过程的方程一定是非线性的)。(2018.03. 04；2018. 10. 12)

爱因斯坦方程求解的边界条件和初始条件、稳态和动态问题：

① 描述宇宙演化：通过宇宙原理表述宇宙真空背景的对称性，用 Walker-Robert 度规表示这一对称性。把具有这一对称性的度规用于一般的爱因斯坦方程，得到爱因斯坦-费里德曼宇宙演化动力学方程。用普朗克子爆炸初始条件求解这一方程，得到符合天文数据的宇宙能量密度、宇宙半径的演化解。

② 描述黑洞的引力、温度和熵。稳态问题：点质量、电荷分布，转动条件，自然边界条件。

③ 天体局域引力-物质分布：需要边界条件表示外界引力、物质的影响。通过物质分布(能量-动量张量)求引力分布(度规)，通过引力分布(度规)求物质分布(能-动张量)。

(8) 爱因斯坦-弗里德曼宇宙演化动力学方程的意义

膨胀方程：$\left(\frac{\dot{R}}{R}\right)^2=\frac{8\pi G}{3c^2}\rho=\Lambda=\lambda^2$

加速方程：$\frac{\ddot{R}}{R}=\frac{4\pi G}{3c^2}(\rho+3p)$

平均演化的严格解(“前书”第 84, 94 页)：

$$\rho(T)=\rho_{\text{vac}}\left(\frac{t_{\text{P}}}{T}\right)^2,\quad \rho_{\text{vac}}=\frac{3c^4}{8\pi G}\frac{1}{r_{\text{P}}^2},\quad r_{\text{P}}=\left(\frac{G\hbar}{c^3}\right)^{1/2}$$

膨胀方程

$$\left(\frac{\dot{R}}{R}\right)^2=\frac{8\pi G}{3c^2}\rho$$

(系数左移后)其左边描述宇宙真空背景的能量密度，右边描述宇宙物质的能量密度。

从膨胀方程左边得

$$\rho_{\text{gravity}}=\left(\frac{r_{\text{P}}c}{R}\right)^2\frac{3c^2}{8\pi G}\frac{1}{r_{\text{P}}^2}=\rho_{\text{vac}}\left(\frac{r_{\text{P}}}{R}\right)^2$$

(此处用到现今宇宙 $\dot{R}=c$， $\rho_{\text{vac}}=\frac{3c^4}{8\pi G}\frac{1}{r_{\text{P}}^2}$)

与膨胀方程的严格解

$$\rho(T)=\rho_{\text{vac}}\left(\frac{t_{\text{P}}}{T}\right)^2$$

一致。若 $r_{\text{P}}=ct_{\text{P}}$， $R=cT$ (对现今宇宙，此式成立)，则二者完全一样：

$$\rho(T)=\rho_{\text{vac}}\left(\frac{t_{\text{P}}}{T}\right)^2=\rho_{\text{vac}}\left(\frac{r_{\text{P}}}{R}\right)^2$$

膨胀方程左边是描述宇宙真空背景变化后的宇宙度规对应的引力能量密度 $\rho_{\text{gravity}}=\rho_{\text{vac}}\left(\frac{r_{\text{P}}}{R}\right)^2$(从爱因斯坦方程推导宇宙演化方程时，用了引力能量密度分量绝对值与物质能量密度分量的对应关系)，乘以普朗克子体积得到宇宙内的真空每个普朗克子损失的能量，即引力空穴子能量：

$$\rho_{\text{gravity}}\left(\frac{4\pi r_{\text{P}}^3}{3}\right)=e_{\text{graviton}}=e_{\text{P}}\left(\frac{r_{\text{P}}}{R}\right)^2=\frac{\hbar c}{2R_\kappa}\quad\left(R_\kappa=R\left(\frac{R}{r_{\text{P}}}\right)\right)$$

膨胀方程右边是宇宙物质能量密度，乘以普朗克子体积得到宇宙真空内每个普朗克子释放到宇宙并变成宇宙膨胀子的能量：

$$\rho\left(\frac{4\pi r_{\mathrm{P}}^3}{3}\right)=e_{\mathrm{cosmon}}=e_{\mathrm{P}}\left(\frac{r_{\mathrm{P}}}{R}\right)^2=\frac{\hbar c}{2R_r}$$

因此，宇宙真空背景每个普朗克子亏损的能量即引力空穴子的能量转化为宇宙膨胀子的能量:有绝对值关系

$$e_{\mathrm{graviton}}=-e_{\mathrm{cosmon}}$$

引力空穴子能量本身为负时有

$$e_{\mathrm{graviton}}+e_{\mathrm{cosmon}}=0$$

这表明，宇宙真空-宇宙物质耦合系统在宇宙演化中能量守恒：宇宙物质能量来自宇宙内真空普朗克子的量子涨落能量亏损部分。(参考“前书”第 9 章)

(9) 爱因斯坦对勒维-契维塔先生提出的反对意见的答复(爱因斯坦文集 II，第 381—383 页)。

勒维-契维塔(1917.04.01)建议把散度表示的爱因斯坦能量守恒方程替换为引力场方程：物质的能量-动量张量等于引力场能量-动量张量。

爱因斯坦的反对意见：引力场方程包含总能量分量处处为零，意味着物质系统可以消失得无影无踪，能量守恒不能保障物理系统的永远存在。(即不同意这点：物理系统既可以凭空出现，也可以消失得无影无踪)。爱因斯坦认为：是否引入引力的能-动张量不是实质性的，而在于解释能量-动量张量。

评论：从宇宙真空-宇宙物质耦合动力学的观点，非平衡膨胀演化的宇宙真空的量子涨落能量亏损，形成真空引力势负能量，亏损的能量转化成宇宙物质的正能量，引力场的负的动量-能量张量与物质场的正的能量-动量张量绝对值相等、符号相反，其和为零。因此，宇宙物质可以凭借真空能而产生(凭空产生)，也可以消融、返还给真空而消失(消失得无影无踪)。

真空量子结构的观点和随之而来的宇宙真空-宇宙物质耦合动力学的观点，是理解这一问题的、数学物理逻辑自洽的、获得清晰物理图像的关键。(2018.01.07)

(10) 关于广义相对论的原理(爱因斯坦文集 II，第 364—366 页)。

爱因斯坦针对 Kretschmann 的尖锐论文(物理学杂志，第 4 篇，53 卷，1918)，重新论述广义相对论的三个相互关联的基本观点(原理或思想，假定或前提)。

对此的解释和评述(2018.01.10)：

① **相对性原理**。呈述客观自然(物理)定律，在不同的时空坐标系中的观察者考察时是一样的，这种客观性(自然定律的观测者立场无关性或坐标系无关性)，用最普遍的坐标系——曲线(加速)坐标系之间的变换表述的广义协变性方程 $G_{\mu\nu}=$

$-\kappa\left(T_{\mu\nu}-\frac{1}{2}g_{\mu\nu}T\right)$，来表述这种自然定律的坐标系无关性或立场无关性的客观性。除广义协变性要求，爱因斯坦还有**简单性要求**。

② **等效原理**。呈述描述时空背景状态的度规 $g_{\mu\nu}$ 及其爱因斯坦张量 $G_{\mu\nu}$ 的物理属性：由于惯性力与引力等效(等效原理)，它们既表述物体的惯性行为，又描述引力作用。作为时空背景的状态，$g_{\mu\nu}$ 描述时空的度量行为——空间广延性和时间持续性的变化与相关的引力势，$G_{\mu\nu}$ 描述时空背景(引力场)的能量-动量张量。

③ **马赫原理**。呈述描述时空背景状态属性的爱因斯坦张量 $G_{\mu\nu}$ 和描述物质运动状态的物质的能量-动量张量 $T_{\mu\nu}$ 之间的关系：**时空背景属性由物质的能量-动量张量决定**(马赫原理)，即 $G_{\mu\nu}=-\kappa\left(T_{\mu\nu}-\frac{1}{2}g_{\mu\nu}T\right)$，**宇宙的全部质量参与了 G 场的产生**。

在这里，时空背景是物理真空。从宇宙真空-宇宙物质耦合动力学观点看：真空背景状态和真空物质状态之间是双向决定的，量子真空中普朗克子球的爆炸和随后宇宙的暴胀和膨胀，诱导出这一宇宙真空和宇宙物质之间的双向决定的能流过程。爱因斯坦的 G 场 $G_{\mu\nu}$，只是描述宇宙真空因激发出物质而能量亏损变化的部分对应的能量-动量张量，不同于宇宙真空激发出的物质部分的能量-动量张量 $T_{\mu\nu}$。

7.4　关于引力波探测的杂想

引力波探测获得的信息，除了引力波的速度、波长(能量)、属四极振动外，通过四极偏振数据(探测到的激光干涉仪臂的伸缩长度)，由此知道引力子波横波的截面。这是大量引力子相干波形成的截面，与单个引力波辐射子的截面有何关系？量子波(束)有偏振横截面，这是今年引力波探测确立的事实！应当开展各种真空激发的量子波的横截面(偏振截面)及其物理效应和应用前景的研究。

如何估算电磁波偶极圆偏振或线偏振振幅形成的横波截面？单个光子的偏振横截面如何计算？

如果光子波、中微子波、引力子波都是真空普朗克子的集体激发的横波，它们的振动横波截面如何计算？单个量子波的横截面与普朗克子的截面的关系如何？中微子波、光子波和引力子波等横波，分别涉及一列、两列、四列普朗克子集体激发形成的旋量量子波及其相干叠加形成的偶极波和四极波等集体量子横波吗？对于大量上述量子波的类似激光的相干激发，组成它的量子波的振动截面在空间是如何形成的？

几何量频率-波矢与物理量能量-动量的关系：对于固体的形变或扭曲等应变，是描述固体几何变形或扭曲的几何量-应变张量，应力则是这种变形或扭曲通过其变化率(导数)诱导出来的能量动量-应力张量。对于引力理论，度规是描述黎曼时空变形或扭曲的黎曼几何量；曲率张量和爱因斯坦张量则是这种变形或扭曲通过度规及其变化率(导数)表示出来的几何量——应变张量，与诱导出的荷载黎曼空间的真空介质能量亏损的负引力势场的能量-动量张量有密切关系；物质分布的能量-动量张量是真空介质应变张量激发出的物质的应力张量。**爱因斯坦把几何方面的爱因斯坦应变张量与物质方面的能量-动量应力张量相等起来，成为引力场方程(他却没有说：爱因斯坦张量是真空量子涨落能亏损对应的负能空穴激发形成的引力场的能量-动量应力张量)**。他也没有从微观方面描述和计算，真空背景物质的几何形变或扭曲，如何导致形变区域的能量-动量应力张量，像固体物理学家所做的那样。

真空的普朗克子晶体模型，把物理时空物质化，为时空变形或扭曲的几何方面应变张量的计算，这种变形或扭曲诱导出来的能量-动量应力张量方面的计算，提供了从微观上思考和计算的物质基础。目前尚缺乏，基本粒子的定域辐射能的几何描述和相应的能量-动量张量分布的物理描述。这是彻底解决这一问题的基本困难。需要从固体物理学习：凝聚体形变、扭曲等缺陷的几何描述，导出或建立形变、扭曲量等几何量-应变张量与诱导出的应力张量等物理量之间的关系的基本方程(所谓本构方程)。

真空背景中物质激发量子的几何量频率-波矢与物理量能量-动量的关系：①固体物理中形变、扭曲的应变张量几何量与应力张量物理量之间存在着应变几何量和应力物理量之间的本构关系。②量子论中量子波的波矢-频率几何量与动量-能量物理量之间存在德布罗意量子化关系(是另一种本构关系)。如何把两种本构关系统一起来，揭示第 1 类宏观量经典本构关系与第 2 类微观量量子本构关系之间的联系？回答：③真空凝聚体微振激发态的谐振近似(类似凝聚体宏观量应变-应力的线性近似，德布罗意关系是另一种微观本构方程的谐振线性近似)，导致频率-能量和波矢-动量之间的线性关系，其比例系数为作用量；真空普朗克子这种特定介质，产生的作用量就是当今特定的普朗克常数。无质量激发量子的能量-动量相对论关系 $E = h\nu$ 和 $p = E / c = \hbar k$，就是德布罗意量子化关系，也是另一种微观本构方程的线性近似。因此，真空凝聚体的微观谐振近似和相对论属性是德布罗意量子化关系的物质基础。量子涨落的随机属性，则来自真空普朗克子的量子涨落属性。简言之：真空普朗克子介质的平稳涨落属性和谐振运动，导致量子运动德布罗意关系；真空普朗克子介质的高斯型随机涨落属性，导致量子涨落随机性，把决定论性与或然性联系起来；谐振运动通过普朗克常数使波动性具有粒子性，把或然性的波动性与决定论的粒子性联系起来，决定论的粒子变成或然性的波。

粒子从真空中激发产生的几个问题：①粒子所在区域真空局域缺陷的形成机制；②缺陷对局域辐射驻波的束缚机制；③缺陷与局域束缚辐射驻波之间的平衡机制；④局域束缚辐射驻波的能量-动量和频率-波矢分布；⑤粒子的局域束缚辐射驻波周边真空量子涨落的变化特性和相应的四种相互作用的形成机制；⑥基本粒子的能量尺度和几何尺度，与普朗克子相比的等级差的形成机制，等等。

7.5　关于黑洞表面引力强度问题

引力质量与物理质量，爱因斯坦引力势与牛顿引力势的区别。

1. $\kappa=\dfrac{GM}{r_h^2}=\dfrac{c^2}{2r_h}$ 计算存在的问题

由牛顿引力势计算：没有考虑粒子质量的引力效应(质量的位置依赖性)：

$$\phi(r)=-\frac{GM}{r}，\ \kappa(r)=-\frac{\mathrm{d}\phi(r)}{\mathrm{d}r}=-\frac{GM}{r^2}$$

由光子短程线方程计算：没有考虑粒子质量的引力效应(质量的位置依赖性)。

由熵与温度关系计算：黑洞表面引力温度用物理质量 M (而不是引力质量 $2M$)计算，

$$S=k_{\mathrm{B}}\frac{\pi r_h^2}{G\hbar}=\frac{4k_{\mathrm{B}}\pi GM^2}{\hbar c^4}\to T=\frac{\partial M}{\partial S}=\frac{\hbar c^4}{8\pi k_{\mathrm{B}}GM}=\frac{\hbar c^2}{4\pi k_{\mathrm{B}}r_h}=\frac{\hbar\kappa}{2\pi k_{\mathrm{B}}}\to\kappa=\frac{GM}{r_h^2}=\frac{c^2}{2r_h}$$

2．计算 $\kappa=\dfrac{2GM}{r_h^2}=\dfrac{c^2}{r_h}$ 的理由

由爱因斯坦引力势计算：

$$\phi(r)=-\frac{2GM}{r}，\ \kappa(r)=-\frac{\mathrm{d}\phi(r)}{\mathrm{d}r}=-\frac{2GM}{r^2}$$

由黑洞表面引力加速度与离心加速度平衡计算：

$$r_h=2GM/c^2\to\frac{c^2}{r_h}=\frac{2GM}{r_h^2}=\kappa$$

修改熵与温度的关系：黑洞表面引力温度应当用引力质量 $2M$ 计算

$$S=k_{\mathrm{B}}\frac{\pi r_h^2}{G\hbar}=\frac{4k_{\mathrm{B}}\pi GM^2}{\hbar c^4}\to T=\frac{\partial 2M}{\partial S}=\frac{\hbar c^4}{4\pi k_{\mathrm{B}}GM}=\frac{\hbar c^2}{2\pi k_{\mathrm{B}}r_h}=\frac{\hbar\kappa}{2\pi k_{\mathrm{B}}}\to\kappa=\frac{2GM}{r_h^2}=\frac{c^2}{r_h}$$

光线在引力场中偏转角 $\Delta\theta$：

牛顿引力势：　$\phi(r)=-\dfrac{GM}{r}$，$\Delta\theta=\alpha=\dfrac{GM}{R}\sim0.875''$

爱因斯坦引力势：$\phi(r)=-\dfrac{2GM}{r}$，$\Delta\theta=\alpha=\dfrac{2GM}{R}\sim1.98''$ (符合实验)光线在引力场中偏转角$\Delta\theta$依赖引力强度κ。实验表明，计算光子运动时，需要把牛顿引力势中的质量加倍，考虑粒子质量的引力效应，即用爱因斯坦引力势。

质量的引力效应：考虑粒子质量的引力效应(位置依赖性)后，黑洞表面引力质量为$2M$。在牛顿引力势中，如果考虑粒子质量随位置变化而变化，再计算引力加速度，所得结果相当于粒子质量固定不变但把M变为$2M$。

黑洞视界的热学平衡和力学平衡要求$\dfrac{c^2}{r_h}=\dfrac{2GM}{r_h^2}=\kappa$，黑洞视界的奇异性要求：$r_h=\dfrac{2GM}{c_2}$。

黑洞的引力质量与物理质量：引力质量决定引力势与引力强度，物理质量是黑洞系统的外在质量。

黑洞理论的完美性和逻辑的自洽性要求：如果不用爱因斯坦引力势计算引力强度，黑洞表面就达不到热力学平衡和力学平衡。

关于光线偏折实验的分析(令光速 c=1)

偏折角：　$\Delta\theta=2\alpha$，$\alpha=\dfrac{2GM}{R}=\dfrac{R_h}{R}=\dfrac{S}{R}$，$S=\alpha R$，$R_h=2GM$

偏折轨道曲率半径R_κ：$\dfrac{S_\kappa}{R_\kappa}=\alpha=\dfrac{R_h}{R}$，$R_{\kappa'}=\dfrac{R}{R_h}S_{\kappa'}$，$S_\kappa=\kappa R$，

$$\frac{S_\kappa}{R_\kappa}=\frac{R}{R_\kappa}\kappa=\alpha=\frac{R_h}{R}$$

由偏折角$\alpha=\dfrac{R_{n-1}}{R_n}$与曲率半径等级比的一致性要求：$\kappa=1$，

$$R_\kappa=R\left(\frac{R}{R_h}\right)$$

$$\frac{1}{R_\kappa}=\frac{2GM}{R^2}$$

上式左边是离心加速度，而曲率圆是光子的测地线轨道，引力必与离心力平衡，故右边必为引力加速度：

$$a_{\text{centraf}}=\frac{1}{R_\kappa}=\frac{2GM}{R^2}=a_{\text{gr}}$$

结论：光线偏折实验表明，光子感受的引力加速度是爱因斯坦引力加速度而

非牛顿引力加速度：$\phi(R)=-\dfrac{2GM}{R}$，$a_{\rm gr}=\dfrac{\mathrm{d}\phi(R)}{\mathrm{d}R}=\dfrac{2GM}{R^2}$。

曲率半径与 $\mathrm{d}\alpha(R)/\mathrm{d}R$ 的关系：$\alpha(R)=\dfrac{S_0}{R}=\dfrac{R_h}{R}=\dfrac{2GM}{R}$，

$$\alpha(R)=\frac{S_0}{R}\ ,\quad \frac{\mathrm{d}\alpha(R)}{\mathrm{d}R}=-\frac{S_0}{R^2}=-\frac{1}{R_\kappa}=-\alpha\frac{1}{R}\ ,\quad R_\kappa=R/\alpha(R)\ ,\quad \alpha(R)=\frac{R}{R_k}=\frac{R_h}{R}$$

$$S_0=R_h\ ,\ \frac{\mathrm{d}\alpha(R)}{\mathrm{d}R}=-\frac{S_0}{R^2}=-\frac{R_h}{R^2}=-\frac{1}{R_\kappa}\ ,\ R_\kappa=R\left(\frac{R}{R_h}\right),\ \mathrm{a}_{\rm centraf}=\frac{1}{R_\kappa}=\frac{2GM}{R^2}=\frac{R_h}{R^2}=a_{\rm gr}$$

在引力加速度 $a_{\rm gr}(R)$ 对应的曲率半径 $R_\kappa(R)$ 的圆上，离心力加速度与引力加速度平衡。几何论证：$-\dfrac{\mathrm{d}\alpha(R)}{\mathrm{d}R}=\dfrac{1}{R_\kappa}$，$R_\kappa(R)$ 是曲率圆半径，$\alpha(R)$ 是 $R_\kappa(R)$ 圆周上弧长 R 对应的圆周角。

$\mathrm{d}\alpha(R)=\dfrac{\mathrm{d}R}{R_\kappa(R)}$ 是半径为 R_κ 的圆周上弧长 $\mathrm{d}R$ 对应的圆周角。

$\mathrm{d}\alpha(r)=\dfrac{\mathrm{d}r}{R_\kappa(r)}$ 是半径为 $R_\kappa(r)$ 的圆周上弧长 $\mathrm{d}r$ 对应的圆周角。

$$\alpha(R)=\int_R^\infty \mathrm{d}\alpha(r)=\int_R^\infty\frac{\mathrm{d}r}{R_\kappa(r)}=\int_R^\infty\frac{R_h}{r^2}\mathrm{d}r=\frac{R_h}{R}=\frac{R}{R_\kappa(R)}$$

$\alpha(R)=\sum\limits_{r_i=R}^{r_i=\infty}\dfrac{\mathrm{d}r_i}{R_\kappa(r_i)}$ 是 $R_\kappa(R)$ 圆周上弧长 R 对应的圆周角。

$\Delta\theta=2\alpha(R)$ 是光子在半径为 $R_\kappa(R)$ 的轨道圆上的偏折角。$a_{\rm centraf}=\dfrac{c^2}{R_\kappa(R)}=\dfrac{2GM}{R^2}=a_{\rm gr}$ 表示光子在测地轨道圆上离心力与引力的平衡。

第 8 章　基本粒子及其相互作用起源问题

8.1　从普朗克子真空缺陷到基本粒子量子场论——实体性理论与原理性理论、连续极限与几何要素①

在真空晶体层次，基本粒子表现为真空晶体的位错、旋错、孤子等缺陷。这些缺陷包含着晶格的间断性和不连续性，出现点阵函数的有限的多值性。在连续极限下，点阵晶体过渡到连续介质，有限的晶体缺陷变为奇异的δ-函数，真空晶体离散介质的缺陷理论过渡到真空连续场的基本粒子量子场论。真空离散晶体的位错导致真空连续介质的曲率，真空离散晶体的旋错导致真空连续介质的绕率，存在点阵缺陷的真空离散晶体空间，变为具有曲率和绕率的黎曼-嘉当空间(参见第 10.3 节)。

具有缺陷的普朗克子真空离散晶体的实体结构性理论的连续极限，就过渡到存在基本粒子的真空连续介质的原理性的相对论和量子场论。在取连续极限的过程中，几何属性注入原理性物理理论中，原理性物理理论包含几何原理要素。在连续极限下涌现出来的原理性理论中，包含着几何原理和物理原理二者(几何对称性与物理守恒律)。连续极限忽略了真空和粒子的结构细节与个性，凸现出一般原理性属性。**物理原理来自忽视并超越细节的一般物理属性和几何属性。**

多值场论是在连续场论的基础上，用奇异的δ-函数和多值函数描述基本粒子，是从真空晶体缺陷的实体性结构理论过渡到相对论和量子场论的原理性理论的数学工具和中间桥梁。

关键问题是：先从普朗克子真空晶体缺陷理解基本粒子的时空尺度、能量、质量、自旋等量子数以及相互作用的形成过程，缺陷对辐射粒子定域束缚的机制和稳定性机制，然后再理解连续极限下过渡到连续统量子场论的过程。理解量子涨落形成相互作用的过程及连续极限下的平均(粗粒化)效应。在晶体缺陷的层次上理解对称性破缺、希格斯机制及其连续极限。

从连续极限下的传播子理论理解库仑场、引力场和汤川场形成过程及其包含的几何因素，这些场的经典性质，强作用、弱作用的量子性质和非经典、非几何性质。理解量子涨落形成短程相互作用的过程，与长程经典场平均效应的区别，

---

① 写于 2016 年 10 月 22 日。

使得短程作用本质上是量子的。

惯性运动的本质。真空中的保守系统，哈密顿量与时间无关，系统具有时间-空间平移不变性，能量-动量守恒，系统进行无耗散的、超流的惯性运动。系统损失能量的唯一途径是辐射或发射粒子(的衰变)。因此，真空中的物理系统，与真空相互作用，能量、动量等物理量涨落式地交换但平均量为零，达到平衡的稳定基态，其运动必然是无耗散的、无衰变的惯性匀速运动。真空超流性的数学论证见本书附录 I，与上述物理实体性论证的联系如何？

真空的相对论效应，尺缩、钟慢和粒子能谱的相对论色散关系，真空的超流性,类似超导与真空普朗克子点阵上自旋为零的辐射子对的填充有关吗？自旋 1/2 的普朗克子成对填充(类似超导体中电子对的成对填充)，导致 BCS 型的能谱的相对论能量-动量色散关系,进而导致超流性的数学逻辑关系已清楚。尚不清楚的是：①与静止质量对应的能隙如何计算？只有电子质量对应的能隙是基本的吗？μ介子、τ子的质量不是基本的而是复合的吗？②能量相对论色散关系如何与尺缩、钟慢效应相关联？

如果直接把真空看作普朗克子对的超流凝聚体,完全类似 BCS 理论得到的准粒子的相对论性能谱中，准粒子的静质量即能隙，是普朗克子质量的量级，激发能谱是非物理的、不可能实现的、普朗克子能量以上的准粒子激发(粒子-空穴激发)。如何理解电子这样的超低能集体激发与上述真空超高能准粒子激发能谱的关系？电子质量是按下述方式形成的吗：把这种自旋为 1/2 的辐射粒子束缚在基本粒子尺度的真空缺陷之中形成的基本粒子，其中的被束缚辐射粒子的动质量成为粒子的静质量；当缺陷粒子静止或匀速运动时，与真空相互作用后，形成稳定的、平衡的最低能态(因而其哈密顿量与时间无关，能量守恒)。按晶体缺陷动力学，可以证明：匀速运动的缺陷粒子的能量服从相对论性能谱公式，缺陷的时空几何服从尺缩、钟慢规律，因此有完整的缺陷型粒子的相对论，即基本粒子的相对论。真空普朗克子对的 BCS 型准粒子激发的相对论是非物理的，真空凝聚体超长波辐射子(无静质量)激发和超大尺度缺陷粒子(有静质量)激发的相对论，才是现代物理学的相对论和量子场论。在这种真空凝聚体上实现的自旋为 1/2 的零质量辐射粒子超长波集体激发及其两体和四体复合态(一体中微子、两体光子、四体引力子)，则是物理上可实现的辐射粒子。

8.2　定域束缚辐射驻波——粒子与质量

粒子的静质量 m_0 来自相干辐射驻波的定域束缚,约束力来自类似量子流体的压强效应：出现相干规则流动的区域伴随着量子涨落压强的减弱，产生量子涨落压强的空间不均匀性，施加一个对定域规则流动的约束力，而能量-动量、角动量等真空背景的守恒定律，使这个束缚系统稳定下来。(见非相对理想流体的结果和类比论证。)

由于辐射本身是相对论性，其能量-动量关系是相对论性的：$\varepsilon(\vec{p}) = cp$，粒子的静质量 m_0 的产生也是相对论性的，运动粒子的能量-动量关系也可以证明是相对论性的：

$$E^2(\vec{p}) = m_0^2c^4 + c^2\vec{p}^2,\quad E = mc^2$$

$$\vec{p} = m\vec{v},\quad m(v) = m_0 \Big/ \sqrt{1-\left(\frac{v}{c}\right)^2}$$

粒子的能量-动量关系和能量-动量守恒，导致粒子在真空介质中的运动是超流的(见附录 I)。

真空背景物质由密集堆积的普朗克子(planckon)**组成**，而普朗克子本身则是具有高斯波包随机量子涨落频谱分布的、具有平均半径的球体形的、相干定域辐射驻波；通过辐射的能量-动量的色散关系

$$\varepsilon(\vec{p}) = cp$$

引进粒子的相对论性运动；通过德布罗意关系

$$\varepsilon(\vec{p}) = \hbar\omega,\quad \vec{p} = \hbar k = \hbar\left(\frac{\omega}{c}\right)$$

引进了粒子的波-粒二象性运动；通过普朗克子大小和频谱分布的随机性，引进量子波动的随机性——概率波。普朗克子球密集堆积的真空晶体介质，具有固体的性质；其大小和频谱具有随机涨落分布的柔性又使其具有液体性质。普朗克子真空中稀疏的集体元激发更具有理想气体-流体的性质：它是相对论性的、量子性的、具有从普朗克尺度到介观尺度的随机波动的气体-流体性质。

由密集的普朗克子组成的、具有随机量子涨落的真空量子固体-流体介质的集体元激发。

(1) 零质量分支(“声学支”)：光子，引力子？这种元激发破缺真空的平移对称性，真空剩余对称性的类型决定这种元激发的种类和性质。

(2) 近零质量分支(近“声学支”)：中微子？这种元激发破缺真空的平移对称性和与微小质量相关的对称性，真空的剩余对称性决定这种元激发的种类和性质。

(3) 非零质量分支(“光学支”)：各种静质量非零的基本粒子，这种元激发以不同程度和方式破坏粒子所在区域真空的局域对称性，真空晶体的微观缺陷的对称性(类似晶胞的内部结构)决定这种元激发的种类和内禀性质。

因此，真空的宏观和微观结构及其对称性决定其集体元激发分支的种类和性

质(基本粒子的种类和性质)(见朗道《统计物理学》的相关论述和与固体能带论的结果的类比，但需要直接详细论证)。

有两类相互作用：

(1) 真空涨落平缓变化的长程相互作用：电磁力和引力，零质量媒介子不改变真空涨落拓扑结构，只引起真空局域变化；

(2) 造成真空局域缺陷的短程相互作用。

弱力：非零质量媒介子？改变局域真空涨落拓扑结构，造成局域缺陷，媒介子质量由缺陷大小和局域涨落尺度决定，粒子和媒介子均破坏局域真空对称结构，具有静质量。

强力：改变局域真空量子拓扑结构，造成局域缺陷，定域禁闭的辐射粒子——夸克和胶子，在定域区内的运动表现为零质量的辐射驻波，改变真空量子涨落拓扑结构，造成局域真空缺陷，破坏真空局域对称性。

8.3 辐射子螺旋运动与自旋①

本节讨论以光速运动的辐射粒子自旋的来源。

第一种考虑：中微子和光子的自旋来源于它们在传播过程中进行的螺旋管式进动中的准圆周轨道运动量子化产生的自旋。即螺旋管准圆周运动的轨道运动产生自旋。论证如下。

静止质量为零、以光速运动的中微子或光子，进行着半径为 r 的螺旋管上的量子偏振运动。长度等于一(两)个波长的这种螺旋上的量子振动，其量子化的自旋为辐射子的自旋，其值应为 $1\hbar$ 或 $\frac{1}{2}\hbar$。

从轨道运动产生自旋的量子化条件：$\hbar\times\frac{2\pi}{\lambda}r = pr = 1\hbar$ 或 $\frac{1}{2}\hbar$ (对光子为 1，对中微子为 1/2)，导致：$\lambda = 2\pi r$ 或 $4\pi r$。

即辐射子进行着以波长 λ 为准周期的螺旋管上的螺旋形偏振动，辐射子波长绕螺旋管 1 周或 2 周，这与产生普朗克子自旋的波长-自旋关系一致。但是，这种讨论得出的辐射子截面为螺旋管截面 πr^2。此螺旋管内的数量极大的普朗克子参与了此种集体激发的形成。

第二种考虑：认为自旋 1/2 的辐射子波的激发最为基本，它是真空介质中被激活的普朗克子 1/2 自旋在普朗克子晶体中以光速传播后形成的集体激发波，类似固体中的自旋波。它是从一个普朗克子传播到相邻的另一个普朗克子的 1/2 自

① 写于 2015 年 12 月 29—30 日。

旋的激发形成的自旋波链，因此它的波截面是普朗克子截面 πr_{P}^2 。

在自旋为 1/2 的辐射子波的基础上考虑自旋为 1 的光波：它是临近两个自旋 1/2 的波相干后构成的自旋三态组合波(因此光子偏振面具有偶极结构)。自旋为 2 的引力波则是临近两个上述光波的相干组合(因此引力子偏振面具有四极结构)。

因此，两种考虑得出的波截面相差极大。

对于静止质量非零的、定域束缚辐射驻波生成的基本粒子，被囚禁的辐射子驻波的相对论性动质量变成了粒子的静质量，辐射子的波长与囚禁它们的球面的周长应当存在类似上面的关系。静止质量非零的粒子中的辐射子驻波进行的是球内的周期运动，其自旋指向球面；而静止质量为零的辐射子进行的是垂直传播方向的偏振面的进动，其自旋沿运动方向进动或垂直传播方向振动(自旋的螺旋性极化)。

定域束缚辐射粒子驻波定域区的能量密度为辐射型能量密度：

定域粒子的能量：$2\pi c\hbar/\lambda$ ；

定域粒子定域体积：$4\pi(\lambda/2\pi)^3/3$ ；

定域粒子定域能量密度：$12\pi^3\hbar c/\lambda^4$ (正比于 r^4)。

8.4　电子和基本粒子的质量问题

1. 电子的结构①

由量子化条件：$m_e c r_e = \hbar$ 和电磁质量假设：$m_e c^2 = \dfrac{e^2}{r_e}$ ，导致：$\hbar c \sim e^2$ ，$\dfrac{e^2}{\hbar c} = \dfrac{1}{137}$ 。但不能确定电子半径和质量。

把静电力变形成引力：$\varphi(r) = \dfrac{e^2}{r} = \dfrac{G_e m_e^2}{r}$

电子的引力常数为：$G_e = \dfrac{e^2}{m_e^2} \sim 10^{36}\,\text{cgs} \sim 10^{44} G$

电子引力常数对应的普朗克子半径——最小的量子电子黑洞半径：

$$r_e = \left(\frac{G_e \hbar}{c^3}\right)^{1/2} = \left(\frac{G\hbar}{c^3}\right)^{1/2} \times 10^{22} = r_{\mathrm{P}} \times 10^{22} \sim 10^{-11}\,\text{cm}$$

电子表面截断对内部量子涨落的影响：电子的卡西米尔效应

① 写于 2011 年 11 月 26 日。

$$\sin kr_{\mathrm{g}}=0\text{，}\quad kr_{\mathrm{g}}=n\pi\text{，}\quad k_n=\frac{n\pi}{r_{\mathrm{g}}}=nk_{\mathrm{g}}\text{，}\quad k_{\mathrm{g}}=\frac{\pi}{r_{\mathrm{g}}}\text{，}\quad \lambda_{\mathrm{g}}=2r_g$$

求得电子黑洞内部能量密度：

无截断：

$$1/(2\pi)^2\hbar cV\int_0^{k_{\mathrm{P}}}k^3\mathrm{d}k=\frac{\hbar cV}{4(2\pi)^2}k_{\mathrm{P}}^4\text{，}\quad \rho_v=\frac{\hbar c}{4(2\pi)^2}k_{\mathrm{P}}^4$$

$$k_{\mathrm{P}}=\frac{\pi}{r_{\mathrm{P}}}=\frac{N_e\pi}{r_e}=N_ek_e\text{，}\quad k_e=\frac{\pi}{r_e}\text{，}\quad N_e=\frac{r_e}{r_{\mathrm{P}}}=\frac{m_e}{m_{\mathrm{P}}}\text{，}\quad \lambda_{\mathrm{P}}=2r_{\mathrm{P}}$$

有截断：

$$\begin{aligned}1/(2\pi)^2\hbar cV\left(\frac{\pi}{r_e}\right)^4\sum_{n=0}^{N_e-1}n^3&=\frac{\hbar cV}{4(2\pi)^2}\left(\frac{\pi}{r_e}\right)^4\left(N_e\left(N_e-1\right)\right)^2\\&=\frac{\hbar cV}{4(2\pi)^2}k_{\mathrm{P}}^4\left(1-\frac{1}{N_e}\right)^2\end{aligned}$$

$$\rho_e=\frac{\hbar c}{4(2\pi)^2}k_{\mathrm{P}}^4\left(1-\frac{1}{N_e}\right)^2$$

径向模式能量密度差：

$$\Delta\rho=\rho_v-\rho_e=\frac{\hbar c}{4(2\pi)^2}k_{\mathrm{P}}^4\left[1-\left(1-\frac{1}{N_e}\right)^2\right]\approx\frac{\hbar c}{(2\pi)^2}k_{\mathrm{P}}^4/N_e$$

$$\Delta\rho/\rho_v=\frac{4}{N_e}\sim\frac{r_{\mathrm{P}}}{r_e}\sim\frac{m_e}{m_{\mathrm{P}}}=\frac{10^{-28}}{10^{-4}}=10^{-24}\text{，}\quad \rho_v=\frac{\hbar c}{4(2\pi)^2}k_{\mathrm{P}}^4$$

由此得电子质量：$m_e\sim m_{\mathrm{P}}\times10^{-24}\sim10^{-28}\mathrm{g}$。

电子黑洞表面两侧的普朗克子的径向热运动能差：

$$k_{\mathrm{B}}\Delta T=\Delta E_{\mathrm{P}}=\Delta\rho V_{\mathrm{P}}=4E_{\mathrm{P}}/N_e$$

电子黑洞卡西米尔效应产生的表面内外径向温差：

$$k_{\mathrm{B}}\Delta T=4m_ec^2=4\left(\frac{\hbar c^5}{G_e}\right)^{1/2}=4\left(\frac{\hbar c^5}{G}\right)^{1/2}\times10^{-22}$$

或

$$k_{\mathrm{B}}\Delta T=k_{\mathrm{B}}T_{\mathrm{P}}\times\frac{4m_e}{m_{\mathrm{P}}}=4m_{\mathrm{P}}c^2\frac{m_e}{m_{\mathrm{P}}}=4m_ec^2=E_{\mathrm{P}}\times4\times10^{-23}\,\mathrm{erg}\sim10^{-8}\mathrm{erg}$$

$$(E_{\mathrm{P}}=k_{\mathrm{B}}T_{\mathrm{P}}=10^{19}\mathrm{GeV}=10^{28}\mathrm{eV}=10^{16}\mathrm{erg})$$

温度热能对应的质量：

$m = k_B \Delta T / c^2 = 10^{-28}\text{g} = m_e$(电子对应一个激发子的平均质量)

由温差的平衡方程，通过等效引力势能，求得电子黑洞半径之外的静电势能为

$$\Phi(r) = \frac{G_e m_e^2}{r} = \frac{\frac{e^2}{m_e^2} m_e^2}{r} = \frac{e^2}{r}$$

得到静电势的库仑定律：单位电荷的库仑 $\phi(r) = \frac{e}{r}$。

上述分析表明：①引力与静电相通，连接桥梁是引进电子静电质量；②电子质量与电子黑洞的克什米尔效应密切相关，电子质量的形成也与电子局域真空缺陷造成的真空量子涨落能减小有关；③电子真实的局域缺陷可能比电子引力模型中的电子黑洞要平滑一些，才能得到电子黑洞半径以内仍然成立的长程库仑定律；④长程的引力和静电力可能与产生力的粒子的平滑局域缺陷有关，短程力可能与产生力的粒子的局域蜕变缺陷(如强子的袋缺陷)有关。

2. 真空背景的可能激发和可能缺陷[①]

质量为零的激发：中微子(夸克)、光子、引力子等真空晶体平移对称性破缺的激发。

准二维平滑缺陷(SU(2)内部对称性，电子？)，在真空背景中引起旋量激发(中微子)、光子矢量激发(电磁波)和引力波张量激发。

三维球对称突变缺陷(SU(3)内部对称性，质子？)，在背景中引起夸克-强子激发和中间玻色子激发。

缺陷包围的局域真空区域可以有不同的对称性和内禀拓扑？与夸克、轻子三代的内禀量子数有关?

3. 黑洞和粒子的空间尺度(质量)由等效引力耦合强度确定

无论黑洞或粒子(如电子)，其空间尺度(或质量)都不能确定，需要由包含耦合强度 G 的类引力场方程和质量分布决定。对于简单的质量分布，如常数分布($\rho = \text{constant}$)、球对称分布或球壳分布，质量分布可用几何量和质量表示，而量子论又把几何长度和动量(质量)联系起来。因此，耦合强度就可以确定基本粒子的空间尺度和质量，如普朗克子大小完全由 G 确定，电子大小完全由等效引力强

① 写于 2011 年 11 月 27 日。

度 $G_e = \frac{e^2}{m_e^2}$ 决定。

剩下的问题是，等效耦合强度由什么决定？

描述真空背景基本属性的三个量($c,\hbar,G$)已完全决定了真空背景的基本组成单元——普朗克子的性质，真空的其他什么属性与参数确定电子和质子的属性和质量？有限真空的两种结构(面心立方体和六角密集体)有能量差，电子和质子的局域受限真空缺陷的激发态与此有关？或者与缺陷中的多体激发态有关？(2011.11.30)

4. 粒子激发与真空缺陷

天体黑洞激发和微观电子激发，都在真空中造成缺陷，因而产生卡西米尔效应。质子也可能如此，而且还有多体效应。以光速运动的无质量粒子(光子、引力子、中微子)是背景的类声子激发而不形成静态局域缺陷(只破坏真空平移对称性)，有质量粒子的激发都形成真空局域缺陷？按晶体物理学，缺陷运动服从相对论质量公式(光速是真空介质的声速)，支持有静质量粒子是真空缺陷激发的论点。

第9章　相对论和量子论物质基础问题

9.1　量子论和相对论的物质基础[①]

1. 问题

为什么粒子能量与频率成正比？
为什么粒子动量与波矢成正比？
为什么比例系数是最小作用量 h？
为什么粒子的时空属性和运动学是相对论性的？

2. 思考与讨论

只有波动的传播才同时具有频率与波矢。而波动发生在真空介质之中。真空中超长波(超低能)的波动激发，是大量普朗克子参与的、振幅极其微小的谐振动激发。因此，波动的量子化是弹性介质中谐振波的量子化。

谐振波的能量与频率成正比，比例系数是作用量 I ： $E = I\omega = \hbar\omega$ 。

如果粒子运动是波动，是运动传播的谐振波，则粒子波除粒子的能量和动量外，还应有波的频率和波长。

以光速运动前进的、有能量 E 的谐振波自然有惯性质量 $M = E/c^2$ ，因而有动量 $\vec{P} = M\vec{c} = \vec{k}\hbar$ ($P = E/c$)。谐振波波矢 $\vec{k}$ 确定波的动量方向。这就是辐射粒子的相对论能量-动量关系和德布罗意量子化关系。

3. 具体讨论

对于静态谐振波构型：$r = r_0 \sin 2\pi\dfrac{x}{\lambda}$ ，能量等于一个波长内的势能：$E = \dfrac{1}{2}Kr_0^2$ 。

对于在介质中以光速 c 传播的谐振波的一个动能-势能贡献相等的模型，则有

---

① 写于2015年12月30日，2017年2月23日，2017年11月19日。

$$E=\frac{1}{2}\left(mc^2+Kr^2\right)=mc^2=Kr^2 \text{(谐振波动能}\frac{1}{2}mc^2\text{等于势能}\frac{1}{2}Kr^2\text{)}$$

得相对论质能关系：$E=mc^2$。

对于谐振波，能量与频率成正比：$E=\hbar\omega$，能量除以传播速度平方即质量：$m=\hbar\omega/c^2$，质量乘以传播速度即动量：$P=mc=\hbar v/c=\hbar k$，波矢量：$k=2\pi v/c=\omega/c$。这就是普朗克子真空辐射型激发的完整的德布罗意量子化关系和相对论色散关系：$E=mc^2$，$P=mc$，$E^2=P^2c^2$。

下面再用一个模型，在普朗克子真空中计算、阐述上面思考和讨论的论点。

谐振辐射波的波长-振幅关系：谐振辐射波也可能是普朗克子真空中一个波长的弹性位移以光速的传播，传播涉及振幅运动中的动能与势能。波的能量为谐振子势能与动能之和。波的能量与波长和振幅的关系估计如下：

谐振波模型哈密顿量，

$$H=E=\frac{1}{2}\left(m(r)c^2+Kr^2\right)$$

若动能势能贡献相等，则有

$$K/m(r)=\omega^2(r)=c^2/r^2\text{，}\quad r\omega(r)=c\text{，}\quad m(r)=K/\omega^2(r)=Kr^2/c^2$$

对波的构型，

$$r(x)=r_0\sin\frac{2\pi x}{\lambda}$$

则有

$$m_0=m\left(r_0\right)=K/\omega_0^2=Kr_0^2/c^2\text{，}\quad \omega_0=\omega\left(r_0\right)=c/r_0$$

若谐振能量量子化

$$E_0=m_0c^2=Kr_0^2=I_0\omega_0\text{，}\quad I_0=r_0m_0c=Kr_0^3/c=\hbar$$

则谐振弹性系数与振幅有关，

$$K=c\hbar/r_0^3$$

与普朗克子球的弹性系数一致：

$$K_{\mathrm{P}}=\frac{2e_{\mathrm{P}}}{r_{\mathrm{P}}^2}=\frac{c\hbar}{r_{\mathrm{P}}^3}$$

即作用量 I_0 最小且等于普朗克常数 $\hbar$，要求弹性系数与振幅所张体积成反比。振幅越小弹性系数越大，普朗克子弹性系数是最大极限。$K=c\hbar/r_0^3$ 的上述模型适合谐振产生粒子波质量的过程。

也可用 K 等于常数的上述模型描述一个能量为 m_0c^2 、振幅为 r_0 、波长为 λ 、频率为 $\omega(\lambda)=2\pi c/\lambda$ 以光速传播的波。弹性系数 K 是常数使得波长与振幅之间存在一定关系，由下面计算给出。

粒子波的零点能量是一个波长的能量，等于一个波长内的平均动能，

$$\frac{c^2}{2\lambda}\int_0^\lambda m(x)\mathrm{d}x=\frac{1}{2\lambda}\int_0^\lambda Kr^2(x)\mathrm{d}x=\frac{Kr_0^2}{2\lambda}\int_0^\lambda \sin^2\frac{2\pi x}{\lambda}\mathrm{d}x=\frac{Kr_0^2}{4}=\frac{m_0c^2}{4}$$

和平均弹性势能，

$$\frac{1}{2\lambda}\int_0^\lambda Kr^2\mathrm{d}x=\frac{Kr_0^2}{2\lambda}\int_0^\lambda \sin^2\frac{2\pi x}{\lambda}\mathrm{d}x=\frac{Kr_0^2}{4}$$

二者之和为零点能，可写作

$$E_0=\frac{1}{2}Kr_0^2=\frac{1}{2}\frac{\lambda}{2\pi}\times Kr_0^2/c\times\frac{2\pi c}{\lambda}=\frac{1}{2}I_0\omega(\lambda)\text{，}\quad \omega(\lambda)=2\pi c/\lambda$$

激发能

$$E=2E_0=Kr_0^2=m_0c^2=I_0\omega(\lambda)$$

$$I_0=r_\lambda m_0c=r_\lambda Kr_0^2/c=r_\lambda m_0c=r_\lambda\frac{E}{c}=\frac{\lambda}{2\pi}\times\frac{2\pi}{\lambda}c\hbar=\hbar$$

$$r_\lambda=\lambda/2\pi\text{，}\quad k=2\pi/\lambda\text{，}\quad K=\hbar\omega(\lambda)/r_0^2$$

谐振波能量与作用量 I_0 成正比。对普朗克子，半径最小，作用量最小：

$$r_0=r_{\mathrm{P}}\text{，}\quad I_0=\hbar$$

因而有

$$E=m_0c^2=Kr_0^2=ck\hbar\text{，}\quad p=e/c=m_0c=k\hbar$$

$$H=E=\frac{1}{2}Kr_0^2=\frac{1}{2}\times 2\pi c\hbar/\lambda=\frac{1}{2}\hbar\omega(\lambda)$$

由上式，得一般谐振波的波长-振幅关系：K 为常数导致振幅依赖波长，$r_0^2=2\pi\hbar c/K\lambda$ ，$r_0(\lambda)=(2\pi\hbar c/K\lambda)^{1/2}$ (波长越大振幅越小)。

谐振波波长与振幅的关系：

$$1/\lambda=\frac{K}{2\pi\hbar c}r_0^2\text{，}\quad r_0=\left(\frac{2\pi\hbar c}{K\lambda}\right)^{1/2}\sim 10^{-49}\left(\frac{1}{\lambda}\right)^{1/2}\mathrm{cm}$$

上式用了 $K=K_{\mathrm{P}}$ (K_{P} ，普朗克子晶体弹性系数)。对能量1GeV的伽马射线，波长为 $\lambda\sim 10^{-13}\mathrm{cm}$ ，振幅为 $r_{\mathrm{gev}}\sim 10^{-49}\left(\frac{1}{\lambda_{\mathrm{gev}}}\right)^{1/2}\mathrm{cm}\sim 10^{-42}\mathrm{cm}\sim 10^{-29}\lambda$ ，$r_{\mathrm{ge}}/\lambda_{\mathrm{gev}}\sim 10^{-29}$ 。

对普朗克子谐振波，

$$\lambda_P = 4\pi r_P \text{，} \quad r_0 = r_P \text{，} \quad \frac{2\pi\hbar c}{K} = r_P^3 = \left(\frac{G\hbar}{c^3}\right)^{3/2}$$

$$\frac{2\pi\hbar c}{r_P^3} = 2\pi\hbar c \Bigg/ \left(\frac{Gh}{c^3}\right)^{3/2} = K \sim 10^{82}\,\mathrm{g/(cm^3 \cdot s^3)} \sim 10^{82}\,\mathrm{erg/cm^2}$$

由 $r_{ge}/\lambda_{gov} \sim 10^{-29}$，可见普朗克子真空中，基本粒子型的辐射波或定域束缚辐射波激发的振幅是极其微小的微振波，谐振近似是极好的近似。

一般地，如果粒子是某种介质的极其微小的位移激发，则可用谐振近似，运动为谐振波；如果介质由普朗克子晶体构成，晶胞的最小作用量为 $I = \hbar/2$，则可以如下解释德布罗意量子化：**辐射粒子是普朗克子真空的微振幅谐振波激发，而普朗克子真空晶体存在的最小作用量，导致辐射粒子波按德布罗意关系量子化：**

$$E = h\nu = \hbar\omega \text{，} \quad P = \hbar k$$

量子力学的随机性来自普朗克子的高斯随机涨落。因此，量子论规律扎根于存在高斯型随机涨落的普朗克子量子真空。可以论证：狭义相对论来自普朗克子真空的位错型或孤子型激发的尺缩、钟慢效应和光速对钟约定确定的同时性。因此，普朗克子真空是量子论和相对论的物质基础：①有静质量的基本粒子是普朗克子真空的位错型或孤子型激发，无静质量的基本粒子是普朗克子真空的微振辐射型激发，这导致粒子运动的相对论运动学和动力学，以及洛伦兹变换；②基本粒子是普朗克子真空的微振幅谐振波激发或被定域束缚的辐射子驻波，这导致粒子能量和动量的德布罗意关系和作用量的最小单位 $\hbar$。

4. 上述讨论的扩充，小结如下

1) 辐射波量子：$m = 0$

辐射谐振波是微振波，满足线性近似。

辐射谐振波是自由波，有确定的波矢 k 和频率 ω。

辐射谐振波具有时空周期性：空间周期性为 $kx = 2n\pi$，时间周期性为 $\omega t = 2n\pi$。

辐射谐振波周期性导致离散性、粒子性，具有能量 e、质量 m、动量 p。

辐射谐振波能量与频率成正比 $e = I\omega$，比例常数 I 是作用量，是普适关系。

把辐射波能量-频率普适关系用于普朗克子 $e_P = I\omega_P = \hbar\omega_P$，得 $I = \hbar$。

一般微振幅辐射子有能量关系：$e = \hbar\omega$。因辐射子有 $p = e/c$，$k = \omega/c$，故有动量-波矢关系：$p = \hbar k$。由此得辐射子的德布罗意量子化关系：

$$e = \hbar\omega \text{，} \quad p = \hbar k$$

和辐射子的相对论色散关系：

$$e = cp\ ,\quad e^2 = c^2 p^2\ ,\quad e^2 - c^2 p^2 = m_0^2 c^4 = 0\ ,\quad m_0=0$$

2) 定域束缚辐射驻波($m_0 \neq 0$的粒子波)

定域束缚辐射波的能量e_0等于定域束缚辐射波能量对矢量幅分布的积分：

$$e_0 = \int_0^\infty e_0(\vec{k}) f(\vec{k}) \mathrm{d}\vec{k}$$

定域束缚辐射波的质量等于定域束缚辐射波质量对矢量幅分布的平均：

$$m_0 = e_0 / c^2 = \int_0^\infty e_0(\vec{k}) / c^2 f(\vec{k}) \mathrm{d}\vec{k}$$

因为上述e_0和m_0与其波矢分布积分之间是线性关系，积分是线性运算，所以$e_0 = m_0 c^2$。康普顿波长$\lambda_0 = \hbar / m_0 c$是定域束缚辐射波长对波矢分布的平均，即波的定域尺度(粒子空间尺度)：

$$\frac{1}{\lambda_0} = m_0 c / \hbar = \int_0^\infty e_0(\vec{k}) / \hbar c f(\vec{k}) \mathrm{d}\vec{k} = \int_0^\infty \frac{1}{\lambda_0(k)} f(\vec{k}) \mathrm{d}\vec{k}$$

当粒子运动时有相对论能-动矢量关系和色散关系：

$$e = mc^2\ ,\quad p = mv\ ,\quad m = m_0 \Big/ \sqrt{1 - \left(\frac{v}{c}\right)^2}$$

$$e^2 = m^2 c^4 + c^2 p^2$$

和定域束缚辐射粒子的德布罗意量子化关系：

$$e = \int_0^\infty e(\vec{k}) f(\vec{k}) \mathrm{d}\vec{k} = \hbar \int_0^\infty e(\vec{k}) / \hbar f(\vec{k}) \mathrm{d}k = \hbar\omega\ ,\quad e = \hbar\omega$$

$$p = \int_0^\infty p(\vec{k}) f(\vec{k}) \mathrm{d}\vec{k} = \hbar \int_0^\infty p(\vec{k}) / \hbar f(\vec{k}) \mathrm{d}\vec{k} = \hbar k\ ,\quad p = \hbar k$$

5. 转载 2016 年 3 月 20 日“关于引力波探测的杂想”中与上述议论相关的一段如下

真空背景中物质激发量子的几何量频率-波矢与物理量能量-动量的关系：类似固体物理中形变-扭曲的应变张量几何量与应力张量物理量之间存在本构关系，量子论中量子波的波矢-频率几何量与动量-能量物理量之间存在德布罗意量子化关系。如何把两种关系统一起来，揭示前一类宏观量经典关系与后一类微观量量子关系之间的联系？回答：真空凝聚体微振幅激发态的谐振近似(凝聚体应变-应力的线性近似)，导致频率-能量和波矢-动量之间的线性关系，其比例系数为作用量；真空普朗克子这种特定介质，产生的作用量就是当今特定的普朗克常数。无静质量激发量子的能量-动量相对论性的本构关系 $E=h\nu$ 和 $p=E/c=\hbar k$，就是量子化的德布罗意关系，是普朗克子真空凝聚体微观本构关系的谐振线性近似。因此，真空凝聚体的谐振近似和相对论属性是德布罗意量子化关系的物质基础。量子涨落的随机属性，则来自真空普朗克子的量子涨落属性。简言之：真空普朗克子介质的平稳属性和谐振运动，导致量子运动德布罗意关系；真空普朗克子介质晶包的高斯涨落属性，导致量子涨落随机性，把决定论性与或然性联系起来；谐振周期运动通过德布罗意关系和普朗克常数使波动性具有粒子性，把或然性的波动性与决定论的粒子性联系起来，决定论的粒子变成或然性的波。

希望上述思考、讨论和模型计算，有助于理解相对论和量子论的物质基础。

9.2　关于量子相干、量子纠缠与真空量子涨落关联

9.2.1　量子涨落真空中的自由粒子的运动

1. 量子涨落真空中自由粒子的量子运动

存在三种自由粒子的量子运动和伴随它们的三种局域量子涨落：

(1) 保持动量、能量、自旋等真空对称性允许的物理量守恒的量子运动(本征量子态，守恒量为真空对称性所保障)：

$$\psi_{\bar{p}}\,,\quad \psi_E\,,\quad \psi_{sm}$$

(2) 保持叠加态和相应的物理量平均值守恒的量子运动(非本正态，是否要求破坏真空对称性的实验条件？)

$$\psi=c_1\psi_{p_1}+c_2\psi_{p_2}\,,\quad \psi=c_1\psi_{E_1}+c_2\psi_{E_2}\,,\quad \psi=c_1\psi_{sm_1}+c_2\psi_{sm_2}$$

(3) 保持纠缠态和相应的物理量守恒的量子运动(是否要求相应的实验条件？)

$$\psi=c_1\left|\uparrow\uparrow\right\rangle+c_2\left|\downarrow\downarrow\right\rangle+\cdots$$

上述三种量子运动都是量子力学原理所允许的。

如何在理论原理上和实验技术上在宏观的时空尺度上实现上述三种量子运动？

在上述三种运动中，粒子周围的局域量子涨落的特征，这种局域真空量子涨落和粒子之间是如何相互作用、如何使上述三种量子运动得以实现？上述三种运动中物理守恒量如何约束局域量子涨落、造成局域量子涨落之间的关联？能否在宏观尺度上实现上述量子运动？

2. 实验和探测

(1) 通过具有动量、能量、自旋等守恒物理量的本征算符操作功能的物理仪器(量子力学实验中的物理仪器，都具有特定的、体现物理量的数学算符操作的物理

实现的功能),实现粒子的量子运动的本征态，它们是真空对称性所允许的。

(2) 测量动量、能量、自旋等物理守恒量。这时，破坏动量、能量、自旋等物理量守恒的量子涨落被仪器完全抑制，从而保证动量、能量、自旋等物理量严格守恒。使用相应的动量、能量探测器或自旋-偏振探测器，完成对粒子动量、能量、自旋等的测量，就可以证实粒子在自由运动中动量、能量、自旋等物理量守恒。

(3) 如何在真空中产生一个粒子的动量、能量、自旋等非本征的叠加态？如何在产生后，通过测量知道这些态是多分量叠加态的？每一个分量的动量、能量、自旋等具有不同的值，并按照叠加系数确定这些分量出现的概率，这些分量及其物理量是涨落的，涨落又如何受平均守恒物理量的约束？两个频率(动量、能量)不同、偏振方向不同的单光子(而不是光子束)，同时从半透明波片两侧 45°入射，出射和反射的双光子态就是动量、能量、偏振的叠加态吗？

(4) 建立两粒子纠缠态：$\psi = c_1\left|\uparrow\uparrow\right\rangle + c_2\left|\downarrow\downarrow\right\rangle$，伴随粒子 1、2 的局域量子涨落必须是关联的，才能保证二粒子纠缠态总体物理量(平均值)守恒？

9.2.2 两粒子系统和两组分系统

1. 自旋系统单态

$$\chi_{00} = \frac{1}{\sqrt{2}}\left(\left|\uparrow\downarrow\right\rangle - \left|\downarrow\uparrow\right\rangle\right),\quad s=0,\quad m_s=0 \tag{9.1}$$

当该系统处于微观尺度、两粒子存在相互作用时，每个粒子的自旋状态是不确定的，并按如下方式关联(纠缠)的：当第一个粒子自旋向上时，第二个粒子自旋向下；当第一个粒子自旋向下时，第二个粒子自旋向上；两种方式概率相等。

问题：

(1) 当两个粒子分离到宏观尺度时，每个粒子的自旋状态是确定的还是不确定的？有两种情况：

① 如果像微观尺度那样，每个粒子的自旋状态仍然是不确定的，它们是否仍然像式(9.1)那样关联和纠缠？这时，纠缠来自什么？是真空的同步性量子涨落关联引起的吗？

② 如果每个粒子的自旋状态是确定的，则自旋波函数只有一项(第一项或第二项)，不能再写成式(9.1)的形式，这时两粒子量子态塌缩，纠缠丧失，自旋单态破坏，成为单态和三态的叠加，

$$\left|\uparrow\downarrow\right\rangle = \frac{1}{\sqrt{2}}\left(\chi_{10} + \chi_{00}\right),\ 或\left|\downarrow\uparrow\right\rangle = \frac{1}{\sqrt{2}}\left(\chi_{10} - \chi_{00}\right) \tag{9.2}$$

两粒子系统角动量不再守恒(取值 0 或 1)。两粒子自然的分离(对二粒子系统出现一个特殊方向——分离方向)竟然破坏角动量守恒！这可能吗？因此，只能是情况①？这是宏观尺度上的态要成为量子态并保持守恒定律所要求的？

(2) 能否用 Bell 定理分析上述实验，严格从理论上证明只能出现情况①，然后再用实验证实理论分析的正确性?

(3) 空间坐标波函数起什么作用?

对费米子系统：总的波函数

$$\Psi(12) = \chi_{00}(12)\psi(\vec{r})$$

自旋波函数反对称，空间坐标波函数必须对称：

$$\psi(\vec{r}) = \frac{1}{\sqrt{2}(2\pi\hbar)^{3/2}}\left(e^{i\vec{k}\cdot\vec{r}} + e^{-i\vec{k}\cdot\vec{r}}\right) = \frac{\sqrt{2}}{(2\pi\hbar)^{3/2}}\cos\vec{k}\cdot\vec{r}$$

相对坐标：$\vec{r} = \vec{r}_1 - \vec{r}_2$，交换 1, 2, $\vec{r} \to -\vec{r}$，在质心系质心坐标：$\vec{R} = (\vec{r}_1 + \vec{r}_2)/2 = 0$，能否记录到空间波函数的干涉效应: 出现 $\cos\vec{k}\cdot\vec{r}$ 产生的分布(如全息记录一样)?

(4) 自由运动的单个电子，其自旋状态如何，$|sm_s\rangle$=? 从电子枪发射一个自由电子，或从两粒子的自旋单态系统射出的一个自由电子，其自旋状态如何，$|sm_s\rangle$=? 其共同点是 m_s 不确定? 其不同点是：前者的自旋状态与发射该电子的电子枪的自旋态制备机制有关，而后者的自旋状态与另一电子的自旋态相关联。

(5) 自由运动的单个电子，通过有限的 z-向磁场区域，其自旋状态如何变化? 在磁场区 m_s 是确定的，通过 z-向磁场区以后，也确定吗?

(6) 从自旋单态射出的两个自由电子，其自旋状态的关联与纠缠，是塌缩性衰变态造成的确定性同步的关联，还是追随每个粒子的局域真空量子涨落的同步性量子涨落关联造成的自旋状态的关联与纠缠? 塌缩性衰变的确定性同步造成的关联要求每个电子的自旋状态是确定的，局域真空量子涨落同步性关联造成的自旋状态的纠缠要求每个电子的自旋状态是涨落的和不确定的。

(7) 真空量子涨落如何影响自由运动的粒子? 真空量子涨落只在相互作用的过程中、在微观尺度、在微观粒子的制备或测量过程中才起作用? 还是在粒子的自由运动中也存在着，也起作用?

(8) 宏观量子态中、被宏观距离分开的两个粒子是如何实现量子纠缠与关联的?

(9) 非定态演化的物理意义：什么叫非定态和非定态演化?

① 方式一：

仪器 H_0 产生 H 的非定态初始态 ψ_0：$H_0\psi_0 = E_0\psi_0$

仪器 H 演化初始态 ψ_0：$i\hbar\dfrac{\partial\psi(t)}{\partial t} = H\psi(t)$，$\psi(t{=}0) = \psi_0$

二者的关系：H_0 的本征谱：$H_0\psi_n = E_n\psi_n$，$H_0 \neq H$

H 的本征谱：$H\Psi_n = \varepsilon_n\Psi_n$

二者的关系：$\psi(t=0)=\psi_0=\sum_n C_n\Psi_n$

ψ_0按H时间演化：$\psi(t)=\mathrm{e}^{\mathrm{i}Ht/\hbar}\psi_0=\sum_n C_n\mathrm{e}^{\mathrm{i}E_nt/\hbar}\Psi_n$

这一方式的演化分两步：

H的非定态的初始态是H的本征态的叠加态：

$$\psi(t=0)=\psi_0=\sum_n C_n\Psi_n$$

H的非定态演化是对H的本征态的叠加态的时间演化

$$\psi(t)=\mathrm{e}^{\mathrm{i}Ht/\hbar}\psi_0=\sum_n C_n\mathrm{e}^{\mathrm{i}E_nt/\hbar}\Psi_n$$

方式一只是制备和演化非定态的一种方式。

② 方式二：

也可以先制造一系列H的时间演化的本征定态$\mathrm{e}^{\mathrm{i}E_tt/\hbar}\Psi_n$，然后按一定概率$C_n$把它们叠加起来：$\psi(t)=\mathrm{e}^{\mathrm{i}Ht/\hbar}\psi_0=\sum_n C_n\mathrm{e}^{\mathrm{i}E_kt/\hbar}\Psi_n$(像光学态叠加一样)。这种方式物理上可行吗?

(10) 被测试态和测试过程：

被测试态：是某一态的制备装置$\hat{O}_\mathrm{p}$产生的态ψ_p。

测试过程：让ψ_p通过测试装置$\hat{O}_\mathrm{t}$，对ψ_p进行的按$\hat{O}_\mathrm{t}$的本征谱Ψ_n的分解：

$$\psi_\mathrm{p}=\sum_n C_n\Psi_n$$

从ψ_p通过$\hat{O}_\mathrm{t}$后出现Ψ_n的频率$v_n\left(\hat{O}_\mathrm{t}\right)$：$\Psi_n\to v_n\left(\hat{O}_\mathrm{t}\right)$，确定$\left|C_n^2\right|=v_n\left(\hat{O}_1\right)$。再用别的办法(如先把$\psi_\mathrm{p}$分成两列波，然后再让它们在$\hat{O}_\mathrm{t}$装置中相互干涉)确定$C_n$的相位。

2. 两束激光的纠缠与关联

(1) 激光光子数涨落-能量涨落，是激光发生器产生的，还是激光束离开激光发生器后，在空间自由运动时真空量子涨落造成的？如果是后者，则表明激光在真空中传播时能量有涨落、不守恒。因此，激光光子数涨落-能量涨落，可能是激光发生器产生的。

(2) 在激光分束器上产生的沿不同方向传播的两束激光，每一束激光的光子数的涨落，是发生在分束器上，还是在分束后自由传播时还存在涨落？答案与问题(1)类似。

(3) 两束激光的纠缠与关联是确定性同步关联引起的(这时每束激光的光子数

涨落，具有光子数同步对应的关联性)，还是真空量子涨落同步性关联引起的(这时每束激光具有真空量子涨落引起的光子数涨落，而且这种涨落具有能量守恒律监督下的同步性)?

3. 双光子系统自旋或极化状态的纠缠与关联

存在类似的问题：双光子宏观尺度下的量子态的纠缠和关联的物理意义和根源：是每个光子自旋或极化状态的确定性同步引起的，还是真空量子涨落同步引起的？每个光子的自旋或极化状态是什么？它们是如何发生纠缠和关联的？

9.2.3　概率波态叠加原理的物理真实性问题(2010.05.06—07)

(1) 概率波态叠加原理的物理涵义：概率幅叠加波的每一项的物理存在性和物理真实性。

(2) 一个粒子态叠加的物理解释：$\psi = a\left|\uparrow\right\rangle + b\left|\downarrow\right\rangle$。

在不存在磁场的空间中，这个粒子的自旋状态可以不停地改变吗？或者，只能做到，测量这个粒子态的物理设备，以概率$|a|^2$测得自旋向上态，以概率$\gg |b|^2$测得自旋向下态？这个物理设备以概率波(振幅叠加相干)的形式，而不是经典概率且无相干的形式产生两个自旋态。Stern-Glach 磁场把自旋 1/2 的粒子分成自旋状态不同的两束；走出磁场后，这两束粒子仍保持原来在磁场中的自旋状态吗？

概率波态叠加最神秘之处是概率波振幅相干。如果，以概率振幅出现的叠加项，在物理上不能同时存在，它们如何实现相干？相干要求两列相干波在物理上、在时空同时出现？相干是粒子波本身的性质，还是荷载粒子波的涨落真空的性质？

(3) 偏振光实验(2010.05.06)：两个相互垂直的相随的偏振片，会完全阻止光子通过。这表明，经过第一个偏振片后的光子，在向第二偏振片前进的自由空间运行时，具有确定的偏振方向(态)，因而不能通过第二个偏振片。类似地，通过 Stern-Galch 磁场的自旋 1/2 粒子在自由空间运行时，具有确定的自旋方向(态)。

旋光实验(2010.05.15)：在一个左旋透光镜介质后面一定距离，放一个右旋透光镜介质，如果旋光不能依次通过二者，则表明透过第一个介质后的光子，其自旋螺旋性是确定的；如果旋光能以一定概率通过二者，则表明透过第一个介质后的光子，其自旋螺旋性是不确定的。

自旋电子学实验(2010.05.08)：代替 Stern-Glach 磁场实验，可否串联两个自旋电子学结(一个结只让自旋向上电子通过，另一个结只让自旋向下电子通过)，判断电流中的传导电子其自旋状态是否确定：如果电子只能通过一个自旋结，则它们作为电流自由运动时自旋是确定的，如果电子能以一定(如 1/2)概率通过两个自旋结，则它们作为电流自由运动时自旋是不确定的。

(4) 问题：自旋 1/2 的二费米系统，$\psi(12)=\left|\uparrow\uparrow\right\rangle$ 是物理上存在的自旋 $\hat{S}^2,\hat{S}_z$ 本征态，而 $\psi(12)=\left|\uparrow\downarrow\right\rangle$ 不是物理上存在的自旋 $\hat{S}^2,\hat{S}_z$ 本征态，而是自旋三态与单态的叠加，它们都可以自由存在吗？

$\psi(12)=\left|\uparrow\downarrow\right\rangle$ 作为无角动量耦合的态是两个粒子自旋本征态的直积。无角动量耦合的测量：分别把粒子 1、2 变成各自的 $\hat{S}^2,\hat{S}_z$ ($S=1/2,S_z=\pm 1/2$)的本征态，对角动量耦合的态而言，该态是两个粒子总自旋本征态的叠加。有角动量耦合的测量：把粒子 1、2 作为整体自旋变成 $\hat{S}^2,\hat{S}_z$ ($S=0,1,S_z=0$)的本征态。对 $\psi(12)=\left|\uparrow\downarrow\right\rangle$ 两种不同的测量，得出两种不同的结果。角动量耦合的物理机制是什么？是测量仪器完成耦合，是粒子之间相互作用，还是空间各向同性的背景与粒子的耦合？

(5) 纠缠虽然是多粒子(组分)系统的量子行为，但态叠加原理起了本质的作用；可以说，没有态叠加就没有纠缠。而多粒子概率波叠加原理的物理内涵是量子纠缠最神秘之处。叠加是波的特征，以叠加态各分量的同时物理存在为前提吗？概率波的叠加，各分量仅以概率存在，并非同时物理存在，如何实现各分量同时存在才能发生的叠加？是荷载粒子波的量子真空在起作用？

(6) 在自由空间存在 $\psi(12)=\left|\uparrow\uparrow\right\rangle$ ($S=1,S_z=1$)和 $\psi(12)=\left|\downarrow\downarrow\right\rangle$ ($S=1,S_z=-1$)的态，因为作为每个粒子和作为两粒子系统，它们都是角动量的本征态，因而与真空背景的各向同性对称性相容。而 $\psi(12)=\left|\uparrow\downarrow\right\rangle$ 只能作为无相互作用的两粒子直积态，才与真空背景的各向同性对称性相容，但不能作为总角动量的本征态而存在，因为它不与真空背景的各向同性对称性相容(该态的总 S 不守恒，是 $S=1$ 态和 $S=0$ 态的叠加)。

(7) 在自由空间微观尺度内存在角动量耦合态 $\psi(12)=\frac{1}{\sqrt{2}}(\left|\uparrow\downarrow\right\rangle\pm\left|\downarrow\uparrow\right\rangle)$ 。按照前面的分析，当该系统中的两个粒子分离(裂)时，这个态不能保持原样，只能按 1/2 概率变成(塌缩成)无耦合的 $\psi(12)=\left|\uparrow\downarrow\right\rangle$ 态或 $\psi(12)=\left|\downarrow\uparrow\right\rangle$ 态，因为只有这样的态才与真空背景的空间各向同性相容(每个粒子才保持各自的 $\hat{S}^2,\hat{S}_z$ 守恒)。是什么东西，是分离方向破坏了空间各向同性，或是真空角动量量子涨落使分离态总角动量变得不确定，破坏了总角动量守恒？ $S_z=0$ 守恒导致两个粒子自旋态的纠缠，分离后的态以 S 不守恒(涨落)为代价。$\psi(12)=\frac{1}{\sqrt{2}}(\left|\uparrow\downarrow\right\rangle\pm\left|\downarrow\uparrow\right\rangle)$ 态作为系统在微观区域的纠缠，是靠保持总角动量守恒的真空量子涨落(角动量量子交换)来实现的。

量子涨落在一个涨落的平均波长的范围内起作用：$p\lambda=h$ 。普朗克常数既规定了动量-波长，又限定了动量-波长的量子涨落。保持波的稳定性和限定波的涨落的机制是什么？

考虑动量和自旋反向的二电子系统的反对称化波函数：

自旋单态：$\Psi_{P=0,S=0}(12)=\frac{1}{2}\left[\mathrm{e}^{\mathrm{i}\vec{p}(\vec{r}_1-\vec{r}_2)}+\mathrm{e}^{-\mathrm{i}\vec{p}(\vec{r}_1-\vec{r}_2)}\right](|\uparrow\downarrow\rangle-|\downarrow\uparrow\rangle)$

自旋三态：$\Psi_{P=0,S=0,\mu=0}(12)=\frac{1}{2}\left[\mathrm{e}^{\mathrm{i}\vec{p}(\vec{r}_1-\vec{r}_2)}-\mathrm{e}^{-\mathrm{i}\vec{p}(\vec{r}_1-\vec{r}_2)}\right](|\uparrow\downarrow\rangle+|\downarrow\uparrow\rangle)$

当这两个电子彼此分离很远时，每个粒子周围的真空是各向同性的，它们的空间波函数和自旋波函数的原有的对称性和总自旋守恒均破坏了。分离运动本身引进什么物理因素去破坏这些对称性？ 两个静止的自由电子的自旋态$|\uparrow\rangle|\uparrow\rangle$($|\downarrow\rangle|\downarrow\rangle$)中，每一个电子的自旋都守恒，两个电子作为一个系统总自旋也守恒。两个静止的自由电子的自旋态$|\uparrow\rangle|\downarrow\rangle$中，每一个电子的自旋都守恒，但两个电子作为一个系统的总自旋却不守恒。什么东西使原来彼此独立的二粒子成为相互关联不再独立的总体？是相互作用还是具有对称性约束的真空量子涨落？自旋态$|\uparrow\rangle|\downarrow\rangle$特殊，全同性使它们可成为两个自旋态的叠加，即自旋单态和三态的叠加，因而总自旋不守恒。二费米子自旋单态或三态的稳定存在，需要保持角动量守恒的真空量子涨落的有效性和全同性实现的条件(二者一起构成费米子自旋量子态实现的条件)。量子系统的定义包含系统量子态实现的条件。(2010.07.09)

9.2.4　电子双缝干涉-概率波相干性物理内涵

电子动量对应的波长λ_p，是真空量子涨落对波动起作用的最大空间尺度。当双缝距离小于λ_p时，真空量子涨落的空间尺度包含双缝，经过双缝的电子波产生相干的概率波分量叠加，真空量子涨落在双缝之间产生真空背景场的相干扰动，引导粒子通过双缝后的波动，在屏上形成干涉图样。当双缝距离大于λ_p时，真空量子涨落不能在双缝之间产生相干扰动波，到达一个缝的电子其附近的真空量子涨落只能产生单电子扰动，形成单缝衍射，多次试验导致两个分离的单缝衍射图案。

粒子作为波，对距离小于等于其波长的两个小缝而言，问它作为粒子波从哪个缝通过而继续传播已失去意义，因为这时的真空量子涨落对两个缝而言，其物理扰动效应已成为一个整体。因为，粒子波只能定位到一个波长，对距离小于等于其波长的两个小缝而言，它们的位置是等同的，粒子波通过任何一个小缝都会受到另一个小缝扰动的影响，其结果都是一样的。要理解这个机制，必须首先搞清楚粒子波在真空背景中怎么形成、怎么传播。

粒子波的形成，与真空背景作为连续介质，存在着波动形式的量子涨落密切相关(量子涨落是随机波的涨落，2010.05.08)。运动粒子的非相对论性粒子-波动对应 $p = mv = k\hbar = h/\lambda$ ，$E = mv^2/2 = h\nu$ 表明：粒子波的波长 λ 和频率 ν 由粒子的质量 m 和速度 v 以及量子涨落常数 $\hbar = h/2\pi$ 决定；粒子的静止质量 m_0 和光速 c 决定其康普顿波长 $\lambda_c = h/m_0c$ 和康普顿频率 $\nu_c = m_0c^2/2h$ 。这可由以光速做圆周运动的粒子中的辐射波导出：最小角动量量子为 $(\lambda_c/2)m_0c = h/2$ ，导出频率 $\nu_c = c/2\lambda_c = m_0c^2/2h$ 。推导中假定：圆周直径为康普顿波长 λ_c ，在圆周半径为 $\lambda_c/2$ 的圆周上，光速运动粒子的切线动量为 m_0c ，产生的最小角动量为 $h/2$ ，频率是以光速往返半径一次所需时间的倒数 $\nu_c = 1/(2\lambda_c/c) = c/2\lambda_c$ 。这一图像导致静止粒子的康普顿波长 $\lambda_c = h/m_0c$ 和康普顿频率 $\nu_c = m_0c^2/2h$ (或 $h\nu_c = m_0c^2/2$ 。频率由静止能 m_0c^2 的一半决定，波长 $\lambda_c = h/m_0c$ 由圆周光速运动的动量 m_0c 决定)。(这里是对康普顿波长的一种简化解释。本章第 2 节用“粒子是定域束缚辐射波”的假定，给出了对粒子的静止质量和康普顿波长的另一种解释。)

对运动粒子的非相对论性的粒子-波动对应 $p = mv = k\hbar = h/\lambda$ ， $E = mv^2/2 = \frac{p^2}{2m} = h\nu$ 关系，还没有像上面对静止粒子那样的物理图像。可能要按定域的光速运动的辐射波包来处理：波包的群速度 $v = \frac{\partial E(p)}{\partial p} = p/m$ 决定波长和频率。群速度与波包平均速度有关，使问题复杂化。这需要研究：静止粒子的康普顿波包在获得整体运动速度 v 后，变成什么样的波包？如何从这个波包建立起运动粒子的粒子-波动关系？

运动粒子的量子波动(2010.05.16)：用相对论性波函数的洛伦兹变换，从静止系的康普顿波，得到运动的德布罗意波及其关系式。运动粒子的波长由群速度或相对论动量决定：$\lambda = \frac{h}{p} = \frac{h}{mv}, v = \frac{\partial E(p)}{\partial p} = p/m$ 。静止粒子质量使粒子量子波成为量子波包，康普顿波长决定内部辐射驻波的平均波长即波包的宽度，康普顿频率决定波包内部(内部波)的平均振荡频率。非零质量粒子运动时的量子波动是由波包内部量子波动和外部质心量子波动组成，静止和运动的量子波由洛伦兹变换联系？(见本章第 2 节用“粒子是定域束缚辐射”的假定，对粒子的静止质量和康普顿波长形成的深入解释。)

9.2.5　量子涨落和量子纠缠的时空尺度与整体性(2010.12.02)

真空量子涨落的整体性与量子态的非定域性：真空量子涨落波的整体性、非定域性，导致量子系统的整体性和量子态的非定域性。量子涨落的本质是真空背景波场的随机量子涨落，在波的时空尺度内是非定域的。

微观量子纠缠与量子关联：在量子涨落波作用的时空范围内，量子纠缠和量子关联是一个整体现象。量子纠缠是以多组分系统的波动态的叠加为基础的，多组分系统各组分波的叠加态的整体性即量子纠缠的整体性和非定域性，是由量子涨落波的整体性和非定域性来维持的，并存在于量子涨落的时空尺度内。量子涨落波在其时空尺度内,使多组分量子波系统成为整体,使其波动状态成为整体的、非定域的纠缠态。

微观量子纠缠的塌缩与量子态的宏观关联：由于组分运动造成的宏观分离，使得微观量子涨落波的整体作用不能在宏观分离的各组分之间实现，导致多组分系统各组分量子态的整体性瓦解，叠加态按叠加概率塌缩到各组分状态，使量子纠缠态瓦解，而变成瓦解态的各组分状态之间的量子态却是关联的(宏观分离导致微观量子纠缠瓦解，变成塌缩态各组分量子态之间的关联)。因此，"宏观量子纠缠"的提法不妥，更恰当的说法是：微观量子纠缠瓦解导致的宏观量子态之间的关联。量子纠缠一定存在于量子波涨落作用的时空范围之内，即量子波涨落的平均频率和平均波长确定的时空范围之内。

量子纠缠态瓦解、衰变和守恒定律：多组分系统量子状态的量子整体性的瓦解叫衰变，伴随着某些守恒量(如角动量)的改变，由诱发衰变的环境场提供改变量。

量子态叠加、相干与纠缠的微观和宏观属性。(2011.01.07)

导致量子纠缠和保持守恒律的真空量子涨落之间的关联，如果能维持到宏观空间分离开的两个空间点，就能保持到相应的宏观时间间隔开的两刻。

量子计算基于集成的众多微观量子比特单元之间的量子相干和量子纠缠以及它的量子状态的动力学演化。宏观尺度的时空集成的量子比特器件的工作条件，就是量子态叠加和由此而来的量子相干与量子纠缠，可以存在于集成器件的宏观时空尺度之内的条件。

量子通信则基于多粒子纠缠态的粒子之间的时空宏观分离及其分离态之间的量子关联。

量子运动的本质特征是概率波的态叠加属性：一个粒子的态叠加导致概率波相干，多个粒子系统量子态的叠加导致粒子量子态之间的关联与纠缠。量子概率波态叠加、相干和纠缠的物理基础是：与粒子系统耦合的真空量子涨落，由于受真空和系统的宏观对称性和守恒定律的约束而发生局域量子涨落之间的关联。传统的量子物理假定：这种量子涨落的关联只发生在量子涨落波的平均波长的(微观)尺度。量子通信和大规模量子计算则进一步假定：这种量子涨落的关联可以发生在大大超越一个波长的宏观尺度。通常量子力学的上述假定已受到众多实验检验，因而被证明是正确的，而量子通信和大规模量子计算的上述假定的正确性则需要实验的检验。

9.3　真空量子涨落与温度

9.3.1　涨落的平均能量与等效温度

正则系综和巨正则系综引入温度，代表统计系综的能量涨落的平均值。对于其他统计系综，如高斯分布系综，可以引入等效温度，描述能量的涨落平均值。

温度代表涨落的平均能量，表明涨落具有平均的时间周期。这是温度格林函数理论，把温度与时间周期性联系起来的解析延拓的物理依据。平均能量是一个涨落平均周期内的平均能量。因此，温度代表量子涨落一个平均周期的平均能量。$e/kT = e\beta = (e/\hbar)(\hbar\beta) = \omega\tau(\tau = \hbar\beta = \hbar/kT)$ 对应能量-温度之间 $(e/k\text{-}T)$ 和频率-时间之间 $(\omega = e/h\text{-}\tau)$ 的周期性。对费米子周期为 π，因为自旋半整数波的恢复(要求相位为 2π)要求自旋波在普通球面上转两圈(双覆盖为 2π，故转一圈时相位为 π)；对玻色子周期为 2π，因为自旋整数波的恢复(要求相位为 2π)要求自旋波在普通球面上转一圈(单覆盖，故转一圈时相位为 2π)。这是量子随机波的涨落特性与平均特性的联系。一个涨落周期对真空涨落场的平均，导致涨落波场的平均性质，与平直真空相对应，其对称性导致各种宏观守恒定律。真空量子涨落的周期性导致的统计对称性守恒律就是：费米统计法则和玻色统计法则。正则系综的温度-能量的随机统计周期性与自由平面波能量-时间决定论周期性对应，才导致上述费米统计法则和玻色统计法则的守恒律。其他系综的有效温度，并没有这类对应，因此没有相应的统计法则的守恒律。(2017.11.22)

为了凸显能量-温度空间涨落的周期性，必须从能量-温度空间过渡到频率-时间空间，这有助于理解温度与时间之间的解析延拓。

对极弱的引力激发(如黑洞内的激发)，由于涨落真空环境极其巨大，不会因为真空与激发系统的相互作用而显著改变真空的量子涨落及其等效温度等属性。可以证明：这种系统的定态统计原理，使得上述能量-温度的对应，为正则统计分布律(对理想微观全同性量子系统，则为费米分布或玻色分布)。对于普朗克子作为一个系统的量子零点涨落，其涨落真空环境本身也由普朗克子组成，普朗克子系统和周围的普朗克子环境二者涨落能都相当大，同样可以证明：按定态统计原理，上述随机耦合系统导致普朗克子作为一个系统的涨落统计分布为高斯型的统计分布律而非正则分布(正好与真空零点量子涨落基态具有高斯波函数相对应)。

对于基本粒子形成后，基本粒子附近的真空环境，其涨落可能介乎正则分布和普朗克子高斯分布之间(可能是宽度扩展的高斯分布)。这是导致各种基本粒子相互作用的量子涨落，是需要研究的大课题。

9.3.2　关于真空零点量子涨落与热力学系统绝对零度达到问题

1. 普朗克子密集堆积真空中的零点涨落

普朗克子量子涨落的零点能及其高斯型涨落空间坐标分布谱和动量分布谱是明确的。由普朗克子密集堆积的真空的零点量子涨落的空间坐标谱和动量分布谱应当是真空中填充普朗克子的格点上的普朗克子高斯涨落谱的叠加，具有格点高斯谱构型的平均场的性质。对空间涨落谱分布而言，叠加谱具有普朗克长度的周期性，一个周期内的分布接近一个普朗克子的高斯谱分布而有少许周边普朗克子高斯分布谱叠加贡献的修正。相应地，其傅里叶变换对应的动量涨落谱分布，也接近一个普朗克子的动量空间的高斯谱分布而有少许周边普朗克子高斯分布动量谱叠加贡献的修正。

2. 从真空量子涨落确定空间特定尺度的量子零点涨落

局域空间的特定尺度确定了其中量子涨落波的平均波长长度，从真空量子涨落的动量谱可以确定这个平均波长的平均涨落概率。因此，空间尺度越大，涨落的平均能量越小，涨落的平均周期越大(涨落平均能量与空间尺度成反比 $\bar{E} \sim c\hbar/\lambda$)。原子核尺度的涨落的平均能量，远大于原子尺度的相应量。

如何从真空量子涨落谱确定一定尺度的量子涨落的统计系统可以达到的最低平均等效温度？真空量子涨落允许的一定尺度的真空量子涨落的平均最低等效温度可以以一定概率达到，使得绝对零度不能达到。

9.3.3　不同空间尺度的真空量子涨落[①]

真空量子涨落由于平均叠加，在不同尺度不一样。尺度越大，涨落越弱。

(1) 普朗克子尺度 r_P 球内的真空量子涨落，由普朗克子的高斯波函数给出：

$$g_\mathrm{P}(r) = c_\mathrm{P}\mathrm{e}^{-(r/r_\mathrm{P})^2}, \quad c_\mathrm{P} \sim \frac{3}{4\pi r_\mathrm{P}^3}$$

(以普朗克子球心为原点)

(2) 电子尺度 r_e 球内的真空量子涨落，由普朗克子量子涨落对电子坐标积分给出(计算带平均场的性质)：

① 本小结为尝试性的讨论。

$$g_{\rm e}(r)=c_{\rm e}\int_0^{r_{\rm e}}{\rm d}r_{\rm e}{\rm e}^{-(\vec{r}_{\rm e}-\vec{r})^2/r_{\rm P}^2}=c_{\rm e}\int_{\vec{r}}^{\vec{r}_{\rm e}-\vec{r}}{\rm e}^{-\vec{y}^2/r_{\rm P}^2}{\rm d}\vec{y}$$

$$\int_0^{x_{\rm c}}{\rm d}x_{\rm e}{\rm e}^{-(x_{\rm e}-x)^2/r_{\rm P}^2}=\int_x^{x_{\rm e}-x}{\rm e}^{-y^2/r_{\rm P}^2}{\rm d}y\text{，}\quad c_{\rm e}=\frac{3}{4\pi r_{\rm e}^3}\sim c_{\rm P}\left(\frac{r_{\rm P}}{r_{\rm e}}\right)^3$$

(3) 核子尺度$r_{\rm n}$球内的真空量子涨落，由普朗克子量子涨落对核子坐标积分给出(计算带平均场的性质)：

$$g_{\rm n}(r)=c_{\rm n}\int_0^{r_{\rm n}}{\rm d}\vec{r}_{\rm n}{\rm e}^{-(\overline{y}_{\rm n}-\vec{r})^2/r_{\rm P}^2}=c_{\rm n}\int_{\overline{r}}^{\vec{r}_{\rm n}-\vec{r}}{\rm e}^{-\overline{y}^2/r_{\rm P}^2}{\rm d}\vec{y}\text{，}\quad c_{\rm n}=\frac{3}{4\pi r_{\rm n}^3}\sim c_{\rm P}\left(\frac{r_{\rm P}}{r_{\rm n}}\right)^3$$

第 10 章　真空结构与凝聚态物理问题

10.1　普朗克子真空晶体动力学提纲

1. 普朗克子真空晶体的结构、性质和动力学

1) 普朗克子真空晶体结构
2) 普朗克子真空晶体性质
3) 普朗克子真空晶体动力学

2. 普朗克子真空晶体的零质量粒子激发

1) 旋量型中微子激发和夸克味量子数的来源
2) 矢量型光子激发和偏振、螺旋性
3) 引力子四极激发
4) 自由规范场与规范对称性的形成
5) 标量场的非线性效应与孤子
6) 超短辐射子波的速度慢化
7) 宇宙膨胀与辐射子静质量产生

3. 普朗克子真空晶体的孤子方程及其解

1) 一维孤子方程的推导和求解
2) 三维孤子方程的推导和求解
3) 孤子方程的参数确定与等级差问题
4) 孤立子的量子理论

4. 普朗克子真空晶体的旋错、位错和变形诱导的度规场与规范场

1) 位错及其拓扑
2) 旋错及其拓扑
3) 缺陷、变形导致的度规和引力场的生成
4) 局域缺陷对辐射子的束缚和静质量生成
5) 缺陷量子化、局域量子涨落变化与规范相互作用的形成

5. 普朗克子真空晶体动力学与相对论的涌现

1) 狭义相对论的涌现和相对性原理的物质基础
2) 广义相对论的涌现与引力的量子统计理论

6. 普朗克子真空晶体晶胞的爆炸与宇宙的演化

1) 宇宙动力学方程的来源
2) 晶胞爆炸与宇宙演化
3) 演化宇宙与真空能量交换机制
4) 早期相变与 QGP 形成及其演化动力学
5) 基本粒子、暗物质与暗能量的形成
6) 宇宙动力学解的不稳定性与循环宇宙和多宇宙

10.2　弦网凝聚态理论与普朗克子真空模型——读文小刚《量子多体理论：从声子的起源到光子和电子的起源》一书有感①

10.2.1　概述：文小刚一书中具有启发性、可参考性的要点

作者写此书的目的之一：从凝聚态多体问题的研究，获得对真空结构和粒子起源的启发、理解和认知。这也是本人阅读此书的主要目的。此外，作者还告诉读者：凝聚态物理的新进展是发现了不同于经典相的量子相(序)及其新的研究和标识方法。

量子统计力学相是有限温度的统计热力学相，量子涨落随机性和经典统计随机性在多体系统相的形成和相的转变中起着关键的作用。朗道的凝聚态相和相变理论都基于平均场理论，即多体系统平均场的对称性及其对称性破缺。

量子相或量子序是零温量子多体系统的微观结构序，只有量子涨落随机性起作用。如在平均场基础上研究量子序，则必须在平均场对称性之外考虑与之联合的规范对称性，即投影对称性 PSG；对分数量子霍尔态，则是超越平均场的量子集体序。原子核各种集体运动形态的对称性，是有限量子多体系统的量子序或量子相的代表，凝聚态物理中的量子相则是其粒子数趋于无限的量子相的极限。

文小刚对于凝聚态弦网凝聚的描述多基于平均场理论，但在平均场对称性之外考虑了与之联合的(量子纠缠与关联和)规范对称性(PSG)。具体的研究还处于模型理论阶段。基于定域的玻色子模型，得到非定域的规范玻色子和费米子激发。

---

① 写于 2013 年 5 月。

使用的基本数学工具是自旋算符、泡利矩阵、Majorana 旋量算符，以及格点连接。在格点理论基础上再取连续极限，实现与规范场理论的衔接。环通量是导致费米统计的基本手段，用粒子环路运动一周导致的波函数的相位变化来定义粒子的交换统计性(本书第 2 章第 9 节分析量子纠缠与量子涨落的关系时，也讨论了费米子、玻色子移动环绕的真空区域量子涨落生成波函数相位的特征，下面的“10.2.2 联想”中也有简述。)

SU(N)局域玻色子模型(平均场理论)衍生出规范玻色子和无能隙费米子。

SU(N)局域玻色子模型(平均场理论)产生弦网凝聚结构，由弦网衍生出规范玻色子和无能隙费米子。

规范玻色子、无能隙费米子和费米统计是量子多体玻色子系统的集体现象：平均场层次上的集体现象(RPA 型粒子－空穴准粒子激发)和多体关联层次上的集体现象(FQH 型组态混合集体激发)。

传统凝聚态理论两个主题：

第一个主题是：(1)平均场能带论和(2)超越平均能带论三个模型的微扰论。凝聚态能带论可以概括为朗道的费米液体理论。主要成就是半导体理论和 BCS 超导理论(该书第 2—5 章)。

第二个主题是朗道的对称性破缺相变理论和重正化群理论。对凝聚态相和相变做了很好的描述，成为液晶显示和磁材料记录的理论基础。

现代凝聚态理论从发现分数量子霍尔效应和高温超导体开始，超出传统理论，带来了新思想和新概念，正形成量子相(量子序)的新理论(6 —10 章)。

低能集体自由度在凝聚态多体系统的物理舞台上扮演了主要角色，而量子场论和路径积分方法(类似生成坐标理论)是提取低能集体自由度，建立低能等效理论的重要工具。

超越量子场论，不为理论的数学公式所迷惑。敢问：什么是规范场和规范玻色子？什么是费米子？什么是费米统计的来源？什么是凝聚态相和序？

传统相变理论：无内部自由度的点的点阵的对称性及其破缺。

现代相变理论：考虑点的内部自由度(如转动自由度)后，点阵就变成弦网，点阵的对称性就变成弦网的对称性，而弦网的对称性由点阵对称性和点的内部(规范)对称性组成，可以出现点阵对称性保持而内部规范对称性破缺或改变的量子相变。(普朗克子真空点阵，因普朗克子有内部自由度，其激发变成弦网，见下面 10.2.2 联想。)

10.2.2 联想：真空的普朗克子晶体模型

普朗克子有内部自由度：几何自由度——球体及其半径，能量自由度——辐射波包组成的辐射能谱，自旋自由度——波的球面驻波运动生成自旋$\frac{1}{2}$，随机涨落自由度——普朗克子描述真空量子涨落的平均能量尺度和空间-时间尺度，普朗克子辐射波包组成的能谱(高斯谱)，描述真空随机量子涨落的随机谱律(不是均匀的白噪声谱，也不是温度标志的正则谱，而是高斯型涨落谱)。

真空普朗克子点阵因点阵普朗克子有内部自由度而(其激发)成为弦网。

真空普朗克子点阵弦网对称性：点阵对称性和普朗克内部规范对称性。

普朗克子点阵弦网对称性破缺产生规范玻色子(光子)和无能隙费米子(辐射子)?

真空缺陷或变形，导致普朗克子谱分布变化(量子涨落强度的定向减小)，表现为引力(量子涨落的定向统计压强)。

宇宙膨胀导致普朗克子从无规涨落谱中诱导出径向辐射的规则运动，表现为暗能量(向外的径向辐射子诱导出的空穴激发的负引力势具有径向斥力效应)。

暗能量量子在膨胀宇宙真空背景中的产生和增长，类似于晶核在母体熔液背景中的生长、细胞在氨基酸溶液背景中的分裂, 都需要在非平衡条件下。涨落背景从无规运动的物质能量中向演化系统-生成物(晶核、细胞或宇宙)输入，生成物使用输入的物质能量，定向有序发展和生长。在暗能量生成过程中，宇宙的径向膨胀提供了非平衡条件，真空量子涨落背景把无规量子涨落径向能的一部分转化为径向膨胀能而成为有序的定向辐射的暗能量量子，也称宇宙膨胀子。晶核在母体熔液背景中的生长过程中，对从晶核形成的晶体的拉伸提供了非平衡条件，而熔液的无规分布的晶体分子(离子)向被拉伸的晶体定向集中凝聚、结晶成有序晶体而不断生长。细胞在氨基酸溶液背景中增长的过程中，生物体在时空中的生长发育和新陈代谢过程提供了非平衡条件，溶液中无规分布的氨基酸分子，向细胞集中并定向发展、合成、分裂出新的有序细胞。

费米子交换的反对易统计性，与费米子在空间移动一圈其波函数获得相位π有关，而后者又与波函数的非定域性有关。波函数的非定域性来自维持量子多体系统的整体守恒律的量子波涨落的非定域性。波函数的时空分布尺度, 就是产生这种分布的量子涨落的时空尺度。两个在时空中振幅不重叠的费米子波函数，不能组成非零的费米子多体系统的反对称波函数。这样的多体波函数因为没有波函数振幅的非零重叠,在空间实际处处为零，只具有数学形式的意义而没有实际物理意义。说费米子的反互易统计来自费米子的空间定域性是不对的；说费米子的反互易统计来自波函数的非定域性是对的。

与此类似，玻色子交换的对易统计性，与玻色子在空间移动一圈其波函数获得相位为2π有关，而后者也与波函数的非定域性有关。如前所述，波函数的非定域性来自维持量子多体系统的整体守恒律的量子波涨落的非定域性。波函数的时空分布尺度，就是产生这种分布的量子涨落的时空尺度。两个在时空中振幅不重叠的玻色子波函数，不能组成非零的玻色子多体系统的对称波函数。这样的多体波函数因为没有波函数振幅的非零重叠,在空间实际上处处为零，只具有数学形式的意义而没有实际物理意义。说玻色子的互易统计来自玻色子的空间定域性,是不对的。玻色子的波函数仍然是非定域性的,只是玻色子在空间移动一圈其波函数获得相位为 2π，貌似空间非定域无关性或定域性。

无论费米子还是玻色子，其量子波函数都是非定域的，这是量子波涨落的非定域性造成的，其本质区别在于统计相位，π 和 2π 的不同相位导致不同的统计法则，出现由全同粒子多体波函数产生的填充限制：一个费米子量子态只能填充一个费米子，而一个玻色子量子态填充玻色子数目不受限制。

两个粒子的宏观距离相隔很远时，两粒子的波函数的非零区域不相重叠的费米子系统的总波函数为 0 (宏观分离距离时：$\Psi(1,2)=0$)，其粒子交换仍可以认为出一个负号：$\Psi(2,1)=-\Psi(1,2)=0$。两个粒子的宏观距离相隔很远，两粒子的波函数的非零区域不相重叠的玻色子系统的总波函数也为 0(宏观分离距离时：$\Phi(1,2)=0$)，其粒子交换仍可以认为出一个正号：$\Phi(2,1)=+\Phi(1,2)=0$。但这并不意味着费米子在宏观距离上是非定域的、而玻色子在宏观距离上是定域的。无论费米子还是玻色子，在粒子波函数非零存在的微观、介观或宏观区域内，都是非定域的。在物理上，费米统计和玻色统计只在粒子波函数重叠区域即量子涨落对系统所有粒子涵盖的区域内成立和有效。

普朗克子密集堆积真空中费米子能谱和费米面构型。

有两种费米子能谱构型：

(1) 单粒子能谱构型：

辐射型费米子谱：谱的存在范围，依赖波矢范围 $k=0\to k_{\mathrm{P}}$

$$\varepsilon(k)=c\hbar k:k=0\to k_{\mathrm{P}}$$

$$\varepsilon(0)=0\to E_{\mathrm{P}}=\varepsilon\left(k_{\mathrm{P}}\right)=c\hbar k_{\mathrm{P}}$$

费米液体中费米子填充的费米球分布:

$$f(\vec{k})=1,\quad k\leqslant k_{\mathrm{P}}$$

$$f(\vec{k})=0,\quad k>k_{\mathrm{P}}$$

此填充形成普朗克子量子球，成为真空的组成基元。

二维费米面 $\varepsilon(\vec{k})\sim\vec{k}$ 为圆锥面。$\varepsilon(k=0)\sim k=0$ 为锥尖，$\varepsilon\left(\vec{k}_{\mathrm{P}}\right)\sim\vec{k}_{\mathrm{P}}$ 为锥底。

由于随机量子涨落，普朗克子球的分布谱不是半经典的费米球分布，而是量子的高斯球分布：

$$f(\vec{k}) = C\mathrm{e}^{-(c\hbar)^2(k_\mathrm{F}-k)^2/\sigma^2} = C\mathrm{e}^{-(k_\mathrm{P}-k)^2/k_\sigma^2}$$

(2) 真空点阵结构破坏连续对称性，连续对称性恢复需要许多普朗克子参与的超长波集体激发。集体激发谱：点阵长度，波长(波矢)，能量。

离散点阵长度：$l_\mathrm{P} = 2r_\mathrm{P}$；

恢复连续对称性的集体激发离散长波波长：$\lambda_n = nl_\mathrm{P}$；

集体激发离散长波波矢：$k_n = \dfrac{2\pi}{\lambda_n} = \dfrac{2\pi}{2nr_\mathrm{P}} = \dfrac{\pi}{nr_\mathrm{P}}$；

集体激发离散长波能量：$\varepsilon_n = c\hbar k_n = \dfrac{\mathrm{c}\hbar\pi}{nr_\mathrm{P}}$；

低能超长波激发：$n \to \infty$，$\lambda_n \to \infty$，$k_n \to 0$，$\varepsilon_n = c\hbar k_n \to 0$。

长波集体激发费米子离散谱形成分层费米球，二维费米面是分层离散的圆锥面：

$$\varepsilon(k=0) \sim k=0 \text{ 为锥尖，} \quad \text{锥底为 } \varepsilon\left(\vec{k}_\mathrm{P}\right) \sim \vec{k}_\mathrm{P}$$

如果把普朗克子真空费米面圆锥锥底在下、锥尖朝上放置，把集体激发费米子能谱的费米面的锥尖朝下放置，让两个锥尖重合，则得到普朗克子真空费米子的费米面的双圆锥面构型：下圆锥面是普朗克子的连续锥体费米面，上圆锥是真空集体激发费米子的分层离散的锥体费米面，而且这两个锥体形状是相似的，区别在于一个费米面连续，另一个费米面分层离散。

真空离散点阵结构平移对称性破缺产生的集体激发费米子与固体声子激发之间的类似和区别在哪里？集体激发费米子的自旋如何从普朗克子的内禀自旋的内部 su(2)对称性产生？

黑洞视界内部的费米子集体激发为驻波空穴量子并具有负能量，才能产生指向视界面的引力加速度；黑洞表面聚集的费米子集体激发为驻波粒子激发并具有正能量，才能使黑洞质量-能量为正。负能量空穴量子形成引力势，是否也有惯性和质量，其质量为负？加速负质量粒子要释放能量？引力波如果存在，其量子能量为正，如何从引力势的负能量区产生出正能量的引力子？量子场论的正反粒子都具有正能量和正质量“负能量量子”是一个需要定义、研究的新概念？

10.2.3　文小刚理论中一些具有启发性、可参考的数学表述

格点规范理论：$a_{ij}(t) = \int_i^j \mathrm{d}x^k a_k(x,t)$，$a_i$——矢(磁)势，$a_0(\vec{x},t)$——标(电)势，$e_{ij}(t) = \dot{a}_{ij}(t) + a_0(i,t) - a_0(j,t)$——电场等于磁势的变化率+电势梯度，$b = \partial_1 a_2 - \partial_2 a_1$——磁势的旋度=磁场，$\Phi_p = \int_{\mathrm{S}_p} \mathrm{d}x^2 b(x)$——方格 p 的磁通。

规范场来自晶格的变形，变形用张量 a_{ij} 和标量 $a_0(i)$ 描述。规范势能来自通量 $\Phi_P(x,t)$，如 $\cos\Phi_P$(瞬子生、灭产生势场，导致静质量)。

物质场用标量场、旋量场、矢量场、张量场等额外的场量描述。它们是晶体变形以外的晶体背景变化，如位错、旋错、缺陷等?

规范对称性是物理(现实)自由度和非物理(可能的)自由度组成的普通空间或希尔伯特空间的对称性，用规范条件(固定规范)后，就去掉了非物理(可能的)自由度，规范对称性破缺为物理的剩余对称性，从完美的、可能的对称性破缺到现实的、物理的对称性；无破缺的规范理论的完美规范对称性确定的总的希尔伯特空间，就约化为剩余规范对称性确定的物理子空间，该子空间内的任何态都给出相同的物理结果,因此组成一个物理态类。标志类空间简并的量子数是不可观测的。

基态(F_i=+1)给出的格点方格自旋为零，激发态(F_i=−1)给出的格点方格自旋为 1 。玻色子格点晶体的弦，其关联的两个终端的自旋为 1/2，是格点上两个自旋为 1/2 费米子分离的结果。

本节参考资料

[1] 文小刚. 量子多体理论: 从声子的起源到光子和电子的起源. 北京: 高等教育出版社, 2004.
[2] Wang S J. arXiv: 1212. 5862v4(gr-qu), 2014; arXiv: 1301. 1261v4 (Physics-gen-ph), 2014.
[3] 王顺金. 真空结构, 引力起源与暗能量问题. 北京: 科学出版社, 2016.

10.3　读克莱纳特《凝聚态、电磁学和引力中的多值场论》[①] 笔记

阅读此书的意愿：哈根 · 克莱纳特的科学目标与我们一致，都希望扩展凝聚态物理和场论的数学物理方法，以便用于解决真空晶体中与缺陷和变形有关的引力问题和基本粒子问题。因此，我认真、仔细地阅读了他的这本书，希望从中获得教益。最后还列出了他近期的新书。下面的笔记是较长的阅读摘要和阅读心得。本想删减得短一些，但考虑到真空也是一种特殊凝聚体，这些用多值场论研究凝聚态的详细的摘要与心得，对我和对打算研究真空结构的读者来说，是有重要的启发和参考价值的，故仍予以保留。

10.3.1　内容介绍

多值场论基本框架。新的具有奇异性(缺陷)的规范场，用某个曲面上的δ-函

① 哈根 · 克莱纳特著，姜颖译. 北京: 科学出版社，2012。本节中提到的章节编号与公式编号均指该书中的相应编号。

数描述缺陷。曲面任意，其边界具有物理意义。理论在曲面变形下不变，是新的规范对称性。多值映射起重要作用。可从自由物质的物理定律推导出与规范场耦合的物质的物理定律以及带绕率的引力理论。多值映射是引入缺陷的局域变换，在引进缺陷及其曲率、绕率的同时，也引进了这些多值映射局域不变性产生的规范场及其相应的与物质场的最小耦合。

学习基础：相变理论、量子场论、引力理论和微分几何。

译者姜颖：兰州大学段一士先生的博士生，中科院理论物理所博士后。2000年就引力问题请教克莱纳特，2001 年获洪堡奖学金赴柏林自由大学做克莱纳特的博士后，研究“晶体熔解相变”。

作者克莱纳特：路径积分理论集大成者，研究涉猎极广，包括粒子物理、引力理论、凝聚态物理、金融物理。2008 年出版此书，从多值场论观点，讨论从超流到引力理论的诸多问题。

10.3.2　引言

本书所述理论的四个根源：

(1) 1931 年 Dirac 的论文[1]：电磁场的量子化奇点。Maxwell 方程与磁单极相容，其磁场散度为零。基于量子力学，用极细的磁通管从无穷远处把磁单极引导至某点，只要电荷-磁通满足量子化条件 $e=2n\pi\hbar c/g$ (g 是磁通管总磁通)，磁通管就实验上不可观测。该磁通管叫作不可探测到的 Dirac 弦，弦的形状可任意，无物理意义，弦的端点是磁单极，磁力线像点电荷电力线一样径向四散。Schwinger 发展了该理论[2]，证明：自旋 1/2 的电子波函数的双值性限制 $n=\text{even}$ 。实验未观测到磁单极，Dirac 理论被搁置，近 35 年后(1973 年)，有人才用它研究夸克禁闭。

(2) 超流相变[3, 4]：液氦超流膜中的相变可用超流涡旋的统计力学解释：凝聚体波函数在空间每点有一相角，绕涡旋一周，相角在某点跃变 2π ，跃变线连接一对涡旋-反涡旋，形成类似 Dirac 弦结构。弦的形状无关紧要。推广到三维液氦超流[5]，得涡旋环线的统计力学。环线长程相互作用与电流环间相互作用一样。

(3) 塑性相变理论：理解金属硬化、疲劳的理论基础。1934 年从研究位错发展起来[6]。作者将它发展成线缺陷统计力学[7]，解释了熔解相变。

(4) 线状缺陷的几何描述[8-10]：晶体弹性形变，像爱因斯坦坐标变换，不改变缺陷的几何特性，使带缺陷的晶体构成黎曼-嘉当空间(1922 年创立)的表示，给弯曲的黎曼空间增加了绕率[11]，使爱因斯坦在具有绝对平行的黎曼-嘉当空间，建立了扩展的引力理论[12]。

20 年后，薛定谔把绕率和电磁理论联系起来[13]，宇宙绕率会使光子获得极小质量[14]。

40 年后，澄清了绕率与引力自旋密度的密切关系[15-17]。综述见文献[7]，近况见文献[18]。

上述第(1)—(3)条讲缺陷的奇异线描述及其统计力学与相变,第(4)条讲含缺陷空间的黎曼-嘉当几何与引力。

作者 20 世纪 80 年代进入这一研究领域，发展了线状物的无序场论[5]。第一个应用：处理超流和超导中的涡旋线问题，证明超导的二级相变是一级相变[19]。后来用无序场论研究晶体中的线状缺陷，用曲面上不连续函数描述，边界是线状缺陷，曲面任意变形，其变换是新的规范场(缺陷规范场)的规范变换。

用对偶变换把描述缺陷及其相互作用的理论变为规范理论。这就产生另一种任意性，称应力规范不变性。这个对偶变换可看作爱因斯坦-嘉当空间的线性化形式，这个爱因斯坦-嘉当空间的规范变换，是爱因斯坦局域平移变换和洛伦兹局域不变性二者、局域推广的一种组合。

缺陷的对偶理论和基于跃变曲面的缺陷理论之间的关系，类似于 Maxwell 磁理论两种下述不同形式之间的关系：磁场的矢势规范场描述理论和磁场的多值标量场梯度描述理论之间的关系。

用色电力线描述夸克禁闭，从超导物理得到灵感：伦敦理论告知，由于迈斯纳效应，超导会将磁单极禁闭，把磁通排出超导体，磁单极发出的磁力线被挤压进极细的磁通管，其能量与管长成正比，正反磁单极永远绑在一起。BCS 理论告知，该效应是电荷库珀对导致的电荷凝聚造成的。

夸克禁闭解释：宇宙真空态是色磁单极凝聚体，类似库珀对对磁场产生迈斯纳效应，色单极凝聚体对色电场的迈斯纳效应造成色电荷禁闭[22-26]。

Dirac 磁单极与缺陷结构的数学描述的相似性：跃变曲面上的矢量势构造出端点连接有磁单极的磁通管。磁单极的运动世界线可看作 Maxwell 场中的涡旋线。涡旋线系统的无序场论，就是相应的磁单极世界线的无序场论。这是夸克禁闭最简单的模型[27]。

著作第二卷[7]中，涡旋线的统计力学扩展至线缺陷系统，采用线缺陷的对偶表述，并表为黎曼-嘉当空间几何描述的线性近似。启示：可把从缺陷的多值场描述到缺陷的几何描述倒过来，从缺陷的几何描述到缺陷的多值场描述。用该方法把引力的几何理论倒过来：用平移场和转动场的跃变曲面来构造引力理论。在塑性理论中，用奇异变换把理想晶体映射到含有平移和转动缺陷的晶体，几何语言是：把平坦时空映射到具有绕率的弯曲时空。新几何的数学基础是多值标架场 e_{μ}^{α}。几何描述与场论描述，是形象描述与抽象描述的关系。

自旋粒子引力理论：单值标架场 h_{μ}^{α}，把物理坐标微分 $\mathrm{d}x^{\mu}$ 变换为有意义的非完整坐标微分 $\mathrm{d}x^{\alpha} = h_{\mu}^{\alpha}(x)\mathrm{d}x^{\mu}$。此变换不能扩展到有限区域。对自旋粒子，不需此扩展。

扩展多值场理论，简化非黎曼几何描述的关键：引进超级非完整坐标 $\mathrm{d}x^{\alpha}$，它们与原来的非完整坐标 $\mathrm{d}x^{\alpha}$ 通过多值洛伦兹变换联系起来，物理坐标与原来的非完整坐标现在由多值标架(洛伦兹变换带来多值性)联系。多值标架的梯度确定了完整的仿射联络，其反对称组合给出绕率，与通常标架场的反对称旋度不同，后者给出的非完整量在无绕空间中也存在。

多值标架场提出了新原理：多值映射原理或非完整映射原理。该原理可以将平直时空的物理定律映射具有绕率和曲率的时空。

带有缺陷的辅助时空称宇宙晶体。

第 4.5 节电磁理论的标准最小耦合是多值映射原理的简单结果，引力理论有类似结果。

绕率只存在普朗克尺度，实验无法探测到。表述有绕引力理论的价值在于发展研究黎曼-嘉当几何的多值映射场论方法。可以看出无绕引力理论丢了什么。

前三章是对经典力学和单值场论的回顾。第 1 章是基础知识。第 2 章是作用量方法。量子涨落由作用量 $\hbar$ 控制，热涨落由温度 T 控制。作用量方法可以推广到(经典和量子)场论。爱因斯坦假定引力波是时空场，建立了广义相对论-引力理论，凝聚态物理学家朗道[3]运用场论描述激发态和相变，建立了序参数场论。(温度的解析延拓，把温度场论与量子场论联系起来。)

10.3.3 连续对称性和守恒定律

当数学定律涉及实在时，它们是不确定的；当它们确定时，则它们不涉及实在(Albert Einstein)。

爱因斯坦假定引力波是时空场，建立了广义相对论-引力理论，凝聚态物理学家朗道[3]运用场论描述激发态和相变，建立了序参数场论。温度的解析延拓，把温度场论与量子场论联系起来。

最近发现，可用场论描述线状激发巨正则系综的统计力学，如超流和超导中的漩涡系统[4]、晶体的线状缺陷[5]等。这些激发搅乱了晶体系统的秩序，相关场称无序场[4]。

作用量在连续变换下不变，导致局域或整体守恒定律。用泊松括号来构建这种对称变换，把泊松括号变为对易子，就过渡到量子守恒定律。(局域不变性要求系统之外，还有规范场环境存在，才能保持总系统能-动量守恒。)

不要用运动方程检验作用量的等价性。

第 3.4 节生成对称性：连续对称性导致的荷 Q，可用于生成该对称性：

经典情况：$\delta_s \hat{x} = \varepsilon\{\hat{Q}, \hat{x}(t)\}$——泊松括号

量子情况：$\delta_s \hat{x} = -\mathrm{i}\varepsilon[\hat{Q}, \hat{x}(t)]$——量子对易子

(算子作用于连续场，连续场运动对应波，波的粒子性导致完全的量子力学。)

(时间)平移对称性的荷是能量哈密顿量 H，它生成的对称性是海森伯运动方程：

$$\delta_s \hat{x}(\mathrm{t}) = \dot{\alpha}_{\hat{x}}(\mathrm{t}) = -\mathrm{i}\varepsilon[\hat{H}, \hat{x}(t)]$$

时空平移荷生成四维无限小平移，转动不变性生成角动量算子。

伽利略对称性生成无限小伽利略变换，洛伦兹不变性的荷生成洛伦兹变算子。

不变性用变换不变性表述，不变性变换生成描述守恒律或不变性的算子。

第 3.5 节场论：最小耦合使得(要求)整体规范对称性成为局域对称性。规范势和流密度的双线性结构，使得规范场量子态和流密度粒子-空穴态可线性叠加成重整化的独立准粒子态？

对物质场，只有它满足拉格朗日-欧拉方程，相应的守恒律才成立；对于规范场，总的 Noether 流对所有规范场结构都守恒。

第 3.8 节四维角动量：时空变换和洛伦兹变换不变的能-动张量必须是对称的。

10.3.4　静磁场中的多值规范变换

发展引力理论的关键，是认识到：**欧式空间中的物理定律可以直接转换到具有曲率和绕率的空间**。为此，需要把 Dirac 引进磁单极的电磁学的场论技术进行几何推广。

如果把电磁规范变换引进的标量场看作真空背景场，它的无点线缺陷、无涡旋的连续形变，既不引进电荷又不引进磁荷，因此不改变原来的电磁场组态，即电磁场具有物理上的规范不变性!!

如果表示真空背景场的规范变换的标量，出现点线缺陷和涡旋，引进点荷和磁荷，则该规范变换的标量把电磁场原来的组态变为另一个新的组态，规范不变性遭到破坏!! 产生基本粒子的缺陷是什么缺陷?

第 4.2 节磁场的多值梯度表示——Dirac 表示：用奇异闭合电流密度包围的曲面跃变描述磁偶极层，磁场为曲面立体角的梯度。

克莱纳特表示：把立体角变为方位角，用多重黎曼面上的多值函数描述这种跃变。

第 4.3 节由多值规范变换产生磁场: 无涡旋的规范变换，保持磁场不变；有涡旋的规范变换产生磁场。

第 4.4 节磁单极：非对易规范变换标量场(4.53)描述晶体线状非完整位移平移缺陷，产生磁通流管和总磁场，与绕率对应。非对易规范变换标量场(4.56)描述旋错转动缺陷，产生磁单极，与曲率对应。磁荷缺陷产生磁场，类似质点缺陷产生引力场，使空间出现曲率。

第 4.5 节多值规范变换导致的粒子间的最小耦合：多值规范变换是将任何形态物质场与电磁场耦合起来的完美工具。

经典粒子作用量和运动方程，在拉氏量的单值规范变换下不变。在多值规范变换下，引进外磁场(以及电荷、电场)，拉氏量变为粒子-(电)磁场耦合系统。

对量子力学薛定谔方程，无电磁场时，真空涨落产生的标量场使波函数获得局域相位，同时在动量中附加一个真空涨落标量场的动量；多值规范变换引进外电磁场，把真空涨落标量场的动量变为外电磁场的矢量势，把 0 电磁场变为非 0 电磁场。

非 0 电磁场 A 出现时，真空涨落产生的标量场仍然使波函数获得局域相位，同时把真空涨落标量场的动量附加到电磁势 A 上。

在两种情形，量子理论都具有规范不变性：真空涨落标量场在波函数和电磁势上的效应相互抵消。协变导数(动量)是粒子和场的总动量(粒子是量子化的，场是经典的)。

协变导数保证了真空环境中的粒子-场系统总的能量-动量守恒，并导致最小耦合。因此，最小耦合是粒子-场系统在与真空相互作用、彼此相互作用的条件下，保持守恒定律的结果。

把这种物理系统的几何结构引进微分几何时，空间坐标的再参数化起着规范变换的作用。

第 4.6 节多值标量场与单值矢量场的等价性：线状非 0 场结构的多值规范变换可自然给出经典作用量的最小耦合。对薛定谔方程也一样。

建立标量多值理论与磁学的普通矢量势理论之间的完全等价关系，可通过对跃变曲面 S 的自由度的适当操作来实现。等价性证明要点：**缺陷跃变多值对应微分 δ-函数单值**。

把用立体角 $\Omega(x,S)$ 的梯度表示磁场的多值表示，变为用矢量势 A 的旋度表示磁场的单值表示，要引进表示线电流的 $\delta(x,S)$ 函数去抵消曲面跃变。当用 $A(x)$ 的旋度表示磁场 B 时，就出现双规范表示(4.91)：A-规范(对附加梯度项的不变性)和 $\delta(x,S)$ 规范(对 S 变化的不变性)。当把 $\delta(x,S)$ 表示为线电流 $j(x)$ 后，就过渡到通常的单值矢量势表示：$A(x)$ 和 $j(x)$ 表示。

在双规范表示中，描述曲面 S 的涨落的巨正则系综配分函数，可以描述线状缺陷激增引起的相变(液氦超流涡旋线激增相变)、晶体中位错、旋错激增的熔解相变。

第 4.7 节电流和磁单极的多值场论：用线电流 $\delta(x,L)$ 和立体角 $\Omega(x,S)$ 表示电流和磁单极耦合的多值场论，计算自由能。

10.3.5　超流和超导中的多值场论

多值场论用于理解各种相变。

第 5.1 节超流相变：液氦超流相变。

低于临界温度为超流，只有无质量元激发——第二声量子-声子。

温度升高，出现旋子激发。旋子密集凝聚形成涡旋环，包围一个曲面。涡旋线高速转动破坏超流性，使内部为正常流体。故旋子凝聚把超流体变为正常流体。温度升高，环线变长，构型熵变大。作者由此发展了无序场论(温度场论)、熔解相变理论。

第 5.1.6 节物理跃变曲面(哥尔斯通模的质量形成)：涡旋哈密顿量(5.33)的规范不变性——U(1)对称性，导致零质量哥尔斯通模。U(1)对称性破坏($\theta(x)$场不均匀出现极小)，为该模提供一个质量m^2项。当其配分函数对$\theta(x)$场用高斯泛函技术积分后，哈密顿量出现汤川型电流-电流相互作用(5.84)和一个全新项——面元-面元法矢量之间的汤川型相互作用(5.85)，使曲面获得能量、产生张力。m 趋于 0，张力消失，规范不变性恢复。

无质量粒子交换产生库仑相互作用，有质量粒子交换产生汤川相互作用。破坏标量场$\theta(x)$平移对称性，使该场产生质量，使电流包围的曲面获得能量产生张力。这是相互作用产生和质量产生的连续介质理论，是晶体格点相互作用产生和质量产生的长波连续极限。

第 5.2.1 节金兹堡-朗道理论。用 BCS 理论推导金兹堡-朗道哈密顿量(5.151)：电子对波函数的模等于电子能谱的能隙-库珀对结合能，看作序参量，若波函数依赖坐标 x，则成为序参量场。很多情况下，朗道序参量场的涨落可忽略，称平均场(MF)近似。用诺特定理，从式(5.151)可得超导电流密度(5.152)与薛定谔方程的电流密度(3.118)。不同点在于采用自然单位：质量$m=1$、光速为$c=1$，电荷为库珀对电荷$q=2e$。用波函数的模和相位角表示，则得 GL 哈密顿量(5.154)。若模取势能极小处的密度，则得流体力学极限的能量或伦敦能量表示式(5.156)。质量参数与超流粒子密度成正比，在极低温度，无涡旋激发，超流诱导的质量参数不为零，使得矢量势的横场传播量子质量不为零，致使磁场在超导体内穿透深度有限——迈斯勒效应。在弱电统一理论中类似机制称希格斯机制：U(1)&SU(2)对称性破缺，真空凝聚，场的一个分量出现非零极小，使弱作用中间玻色子获得很大质量，力程变得极短，强度变得极小。

与超流理论比较，超流规范场用电磁势替代，除通常的规范不变性外，还有涡旋规范不变性。涨落的涡旋规范场$\theta^{\mathrm{V}}(x)$保证理论穿越相变点的有效性。

第 5.3 节序参量和无序参量的对比：相变的序参量描述始于朗道 1947 年的文章[3]。后来为处理几种相变对偶的无序场论所丰富[8]，引进温度引起的无序参量，研究超流和超导有序参量和无序参量的期望值的演变。

10.3.6 超流动力学

第 6.1 节超流的流体力学描述：拉格朗日式(6.5)复标量场分解出模和相位，包含涡旋速度场，模导致的涨落的凝聚体中粒子的内能和梯度能，涨落能可用量子力学渗透动量表述。引入包含涡旋速度的广义速度场，则可定义粒子密度和粒子流密度，得连续性方程。与单粒子涨落能和梯度能函数相联系，引进单粒子焓函数和压强函数，进一步定义量子焓和量子压强。马格努斯力是流体速度与涡旋磁场的矢量积产生的，引起涡旋速度场变化，导致总涡旋力为零。广义速度场的旋度称涡旋度，超流中不存在涡旋度。速度场沿回路积分是 h 的整倍数，保证波函数的单值性，对应索末菲量子条件。超流体中不存在非零涡旋度的连续区，只存在无限细的涡旋线，涡旋度为 δ-函数沿线 L 的叠加。亥姆霍兹-汤姆孙定理：保守力中，涡旋度沿涡旋线为常数。涡旋只产生于动量场 $p(x)$满足量子化条件的回路积分的无穷细线上。

10.3.7 带电超流动力学及超导

第 7.1 节带电超流的流体动力学描述: 带电流体的速度场为式(7.9),表明电磁势和规范场具有速度的性质。从式(7.10)可得电荷密度和电流密度(7.11)及它们满足的连续性方程(7.12),以及速度场的运动方程(7.15),加上电磁场方程(7.17—7.20)后，得完整的磁流体力学运动方程[1]。

第 7.2 节带电超流的伦敦理论：式(7.9)略去涡旋场，式(7.11)化为式(7.21)。把相位梯度吸收到 A' 中，J 正比于 A' (7.23)。对式(7.21)求时间导数并假定 A'_0 在超导体内为 0，得第一伦敦方程(7.26)(电场导致电流密度变化)。对于常数粒子密度，式(7.21)的旋度得第二伦敦方程(7.27)(磁场使电流密度产生旋度)。联合有电流源的电磁波方程(7.29)(**电流的旋度是磁场波传播子的源，产生传播着的磁场波**)与第二伦敦方程(7.27)，**电流旋度变为磁场，使光子获得质量**，导致磁场传播的有限深度——迈斯勒效应。**光子质量来自电流涡旋产生的磁场**。

第 7.3 节在伦敦方程中加入涡旋：在电流表示式(7.21)中加入涡旋规范场后得式(7.32)。在 n=常量的伦敦极限下，电流式(7.32)对时间求导并用涡旋电磁场定义式(6.48)，得电流运动方程(7.33)。取涡旋势时间分量为 0 的规范，并通过规范变换把波函数的速度势吸收到电磁势能 A 中,则得包含涡旋的伦敦第一方程(7.34)。在同样的涡旋场、电磁场规范固定和常密度下，对式(7.32)取旋度，得包含涡旋场的第二伦敦方程(7.35)。与磁场波动方程(7.29)结合，得包含涡旋场的式(7.30)的扩展(7.36)。由此知道，作用量中的涡旋磁场的相互作用(7.37)，包含推迟汤川格林函数(7.38)。涡旋缓慢移动时，磁场之间相互作用式(7.38)化为电流之间相互作用

(7.39)。**磁场与粒子相互作用，光子获得质量，使涡旋相互作用(质量与相互作用同时产生)。两种不同场的最小相互耦合表示它们之间直接交换量子**，当消去一种场时，剩下场出现源密度(流)-源密度(流)之间的相互作用，消去场的作用后，代之以它的格林函数传播子(对密度源是空间格林函数，对流源是时-空格林函数)。

第 7.4 节超导的流体力学描述：带电超流理论不适用于超导体，因为上述金兹堡-朗道拉氏量只能在相变点附近得到。零温时超流可用流体力学描述。由 BCS 理论的谐振近似，可得电子对超流体的拉氏量(6.46)和(7.40)(已包含粒子对的速度势和涡旋速度势)。

电子对流体的第二声子激发能谱(7.43)**要求** $\Omega>0(\sim l^2$，l 与零温相干长度同量级),**才能保障长波激发的稳定性**。第二声速正比于费米速度：$c_0=v_{\mathrm{F}}/\sqrt{3}$。用最小耦合加入电磁场后有式(7.45)。由此得电流密度式(7.46)和电荷密度式(7.47)，涡旋势和电磁势通过它们对粒子对的四维速度势的贡献，而对电流密度和电荷密度做出贡献。**消去涡旋速度势和粒子速度势使电磁场获得质量**。带质量的电磁势的、有电流源的方程为式(7.62)、(7.63)或(7.65)、(7.68)，由此得外源流的相互作用(7.70—7.73)。

相干长度与费米长度之比，类比粒子尺度与普朗克尺度之比。

第 7B1 节超导体的金兹堡-朗道理论的特征:

(1) 临界磁场。

外磁场深入使涡旋增生，破坏超导体的电子对结构。

(2) 两个长度尺度以及第一和第二类超导体。

穿透深度和相干长度，畴壁形成，有序、无序转变。

(3) 单涡旋线和临界磁场。

涡旋线回路积分，波函数单值性与回路积分量子化，涡旋线超导电流对磁场的破坏。

10.3.8 相对论性磁单极与电荷禁闭

把多值电磁场理论扩展为包含电荷和磁单极的完整的相对论性理论。

第 8.1 节磁单极规范不变性：包含磁单极的方程(4.54)的协变推广为式(8.1)，由此需在磁荷密度之外引进磁流密度，以构成四维磁流密度(8.2)，自然满足磁流密度守恒式(8.3)。式(8.1)的时间分量给出磁场散度方程，空间分量给出扩展的法拉第方程(8.40)。四维磁流密度用世界线 L 上运动的四维 δ-函数的表达式为式(8.5)，世界线上运动的四分量 δ-函数(8.5)满足闭合回路为 0 的条件(8.7)。磁流密度时空分量表示为(8.8，8.9)式。

四维电流密度也可用世界线 L 上运动的四维 δ-函数表示(8.10)并满足电流密

度守恒定律。磁流密度出现导致微分算子不对易性,要求电磁势 A^{a} 必须是多值的。**磁流密度的出现一定与空间缺陷形成、造成场量分布间断相联系**。

将磁单极世界线加入到相对论性电磁理论的方法是引进额外的**四维空间的磁单极规范场** $F_{ab}^{M}(x)$ (8.11)，它由世界面 S 上的 $\delta_{ab}(x,S)$ 函数乘磁荷 g 构成，其导数变为四维电流密度 j_{a}，它由 S 的边界线 L 上的 $\delta_{a}(x,L)$ 构成；S 面的变形扫过体积 V 形成 V 中的 $\delta_{a}(x,V)$ 函数，它导致磁单极规范场的(第二种)规范变换。S 变形的不变性，即第二种规范变换不变性。狄拉克弦变形会使 $F_{ab}(x)$ 和 $F_{ab}^{M}(x)$ 改变，但其差不变、可观测、有限。存在磁单极时，A_{a} 是周期变量，$A_{a}(x)$ 和 $A_{a}(x)+ng$ 一样。故电磁场作用量为其差构成式(8.20)。配分函数为式(8.31)。

第 8.2 节电荷的量子化：加入带电粒子与电磁场相互作用式(8.32)后得总作用量(8.35)。它在第一种规范变换下不变，但只有当电荷与磁荷满足量子条件时，在第二种规范变换下才是不变的。磁荷-电荷量子化条件:对整数自旋粒子 $eg/\hbar c = 2n\pi$；对自旋 1/2 粒子 $eg/\hbar c = 4n\pi$。

第 8.3 节电流和磁流间的相互作用。总作用量对 A 积分后得式(8.42)：第一项为磁单极的磁流相互作用(8.47，8.48)，第二项为粒子电流相互作用(8.43，8.46)，第三项为粒子电流和磁单极磁流相互作用(8.49)，在两种规范变换下不变。

第 8.4 节对偶规范场表述：引入独立波场 f_{ab}，则总作用量(8.20)与式(8.51)等价。用 f_{ab} 通过式(8.54)引入对偶矢量势 $\bar{A}_{a}$，对偶电磁场张量(8.55)。用 S 面上的 $\delta_{a}(x,S')$ 函数引进电荷规范场 F_{ab}^{E} (8.62)，可把总作用量(8.56，8.64)表为式(8.65)。考虑狄拉克量子化条件式(8.39)后，电荷、磁荷系统总的对偶作用量为式(8.68)，与式(8.35)一样，描述的物理相同，且都具有双重规范不变性。注意：磁流密度式(8.6)、磁单极规范场式(8.11)和电流密度(8.10)、电荷规范场(8.62)，以及相应的流-场方程(8.16，8.57)和(8.61，8.63)。

第 8.5 节磁单极规范固定：规范固定条件式(8.69)、磁单极轴规范式(8.70)。在超立方晶格上考虑规范固定方程(8.71)，证明上述方程的可行性。固定规范后，求解磁单极及规范场方程(8.1)得解(8.73)。由此，电流-磁流相互作用为式(8.74)。

第 8.6 节无自旋带电粒子的量子场论：带电荷和磁荷的粒子系统的量子场论，是玻尔兹曼因子对电荷和磁荷世界线 L、L' 构型的泛函积分。对磁单极，可假定只存在少数固定的世界线；对电子，不仅包含固定世界线，还包含闭合世界线的涨落。涨落电子场的配分函数和作用量为式(8.75，8.76)。对相互作用常数的展开可用费曼图表示。这是无序量子场论。

第 8.7 节磁荷禁闭理论：朗道-金兹堡理论解释：体系有第二类相变，正、负磁单极之间磁力线被挤压进磁通管，磁荷之间产生线性增长的静态势，导致磁荷禁闭。

流体力学解释：式(8.85)磁荷-磁荷相互作用使磁荷世界线包围的世界面 S 获得能量，给曲面以张力，其首级效应在磁荷之间产生线性增长的相互作用，导致禁闭效应。其次级项给出曲率刚度。

对电子，涉及狄拉克场，费米场不能形成凝聚，不存在单极子禁闭。

第 8.8 节磁单极场的二次量子化：描述电子和磁单极的无序场论配分函数(8.75)是巨正则分布对世界面 S 求和而不是对世界线 L 求和，缺乏二次量子化的泛函积分理论去替代这种求和。而作用量(8.35)中的曲面 S 的构型，由于规范不变性可以回到磁单极世界线，当规范固定后，磁单极规范场可以唯一确定。磁单极世界线求和可以用震荡的零自旋的磁单极场 $\varphi_g(x)$ 的泛函积分来进行。此时，1/2 自旋电子和零自旋磁单极系统的二次量子化的泛函积分的总作用量为式(8.95)，其对偶形式为式(8.96)。

第 8.9 节电荷禁闭的量子场论(只做了概述，但重要)：电荷足够大时，具有周期矢量势的晶格量子电动力学会显示夸克禁闭。这个晶格系统包含一个磁单极巨正则系综，在电荷某个临界值处，磁单极子会发生凝聚，把电荷发出的电力线压进细管形成禁闭势[17-19]。三维空间内的禁闭是恒久的，因为德拜屏蔽的磁学形式会在对偶矢量势中产生一个质量项，使两个电荷之间出现一个物理的通量流管。

这个配分函数的对偶形式，描述一个与对偶势耦合的标准的希格斯模型[20]。此希格斯场就是磁单极无序场，其费曼图给出磁单极世界线的直观图像。两个电荷间由 Abrikosov 涡旋线连接，形成线性增长的相互作用势导致禁闭，使系统成为介电的。描述夸克禁闭的对偶希格斯场可以取连续极限[20]，而用矢量势 A_a 的原始理论却不能，因为 A_a 穿越磁单极世界线围成的世界面时会发生跃变，对此缺乏连续描述。

按上节发展的理论，可以构建一个实现电荷禁闭的量子场论，它基于对偶电磁作用量(8.68)的一个微小修正，导致异性电荷间电流通管的形成。

一组固定电荷和磁荷系统的欧氏作用量为式(8.99)，包含电磁场张量、电流密度、磁单极规范场。其等价的对偶作用量为式(8.102)，包含的是相应的对偶物理量，对所有场量和流量的世界线或世界面构型求和。它在电磁规范变换式(8.105)和离散电荷规范变换式(8.106)下不变。与推导式(8.75)类似，在对偶形式下推得二次量子化的作用量(8.107)、(8.109)。由此可知，**当磁单极场的质量参数为负时，该场获得非 0 期望值，使对偶势获得迈斯纳质量、电荷世界线包围的世界面获得能量，造成电荷禁闭、曲面张力、曲率刚度**[21, 22]。

电荷禁闭时，可计算 Wilson 环(8.86)的对偶形式期望值(8.110)。

把该理论应用于夸克模型时，要把式(8.87)替换为具有三色六味、规范不变的相互作用狄拉克作用量(8.111)。在四费米子近似下研究低能行为，转化为手征不变的有效作用量(强子化)[23]。计算组分夸克和流夸克质量，研究手征相变问题[25]。

上述流体力学形式的理论推广到色胶子情形，尚未解决。初步工作见文献[26, 27]。

10.3.9 从理想晶体到含缺陷晶体的多值映射

本章是多值映射理论(多值场论)的回顾。

多值规范变换把无场空间(的粒子)理论变换到与电磁场耦合一起的(粒子)理论。

期望：把平直空间的物理理论变换到具有曲率和绕率空间的物理理论。

第 9.1 节缺陷。缺陷起因：化学的、电性的杂质原子。

按维数分类：①**点缺陷**(0 维)：使一个晶胞显著偏离理想晶体对称性。来源：辐照，强剪切应力下的各向同性的机械形变。两类点状缺陷：原子缺失(空穴)，额外原子(间隙原子)，均为可移动缺陷。**成片的点状缺陷的总能量小于分散的点状缺陷**。通过晶面移动消除空穴盘面去修复晶格结构，但**边界线上的缺陷，即②线状缺陷**(一维)不能如此修复。间隙原子盘可以通过晶面相互排斥去容纳这些额外原子，但边界线缺陷同样不能如此修复，称为位错线。几个空穴盘或额外原子盘重叠的边界形成高强度位错线，其能量按其强度平方增长。应力超过临界值，位错开始运动。19 世纪在塑性形变中观察到。缺陷存在产生的塑性滑移不是两个晶面整体相对移动，而是一步一步完成的。这使得导致滑移的最大应力大大减小。多个空穴或额外原子盘紧密排列滑移时会产生协同现象。某一点夹角内晶体原子的移动，形成旋错。③**二维面缺陷分类**：第一类叫**晶界**：两个相邻的不同取向的规则晶体的分界面，可以看作位错线阵列。第二类面缺陷叫**堆垛层错**：缺陷两边是完全规则的晶体部分，有相对滑移。第三类由**晶体表面构成**。

线状缺陷很重要，它的存在使时空具有离散的黎曼-嘉当几何，其连续极限是引力理论的基础。

第 9.4 节**位错与旋错的相互依赖性**：位错和旋错不是完全独立而是相互依赖的。旋错线与等距离层叠在一起的一堆位错线密不可分。一根位错线与一对方向相反、距离很近的旋错线非常相似。

位错与旋错的相互依赖性是纯拓扑特性，但这不意味着拓扑等价的缺陷具有相同的能量。只有位移场一阶梯度的线性弹性体中，拓扑等价的缺陷才具有相同的能量。在真实晶体中，弹性能量包含位移场的高阶导数项，拓扑等价的缺陷构型会具有不同的能量。位错与旋错的依赖性在爱因斯坦-嘉当引力理论中起重要作用：基于曲率的爱因斯坦引力理论具有另一种表述：引力效应是来自绕率而非曲率，这就是引力的绝对平行理论。曲率和绕率可看作时空的旋错和位错，绝对平行理论正是基于这种依赖性，即可从绕率场的组合中得到曲率。

第 9.5 节连续介质中具有无穷小间断的线缺陷：如何描述多种多样的线缺陷？

晶体对称性的多样性使问题复杂而困难。但是，在各向同性的连续介质中，问题得到简化，**缺陷可由无穷小伯格斯矢量和弗兰克矢量产生**。旋错的弗兰克矢量可以类似于伯格斯矢量那样通过回路积分得到。考虑沿直线的楔型旋错(图 9.5)，绕 L 做一个回路积分 B，给出移出部分的厚度，它随回路离开转轴 L 的距离增大而增大。如切割角很小，则穿过割线的位移会有不连续性，可通过无限小转动得到式(9.3)：$\Delta u_i=(\Omega\times x)_i$ (x 指向连接积分开始到结束的方向)。计算出 Ω，就可算出旋转位移的弗兰克矢量。前者可以通过局域旋转场张量(9.4)、矢量(9.7)和(9.8)来计算。无限小转动才具有叠加性，从而可积分。对有限转动角，式(9.3)和式(9.8)不成立，转动群的非阿贝尔性造成困难。

第 9.6 节位移场的多值性：原子的全同性和热运动引起原子间的置换，使位移矢量成为多值的具有晶格周期性，与 He^4 超流相角变量 $\gamma(x)$ 的周期多值性相似，后者来自复值波函数的单值性要求的相位角的周期性。这一相似性，使得可用复的波函数来描述位移，位移场以晶格矢量为模来定义。

第 9.7 节位移场的光滑性与 Weingarten 定理：远离奇异点处位移场光滑特性的描述。保证切割面黏合时对晶体能很好契合。远离面 S 位移完全光滑，满足可积条件(9.10)。切割面 S 光滑黏合使应变 $u_{ij}(x)$ 在 S 两侧具有相同的值故跃度为零。(9.11)和(9.12)这两式限制了位移穿越 S 面的不连续性, 这可表述为 Weingarten 定理的内容(9.22)：位移穿越切割面的跃变只能是一个常矢量加一个固定的转动(9.22)。**该定理表述了固体连续统的一个重要对称性要素。**

第 9.8 节位移场的可积特性：除了缺陷上，旋转场 $\Omega_{ij}(x)$ 满足可积条件(9.23)。离开缺陷一定距离，位移场 $u_i(x)$ 也满足可积条件(9.33)。在 L 线上，二者不满足可积条件：对旋转场(9.23)右边必为 δ-函数(9.35)；式(9.30)和(9.32)表明(9.34)右边必为 δ-函数(9.38)。

第 9.9 节位错和旋错密度：位移场和旋转场可积性条件的破坏正比于 L 线上的 δ-函数。

类似电流密度，可引进位错密度(9.43)和旋错密度(9.44)。对于 L 上的线缺陷，位错密度(9.45)和旋错密度(9.46)正比于 L 线上的 δ-函数。

旋错线闭合导致旋错密度守恒(9.48)(对方向性介质不能简单用一个位移场描述，故式(9.48)不成立)。位错密度守恒(9.49)。应变的可积性(9.51)。应变导数可积性(9.53)。旋转张量 $\Omega_{ij}(x)$ 导数的可积性((9.54)式上方)。

式(9.43)是绕率公式，式(9.56)是曲率公式。恒等式(9.50)和(9.55)是相应恒等式和四阶曲率张量 $R_{ijkl}(x)$ 的毕安基恒等式的线性形式。

第 9.11 节缺陷规范不变性：**特定的缺陷分布可从多种不同的塑性应变和塑性转动得到**，这是由于选择边界为 L 的 Volterra **曲面的任意性。这种选择的自由度**

可表为一种规范对称性。闭合回路上的电流密度(9.79)具有式(9.80)表示的规范变换的不变性。对于规范不变的超流速度场(9.81)，相角具有多值性，导致速度的规范变换(9.83)。

推广到开放曲面，**相角的梯度描述塑性形变**式(9.84)。类似涡旋规范不变量(9.81)，有塑性形变不变量(9.86)和相应的 Volterra 操作(9.87)。

构造含缺陷的晶体的弹性理论，必须找一个类似式(9.85)的**规范不变的梯度量，它就是弹性形变和塑性形变之差，即缺陷规范不变的应变张量**(9.88)。塑性应变张量变为式(9.89)，不变组合式(9.90)也是缺陷规范不变的。

第 9.12 节线缺陷的分叉。**缺陷守恒律表明：旋错线永不终止，位错线最多终止于旋错线**。缺陷线 L 分裂使旋错密度和位错密度表为式(9.92)和式(9.93)。**旋错密度守恒使弗兰克矢量和伯格斯矢量具有基尔霍夫那样的电流分叉公式**(9.94)和(9.96)。

第 9.13 节缺陷密度及不相容度：对于经典线性弹性问题，定义涡旋密度为应力张量 $u_{ij}(x)$ 的双重旋量(9.97)，它也可以用位错密度 α_{ij} 和旋错密度 θ_{ij} 表示式(9.104)。假如涡旋密度为零，则应变张量为位移场的应变张量(9.106)。这时应变场与位移是相容的(即从位移场可得应变场)。由于**缺陷密度包括位错与旋错**，它也可以不为零，这时应变张量与位移场不相容，必须用应变张量 $u_{ij}(x)$ 和旋转张量 $\Omega_{ij}(x)$ 二者去确定位移场方程(9.129)。

结论：假定晶体有一个应变场 $u_{ij}(x)$ 和一个转动形变场 $\Omega_{ij}(x)$，则当且仅当缺陷密度为零、旋错密度 $\theta_{ij}(x)$ 为零且位错张量 $\alpha_{ij}(x)=0$，即式(9.133)成立，才可以存在单值位移场 $u_i(x)$。式(9.133)表明位错密度、旋错密度为零，因而缺陷密度为零(9.134)或(9. 135)。

10.3.10　曲线坐标系中的相对论力学

爱因斯坦在弯曲时空中描述引力，基于伽利略关于所有物体的引力加速度相同的实验，由牛顿第二定律推得惯性质量等于引力质量的等效原理。

第 11.1 节等效原理：由于惯性质量等于引力质量，引力可以用加速度消除；(惯性系时空平直)而加速系导致时空弯曲，故引力可在弯曲时空中描述(从平直系到加速系是非线性变换，当平直系中存在引力场时，坐标变成为非线性的，非线性对应于时空弯曲，描写引力场。无引力场的时空坐标，进行非线性变换，就获得有引力场的时空，与此相应，平直时空变成弯曲时空)。

地球绕太阳做圆周运动，其质心的引力与离心力抵消做“自由运动”，远离质心的点，两种力不平衡，剩余的离心力产生潮汐运动。

量子力学中，粒子运动是波包，波包感受的引力不能通过连续坐标变换完全消除，必须用多值坐标变换消除，这导致量子等效原理。

第 11.3.4 节仿射联络与协变导数：世界张量的普通导数不再是张量，协变导数(11.85)、(11.90)才是张量。协变导数需要引进仿射联络(11.91)。具有度规、定义了仿射联络的空间称仿射空间，相应的几何称仿射几何。基矢分量和度规张量的协变导数见(11.92—11.95)。克里斯多夫符号(11.21)对应的协变导数为式(11.98)。协变导数的实质变分为式(11.102)。一般张量的协变导数为式(11.105)。

第 11.4 节绕率张量：如坐标可积分，则无限小变换场的导数可对易(11.106)。对于多值坐标，不可积，变换场的导数不可对易，因为联络出现非零的反对称部分(11.107)，(11.108)，称为绕率张量，其实质变分为式(11.109)。由此，**联络可分解为两部分：克里斯托夫部分**(11.23)**是度规的函数，扭曲张量部分是绕率的组合**。修正联络的分解(11.110)。**对称部分可表为度规的函数**(11.113)，**反对称部分可表为绕率张量**(11.114)。**克里斯托夫也可表为黎曼联络和扭曲张量之和**(11.115)。黎曼协变导数为式(11.116)。

第 11.6 节作为仿射联络协变旋度的曲率张量：仿照规范理论，揭示仿射联络和曲率张量的非阿贝尔规范场表示，以及引力理论的规范场理论性质。

引进联络矩阵(11.126)，坐标变换下联络变换(11.101)可写成矩阵变换方程(11.127)，这正是联络作为规范势算符的协变变换方程。联络矩阵的所有指标都是**局域曲线坐标**(**没有内禀坐标**)，**可以看作引起空间弯曲的操作**。联络作为规范势对应的规范场强算符，按规范理论为联络算符的协变旋度(11.28)，它的矩阵元给出类似黎曼张量的、描述空间曲率的量(11.129)或其简化改写形式(11.130)。直接计算可验证：闵氏空间曲率张量所有分量为零(11.132)。由曲率张量的标架形式(11.123)和坐标变换光滑性，可得它的标架变换形式(11.133)。它前两个指标的反对称性(11.134)。度规的物理可观测性，它必须光滑单值可积(11.137)。可证黎曼-嘉当张量后两个指标也是反对称的。联络张量也是可积的(11.138)，保证比基安恒等式。曲率张量非零是协变导数不对易(11.140)，导致绕率张量。曲率张量的缩并得李奇张量(11.141)、标曲率(11.142)和爱因斯坦张量(11.143)。

第 11.7 节黎曼曲率张量：爱因斯坦引力理论只涉及联络和曲率张量的黎曼部分(涉及绕率的部分未考虑到)，构成弯曲空间的黎曼几何，包含绕率的弯曲空间是嘉当-黎曼几何。

构造**黎曼曲率张量**(11.145)，**它与曲率张量之差导致扭曲张量**(11.146)。黎曼曲率张量对前后两对指标交换对称(11.147)，前两个指标交换反对称。标曲率有紧致形式(11.152)、(11.157)。

10.3.11　缺陷诱导的绕率和曲率

闵氏空间无绕率、无曲率。绕率缺失与其张量性质相联系：无穷小平移算符的导数对易(12.1)。曲率为零，由于式(11.31)中变换矩阵的可积性条件(12.2)，给出式(12.3)即无穷小平移场的导数的微分运算可对易。规范函数的导数可对易的规范变换不改变电磁场，无场时空仍变为无场时空。**多值规范变换可从无场时空中生成细的非零磁场流管**，该规范变换不满足施瓦茨可积条件。**这些坐标变换可看作宇宙晶体的塑性变换。而单值坐标变换是宇宙晶体的弹性形变，不改变缺陷表征的几何特性**。带缺陷的晶体理论类似用多值标量场表述的电磁理论。这表明：**从闵氏空间出发，进行多值坐标变换，就可以构造具有绕率或曲率，或二者兼有的一般仿射空间，这种多值坐标变换不满足**式(12.1)**和**式(12.3)。

第 12.1 节多值无穷小坐标变换：(包含仿射几何的一切要素)，(**仿射几何量用晶体原子位移表示**)。

从闵氏空间基本标架出发，通过无穷小多值坐标变换(12.4)**到新的基标架，可得新的时空特性。由新的基标架可构成度规张量**(12.5)，**仿射联络**(12.6)，**绕率张量和曲率张量**(12.7)。用无穷小度规表示式(12.5)下降指标，得上述量的另一种表示(12.8)。为了使度规测量和平行移动可行，爱因斯坦要求度规和联络足够光滑，使对它们的两个导数运算对易。对无穷小表示(12.4)和(12.5)，意味着式(12.9)和(12.10)。由式(12.5)和(11.23)，得纯克里斯多夫联络(12.11)和相应的曲率张量(12.12)。考虑可积条件(12.10)及项目抵消后有式(12.13)、(12.14)和(12.15)。

上述黎曼-嘉当几何与原子晶体通过无穷小多值位移得到的几何一致。这里无穷小奇异变换(12.16)与无穷小原子位移(12.17)对应，从变形原子内禀坐标看，式(12.17)变为式(12.18)，与式(12.16)一致。因此，奇异坐标变换前面微分算子的非对易性，对应于晶体原子位移前面微分算子的非对易性，乃缺陷存在的信号。(晶体原子的多值位移导致仿射几何)

在闵氏三维平直空间，把空间坐标与质点物理坐标等同起来，把无穷小变换与质点位移等同起来，标架变换(12.19)用位移表示，度规(12.20)，联络(12.21)，绕率张量和曲率张量(12.22)，可积条件(12.23—12.25)都可用位移表示。运用可积条件，黎曼张量(12.26)、爱因斯坦张量(12.27—12.29)和(12.30)、局域转动都可用位移表示。(质点位移表述几何量)

各种晶体缺陷密度表征导数非对易性的量度：位错密度(12.31、12.34)与绕率张量联系，绕率是多值坐标变换中平移缺陷的量度，是塑性形变和弹性形变的叠加、旋错密度(12.32)、缺陷密度(12.33)都用位移的不可对易多重导数表示。用位移表示扭曲张量(12.36，12.37)，用位移场和转动场表示扭曲张量(12.39)。

旋错密度(12.32)与由完全的黎曼张量构成的爱因斯坦张量一致(12.40)，缺陷密度与由黎曼曲率张量构成的爱因斯坦张量一致(12.41)。结论：具有微小绕率和曲率的时空可以由闵氏时空通过微小的奇异变换来构造，等同于发生塑性形变后充满位错和旋错的晶体的几何。度规包含宇宙晶体的全部引力效应。普朗克长度式(12.42)和质量式(12.43)。

第 12.2 节非完整坐标变换示例。平直时空到具有绕率和曲率的时空的多值映射例子：二维，理想晶体，晶格常数 b。

第 12.2.1 节位错。刃位错：在无穷小伯格斯连续统极限下用多值函数变换(12.44，12.45)描述，其微分为(12.46，12.47)。基标架为(12.48)。绕原点的回路积分(12.49—12.51)给出非零结果。由此可计算非零绕率(12.52，12.53)和零曲率(12.54，12.55)。**单纯位错只产生绕率而不产生曲率**。

第 12.2.2 节**旋错**：用多值函数的转动坐标变换(12.56)产生曲率。由它得到的度规(12.57)是单值的，其上的微分运算可对易，相应绕率张量为零。局域转动是多值的，具有非对易导数(12.58)。用度规可计算曲率张量(12.59)。张角内的晶格点阵被移除(图 12.2)，导致空间曲率。

第 12.3 节仿射空间的微分几何特性：在闵氏空间通过多值映射引进无穷小缺陷，得到仿射空间。缺陷堆积的非线性形式，产生完整的仿射空间。

第 12.3.1 节度规和仿射联络的可积性：**无穷小缺陷对应的仿射空间用无穷小位移的可积条件**(12.9，12.10)表征，而**非线性完整的仿射空间用加在度规和联络上的类似的可积条件**(12.60，12.61)表征。**第二个条件可换为绕率张量的可积条件**(12.62)。克里斯多夫符号也是可积的(12.63)。式(12.24)的非线性形式为式(12.64)。

第 12.3.2 节局域平行：理解仿射时空特性从局域平行概念开始。在惯性系中平行矢量场指向同一方向，其局域分量的协变导数为零(12.67，12.68)。问题：给定一个任意联络，在什么条件下有可能在全空间找到一个平行矢量场？从平行矢量场分量协变导数为零，得该矢量场的微分方程(12.70)。其有解的施瓦茨条件(12.71)，两次运用式(12.70)后施瓦茨条件变为式(12.74)=0。**这表明只有当全空间曲率张量为零时，才存在全空间的平行矢量场。存在曲率的空间是弯曲的，不存在全空间的绝对平行的矢量场。旋错导致曲率，包含旋错的晶体的几何是弯曲的微分几何。因此，旋错密度与爱因斯坦曲率张量一致**。弯曲空间可定义局域平行：如矢量场的局域导数为零，则邻近矢量在一级微分下平行。空间曲率对矢量回路移动的影响见式(12.77)，空间绕率对矢量回路移动后伯格斯矢量的贡献见式(12.80)。

第 12.4 节具有曲率和绕率的仿射空间中的回路积分：用积分表述旋错回路和位错回路的移动积分公式(12.77)和(12.80)。

第 12.4.1 节平行矢量场的回路积分：局域平行矢量回路积分为(12.81，12.82)。标架场为局域矢量，故其回路积分为(12.83，12.84)。对无穷小回路有式(12.85)：标架场回路移动改变相当于洛伦兹转动；对三维空间，为局域转动：**表明曲率对应旋错，为转动缺陷**。

第 12.4.2 节坐标的回路积分：存在绕率时矢量的回路积分为(12.86，12.87)，矢量改变量等于绕率的面积分。坐标微分改变量为伯格斯矢量(12.92)，等于绕率在回路所围面积上的积分。

第 12.4.3 节闭合破损及伯格斯矢量：绕率给出坐标矢量回路积分在理想晶体中不闭合的程度。

第 12.4.4 节针对曲率的另一个回路积分：在洛伦兹坐标 x^a 看到的曲率。标架矢量在该坐标下的回路积分为式(12.96)。在多值映射 x^a 到 x^μ 下，x^μ 坐标下的曲率不按张量变换。在 x^a 坐标下，曲率张量与黎曼曲率张量差一个含绕率的项(12.102)。

第 12.4.5 节**宇宙晶体中的平行！？**

第 12.5 节曲率和绕率张量的比安基恒等式：比安基恒等式(12.115)保证联络的可积性，它和式(12.114)一起是位错和旋错密度守恒的非线性表示。它们又可表为(12.116，12.117)，这表明：**旋错线永不终结，位错最多终止于旋错线上。**

第 12.6 节黎曼时空中的一些特殊坐标系：坐标系选取是时空的不同参数化，引力的物理与坐标系选取无关。

注释：但坐标系选取给物理学家提供了实验测量的时空立场和理论表述的数学形式。坐标系选取的自由是物理学家描述自然方式的自由，它使物理学家可以采取便利的实验测量立场和简洁的理论表述形式。

第 12.6.1 节测地坐标系：测地坐标系，就引力系统而言，是不存在引力的局域自由落体坐标系，可以让克里斯多夫等于零来确定，导致度规满足(12.123，12.124)。在其邻域可线性变换为局域闵氏空间。**就晶体缺陷而言，相当于通过弹性形变使缺陷区域原子变为正规排列，在连续极限下缺陷区域可收缩为零，缺陷只是晶体受到无穷小扰动。**

第 12.6.2 节正则测地坐标：测地坐标系克里斯多夫符号为零，但其导数不为零。克里斯多夫导数满足式(12.137)的坐标系叫**正则坐标系**。可以通过式(12.150)=0，实现正则坐标系条件(12.137)。**正则坐标系的优点**：克氏导数可用黎曼张量表示(12.138)。度规二次展开系数为黎曼张量(12.142)。正则坐标系中存在潮汐力。

第 12.6.3 节谐和坐标：谐和坐标是整个时空中的坐标，由 a 个约化仿射联络分量(12.154)或(12.155)为零表征，满足拉普拉斯方程(12.151)和(12.160)。在对称时空中，拉普拉斯算子 D^2 (12.153)与 Laplace-Beltrami 算子 Δ (12.157)一致。式(12.156)与式(12.157)，在有绕率的时空二者差一个绕率项(12.158)。

第 12.6.4 节度规行列式=1 的坐标：这是爱因斯坦偏好的坐标，度规行列式=–1；等价于 d 个简约克氏分量为零条件(12.162)。对任意坐标系，可通过变换(12.163)得到 d 个条件(12.162)的 d 个方程(12.165)，确定 d 个新坐标。谐和坐标条件与此处的坐标条件区别在于：约化克氏分量定义(12.154)和(12.162)不同。

第 12.6.5 节正交坐标系：**正交坐标系是度规对角化的坐标系**，使克里斯多夫很多分量为零(12.166)。对于对称时空，所有指标不同的黎曼张量都为零，非零分量为(12.167—12.169)。里奇张量为式(12.170—12.172)，标量曲率为式(12.173)。

第 12.7 节曲率张量和绕率张量的独立分量个数：从对称性考虑可计算出上述张量独立分量的个数。

第 12.7.1 节二维情形：完整黎曼张量为式(12.180)。

第 12.7.2 节三维情形：黎曼张量为式(12.181)。里奇张量为式(12.182)。不变量个数为式(12.183)，不变量为本征方程(12.184)之解。

第 12.7.3 节四维及更高维情形：注意二维空间的非物理性。

10.3.12　嵌入引起的曲率和绕率

前一章通过坐标变换构造一个含有曲率和绕率的空间，此坐标变换不可积且其导数也不可积。**坐标变换不可积给出绕率，坐标变换的导数不可积给出曲率。**

坐标变换导数不可积可以通过从高维时空向低维目标子时空映射加以避免，这一手续叫嵌入。对高维时空加上适当的约束条件可以生成具有曲率的低维时空(完整约束导致的映射可以代替导数不可积的坐标变换)，允许约束条件非完整可以生成具有绕率的低维时空(非完整约束导致的映射可以代替不可积坐标变换)。

第 13.1 节常曲率时空：d 维常曲率时空可以通过在 $D=d+1$ 维时空中加上球面约束条件(13.2)来实现。由此得到球面上诱导度规(13.7)，计算零点附近的曲率张量(13.8)和一般曲率张量(13.9)，里奇张量(13.10)，标曲率(13.11)。

第 13.2 节基矢：在 D 维平直时空中，度规是对角的，基矢为 e_{A}。引入 D 个坐标函数 $x^{\mathrm{A}}\left(x_{\mu}\right)$，求其对 d 维子空间的坐标求导数(13.12)，用此 D 个导数作为 D 维平直空间的坐标，构成子空间的 d 个基矢(13.13)，这些基矢在 D 空间的内积即为子空间新坐标下的度规(13.14)。这些子空间的基矢不存在完备关系(13.16)，但子空间协变基矢与逆变基矢存在正交关系(13.17)。可以定义子空间的仿射联络(13.19)和协变导数(13.27)。二维嵌入球面的各种几何量(13.28—13.38)。

第 13.3 节绕率：**允许嵌入映射多值，就在内嵌空间引入绕率。**从仿射联络的反对称部分得绕率(13.39)。大空间与嵌入子空间的维数关系为式(13.40)。

10.3.13　多值映射原理

从平坦时空到带绕率的弯曲时空的多值映射，给出对爱因斯坦等效原理的更强有力的阐述。爱因斯坦断言：平坦时空曲线坐标系下写出的方程，在弯曲时空中同样成立。本章我们给出新的等效原理：**弯曲时空中的物理定律是平直时空中物理定律的多值映射像。**

只有曲率而无绕率时，基于坐标不变性的引力的最小原理，可得爱因斯坦的定律。存在绕率时，新的等效原理会给出新的预言。

最小耦合假设来自基本粒子理论：基本粒子夸克与电磁势发生最小耦合，复合粒子质子和中子则不发生最小耦合，其反常磁矩来自其内部夸克流的非平凡分布。轻子是基本粒子，但其反常磁矩来自高阶弱电修正。

在引力中，只有点粒子才发生最小耦合。球形扩展物体却不会，它们的四极矩非最小耦合于潮汐力，即耦合于几何曲率张量，这导致自旋矢量在测地线或自平行进动之外的额外的进动率。质子和中子也感受到潮汐力(实验尚未测到)。夸克、轻子、光子、引力子等基本粒子，有最小耦合。希格斯粒子非最小耦合，中间玻色子类似光子，其质量来自希格斯粒子的混合。

第 14.1 节点粒子的运动：对照 11.2 节，新等效原理作些微修改。

第 14.1.1 节具有曲率的空间中的经典作用量原理：不同于式(11.6)做一般坐标变换，用基矢做多值变换(14.1)。坐标变换函数为多值函数，两次微分不对易(14.2，14.3)，施瓦茨可积条件破坏，空间有绕率。如果空间还有曲率，则基矢二次微分-坐标变换函数(微分？)的二次微分不对易(14.4)。度规张量取与式(11.8)相同形式，和作用量(11.2)取极值的推导一样，给出测地线方程(11.24)。作用量与绕率独立，其形式不因有绕率而变。把平坦空间自由粒子运动方程非完整地变换到有绕率的空间中。

第 14.1.2 节有绕空间中的自平行轨迹：平坦空间粒子自由运动轨道坐标加速度为 0。用坐标对固有时 $\tau = s/c$ 求导数定义速度与加速度，从式(14.1)得到加速度方程为 0(14.5，14.6)，由仿射联络的定义(11.91)(包含绕率)，加速度方程变为式(14.7)，其解称自平行轨道。从仿射联络中分解出绕率，自平行轨道方程变为式(14.8)。

多值变换与新等效原理变分的协调：作用量不含绕率，**运动方程中的绕率不会来自作用量，只能来自多值变分**。把变分手续非完整地用于绕率空间，多值变换(14.9，14.10)下的非完整变分(14.11，14.12)，轨道不闭合，对变分下的运动多出**一个非完整变分贡献，它对应于绕率项**。因而，**用非完整变分得到具有绕率的运动方程**(14.38)。

第 14.1.3 节自旋的运动方程：(1.296)求出闵氏空间自旋点粒子自旋四矢量的时间导数。多值非完整映射原理把它变至一般仿射空间(14.39)。由此知道：无外力时，粒子沿自平行轨道运动时，其自旋永远与初始方向平行(14.40)。爱因斯坦理论有类似结果：**仿射协变导数换为黎曼协变导数，曲率使粒子自旋发生测地进动；存在绕率时，还会发生自平行进动。**

第 14.1.4 节梯度绕率的特性。梯度绕率：标量梯度的反对称组合(14.41)。其对粒子运动的影响可用黎曼时空模拟，标量场要对作用量做小的修正，修正变分的运动方程(14.42)与式(14.8)一致。对纯梯度绕率(14.41)，方程变为式(14.43)，反映绕率对平行四边形闭合的破坏。这一轨道，也可通过不同的作用量(14.44)在黎曼空间中得到，其指数标量场与梯度绕率效应一样，变分所得运动方程(14.48)与(14.43)一致。

第 14.2 节由嵌入而得的自平行轨道。自平行轨道方程的另一推导：用嵌入代替多值映射。

第 14.2.1 节自平行的特殊作用。自平行线是高维平坦空直线在嵌入空间的映像：黎曼时空中的测地线，可以通过将黎曼时空嵌入到高维平坦时空得到，但要加特殊约束条件，限定的超曲面即黎曼时空，高维平坦时空中的直线成为超曲面上的测地线和自平行线。对绕率空间，有类似的嵌入手续，高维平直空间直线成为嵌入空间的自平行线。

第 14.2.2 节高斯的最小约束原理。**惯性运动的加速度偏离无约束(自由)运动的加速度最小，这一性质叫高斯最小约束原理**。**黑森矩阵**：拉氏量对速度的二阶导数矩阵。**轨道的高斯偏差函数** G(14.49)：速度偏离与偏离函数的标积。**允许路径**：约束允许的路径。**被释放的路径**：满足拉氏-欧拉方程无约束的路径。**最小约束原理**：容许运动相对于被释放运动的偏差在物理轨道上应保持不变。若高维空间被释放轨道加速度为零的自由运动为直线，则允许的物理轨道应尽可能接近直线。

从达朗贝尔-拉格朗日原理推导自平行轨道方程：拉格朗日系统运动轨道对于约束允许的任何速度的拉格朗日导数(14.54，14.55)为零。

完整系统的运动完全决定于约束曲面上拉格朗日的限定条件，完整约束系统与一般非约束拉格朗日系统不可区分。对于非完整系统，限定在约束曲面上的拉格朗日的欧拉-拉氏方程与约束运动的原始方程并不一致。这一困难使人们无法将常规约束的哈密顿形式的正则量子化运用于自平行运动对其进行正则量子化。**狄拉克关于约束系统的量子化方法，不适合非完整系统**。

第 14.3 节可看作自平行轨道的麦克斯韦-洛伦兹轨道：对平直空间的麦克斯韦-洛伦兹方程(14.56)做多值映射，得有绕仿射空间的自平行运动方程(14.57，14.58)，**绕率只产生在粒子轨道上，不在时空中传播**。式(14.8)与式(14.58)结合就是(14.57)。**洛伦兹力(14.58)使粒子轨道弯曲，可以看作只产生于粒子轨道的绕率**。

第 14.4 节由绕率而得 Bargamann-Michel-Telegdi 方程：**平直空间中的自旋进动方程**(1.309)**可看作有绕时空中的纯几何方程**。对此方程变到绕弯曲空间得式(14.59)，按式(14.40)，与沿轨道平行移动的自旋矢量的运动方程相同。**将协变微分分解为黎曼部分与绕率部分**，考虑到自旋的横向性，得式(14.662)，与式(14.59)同。

10.3.14　引力场方程

引力场的所有信息都包含在度规张量的特性中。引力质量如何产生度规。度规 10 个分量应看作动力学变量，需要一个作用量原理确定它们。

注释(几何与物理)：几何进入(表述)物理原理，物理原理采取几何表述形式。几何是背景的性质，几何进入物理，就是背景的性质进入物理系统。

第 15.1 节不变作用量：度规的运动方程应与坐标选取无关，即作用量在爱因斯坦坐标变换下不变。其增量变换为式(15.1)。需要用拉氏量积分构造一个作用量(15.2)。考虑坐标变换下体积、度规的变换规则(15.3—15.5)，知式(15.6)在坐标变换下不变。拉氏量应是度规及其导数的函数，作用量为式(15.7)。几何分析知道，包含度规导数的不变量为标曲率 R,故希尔伯特-爱因斯坦提出的作用量为(15.8—15.10)。如包含绕率，则标曲率换为黎曼-嘉当形式(15.11)。**作用量(15.8)量子化时，在普朗克尺度的发散不能吸收到耦合常数中，即不能重整化，理论只能是经典等效理论。所有尺度适用的全能理论需要引力量子化。学者一般认为：目前已知的物理理论不能给出普朗克尺度下物质的全新特征。**

在式(15.8)中加入曲率张量的二次型不变式的式(15.12)可以重整化(发散可吸收到三个耦合常数中)。但在普朗克尺度会出现非物理的负能态(量子电动力学有类似问题——朗道鬼态)。重整化理论的优点是：能给出合理的预言而不依赖于无法探测到的尺度上的物理。

考虑质点后，应在引力作用量之外加上质点的作用量(15.13)：固定度规对粒子轨道变分得粒子的运动方程，对度规变分得粒子产生的引力场的方程。**度规 10 个分量中 4 个是非物理的(坐标系的选取)**。考虑绕率后，需要对结合绕率构成的扭曲张量(24 个分量)变分(15.15)。对黎曼空间，避免了绕率。**但对自旋物质，自旋密度会诱导出绕率。**

第 15.2 节能动张量和自旋密度：物质场和引力场的作用量对度规变分得引力场和物质场的能动张量式(15.16)和式(15.17)，对扭曲张量变分得它们的自旋密度张量式(15.18)和式(15.19)。对度规逆变张量变分得协变能动张量式(15.20)和式(15.21)。

点粒子的作用量为式(15.22)，不是扭曲张量的泛函，能动张量为式(15.23)和式(15.25)，自旋密度张量为零，即式(15.24)和式(15.26)。

爱因斯坦-嘉当作用量为式(15.11)，对度规的变分为式(15.27，15.28)，引力场作用量及其变分为式(15.29，15.30)。式(15.31)中含度规变分的项即爱因斯坦张量(15.31)；含黎曼-嘉当张量变分的项，经复杂计算为式(15.47)和式(15.56)。从式(15.56)知，扭曲张量变分对应的项给出引力自旋流(15.57)，而度规张量变分项与前面的项合并后为式(15.59)，引力自旋流在爱因斯坦张量之外，对引力场能动张量贡献一个额外项(15.60)，度规变分只给出对称的能动张量。

爱因斯坦-嘉当方程为自旋流方程(15.61)和能动方程(15.62)。对点粒子，其自旋流为零，退化为式(15.63)和式(15.64)。

注释：上述推导分析表明：①引力场有能动张量，来自真空几何形变对应的真空介质的应力能量，按照真空普朗克子模型，由于形变使真空介质受限，量子涨落能减小、能量亏损，故能量为负；②物质能为正，引力能与物质能之和为零；③物质激发产生正的物质能量与真空能量亏损产生负的引力能量，在真空中同时发生，相加为零，保持能量守恒。可以认为，本章对上述论点给出了具体的物理数学表述。

第 15.3 节对称能动张量和缺陷密度：对称能动张量与缺陷密度的关系。线性化后可证：自旋密度等于位错密度(15.70)，引力场总的能动张量乘以$-k$等于缺陷密度(15.79)(真空缺陷导致引力场及其能动张量)。

10.3.15 整数自旋的最小耦合场

已介绍经典相对论性点粒子与引力场相互作用理论。粒子量子化，必须用相对论场描述，然后对粒子场量子化。用多值映射原理把平直空间作用量通过多值坐标变换变到有绕曲的时空，就得到最小耦合引力场。本章关注耦合问题。

第 16.1 节黎曼-嘉当空间中的标量场：带单值标量场作用量(2.25)，用多值变换(16.1—16.3)，映射为多值变换表示(16.4)和单值度规表示(16.5)。单值度规及其行列式，表示引力耦合。对梯度项分部积分把式(16.5)变为式(16.6)，对作用量(16.6)变分求极值得运动方程(16.7)。爱因斯坦协变原理允许运动方程出现标量曲率项(16.8)，按不同理论考虑，其中参数取$\xi = 1/6, 1/12, 1/8$。非相对论极限——薛定谔方程(16.9)中也出现标量曲率项。对参数的确定是一个挑战：天体诱导的 R 太小，束缚于椭球面上的电子能谱，可能有可观察的畸变。

对标量场，协变导数即通常导数，拉氏量(16.5)不含绕率，运动轨道不与绕率耦合，是测地线而非自平行线。**断定：物质只产生完全反对称绕率。绕率只与自旋 1/2 的费米子耦合**。

第 16.2 节黎曼-嘉当空间中的电磁学：对平直时空中的电磁作用(2.83)做多值坐标变换(16.10，16.11)，得式(16.12)。电磁张量包含绕率式(16.13)和(16.17)，黎曼电磁张量取通常形式(16.16)。绕率使光子获得一个极其微小的质量(16.18，16.19)，由此认为时空中绕率张量非常小，引力理论中场强不包含绕率，光子不与绕率张量耦合，规范不变和爱因斯坦不变的最小耦合作用量是式(16.21)而非式(16.12)。弱电耦合理论的其他中间玻色子像光子一样，不与绕率耦合。物理玻色子的质量来自吃掉希格斯场的无质量戈尔斯通玻色子而产生，而无质量玻色子为标量粒子也不与绕率耦合。由费米子夸克和反夸克组成的矢量介子与绕率却有耦合。

绕率不传播，似乎暗示真空中不存在绕率。光子与绕率耦合，使宇宙微波辐射产生绕率张量场。式(16.61)会给出 Palatini 张量(16.23)，再通过式(15.49)得绕率张量，使光子获得质量。**非零真空涨落可能是绕率的来源**。

10.3.16　半整数自旋粒子

本章研究电子和半整数自旋粒子与引力的耦合。

第 17.1 节局域洛伦兹不变性与非完整坐标：在洛伦兹理论中，自旋定义为粒子在静止坐标系中的总角动量。在量子力学中，自旋用自旋算符的本征态描述，按转动群不可约表示变换。

在闵氏时空中，自旋 1/2 的粒子的自旋包含在狄拉克量子数中，按旋量波函数变换。作用量为式(17.1，17.2)，对波函数变分给出狄拉克方程(17.3)。

第 17.1.1 节狄拉克作用量的非完整像(由多值标架引起)：对式(17.1)做多值坐标变换得有绕弯曲时空中费米子作用量(17.4)，其中包含多值标架场，场论形式不再有效。引入无穷小自由下落坐标系(局域惯性系)，可以将多值标架变换掉。在质心处，是局域闵氏基，但联络不为零，还含非零曲率，造成潮汐力。

中间理论：中间理论由修正的拉氏量(17.5)确定，包含局域洛伦兹坐标变换式(17.6)及其旋量表示。度规都是闵氏基下的度规(17.7)。局域洛伦兹变换后的狄拉克方程为式(17.8)，局域狄拉克矩阵有相似的对易式(17.11)。导数的 D 变换定义狄拉克自旋联络(17.12，17.13)，导数的坐标洛伦兹变换定义广义角速度(17.14)，局域洛伦兹变换由自旋算子指数化构成。自旋联络可表为式(17.15，17.16)，拉氏量(17.17)可用自旋协变微分表示(包含自旋联络)(17.18)。只要自旋联络单值，式(17.17)与式(17.4)等价。

如允许自旋算符的转角多值，则自旋联络不再是广义角动量(17.14)，而构成新的场(17.19)。拉氏量(17.17，17.18)是一个与绕率耦合的狄拉克场论。仿射联络(17.15)与闵氏基下微商的扭曲张量一致。至此，尚无黎曼曲率张量，黎曼-嘉当曲率张量完全由扭曲张量(11.146)给出。有克氏符号可定义平行矢量，对应绝对平行理论。黎曼曲率(11.147)由式(17.20)给出。

第 17.1.2 节标架场：按 4.5 节做单值规范变换，其坐标变换为式(17.21)，逆变换为式(17.22)，变换矩阵有正交完备关系式(17.23)，它们称做标架场(vierbein)和倒易标架场。用度规提升指标(17.24)，单值可积条件为式(17.25)。式(17.18)协变导数变为式(17.26)，联系平直坐标与物理坐标关系式(17.27)的局域洛伦兹变换为多值的。作用量变为式(17.28)，包含的单值几何场在自旋联络中(17.29)。

第 17.1.3 节局域惯性系：让坐标变换多值来构造曲率张量，标架场仍单值，但不再满足可积条件(17.25)，此时作用量(17.28)适合描述有绕弯曲时空中电子等狄拉克粒子。基于洛伦兹不变性的度规(1.28)的非完整坐标的长度(17.30)，每一点均可用闵氏度规(17.31)度量。联立式(17.30)和式(17.21)，得度规及其逆的关系(17.32，17.33)，类似式(11.38)用标架场(可为多值)平方表示度规。

x 与 dx 的关系：在时空每一点存在局域惯性系，在质心极小范围 dx,引力可以消去。离开质心会出现潮汐力。在 x 邻域，用式(17.22)的解(17.34，17.35)讨论潮汐力：在 x 点展开粒子速度和加速度(17.36，17.37)，知道在 x 点加速度为零，离开一点，有潮汐力。度规在 x 点展开(17.38，17.39)表明：用度规构建的仿射联络在 x 点为零。一般，在 x 附近不存在单值坐标变换，其可积条件不满足式(17.41)，导致标架场有式(17.42)。然而，自由下落舱中 x 点附近标架场是单值的，满足可积条件(17.43)，用它们构成的曲率张量(17.44)恒为零。

第 17.1.4 节标架和多值标架场的区别：多值标架 $e_{\mu}^{a}(x)$ 与标架场 h_{μ}^{α} (tetrad fields)的区别：都是度规的平方根，只差一个局域洛伦兹变换：由式(17.27)得式(17.45，17.46)。这表示平方根的不确定性。标架场满足可积条件(17.43)，而多值标架不满足。通过式(11.130)，局域洛伦兹算子的非对易导数表示曲率张量，多值标架给出曲率张量另一种表示(17.47)(由局域洛伦兹变换表示曲率张量)。局域洛伦兹变换矩阵是多值的，引入了缺陷。单值标架矩阵引入中间坐标 dx^{α}，与 x^{μ} 具有相同的旋错结构，但完全不含位错。这个新坐标系 x^{α} 中度规张量在时空每点均取闵氏形式，但不是闵氏时空，因为它具有螺旋结构(而局域惯性系 dx^{α} 不具有)，相对于理想晶体，它存在楔形缺陷。在 x^{μ} 中无法整体定义 x^{α}，只有它们的微分可以通过式(17.21，17.22)彼此用单值变换确定。坐标系 dx^{α} 可以用来确定关于 x^{α} 的导数，以及矢量相对于此中间局域坐标轴的方向(17.48，17.49)。

第 17.1.5 节中间坐标基底下的协变导数：中间坐标 $e_{\alpha}(x)$ 基矢下任意矢量场分量的协变导数为式(17.53)，自旋联络见式(17.15)。用式(17.19)，协变导数又可写为式(17.54)。由协变旋度可得规范场(17.55)。像多值变换一样，局域洛伦兹变换的协变导数为零(17.56)。自旋联络矩阵可用局域洛伦兹变换表示(17.60)。关于非完整坐标 dx^{α} 的协变导数为(17.61，17.62)，关于物理坐标 x^{λ} 的协变导数为式(17.63，17.64)。自旋联络可用多值标架和标架场表示(17.65)。标架场协变导数为零(17.66)。自旋联络分解为克氏符号和扭曲张量(17.71—17.74)。

第 17.2 节黎曼-嘉当空间中的狄拉克作用量：平直空间费米子作用量的单值映像(17.78)，协变导数为(17.79)。曲率张量的局域洛伦兹变换表示(17.80)，规范场与曲率张量的关系为式(17.81)。

第 17.7 节包含自旋物质的场方程：与引力场作用的自旋 1/2 粒子场的作用量 A(17.129)，是标架场、扭曲张量和狄拉克场的泛函。A 对狄拉克场变分得狄拉克粒子的运动方程(17.130)。固定标架场，A 对扭曲张量变分得自旋密度：引力场自旋流密度是引力场作用量对扭曲张量的变分(17.131)，物质作用量(17.28)对扭曲张量的变分得物质场自旋流密度(17.132)。式(15.18)自旋密度定义与正则定义(17.133)一致。爱因斯坦变换不变的物质场作用量都具有式(17.134)的形式，固定标架场对扭曲张量变分得物质场自旋流密度(17.135)。总作用量对扭曲张量变分得场方程(17.136)，是式(15.61)场方程向自旋物质场的推广。Palatini 张量为式(17.137)，时空绕率为式(17.138)。作用量对标架场变分得能动张量(17.139，17.140)以及场方程。纯引力作用量只是度规和扭曲张量的泛函。引力场能动张量为式(17.141，17.142)，物质场能动张量为(17.143—17.146)。对纯引力场作用量(15.11)变分，得到黎曼-嘉当曲率张量组成的爱因斯坦张量与能动张量的关系式(17.147)。物质场作用量对标架场变分要增加自旋引起的附加项(17.156)，使自旋物质的能动张量变为式(17.156)，包含自旋物质的场方程为式(17.157)。

10.3.17 协变守恒定律

按 Noether 定理，作用量在一般坐标变化和局域洛伦兹变换下的不变性，伴随特定的守恒定律。把标架场和自旋联络看作独立变量，自旋联络用式(17.19)，即为 A，把其 α 下标转换为时空指标 μ 后称之为规范场。从式(17.141)知：固定规范场，作用量对标架场变分得正则能动张量(18.1)。固定标架场，由式(17.71)知，作用量对规范场的泛函导数等价于对扭曲张量的泛函导数，由式(17.131)给出自旋流密度(18.2)。式(18.1，18.2)都满足协变守恒定律。作用量包含引力场和物质场二者。

第 18.1 节自旋密度：局域洛伦兹变换下，标架场的变换为式(18.3)，规范场的变换为式(18.4)，多出导数项(见(17.116))。作用量的局域洛伦兹变分为式(18.5)，最后一项分部积分后为式(18.6)。引入局域洛伦兹协变微商(18.10，18.11)，协变微商(18.12，18.13)、(15.42)，作用量变分为零得自旋流局域守恒定律(18.14)。

第 18.2 节能动张量密度：局域爱因斯坦变换(一般坐标变换和局域洛伦兹变换)不变性的结果，时空坐标同时变换。一般坐标变换下，作用量(18.15)的实质变分(18.16，18.17)，是表层拉氏量的实质变分(18.23)。度规的实质变分(18.18—18.22)的不变性。作用量对一般坐标变换的实质变分不变性得守恒律(18.28，18.35)。它在局域洛伦兹变换下也是不变的，故有能动张量的完全守恒定律(18.39)。

第 18.3 节守恒律的协变导数：对爱因斯坦变换和局域洛伦兹变换，先把标架场和规范场的爱因斯坦变分(18.3，18.4)、(18.26)写成协变形式，推导能动量守恒和角动量守恒要简单得多。把上述场量的爱因斯坦变分写成协变形式(18.42，18.43)和(18.44)，把这些量局域洛伦兹变分写成协变形式(18.45)和(18.46)，由作用量的局域洛伦兹变分(18.47)和爱因斯坦变分(18.48)，对式(18.47)做分部积分给出式(18.13)的自旋流密度守恒(用到式(15.37，15.41))，对式(18.48)做分部积分给出式(18.49)，结合式(18.13)给出能动张量守恒定律(18.39)。

第 18.4 节具有整数自旋的物质：对整数自旋物质场，不要标架场和规范场，而用度规张量和扭曲张量为独立变量，它们通过仿射联络而进入作用量。对称变分(18.50)为零得欧拉-拉氏运动方程。推导同时适合物质场和引力场的作用量。对度规场直接变分得能动张量(18.51)及复合变分(18.52)得包含绕率贡献的能动张量(18.53)。对纯引力，能动张量就是爱因斯坦张量(差一量纲常数，式(18.53)下一式)。作用量的爱因斯坦变分(18.54)，结合度规和联络的爱因斯坦变分的协变形式(18.55)、(18.56)，给出式(18.57)，分部积分变为式(18.58)，导致协变守恒定律(18.59)，基于式(17.81)，式(18.59)与式(18.39)一致，对总能动张量和总自旋密度成立，对纯引力场相应的两个守恒律也成立(18.60，18.61)。

第 18.5 节守恒律与比安基恒等式的关系(**注意物理几何意义!!**)：引力场的两个守恒定律(18.60，18.61)，无论有无物质场都成立，是基于基本恒等式(12.103)和比安基恒等式(12.115)。将(15.42)中的协变导数作用于 Palatini 张量(15.46)上得守恒律(18.60)，利用式(12.115)指标轮换和缩并得守恒律(18.61)。

以下是感想和评述：在几何方面，在曲率和绕率的缺陷描述中，曲率和绕率表述的基本恒等式是缺陷密度守恒的非线性推广。在物理方面，能动守恒和角动量守恒，可以从爱因斯坦作用量得到，基于作用量对一般坐标变换(局域变换)及局域洛伦兹变换的不变性。

这些变换对应于宇宙晶体的弹性形变(平动和转动)，作用量不变性表示弹性形变不改变晶体缺陷的物理效应。守恒律与引力场基本恒等式的关系的物理几何含义：这些关系对任意物质场均成立。基本场方程的物理实质：物质场自旋流密度等于负的引力场自旋流密度(17.136)，物质场的能动张量等于负的引力场能动张量(17.157)。这一方面反映出：仿射时空的几何-物理属性由外部条件决定而非内部物质-引力场决定(决定时空几何物理属性的真空缺陷由形成宇宙时空的外部物理过程给定)；另一方面反映出：物质场和引力场相伴、相反相成，导致宇宙晶体的形变与扭曲可用局域变换表示，物质场形成对时空的变形与扭曲，伴随着引力场形成对时空的变形与扭曲，其物理-几何效应相互抵消，保持物质场和引力场之和的总作用量在局域坐标变换下不变。(缺陷形成的物质方面表现为粒子场，缺陷形成的背景方面表现为引力与背景几何。)

爱因斯坦稳态引力理论只能描述已经形成的缺陷物质场如何产生引力，以及引力场与物质场如何相互作用而运动变化，而不能描述宇宙晶体中缺陷从无到有的形成过程，即物质场和引力场从无到有的形成过程。宇宙演化中时空缺陷形成过程、物质场及引力场的形成过程，即宇宙的创生过程，是动态引力理论。宇宙创生动力学必须考虑宇宙真空与宇宙物质交换能量的过程。基于爱因斯坦动态引力理论的宇宙物质密度和宇宙半径的演化方程，描述了宇宙物质的增长，宇宙真空背景的变化，及引力场的形成等因素都必须包括进来以保持能量守恒。

引力理论是宇宙晶体缺陷形成，束缚的辐射子表现为物质场粒子；空间缺陷-扭曲变形，产生绕率、曲率，表现为引力场的过程。分两步：①离散晶体缺陷的形变-应变的微观量子理论阶段，即首先在离散晶体的微观量子层次描述这一过程；②然后对离散微观理论取连续极限(长波极限)，过渡到宏观经典等效理论-固体的多值场论和引力的广义相对论。在连续极限下，缺陷粒子表现为带自旋和质量的点粒子，用δ函数描述；缺陷表现为连续介质中δ函数的各种构型，空间扭曲变形用黎曼-嘉当几何描述。

第 18.6 节由能动守恒而得粒子轨迹：对无绕无自旋粒子，从协变守恒定律(18.39)出发，有守恒律(18.68)、(18.70)。把粒子轨道的能动张量(15.25)代入式(18.70)给出式(18.72，18.73)，沿粒子轨道细管积分得粒子运动方程(11.24)。

有绕率时，协变守恒律为式(18.75)。对标量粒子的守恒律(18.76)，也给出粒子轨道运动方程(11.24)。

10.3.18 自旋物质引力的规范理论

对自旋物质场，作用量(17.78)和式(18.30)以标架场和自旋联络 A 场为独立的基本场变量。引力理论是一个局域洛伦兹变换的规范理论。式(11.104)表明联络在一般坐标变换下像非阿贝尔规范场。式(17.79)表明自旋联络是局域爱因斯坦变换和局域洛伦兹变换下的规范场，独立于标架场。

第 19.1 节局域洛伦兹变换：无限小局域洛伦兹变换下，矢量场变换为式(19.1)、(19.2)，物理坐标不变，其**洛伦兹群像内部对称群，与外部规范对称性一致**，因为标架场将洛伦兹指标与爱因斯坦指标耦合起来了，导致更多的不变性。自旋联络按式(17.114)变换，利用式(17.19)可写为式(19.3，19.4)。场强 F 的线性不变量(19.5)，从式(17.80)知是式(15.8)中的爱因斯坦-嘉当作用量。

作用量(19.5)，对独立的标架场 h 变量和规范场 A 变量(而非扭曲 K 变量)变分，得能动张量和自旋流。对 A 变分(19.6)和(19.7—19.9)，得自旋流(19.10)，与式(15.48)、(15.57)一致。式(19.5)对标架场 h 变分得能动张量和爱因斯坦张量(19.11)，与式(15.30)和式(18.51)一致。

第 19.2 节局域平移变换：**标架场是局域平移变换的规范场**。局域平移变换可写为式(19.12)。协变导数式(19.13)的指数化表明：**标架场是平移算子的规范势，A 场是局域洛伦兹算子的规范势**。式(17.88)和式(19.14)是位错坐标系中两个协变导数的对易子，它们表明：F 是局域洛伦兹算子(对应的规范势)的旋度，S 是平移标架场的旋度。**自旋物质的引力理论是局域洛伦兹群和局域平移群的规范理论**。无绕时，A 由标架场及其导数构成(19.16)，由式(19.15)知绕率为零。

10.3.19 引力中绕率的隐失特性

绕率的新物理。爱因斯坦-嘉当作用量(19.5)产生的结果是不可见的，无法如(15.12)那样，通过在拉氏量中加入曲率高次幂加以改进；即便加入绕率张量 S 的高次幂也无济于事，包含 S 的协变微商的不同平方项或绕率张量和曲率张量的混合项也不行。起主要作用的是式(15.11)中的爱因斯坦–嘉当张量，类似于引力场的绕率张量(17.138)，给出物质场的绕率张量(20.1)，这是局域方程，**绕率限于粒子自旋上，在真空中的扩展不超过普朗克尺度范围**(见式(12.42))。**绕率与物质粒子的自旋绑在一起，量子化后，随着粒子自旋在粒子康普顿波长尺度的扩展而扩展**。无质量光子场不同(自旋为 1，**光子自旋的绕率形成光子运动时的螺旋型偏振进动**？)，电磁场在时空中扩展，它与引力场最小耦合，保证电磁规范不变。

第 20.1 节源于绕率的局域四费米子相互作用：狄拉克场中绕率的非平凡效应。从式(17.133)和式(1.122)知物质自旋密度为式(20.12，20.13)。Palatini 张量 S、绕率张量 S 和扭曲张量 K 与自旋密度的关系为式(20.4)。式(11.146)中曲率张量用黎曼曲率张量和扭曲张量表示，经指标缩并后得标量曲率(20.5)。在爱因斯坦–嘉当作用中，要对全空间积分，式(20.5)中协变导数给出表面项，对动力学无贡献，故可略去，**作用量可分解为希尔伯特–爱因斯坦项**(20.6)**和绕率项**(20.7，20.8)。按式(15.19)和(15.59)，绕率作用量(20.7–20.9)对扭曲张量变分(20.10)，可验证式(20.9)的正确性。从式(17.4)可导出物质与绕率的耦合式(20.11)，加入到纯引力的绕率作用量(20.9)并对扭曲张量取极值重得式(20.4)。式(20.4)代入式(20.9)得有效作用量(20.12)，用(20.3)后变为(20.13)四费米子相互作用(不是基本相互作用而是有效相互作用)，与弱作用四费米子相互作用(20.14—20.20)比较，**强度之比为**式(20.21)，**弱 35 个量级，不可能观测到**。

第 20.2 节引力不需要绕率(**难于理解**)：式(17.71)中出现的是扭曲张量(自旋联络)与无绕自旋联络之差。无绕弯曲空间也存在局域洛伦兹变换下不变的自洽理论，绕率对协变性理论不是必需的。无绕自旋联络的耦合可由局域洛伦兹变换特性唯一确定。式(17.71)修改为式(20.22)，$\gamma=1$ 就是常规无绕引力理论，自旋和轨道角动量耦合特性一样，对获得自旋流密度守恒很重要。作用量对标架场变分得轨道部分为正则能动张量和自旋部分(见式(17.156)的自旋修正部分)。绕率破坏了上述普适原则，可以探测物体内部基本粒子的自旋。如不清楚粒子是否基本，就难于构建一个含绕的引力理论。如 γ 非普适，它就成为粒子的额外参量。**设想基本粒子的 $\gamma=0$，宇宙空间就无绕。绕率的存在，$\gamma=1$，要求一个更高的对称原则**，使得(11.102)式中，绕率总是伴随克氏符号出现。**这个高级原则，可能是第 14 章的多值映射原理：黎曼–嘉当空间的理论是欧氏空间理论的多值映射，式**(11.115)**中的一般度规–仿射联络，自动包含 $\gamma=1$ 的绕率。基本粒子满足这一原理**。

第 20.3 节标量场：**绕率只在普朗克尺度传播，讨论它与粒子耦合只有学术意义**。从式(15.63)知，最小耦合中，标量场不与绕率耦合，协变导数就是普通导数，最小耦合拉氏量中只有度规，而无仿射联络。标量场像光子场一样与物质粒子最小耦合(16.21)。与第 14.1.2 节粒子轨道与绕率耦合、轨道是自平行的而非测地线相悖。第 16.1 节解决了这一矛盾。只含自旋 1/2 源的情形。

解决矛盾的关键是(20.3)式。自旋 1/2 粒子自旋流密度是完全反对称的，绕率场张量 S 因此也是完全反对称的，使它从式(14.8)粒子轨道运动方程中退出，自平行轨道退化为测地线，矛盾消失。

弱电统一理论中光子和无质量的自旋为 1 的中间玻色子与绕率不耦合，保证规范不变性。

矢量玻色子的质量是通过迈斯勒-希格斯效应而获得，它们同希格斯场的戈德斯通模混合起来。希格斯场是类比超导的金兹堡-朗道场而引入，该场描述电子的库珀对。希格斯场很可能由自旋为 1/2 的基本粒子对组成。近年，人们用人工色(technicolor)夸克这种基本粒子对的束缚的自旋单态描述希格斯粒子，使它不与绕率耦合。希格斯场不是基本粒子的另一证据：包含希格斯场的理论虽然可重整化，但希格斯场的传播子在大动量区域包含非物理的朗道极点，表明理论的不完整性。包含标量场的其他理论存在类似问题。

把光子和引力子解释为自旋 1/2 的基本粒子的复合体，与有绕引力不相容。光子中两个自旋平行的 s 波束缚态，违背泡利原理，与绕率有耦合，破坏规范不变性。

光子和中间玻色子不与绕率耦合以保证规范不变性，绕率张量完全反对称也成立。处于 **s 波的夸克-反夸克自旋三态与绕率耦合，s 态不与绕率耦合**。所有强作用粒子都有 γ 小于 1，不是最小耦合。以上考虑**基于假设：轻子和夸克遵从多值映射原理，与绕率耦合给出 $\boldsymbol{\gamma=1}$ 。如果它们像光子和中间玻色子一样不与绕率耦合因而 $\boldsymbol{\gamma=0}$ ，则引力场像爱因斯坦引力一样无绕。**

第 20.4 节修正的能动守恒律：研究与绕率耦合的标量粒子的场论，需修改导致爱因斯坦方程(15.64)的变分手续。绕率具有闭合破坏特性。回顾由协变守恒律(18.68)得到测地线运动方程(18.72)的推导过程，如将(18.68)中自由的零自旋粒子的能动张量协变守恒律修改为式(20.23)而不是式(18.76)，则自平行轨道就会出现。关于式(20.23)的推导：式(15.54)在爱因斯坦变换下总作用量的变化，对点粒子为式(20.24)，最后一项中物理变量的爱氏变分换为式(11.14)和式(11.30)的非完整变分对闭合破损的考虑，则此项为零。再将度规的爱氏变分换为式(20.25)、式(20.26)，作用量变分(20.27)协变导数按式(15.41)分部积分，则得作用量变分式(20.27)和守恒律(20.23)。如何根据式(20.23)进一步修正爱因斯坦方程(20.29)?

第 20.4.1 节梯度绕率情形下的解：对纯梯度绕率情形给出回答。式(14.41)给出纯绕率的一般形式(20.30)，式(20.29)替换为式(20.31)。爱因斯坦-嘉当张量由式(11.129)给出，是对称的，与式(20.31)左边、右边对称性一致并且相容。可以证明：新的场方程(20.31)左边协变导数为零(20.37)，与右边物质能动张量的协变导数为零相容，保证粒子轨道自平行性。

若绕率不是梯度型的，如第 20.3.1 节指出，绕率只能来自自旋 1/2 的基本粒子，如夸克轻子，给出的绕率是全反对称的，自平行轨道成为测地线轨道。

第 20.4.2 节与标量场相耦合的梯度绕率：如果绕率是梯度型，则它可能包含在希格斯场的作用量(20.38)中。希格斯场为复标量场，协变导数引进电磁矢量规范势和规范场(20.39)。①希格斯场具有非零期望值，使矢量玻色子获得质量。②(协变导数的)迈斯勒效应通过把非耦合的裸矢量玻色子与希格斯场混合起来，而给矢量玻色子提供质量。希格斯场与绕率耦合，使带质量的矢量玻色子与绕率耦合起来。由此引进梯度绕率的耦合，使标量粒子沿闭合破损的轨道是自平行运动。

第 20.4.3 节一种新的标量积：若绕率全反对称或具有梯度形式(20.30)，则标量粒子存在自洽的薛定谔方程，其中的协变形式的拉普拉斯算子包含仿射联络(和绕率)，与无绕空间的 Laplace-Beltrami 算子差一个含绕率张量的导数项，可以用 θ 的导数表示，这个算符只在包含因子 $e^{-3\theta}$ 的标积中才厄米。式(20.30)梯度绕率的优点如下：适当与标量粒子耦合，使得不必修改变分手续，而产生自平行轨道。对带质量粒子，耦合作用量为式(20.40)，对其变分求极值，得到存在绕率的自平行轨道运动方程(20.41)，沿此轨道拉氏量为常数(此乃自平行轨道特征之一)，可通过质壳约束式(20.42)实现。同样的经典方程(20.41)也可通过包含 $e^{-3\theta}$ 标量场作用量(20.43)的程函近似得到。对上述作用量变分得标量场运动方程(20.44)。做波函数等于其相位函数的程函近似，得到相位函数的程函方程(20.45)，由于相位函数的导数是粒子动量，此方程保证拉氏量为常数(20.42)，粒子的运动是自平行的。

第 20.4.5 节自相互作用希格斯场：θ 场同标量场的耦合类似于伸缩子，其幂次决定于相关项的量纲。如在式(20.43)中加四次项自相互作用后的作用量为式(20.46)，质量平方为负以产生迈斯勒效应，自相互作用不带 θ 场因子。存在梯度绕率的希格斯粒子在康普顿波长尺度(10^{-15} cm)，希格斯场期望值式(20.47)是 θ 的光滑函数，要求绕率也光滑，这对源于引力的绕率是能够保证的。从式(20.43)，在希格斯场为实数的规范下，矢量玻色子的质量项为式(20.48，20.49)，考虑绕率要求的标量积后，带质量的矢量玻色子的作用量为式(20.50)。质量项 θ 场的负二次幂保证程函近似下矢量玻色子运动轨道是自平行的，类似式(20.43)的标量粒子。式(20.50)的负三次幂标积因子表明无质量中间玻色子也耦合于绕率，不破坏规范不变性。弱电统一理论中的电磁场的作用量也需有这个负三次幂标积因子以实现与绕率的耦合。

第 20.5 节小结：绕率对引力的影响要靠实验来澄清。绕率与粒子内禀自旋的耦合非常弱，现代探测技术尚不能探测到。所有包含绕率的理论在今后很长时期只是理论推测，它的存在只能从理论的美学诉求推测，受最小原理支配，当某种对称原理需要某种数学结构时，此种数学结构才会为人们采纳。目前，绕率存在的唯一理由是：平直空间的物理理论在多值映射中是会自然出现绕率，而多值变换把理想晶体变为具有位错和旋错的晶体，由于不同的物理现象往往采用相同的数学结构，多值映射很可能把理想普朗克子真空变为具有曲率和绕率的真空。按最小原理，绕率的耦合对保证引力的局域对称性是不必要的。

10.3.20 引力的绝对平行理论

20 世纪 30 年代，受嘉当 1923 年工作的影响以及随后他们之间的通信，爱因斯坦提出的引力的另一种理论——**绝对平行理论**(Theory of Tele-Parallelism)：**引力时空可以通过假定式(17.45)中的基标架 e_{μ}^{a} 的表达式的局域洛伦兹变换 $\Lambda_{\alpha}^{a}(x)$ 为单值而从平直空间中产生出来**。此时，基标架单值与标架场一致，由方程(11.130)中导数对易，知黎曼-嘉当曲率张量恒为零(21.1)(在绝对平行时空中，可看成比安基恒等式)，允许在任何时空中定义平行矢量场。局域洛伦兹变换的单值性，使得可在时空任意点选取对角化的洛伦兹标架=I，由式(17.15)得仿射联络=0。由式(17.68)推断，此规范下的仿射联络同式(17.67)的联络一致(20.2)，绕率张量退化为式(17.74)中非完整量(21.3)。

第 21.1 节爱因斯坦作用量的绕率形式：

由式(11.146)知，黎曼-嘉当曲率张量为零，意味着黎曼曲率张量可用扭曲张量表示(21.4)，相应的标曲率为式(21.5)。利用式(11.114)、(15.43)，黎曼曲率张量可全用绕率表示(21.6)。在绝对平行空间，爱因斯坦作用量(15.8)可写为式(21.7)；分部积分丢掉表面项(21.9)给出爱氏作用量(21.8)。拉氏量按绕率的不可约部分分解：第一个不可约部分是非零迹矢量(15.43)，第二个不可约部分是无迹(混合)张量(21.10，21.11)，第三个不可约部分是完全反对称轴矢量(21.12)。绕率可表为上述三部分之和(21.13)。作用量(21.8)中三个不变量，可以用上述三个不可约张量的标量积式(21.14)(其逆为式(21.15))表示式(21.16)。**爱因斯坦理论全部结果都可以从黎曼-嘉当空间中(标架场为四个绝对平行矢量场)，黎曼-嘉当曲率张量为零的作用量得到**。

绝对平行空间爱因斯坦作用量更一般的形式为式(21.17)，三个参数有一个限制条件。用式(21.15)，(21.17)又可写为(21.18，21.19)。为推导运动方程便利，式(21.18)可改写为四种形式(21.20，21.21)、(21.24)、(21.25)、(21.26)。为了与爱因斯坦理论比较，总作用量可写成爱式部分和绕率修正部分式(21.27)。

引力场的能动张量：对标架场变分，根据式(11.142)得式(21.28)，定义为爱因斯坦-嘉当空间中的广义爱因斯坦张量，令其为式(21.29)，分解为爱因斯坦作用量贡献项和绕率修正项(21.30)。由于绝对平行空间不存在非完整量，能动张量中没有式(17.155)那样的自旋贡献项，故能动张量是正则的、不对称的。对作用量的四种形式，计算的修正项为式(21.31—21.33)、(21.34，21.35)、(21.36)。

引入式(21.36)后，利用式(21.23)，式(21.33)中有式(21.38)，式(21.35)中有式(21.39)。

加上所有能动张量以及物质张量后，场方程为式(21.40，21.41)。验证方程为式(21.42—21.44)。点粒子的能动张量是对称能动张量(21.45)。

第 21.2 节施瓦茨(Schwarzschild)解：求点粒子质量源各向同性场方程(21.40)的球对称解。标架场对角化为式(21.46)其逆矩阵容易得到(把其对角元变为分式即可)。由标架场及其逆得到度规和 $\gg \mathrm{d}s^2$ 不变量方程(21.47)。由度规求得非零仿射联络 θ 分量和 r 分量(21.48)。由度规和仿射联络计算式(21.40)中的各种量，代入场方程(21.40)得到爱因斯坦张量的非零分量的方程(21.49–21.51)，它们给出 $h(r)$-$H(r)$ 和 $j(r)$-$J(r)$ 的 r 的二阶微分方程，由此求得球对称施瓦茨解 $H(r)$ 和 $J(r)$。

10.3.21　呈展引力(473—480)

绕、曲时空是含缺陷的晶格常数为普朗克尺度的晶体–宇宙晶体。绕率和曲率来自基本粒子尺度(而非普朗克子尺度)的晶体缺陷。

超弦：宣称能描述从宇宙尺度跨越普朗克尺度到零尺度的物理现象。为了描述目前实验可以观测的现象，超弦理论需要额外时空维度。超弦预言的很多粒子观察不到。**基本粒子只存在弦的泛频之中，弦皆有泛频，处于普朗克区，无法解释观察到的基本粒子**。超弦理论预言：在跨普朗克区域内的所有能量上洛伦兹不变性都有效。本书有不同方案。

第 22.1 节宇宙晶体中的几何：引力及其几何源于宇宙晶体的不同塑性力，时空曲率是该晶体旋错存在的标志，物质是旋错缺陷的源。

无绕系统。晶体无穷小形变用位移矢量场 $u_\mu(x)$ 描述，其对称的梯度张量 $Du_{\mu\nu}(x)$ 为弹性应变张量场，应变能与弹性应变张量场的二次标量积的积分成正比，比例系数为弹性系数 $\mu/4$。

用 Volterra 曲面定义缺陷，曲面上的晶格结构被截断，位移矢量成为多值。

塑性形变张量场 $u^{\mathrm{p}}_{\mu\nu}(x)$ 是塑性形变 $u^{\mathrm{p}}_{\mu}(x)$ 的规范场，不受晶体形变的影响，多值规范变换改变塑性规范场。这时，能量密度中的弹性形变张量应换为弹性形变张量与塑性形变张量之差。

塑性规范场与度规张量等价，缺陷密度(在缺陷规范变换下不变)与爱因斯坦张量等价。

双规范变换：缺陷规范变换式(22.4)和应力规范变换式(22.20)，能量密度在两类规范变换下不变。

应变张量(应力规范场)与应力张量。

应变张量导数支配的晶体叫松散晶体，导致爱因斯坦–希尔伯特的黎曼时空。

位移关联的长程行为是对数型的，存在剧烈的长程波动使晶格方位丧失，二维晶体的有序态要靠垂直波动来维持。

上述有用的工具：可把晶体形变和缺陷与度规和引力联系起来。

第 22.2 节 Friedmann 宇宙中物质和辐射涨落的引力：

萨哈洛夫构想(1967)：**几何不具有动力学，时空的刚度归因于宇宙中所有量子场的真空涨落。每个涨落都给出一个爱因斯坦作用量，正比于** R **以及黎曼张量的高阶项，还有一个宇宙项** Λ **。实验确定的宇宙项要乘以普朗克长度平方除** 8π(**差** 10^{-122} **个量级**)。

评述：

动力学蕴含于真空量子涨落能。

萨哈洛夫构想实现的困难在于计算所有量子场的量子涨落(包括复合粒子的量子场的量子涨落)。

用普朗克子的量子涨落能量表示真空量子涨落能量，解决了这一困难。

重整化回避了真空短距离的量子涨落能，真空能成为一个自由参数。

联想真空普朗克子模型，真空普朗克子量子结构模型阐明了下述问题：①把时空几何的动力学问题具体化为具有量子涨落的普朗克子晶体的缺陷和形变的动力学问题；②解决了计算真空量子涨落能问题(来自真空普朗克子的量子涨落能量)；③用普朗克子初始条件下的爱因斯坦-弗里德曼宇宙动力学演化方程的解，计算了真空能量密度，解决了宇宙项的等级差问题：暗能量不是真空量子涨落能本身，而是宇宙膨胀中真空量子涨落能极其微小的亏损部分转化成的宇宙膨胀子的能量；④把宇宙演化动力学变为宇宙物质-宇宙真空耦合系统的动力学：宇宙非平衡膨胀演化，使宇宙真空丧失极小的量子涨落无规能量，并转化为宇宙各种物质的能量，宇宙真空量子涨落能亏损部分表现为负的引力势能，宇宙物质正能量和宇宙引力负能量之和为零，保持宇宙真空-宇宙物质系统总能量守恒。

10.3.22 读此书后提出的问题

(1) 如何基于真空普朗克子晶体结构描述缺陷并计算缺陷的各种物理量？如何在真空晶体的基本粒子尺度描述缺陷并计算缺陷的各种物理量？

(2) 在连续极限下，描述晶体点阵结构中的缺陷的数学形式如何变化与过渡？是多值场论形式吗？是晶体连续极限下的带δ函数的微分几何张量形式？是连续介质、流体力学的微分几何张量形式？这种连续过渡分三种：①从普朗克子量子尺度到宏观经典尺度；②从普朗克子量子尺度到基本粒子量子尺度；③从基本粒子量子尺度到宏观经典尺度。①只有理论意义，②、③才是物理的。

(3) 晶体缺陷的基本形式有几种？它们的数学形式是什么？间断型缺陷的数学表述，连续型缺陷和形变的数学表述，真空形变量和应变量的关系，缺陷和形变的能量在量子层次和经典层次的来源和计算，各种弹性系数的微观内容和经典描述？

(4) 与基本粒子尺度对应的真空缺陷和形变的微观量子描述和经典场论描述？基本粒子尺度的真空缺陷的非线性效应的来源和量子描述与连续极限描述？缺陷尺度及其能量(与普朗克子比较)的等级差如何产生及其描述？

(5) 从晶体理论或连续介质和流体力学理论的最新数学形式，能找到或借鉴其理论形式吗？有哪些文献？

(6) 爱因斯坦广义相对论宇宙学与普朗克子真空理论的结合问题。

为什么广义相对论本身能包含宇宙诞生和演化的动力学理论(即包含宇宙动力学方程)？为什么宇宙半径的变化和宇宙能量密度的变化是互为泛函的？引力场爱氏方程本身是爱因斯坦张量与物质能动张量之间的线性泛函关系？由此可诱导出其他物理量之间的非线性泛函关系？为什么基于爱因斯坦广义相对论的宇宙学必须把普朗克子真空放进去才是完整的、才能与能量守恒相容？

宇宙学方程的初始条件——时间起点和空间构形起点，是作为初始条件和边界条件而从方程之外设定的，宇宙演化中物质正能量与引力负能量之和为零，必须在考虑真空背景之后才能很好表述与理解；能量守恒不能限制宇宙的总能量，因为真空与宇宙之间频繁交换能量，宇宙能量、物质来自真空量子涨落能丢失的部分，同时产生真空空穴激发成为负引力势，二者的能量总和守恒。普朗克子爆炸的宇宙演化模型是把普朗克子作为时空边界条件加于宇宙演化方程后的结果；宇宙在演化中，它与所在的真空交换能量，膨胀时宇宙能量的增长来自真空量子涨落能的减小部分，收缩时宇宙把其能量的减小部分还回给真空量子涨落能。爱因斯坦引力理论，由于用黎曼张量和度规描述存在物质时的真空背景，就使真空背景的物质性隐藏在黎曼几何之中。爱因斯坦把宇宙在普朗克子真空中演化，刻画为两幅密切相关的图画——物质分布图画和引力分布图画，纳入到自己的理论之中。如果省去真空，宇宙的产生和成长、萎缩和消失，就显得神秘莫测，不知宇宙产生时能量从哪里来，宇宙消失时能量又到哪里去了。因此，在爱因斯坦理论中考虑普朗克子真空后，宇宙演化动力学就变成宇宙-真空耦合动力学，整个理论在经典层次就显得完美无缺。显然，这个理论还需加入量子和粒子宇宙学知识，才能在经典和量子层次完美无缺，既能解释宇宙能量密度和半径的演化，又能解释宇宙创生和膨胀时，基本粒子从真空中产生和分化的过程。因此，完善的宇宙学是宇宙和真空在量子-经典层次上相互作用、交换能量的耦合动力学(在真空方面是微扰的耦合动力学，在物质方面是非微扰的耦合动力学)。

关于宇宙演化问题应指出：宇宙在普朗克子量子真空背景中演化，是真空-宇宙耦合动力学问题。宇宙与真空背景交换能量，普朗克子真空蕴藏无限的量子涨落零点能。宇宙膨胀时，宇宙从真空吸收其普朗克子量子涨落释放出的径向零点涨落能，转化为宇宙径向膨胀辐射子的能量，通过超高能辐射粒子碰撞等基本粒子过程，转化为各种基本粒子，然后形成原子核，原子，分子，物体，星体，宇宙万物。宇宙收缩时，宇宙物质先转化为辐射，再还回给真空普朗克子，使其成为原来完善的、无能量亏损的真空普朗克子。普朗克子的作用：①宇宙演化的初始条件；②宇宙能量的来源——普朗克子径向量子涨落能亏损，宇宙能量密度等于真空普朗克子量子涨落能损失部分的能量密度，从普朗克子损失的能量可计算宇宙演化时激发的辐射粒子的能量和自旋；③从普朗克子损失的能量，计算宇宙演化时激发出宇宙膨胀子的同时，诱导出的真空空穴激发产生的负引力势和引力强度(指向宇宙视界面的加速度)，从而知道宇宙膨胀子诱导出的引力显示出径向向外的斥力效应。

关于黑洞引力问题应指出：黑洞视界面是天体尺度真空缺陷，造成对其内部径向量子波动模式的截断并离散化。这是视界面对微观量子波动的截断效应，不是宏观经典缺陷的静态应力效应，处理原理和方法已超出缺陷的经典理论，而是缺陷的量子理论。把缺陷的形成用经典引力理论处理，缺陷的物理作用用奇异经典势描述，缺陷对真空量子涨落零点能的影响及其物理效应用量子论处理。缺陷的形成和描述是经典的，缺陷的物理效应的处理则是量子的。

另附克莱纳特的新书：*Particles and Quantum Fields*，Hagen Kleinert，Professor of Physics，Freie Universität Berlin 相关的**重要章节**：

29 Cosmology with General Curvature-Dependent Lagrangian

29.1 Simple Curvature-Saturated Model

29.2 Field Equations of Curvature-Saturated Gravity

29.3 Effective Gravitational Constant and Weak-Field Behavior

29.4 Bicknell's Theorem

Appendix 29A Newtonian Limit in a Nonflat Background

Notes and References

30 Einstein Gravity from Fluctuating Conformal Gravity

30.1 Classical Conformal Gravity

30.2 Quantization

30.3 Outlook

Appendix 30A Some Algebra

Appendix 30B Quantization without Tachyons

Notes and References

31 Purely Geometric Part of Dark Matter

Notes and References

资料与注记

[1] Dirac P A M. *Quantized Singularities in the Electromagnetic Field.* Proceedings of the Royal Society, A 133, 60 (1931). 这可从以下网址进行查阅：kl/files，其中 kl 为超链接 www.physik. fu-berlin. de/~kleinert 的缩写.

[2] Schwinger J. Phys. Rev, 144, 1087 (1966).

[3] Berezinski V L Zh. Eksp. Teor. Fiz., 59, 907 (1970) [Sov. Phys. JETP 32, 493 (1971)].

[4] Kosterlitz J M and Thouless D J J. Phys. C, 5, L124 (1972); J. Phys. C, 6, 1181 (1973); Kosterlitz J M. J. Phys. C, 7, 1046 (1974).

[5] Kleinert H. *Gauge Fields in Condensed Matter*, Vol. I, *Superflow and Vortex Lines.* World Scientific, Singapore, 1989, pp. 1–742 (kl/re.html#b1).

[6] Orowan E. Z. Phys., 89, 605, 634 (1934); Polany M. Z. Phys., 89, 660 (1934); Taylor G I. Proc. Roy. Soc. A, 145, 362 (1934).

[7] Kleinert H. *Gauge Fields in Condensed Matter*, Vol. II, *Stresses and Defects.* World Scientific, Singapore, 1989, pp. 743-1456 (kl/re. html#b2).

[8] Bilby B A, Bullough R, and Smith E. *Continuous distributions of dislocations: A new application of the methods of non-Riemannian geometry.* Proc. Roy. Soc, London, A 231, 263-273 (1955).

[9] Kondo K. in *Proceedings of the II Japan National Congress on Applied Mechanics*, Tokyo, 1952, publ. in *RAAG Memoirs of the Unified Study of Basic Problems in Engeneering and Science by Means of Geometry*, Vol. 3, 148, ed. K. Kondo, Gakujutsu Bunken Fukyu-Kai, 1962.

[10] KrÄoner E. in *The Physics of Defects*, eds. R. Balian et al., North-Holland, Amsterdam, 1981, p. 264.

[11] Cartan E. Comt. Rend. Acad. Science, 174, 593 (1922); Ann. Ec. Norm. Sup., 40, 325 (1922); 42, 17 (1922).

[12] Cartan E and Einstein A. *Letters of Absolute Parallelism.* Princeton University Press, Princeton, NJ. See Chapter 12 for more details.

[13] SchrÄodinger E. Proc. R. Ir. Acad. A, 49, 135 (1943); 52, 1 (1948); 54, 79 (1951).

[14] 由所观测到的空间磁场的范围可以估算出 $m_r < 10^{-27}$eV，这大约对应于 10^{-60}g，或是下述康普顿波长 10^{17}km ≈ 3kpc. 实验室实验给出的上限弱很多，为 $m_r < 3\times10^{-16}$eV，即 10^{-49}g，或对应的康普顿波长大约为 10^6km(差不多为一个宇宙单位的～1%). 历史上来讲，第一个精确的上限是通过探测同轴带电壳间的电场来加以测量的，见 E.R. Williams, J.E. Faller, and H.A. Hill, Phys. Rev. Lett., 26, 721 (1971). 他们给出的上限为 $m_r<10^{-14}$eV ≈ 2×10^{-47} g$\times6\times10^{-10}$cm^{-1}，下面这篇论文的结果则提高了两个数量级 D. D. Ryutov, Plasma Phys. Controlled Fusion A, 39, 73 (1997). 关于此最近的讨论请见 E. Adelberger, G. Dvali, and A. Gruzinov, Phys. Rev. Lett., 98, 010402 (2007).

[15] Utiyama R. Phys. Rev., 101, 1597 (1956).

[16] Sciama D W. Rev. Mod. Phys., 36, 463 (1964).

[17] Kibble T W B. J. Math. Phys., 2, 212 (1961).

[18] Hammond R T. Rep. Prog. Phys., 65, 599 (2002).

[19] Kleinert H. *Disorder Version of the Abelian Higgs Model and the Order of the Super-conductive Phase Transition.* Lett. Nuovo Cimento, 35, 405 (1982) (kl/97).

[20] London F and London H. Proc. R. Soc. London, A 149, 71 (1935); Physica A, 2, 341 (1935); London H. Proc. R. Soc. A, 155, 102 (1936); London F. *Superfluids*. Dover, New York, 1961.
[21] Bardeen J, Cooper L N, Schrieffer J R. Phys. Rev. , 108, 1175 (1957); Tinkham M. *Introduction to Superconductivity*, McGraw-Hill, New York, 1975.
[22] Nambu Y. Phys. Rev. D, 10, 4262 (1974).
[23] Mandelstam S. Phys. Rep. C, 23, 245 (1976); Phys. Rev. D, 19, 2391 (1979).
[24] G. 't Hooft, Nucl. Phys B, 79, 276 (1974); and in *High Energy Physics*, ed. by A. Zichichi, Editrice Compositori, Bologna, 1976.
[25] Polyakov A M. JEPT Lett. , 20, 894 (1974).
[26] Wilson K G. *Confinement of Quarks*. Phys. Rev. D, 10, 2445 (1974).
[27] Kleinert H. *The Extra Gauge Symmetry of String Deformations in Electromagnetism with Charges and Dirac Monopoles*. Int. J. Mod. Phys. A, 7, 4693 (1992) (kl/203); *Double-Gauge Invariance and Local Quantum Field Theory of Charges and Dirac Mag-netic Monopoles*. Phys. Lett. B, 246, 127 (1990) (kl/205); *Abelian Double-Gauge In-variant Continuous Quantum Field Theory of Electric Charge Confinement*. Phys. Lett. B, 293, 168 (1992) (kl/211).
[28] Kleinert H. *Quantum Equivalence Principle for Path Integrals in Spaces with Curvature and Torsion*. in Proceedings of the XXV International Symposium Ahren-shoop on Theory of Elementary Particles in Gosen/Germany 1991, ed. by H.J. Kaiser(quant-ph/9511020); *Quantum Equivalence Principle*. Lectures presented at the 1996 Cargμese Summer School on *Functional Integration*: *Basics and Applications* (quant-ph/9612040).

10.4 关于 Lauphling 集体态波函数

由此理解微观粒子集体态的数学结构和物理内涵(包括分数量子霍尔效应)，有助于理解普朗克子真空超低能集体激发态的微观多粒子量子结构。

Lauphling 集体态波函数：(设粒子数为 N)

$$\Psi_c\left(z_1,z_2,\cdots,z_N\right)=\prod_{i,j}\left(z_i-z_j\right)^3\mathrm{e}^{-\frac{1}{2}\sum_k|z_k|^2} \tag{10.1}$$

上式空间坐标反对称，导致空间分布均匀。物理上的集体态是大粒子数极限。

用谐振子单粒子波函数构建上述波函数的规则：

1. 谐振子波函数

$$\psi_n(z)=\left(\frac{1}{\sqrt{\pi}2^2n!}\right)^{1/2}H_n(z)\mathrm{e}^{-\frac{z^2}{2}}$$

$H_0(z)=1$， $H_1(z)=2z$， $H_2(z)=4z^2-2$

$H_3(z)=8z^3-12z$， $H_4(z)=16z^4-48z^2+12$

2. 单粒子态子空间的选择规则：能量最低的 n 个单粒子谐振子态

$\psi_0,\psi_1,\cdots,\psi_n$，由(10.1)式知 $n=3(N-1)$：

$N=2,n=3;N=3,n=6;N=4,n=9;N=5,n=12;\cdots$

单粒子坐标最高幂次为 z^n；

$\Psi_c(1,\cdots,N)$ 的幂次为 $m(N)=\dfrac{3N(N-1)}{2}:m(2)=3,m(3)=9,m(4)=18,m(5)=30,$ $m(6)=45,\quad m(7)=63,\quad m(8)=84,\cdots$

3. 用谐振子单粒子波函数构建 Lauphling 集体波函数的规则

(1) N 体反对称组态：$\varPhi_{n_\alpha}=\dfrac{1}{\sqrt{N!}}\det\left(\psi_{n1},\psi_{n2},\cdots,\psi_{nN}\right)$，$m(N)=\sum\limits_{i=1}^{N}n_i$，组态能量 $E_m=m\hbar\omega$ 简并，组态波函数多项式最高幂次为 $m(N)=\dfrac{3N(N-1)}{2}$：

$m(2)=3,m(3)=9,m(4)=18,m(5)=30,m(6)=45,m(7)=63,m(8)=84,\cdots$

(2) Lauphling 集体波函数是组态 $\varPhi_{n_\alpha}$ 的叠加：$\Psi_c=\sum\limits_{\alpha}c_\alpha\varPhi_{n_\alpha}$，需证明：可选择 c_α 产生(10.1)式。

(3) 在 $N\to\infty$ 极限下，$n\approx 3N$，能级填充概率 $\nu=\dfrac{N}{n}\approx\dfrac{1}{3}$(能级填充概率应对包含此能级 α 的组态 $\varPhi_{n_\alpha}$ 的概率 $\left|c_{n_\alpha}\right|^2$ 求和 $\sum\limits_{\alpha'}\left|c_{n_\alpha}\right|^2$)。需证明：$N\to\infty$ 极限下，$\sum\limits_{\alpha'}\left|c_{n_\alpha}\right|^2=\nu=\dfrac{N}{n}$。

(4) 例子

例子(1) $N=2,\quad n=3,\quad m=3$，最低 4 个单粒子态为：$\psi_0,\psi_1,\psi_2,\psi_3$；$m=3$ 只有两个组态 $\varPhi_{n_\alpha}$，$n_\alpha=(1,2),(0,3)$；

$$\Psi_c=\frac{\sqrt{3}}{2}\varPhi_{(1,2)}+\frac{1}{2}\varPhi_{(0,3)}$$

Ψ_c 满足(10.1)式，填充(1, 2)能级概率为 $\dfrac{3}{4}$，填充(0, 3)能级概率为 $\dfrac{1}{4}$(平均为 $\dfrac{1}{2}$)，Ψ_c 达到空间反坐标对称、分布均匀，但能级未达到等概率填充 $\dfrac{1}{2}$。

例子(2) $N=3,\quad n=6,\quad m=9$，7 个最低单粒子态：$\psi_0,\psi_1,\psi_2,\psi_3,\cdots,\psi_6$；$m=9$ 只有 5 个组态：$\varPhi_{n_\alpha}$，$n_\alpha=(0,3,6),(0,4,5),(1,3,5),(1,2,6),(2,3,4)$

$$\Psi_c = c_{036}\Phi_{036} + c_{045}\Phi_{045} + c_{126}\Phi_{126} + c_{135}\Phi_{135} + c_{234}\Phi_{234}$$

选择 c_{n_α} 达到空间坐标反对称、分布均匀，能级填充概率应对包含此能级 α' 的组态 $\Phi_{n_{\alpha'}}$ 的概率 $\left|c_{n_{\alpha'}}\right|^2$ 求和 $\sum_{\alpha'}\left|c_{n_{\alpha'}}\right|^2$ (应具体计算是否为 $\frac{1}{3}$)。如果 c_{n_α} 相等，则能级(0,1,2,3,4,5,6)的填充概率为($\frac{2}{5}$，$\frac{2}{5}$，$\frac{2}{5}$，$\frac{2}{5}$，$\frac{2}{5}$，$\frac{2}{5}$，$\frac{2}{5}$)，平均概率为 $\frac{3}{7}$，并不是 $\frac{1}{3}$。

上述两个例子中能级数均小于粒子数的三倍，故能级平均填充概率偏大，$\frac{1}{2}$ 和 $\frac{3}{7}$ 均大于 $\frac{1}{3}$。

第 11 章　相关问题与杂想

11.1　物理学基本理论建立问题的思考①

11.1.1　建立物理学基本理论的主要目标和要解决的问题

(1) 电子和质子等基本粒子作为真空激发态的产生机制。

(2) 膨胀宇宙中暗能量的产生机制，相对于宇宙真空背景旋转的星系中暗物质的产生机制。

(3) 建立相应的基本运动方程和动力学方程。

11.1.2　建立物理学基本理论的条件是否成熟

条件包括：现代物理学具有的条件，缺乏的条件，新物理概念、原理的形成。

具有的条件：

微观方面，下述几个方面有相当的知识积累：经典和量子时空背景理论，对真空背景属性的认识，量子场论对背景变化的认识。

基本粒子理论和弦论：对真空激发的认识，对粒子时空扩展结构的认识。

宇观方面，下述方面有一定的知识积累：经典和量子宇宙学知识，天体物理和宇宙学数据与知识。

缺乏的条件：从已有知识、数据中提取基本理论所需的要素，旧物理基本概念的突破，新物理基本观念的形成。

11.1.3　基本理论的特点和基本内容

从量子真空背景出发：真空背景量子涨落的和平均的基本属性及其完备数据，是理论的物质基础和出发点。

真空背景各种可能的缺陷、变形与激发：作为真空激发的基本场(旋量场，规范场，引力场)及其相互作用的非线性方程。

关于真空缺陷和粒子形成的基本方程。

量子真空背景与粒子激发耦合的非线性基本方程。

---

① 写于 2011 年 7 月 27 日。

上述基本方程包含量子真空及其激发的对称性。

关于暗能量和暗物质的基本方程。

11.1.4 建立物理学基本理论的步骤

(1) 对现有理论知识、数据的整理、归纳、分析、提取。

(2) 形成新的物理概念、原理、假设和猜想。

(3) 准备新的数学工具：非线性对称性分析、真空晶体缺陷的描述工具。

(4) 简单模型的表述和试算。

(5) 基本问题某个方面的模型研究。

11.1.5 最重要的新概念与新原理

量子涨落真空背景属性：平稳真空与涨落真空属性。

背景的时空结构：平稳背景与膨胀背景的时空结构。

普朗克子真空背景中的缺陷、变形与激发：基本物理场-旋量场，规范场，玻色场与费米场的描述。

质量与惯性、惯性与惯性运动、质量与引力的新理解与新概念。

平稳背景的变形和涨落背景的变形：量子涨落的变化及其平均效应。

量子化的本质：量子涨落是波的随机涨落，真空激发的微振幅谐振波性质、谐振波的周期性与粒子的波-粒二象性。

对称性-不变性原理、稳定性原理、最可几原理的真空背景来源与描述。

基本量与导出量，普适性与特殊性(具体性)。

11.1.6 涉及的基本问题(2011.07.31—2011.08.01)

真空背景及其时空问题：

(1) 平稳背景与相对论时空问题：宏观和宇观背景及其时空。

① 狭义相对论已解决了宏观时空背景问题。

遗留问题：同时性问题、对称性破缺问题和多余对称性问题。静止背景坐标系问题。

② 广义相对论及其宇宙学已基本解决了宇观时空问题。

遗留问题：加速膨胀与暗能量(来源)问题。暗物质来源量问题。加速膨胀宇宙真空的微观、宏观和宇观物理效应问题。

(2) 微观涨落背景及其时空问题：已有量子论运动学，但微观时空问题没有完全解决：量子论运动与微观时空理论没有统一，还没有微观时空理论。

(3) 量子论和微观量子涨落背景问题。

① 量子论的本质：真空的基本运动模式是波，量子涨落是波的随机涨落，量

子真空是存在着零点随机量子涨落波的真空。基本粒子是涉及10^{20}个普朗克子参与的集体相干激发。真空中的粒子激发的微振幅性质和谐振波性质，使波矢-频率和动量-能量成正比(比例系数是作用量)，而真空基元普朗克子的自旋提供了最小作用量$\hbar$。因此波动性和粒子性的联系靠普朗克常数$\hbar$，导致德布罗意量子化关系。激发波的时空周期性导致激发波的离散粒子性，使得波的能量-频率和动量-波矢的德布罗意关系描述波-粒二象性。真空量子涨落的随机性，导致作为真空激发的粒子波，也存在着随机量子涨落影响下的波-粒二象性和量子不确定性。

激发粒子波的基本物理量是波矢(长)和频率：$\vec{k},\omega$。激发波作为粒子应当具有动量和能量(粒子性)：$\vec{p},E$。德布罗意量子化关系是波动性和粒子性的完整表述：$\vec{p}=\hbar\vec{k}$，$E=\hbar\omega$。

通常只谈激发波的总能量，没有区分它的动能与势能。谐振激发波的总动能量应包含动能和存于背景的势能。因周期性而离散化的谐振波的总能量包含动能和势能：在波的谐振近似下，基态波的动能等于波的势能，且等于波的总能量的一半。波的势能是储存于真空弹性介质中的谐振波势能。

② 势场(规范势)通过改变波的动量-能量分布，改变波的波矢-频率分布。

③ 粒子波的波矢-动量、频率-能量关系也可以表述为动量、能量的算符化，导致粒子波量子态的波函数描述。粒子波量子涨落的随机性，转化为粒子波的波矢-频率分布的概率幅性质，或者粒子波的时空分布或动量分布的随机性和量子不确定性(激发波的波-粒二象性、量子涨落随机性造成的相空间分布的量子不确定性)。

④ 时空缺陷对谐振辐射波的限制束缚效应-粒子的静质量。

局域受限时空(缺陷)对谐振辐射波的束缚衍生出有静止质量的粒子。局域束缚辐射波的动量-波矢和能量-频率对相应的振幅分布函数积分的线性性，导致有静质量的粒子的动量-波矢和能量-频率德布罗意关系。(2011.08.02 补充，2017.11.01 修改)

波-粒二象性在逻辑上蕴涵着波的振幅的概率解释：数学上，可以把空间非定域的波幅的扩展分布$\psi(x)$表示为$\delta(x-x_0)$分布的点粒子对空间概率幅分布的积分：

$$\psi(x)=\int\psi(x_0)\delta(x-x_0)\mathrm{d}x_0$$

物理上，上式的含义是：点粒子$\delta(x-x_0)$在空间的概率幅分布函数$\psi(x)$就变成具有空间扩展分布的概率幅波函数；在空间一点以概率 1 存在的$\delta(x-x_0)$点粒子，与在空间以扩展概率幅分布函数$\psi(x)$存在的波，是并存的，在逻辑是数学积分变换联系起来的同一对象的两种表述。因而，波函数$\psi(x)$一方面描述波的空间的扩展分布，另一方面又描述粒子在空间概率存在的概率幅分布。这恰是波-粒二象性的自然的物理-数学逻辑。

δ-点粒子(或一个波包)是如何在真空量子涨落影响下，演变成全空间分布的概率幅波动函数 $\psi(x)$，即真空量子涨落如何使 δ-点粒子变成 $\psi(x)$ 概率波？物理上是真空波场的量子涨落，运载粒子形成随机波场的概率幅分布。数学上靠一次量子化：点粒子力学量算符化，即点粒子波动化。单粒子波函数 $\psi(x)$ 又如何变成无限粒子系统的场算符 $\hat{\psi}(x)$？数学上靠二次量子化：点粒子波函数算符化，即把点粒子波函数展开式系数变成多粒子量子态的生、灭算符的叠加，导致定域场论：多粒子量子场是点粒子量子波算符的叠加。数学规则清楚，而物理演化过程不清楚。(2011.08.03)

实验只能在一定的宏观时空尺度内(对微观粒子而言实际上为无限大尺度)测量微观粒子及其量子波。一个动量确定的粒子及其平面波可以在该宏观空间任何点出现，因而出现等概率分布。因此，粒子平面波在全空间的等概率分布，是实验条件提供的时空尺度无法确定粒子的具体位置使然？只能说粒子在该时空中任何一处等概率出现。两列这样的波的相干则要求它们有同一出发点？

本征态的分布问题：初始分布与长期分布。本征态的初始分布可以是等概率的；而本征态的长期分布，则是环境有关的，可能不是等概率的。

基态的长期性由衰变稳定性保证，激发态的小概率性由衰变不稳定性(衰变率)描述。衰变率由背景中与衰变相关的物理场的性质和系统初-末态决定，考虑衰变不稳定性后离散能级的分布不是普适的，是系统性质及环境有关的。

(4) 随机波的性质。

宏观时空中粒子波是离散平面波：振动周期性和时空平移均匀性。

势场中的粒子波是被势场扭曲的离散波：振幅和概率分布是不均匀的。

现行量子论的上述结论提供的微观背景的涨落知识：

① 粒子的背景是量子涨落波背景(白噪声量子涨落是所有波矢-频率等概率幅出现的量子涨落)。

② 涨落波服从波-粒二象性描述，是量子涨落波。

③ 所有能量-动量的涨落是等概率幅的(白噪声量子涨落假定)。

④ 涨落波的波矢和频率、能量和动量的各分量的涨落是独立的。

③、④ 两条的根据是量子场论：量子涨落由内线粒子表示，能量和动量是独立的，一切能量和动量的内线粒子等概率出现。这是量子涨落的白噪声假定，与量子场理论的相对论协变性要求一致：内线粒子传播子的相对论协变性要求内线粒子的能量和动量构成 4-矢，各分量彼此独立。正是这两条导致量子场论发散问题。有色噪声导致有扩张结构的粒子，与相对论协变性矛盾，但可以消除发散。因此，量子场论的改造，遇到把有色噪声量子涨落假定与相对论协调起来的问题。这需要量子论和相对论同时协调变革。

内线粒子的量子涨落由真空背景的量子涨落提供，真空背景的量子涨落是有限的：真空量子涨落的波矢和频率、能量和动量的分布是什么？能否在相对论协变要求下解决上述问题?

由 $E^2-c^2\vec{p}^2=m_0^2c^4$ ，做变量变换：

$$(E,\vec{p})\to(m_0,\vec{p})$$

平稳真空背景的相对论协变的色散关系的约束导致：

$$f(E,\vec{p})=f(m_0)$$

$$=f_c(m_0)=Ce^{-m_0/T}$$

引入相对论协变分布概率分布：

$$f_F(m_0)=\frac{C}{1+e^{m_0/T}}$$

$$f_B(m_0)=\frac{C}{1-e^{m_0/T}}$$

T 是真空背景量子涨落温度。上述分布是正则型的，有两个问题：①色散关系是平稳真空背景的性质，它破坏了中间过程的量子涨落的动量-能量的独立性。中间过程是量子涨落过程，动量、能量是四维独立矢量，不应受平稳真空背景色散关系的约束。②局域真空区域的量子涨落可能不是正则型的黑体辐射谱。后来研究表明，作为真空零点谐振波量子态的真空量子涨落，其零点能由基态的波函数决定，是高斯型的，而不是上述正则型的。这也与基本粒子的大小和能量与普朗克子相比的极大的等级差问题有关。(2017.11.01)

(5) 理论表象问题。(2011.08.02)

从 δ 点粒子表象到 ψ 相干态扩展粒子表象、从 δ 函数基矢表象到 ψ 相干态基矢表象(类似从无限速度对钟到有限速度对种的时空表象；作为理论的数学描述表象和把该理想表象当作物理真实是两件事)：

δ 点粒子表象对描述粒子的空间几何位置虽然是理论自洽的，一旦考虑(计算)粒子内部物理量(如质量、点荷、能量、密度等)就导致发散困难。

相干态表象的量子数是复数，代表坐标和动量平均值，这意味着：

① 放弃精确的坐标-动量描述代之以其平均值描述。

② 放弃单一的坐标(或动量)空间描述，进入相空间描述，适合纳入量子论因素。

③ 放弃完备的正交系表象，采用过完备的斜交系表象。

④ 放弃基矢之间的正交独立无关性和完备性，考虑基矢之间的斜交相关性和过完备性。

⑤ 放弃正交基矢内积的平直对角化度规，引进相空间斜交系的高斯度规，包括两个尺度常数；空间尺度和动量尺度(可用普朗克常数联系起来，能描述有限量子涨落？)。

时空量子化：$\bar{X}_{\mu} \to \delta\left(X_{\mu} - \bar{X}_{\mu}\right) \to \left|\alpha_{\mu}\right\rangle$?

上述建议针对无限时空，导致量子相空间非对易几何描述(第 5.5 节)。有限空间(宇宙)内的基矢如何选取？有限量子涨落的基矢如何选取？

量子场论的中间态(虚粒子态)考虑了真空量子涨落效应，而中间态是通过格林算子的谱展开引进的。希尔伯特空间的正交完备性要求其度规为恒元，出现中间态等概率出现和相应的真空量子涨落的等概率白噪声谱，是平直时空的希尔伯特空间基矢的正交完备性的必然结果。有色噪声量子涨落谱要求改变平直时空的希尔伯特空间算子谱理论，在希尔伯特空间算子谱理论中引进表征随机性量子涨落谱的测度(是**希尔伯特相干态复空间的算子谱理论？**)，希尔伯特空间与量子涨落谱是独立的还是相关的？

相干态表象或复数表象能否表述有色噪声的量子论？相干态表象的高斯型测度能否表述量子涨落的有色噪声高斯谱？这是有色噪声量子论的数学理论问题。(2017.11.01)(参考第 5.5 节)

2010.11.26—30；2011.08.03 笔记：

有哪些量子现象能体现真空量子涨落效应但不能提取量子涨落谱信息(涨落或跃迁概率由系统的波函数本身确定)：量子纠缠态，非定态时间演化，量子态线性叠加，量子态跃迁？

有哪些量子现象既能体现量子涨落效应又能提取出真空量子涨落谱信息(体现涨落性质的物理量由真空量子涨落谱决定)：基本粒子质量、电荷等相互作用的起源？

描述这些基本物理量形成过程的方程，必须是考虑真空环境影响的开放系统的方程，这样才能让真空量子涨落效应及其涨落谱进入方程(是开放系统的稳态本征方程：像主方程中的随机转移函数一样，既能计算基态和激发态能级和波函数，又能计算激发态寿命)。

粒子的扩展描述与量子论的有色噪声描述：①从点粒子量子场论到扩展粒子量子场论，从点粒子量子场论到孤立子的量子场论，要求与相对论协调；②从白噪声的相对论性量子场论到有色噪声的相对论性量子场论。

无论相对论还是量子论，其理论的物理和数学形式都没有把真空背景的存在及其属性明显地纳入其中，都没有考虑真空的有色噪声量子涨落。真空背景只存在于理论的物理假定和阐释之中。其结果是：白噪声假定导致量子场论的内在基本矛盾(如点粒子结构和量子场论发散困难)，无真空背景的相对论，导致理论的物理对称性与美学对称性的混淆。

11.2　时空维数-粒子和规范场自由度-物理自由度和非物理自由度、物理对称性与美学对称性[①]

注意三点：

① 守恒律限制导致自由度的冻结与减少。

② 对钟假定(同时性相对性)和美学修饰对称性导致的非物理对称性。

③ 洛伦兹对称性包含非物理的美学对称性。

11.2.1　点粒子自由度数目

时空维数为四，为点粒子提供了运动自由度和物理粒子运动的多样性。

如果粒子没有惯性(质量或守恒律)，则其运动则是任意的，其时-空坐标是独立的，因而其自由度为四(不出现坐标是时间的函数这样的运动学约束)，即可以在四维时空中任意运动。没有惯性(质量)的点粒子不是物理粒子，而是几何点，在四维时空中做没有规律的任意运动。

作为物理粒子，必有惯性、有质量、有守恒定律约束，其运动遵从守恒定律，变得有规律性。在时空中，惯性运动表现为时空间隔 $\mathrm{d}s$ 不变：$\mathrm{d}s^2=c^2\mathrm{d}t^2-\mathrm{d}\vec{x}^2$；在动量空间表现为色散关系中静止质量(惯性)不变：$m_0^2c^4=E^2-\vec{p}^2c^2$。这时，由于守恒律和不变量的限制，自由度减少一个，变为三，由于时空背景平移不变性，自由粒子有三个守恒量：$p_i(i=1,2,3)$。

11.2.2　场的内部自由度数目

对于标量场，其运动方程为：$\left(\partial^{\mu}\partial_{\mu}-m^2\right)\phi=0$，运动方程的约束等价色散关系，如上所述，场量子的外部运动自由度为三，内部自由数目为零。

对于矢量场，其运动方程为：$\left(\partial^{\mu}\partial_{\mu}-m^2\right)A_{\nu}=0$。运动方程的约束等价色散关系，如上所述(场量子)外部运动自由度为三，内部自由数目有多少？内部自由度与 A_{ν} 有关，分量个数为四。而内部物理自由度，当 $m\neq0$ 时为三(减少一)，当 $m=0$ 时为二(减少二)。什么原因使矢量场出现非物理自由度？规范不确定自由度？非物理自由度有什么表现？什么物理条件可以消除非物理自由度？选定规范？

$m=0$ 时，A_{ν} 为规范场。非物理自由度表现在 A_{ν} 的规范不确定性(规范自由度)。

---

① 写于 2010 年 11 月 26—30 日。

物理自由度为二，规范条件消除一个非物理自由度，运动方程消除纵向自由度(无源时，消除纵向分量；有源时，纵场来自源因而不独立)。

对于自旋等于1/2 的旋量场，其运动方程为：$\left(\gamma^{\mu}\partial_{\mu}-m\right)\psi_{\alpha}=0$。运动方程的约束等价色散关系，使外部自由度减少一为三。内部自由度与ψ_{α}有关，分量个数(由γ^{μ}矩阵维数决定)为四，因而内部物理自由度数目应为四，为什么当$m\neq0$时为四(导致四个独立的旋量波函数，表明正反粒子是来自相对论的自由度)，当$m=0$时为二(零质量消除了纵向自由度，只存在自旋极化进动)？

为什么非物理自由度出现在规范场而不在物质场？为什么规范场有不确定性，而物质场没有不确定性？为什么规范场必须是矢量场，基本的物质场必须是旋量场？

为什么以光速运动的粒子(包括引力子)一定是两分量垂直极化的？为什么纵场必须冻结，不能运动，更不能以光速传播，只有横波能以光速传播，而不能静止？

规范场的非物理自由度与洛伦兹对称性包含的非物理对称性有无联系？

11.2.3　规范场物理自由度的提取(非物理自由度的消除)

需要讨论：

(1) 自由规范场：阿贝尔场与非阿贝尔场。

(2) 与物质场相互作用的规范场：阿贝尔场与非阿贝尔场。

(3) 排除非物理自由度的条件。

$F_{\mu\nu}^{a}=\partial_{\mu}A_{\nu}^{a}-\partial_{\nu}A_{\mu}^{a}=0$时，$A_{\mu}^{a}$可以通过规范变换变为0，这个$A_{\mu}^{a}$是纯规范的(纯几何的)。但它有物理效应(如贝利相位表示真空背景的几何拓扑效应)，因此不能说它是完全非物理的。因此用场强等于零的条件$F_{\mu\nu}^{a}=\partial_{\mu}A_{\nu}^{a}-\partial_{\nu}A_{\mu}^{a}=0$排除非物理自由度，可能是过分了。

如何找一个条件，既能排除非物理自由度，又能考虑纯规范场(真空背景纯几何场)的物理效应？

如果在全空间$F_{\mu\nu}^{a}=\partial_{\mu}A_{\nu}^{a}-\partial_{\nu}A_{\mu}^{a}=0$，则$A_{\mu}^{a}$可以通过全空间的规范变换变为0，这个$A_{\mu}^{a}$是纯规范的(纯几何的)，这时这个全空间场强为0的整体条件排除了非物理自由度；如果在某个局域子空间场强不为零$F_{\mu\nu}^{a}=\partial_{\mu}A_{\nu}^{a}-\partial_{\nu}A_{\mu}^{a}\neq0$，在其余空间为零，则$A_{\mu}^{a}$在局域空间包含真空背景的物理-拓扑因素，不能看作非物理自由度(如A-B效应)。

因此，排除非物理自由度是一个整体空间问题，必须考虑空间拓扑结构的物理-几何效应。很可能，物理空间的整体拓扑结构会带进一些物理因素，它的物理效应不能从系统的动力学自由度中寻找，而是真空背景的空间拓扑结构产生的几何-物理效应(真空环境的物理效应而非物理系统中物质的物理效应)。

对于非惯性坐标系，坐标系变换产生的物理效应是纯几何的，因为坐标系和坐标变换本身是几何的，而这种效应又可以通过坐标变换消除。空间因物质存在而发生的弯曲则不能通过坐标变换在全空间消除，其物理效应来自造成这种弯曲的物质。把引力场看作规范场时必须考虑到这一点。求解引力问题必须确定坐标条件(即明确观测者所在的坐标系及其物理效应)，才能明确区分出观测者所在的坐标系(即坐标系选取)产生的物理效应，从而提取出其他客观物质产生的引力场效应。因为其他物质的引力效应与观测者非惯性系的引力效应交织在一起(这是等效原理的表现)，只有确定观测者坐标系后才可以把它们区别开来。

对于平直时空，惯性坐标系的选取带来的物理效应是洛伦兹变换表示的相对论效应。非惯性坐标系的选取带来的物理效应是惯性力-引力效应。

无论是平直时空的相对论效应和惯性力效应，还是弯曲空间的引力效应，如果不确定坐标变换是相对什么物质背景场而言，其物理效应都成为无本之木，无源之水。如果确定这些坐标变换是相对真空背景物质而言，则会发现：无论是狭义相对论，还是广义相对论，都隐去了观测者相对于真空背景场的运动状态，使坐标变换成为纯几何的、绝对相对的，即从一个坐标系到另一个坐标系的变换而已，因而看不见上述物理效应是真空背景场产生的。时空间隔不变性的几何要求和光速不变的对钟约定，导致同时性的相对性和由之而来的修饰的、美学上的洛伦兹对称性所包含的一些非物理对称性(这是人文的美学对称性)。洛伦兹对称性包含过多的、美学上的对称性，它把真空背景场的破缺的、真实的、物理的对称性，美化、修饰成任意惯性坐标系中完美的时空对称性。洛伦兹对称性要破缺到真空背景场坐标系中的真实的物理对称性，才能找到真空背景场真实的物理效应。

(4) 修饰成分：光速不变假定和同时性的相对性。

(2017.11.01 修改)

11.3　超弦空间额外维与量子涨落

波的量子化导致坐标空间与动量空间的对应

$$(\vec{r},t)\leftrightarrow(\vec{p},E)$$

量子态需要在相空间描述

$$\psi(\vec{r},t;\vec{p},E) \sim \mathrm{e}^{\mathrm{i}(\vec{p}\cdot\vec{r}-Et)/\hbar}$$

但是相空间对量子态的描述具有共轭性：坐标的概率幅描述及其傅里叶变换-动量的概率幅表述是共轭等价的；能量-动量($E,\vec{p}$)概率幅的描述与坐标($t,\vec{r}$)概率幅的描述是共轭等价，但概率幅分布是不对称的。

普朗克子球内部量子力学定态需用三维紧致复空间或六维相空间(即量子相空间)描述，加上自旋一维，共七维内部超空间。普朗克子球的质心的四维坐标构成外部普通物理时空坐标。超弦理论的 11 维空间，可能是自旋 1/2 粒子的内部 7 维空间加上质心运动的四维空间。

量子力学的量子化和随机性是两种不同的性质。量子化是真空激发的量子波的周期性导致的离散化-粒子化的波矢-频率与动量-能量之间的共轭属性，而随机性来自真空量子涨落的随机性造成的量子波的随机涨落属性。量子力学的近似在于对真空量子涨落做了白噪声近似，这导致量子中间态(量子涨落虚态)效应造成计算中的发散。而真空量子涨落的有色噪声的高斯型随机涨落，不会导致这类问题。量子论的问题不出在波的量子化，而出在对真空量子涨落波的随机涨落谱的描述：用假设的白噪声谱代替真实的高斯噪声谱。白噪声谱是超低能现象中对真空量子涨落高斯型概率谱的超低能尾巴的近似描述。在现行的理论计算中，不能回避的量子涨落高斯谱的高能端的不正确处理造成了发散，但在实验中却无法检测到造成这一麻烦的原因。

11.4　真空结构与物理基础研究杂想

11.4.1　关于物理学的统一

物理学的统一是宇宙统一学说的一部分，其内涵关系如下：宇宙的统一，自然的统一，自然科学的统一，物理学的统一。反过来，要理解宇宙的统一，必须从理解物理学的统一开始。哲学家关于世界(宇宙)的统一：世界统一于运动的物质。需要在物理学中体现：什么物质？什么运动？道家的统一：道生一，一生二，二生三，三生万物。社会的统一：世界大同。社会与自然的统一：天人合一。

按物理学观点，物理学统一于物质及其运动。具体地说，物理学统一于具有量子涨落的普朗克子真空：物质统一于普朗克子真空，运动统一于这种真空的各种激发。

11.4.2　关于物理学的基础、物理学的统一与物理学的发展[1]

1. 物理学的基础

物质形态：真空及其激发(真空与激发的粒子，背景与多粒子系统)。

运动定律：物质和运动不灭，背景对称性导致的守恒定律。

运动模式：对称运动模式，多体关联运动模式，系统-真空(环境)耦合运动模式。

2. 物理学的统一

物质和运动的统一：普朗克子量子真空及其激发。

运动规律的统一：物质与运动不灭，真空背景和系统相互作用的对称性导致的守恒定律。

运动模式的统一：

对称运动模式：来自真空背景和系统相互作用的对称性。

关联运动模式：来自多体系统中粒子间相互作用导致的关联。

系统-背景耦合运动模式：来自系统-背景耦合及相互作用、反馈影响。

3. 物理学的发展

第一步：从普朗克子真空结构及其激发导出现代物理学基本理论。

(涌现理论阶段：现代物理学从普朗克子量子真空论涌现出来)

(1) 真空背景理论的建立：普朗克子量子真空结构及其基本激发模式的理论。

(2) 狭义相对论的涌现：从普朗克子真空缺陷的运动学和动力学，导出狭义相对论的尺缩、钟慢、质量增长效应和相对论运动学-动力学。

(3) 广义相对论和引力理论的涌现：从局域普朗克子真空缺陷、变形对真空量子涨落和波动模式的影响，导出爱因斯坦引力场方程。

(4) 量子论的涌现：从普朗克子真空的高斯谱量子涨落和激发波的微振幅谐振波近似导出量子化条件、量子论基本原理和量子动力学方程。

(5) 基本粒子理论的涌现：从普朗克子真空缺陷的量子波结构及其局域量子涨落变化(尤其是基本缺陷的形成及其对周边真空量子涨落的影响)，导出基本粒子质量及其相互作用。

(6) 宇宙学的涌现：从涌现出的引力理论导出经典宇宙动力学方程，从真空的普朗克子量子晶包结构导出宇宙演化量子初始条件，从涌现的量子论和基本粒子理论导出宇宙初期量子相变条件与基本粒子产生过程，从宇宙膨胀的非平衡动

---

[1] 写于 2015 年 8 月 24 日。

力学对真空量子涨落的影响研究暗能量、暗物质产生问题，从宇宙条件下基本粒子相互作用研究宇宙演化中基本粒子的产生和各种物质组分的转化与演化问题，建立起完整的宇宙真空-宇宙物质演化的耦合动力学。

第二步：在涌现理论的基础上解决现代物理学和宇宙学难题：

(1) 狭义相对论运动学和动力学的物质基础：尺缩、钟慢、相对论运动学、动力学如何从真空与粒子相互作用中产生。

(2) 惯性和质量的来源和本质。

(3) 引力的产生及其本质。

(4) 基本粒子难题：基本粒子的产生过程，发散问题，相互作用的统一，电荷等内部量子数的产生及其本质等问题。

(5) 暗能量、暗物质问题。

(6) 量子化的本质：德布罗意关系的本质，波-粒二象性的本质。

(7) 中微子质量问题。

第一、第二两步是相关的。

第三步：用真空论和涌现理论研究、预言更多的物理效应与实验：

(1) 伽马射线速度-频率依赖问题。

(2) 循环宇宙学问题和多宇宙问题。

(3) 宇宙元素合成的疑难(锂元素疑难)。

(4) 星系黑洞质量形成疑难(星系中的黑洞质量一般为星系质量的 0.01—0.02，观察到的 37 亿年前形成的黑洞质量为 0.1 个星系质量)。

(5) 引力波问题。

11.4.3　从原理性理论发掘出实体性理论——为前进而后退

从原理性理论发掘出实体性结构理论，是为了前进而后退。因为，面对当前物理学的原理理论——相对论和量子论，迷失了继续前进的方向，遇到了难以克服的困难。从这两个原理性理论的物质基础——实体性理论，去寻找前进的方向，克服前进的困难。知道了相对论和相对性原理的物质基础，就知道如何解决相对论的悖论和困难。知道了量子论的物质基础，就可以找到解决量子论的困难。例如：①相对性原理导致的洛伦兹变换，解释不了尺缩、钟慢和质量随运动速度增加的物理机制；而由真空晶体中的孤子型或缺陷型激发组成的基本粒子，其尺度、频率和质量出现的相对论效应却可以在真空晶体中加以研究；②量子涨落白噪声描述和电子的点状结构，导致量子场论的发散困难；而普朗克子真空点阵模型，导致真空普朗克子晶胞的量子涨落的高斯型噪声描述，也许可以解决发散困难。

从当代物理学的原理性理论后退到量子真空论这一实体性理论，不是退回到物理学过去认知的各种特殊物质实体组成的真空以太理论，而是发掘物理世界的一般性、普遍性的物质——普朗克子量子球组成的量子真空。这是否定之否定、螺旋式上升到深一层次的实体理论的发展路线：原有的原理性理论——深一层次的实体性理论——更深一层次的原理性理论。

现代物理学基本理论包含的原理，应当是深一层次的真空物质的一般属性的提升和概括。因此，物理学向真空论实体论的后退，实质上是螺旋式上升中的前进，进入到深一层次的微观实体论。在深一层次微观实体理论的普遍物质属性的概括中，提炼出相对论、量子论、引力理论和宇宙学的原理，在量子真空论的基础上，推导出现代物理学基本理论。

要抓住机会宣传量子真空论和基于量子真空论的物理学的变革与发展，寄希望于年轻人。

要从具体问题入手，得出更多具体的结果，化解疑虑，让人跟随，知道如何开展真空结构与物理学基础研究。

11.4.4　物理学的主要问题：粒子与真空分离　物质系统与真空背景分离

对于真空，没有描述其具体结构，没有详述它与物质粒子之间的具体相互作用。对于守恒定律的理解也是一样：必须把粒子和真空、物理系统与真空背景当作一个相互作用的整体去理解守恒定律。因为，守恒定律来自真空背景和物理系统本身的对称性，包含真空背景的对称性和物理系统内部相互作用的对称性，即外部对称性和内部对称性两个方面。物理系统本身的对称性是物理系统粒子相互作用的对称性即系统哈密顿量的对称性。外部对称性以哈密顿量对时空坐标变换不变性的形式体现：时空坐标体现背景的坐标，时空坐标变换不变性体现背景对称性。

11.4.5　从晶体物理学获得的几个重要的观念

(1) 量子化-德布罗意关系的来源：①真空普朗克子之间的极强的相互作用(极大的弹性系数)，使得基本粒子作为真空超低能激发是微振动，谐振近似导致激发波能量与角频率成正比，动量与波矢成正比。②普朗克子的角动量提供了角动量的最小单位，成为不可逾越的最小作用量常数。因此，普朗克子为长度、时间、角动量设定了最小下限。

(2) 孤立子激发的来源：①普朗克子之间的极强的微小位移的谐振子(弹性)相互作用。②普朗克子真空的周期性晶体结构，对超低能激发对应的普朗克子微小位移场运动提供了一个三角函数型的周期性的、强度极小的平均势场。这二者导致孤子位移场的非线性 Sin-Gordon 方程，产生真空位移场激发组态的孤立子型激发波。③孤子的匀速运动是相对论性的惯性运动，并产生长度收缩和质量-能量变大等相对论效应。④普朗克子之间的巨大相互作用强度和真空晶体周期性平均场的极微弱强度，可能是基本粒子激发波的能量和时空尺度出现巨大等级差的来源(数学论证见“前书”第 11 章，晶体知识见杨顺华著:《晶体位错理论基础》(一)，第 314 页)。

因此，真空晶体点阵之间极强的微振动位移的谐振子势和真空晶体点阵的周期性结构提供的极微弱的周期性平均势场，导致孤立子型的基本粒子激发波及其相对论效应!!

(3) 发散的来源与消除：①位错的连续介质理论导致位错短波发散；②短波位形考虑真空的晶体离散结构后可消除短波发散。

上述思路能否对基本粒子质量的等级差问题，相互作用的统一起源问题，粒子基本属性的来源，提供比较具体的解决思路或线索?

(4) 尝试为真空结构研究确定题目、制定路线、探索方法(例子)。

① 真空中超短波光速可变与超高能伽马射线天文学:先研究固体物理学中声速随波长变化的规律，再用于研究真空光速慢化问题；考察收集分析超高能伽马射线延迟的天文学数据。

② 研究围绕星系成团分布的宇宙膨胀子的成团机制及其引力性质:星系引力作用和引力系统不稳定性，使宇宙膨胀子从全宇宙整体暗能量分布中分离出部分团块，形成笼罩星系的暗物质云团的时期与机制，与星系形成过程之间的关联；引力场负能空穴量子激发与正能量的暗能量宇宙膨胀子激发的不同形成机制。

③ 从固体相对论到真空相对论:在固体物理缺陷、位错理论框架内，建立“固体时空的相对论”(基于固体中尺缩、钟慢和位错运动能量增加的固体相对论效应，以声速不变对钟，建立“固体时空的洛伦兹变换、运动学和动力学”，即以声速为常量代替光速的“固体相对论”)；把这套理论体系的研究方法，用于物理真空晶体的时空结构和位错的运动学、动力学研究，建立物理真空晶体时空的相对论，即现代物理学的相对论。

④ 三维晶体位错或孤子运动时的相对论效应：三维位错形成、能量、应力计算，平衡机制，运动方程的建立(从晶体中的差分方程到连续极限下的孤子微分方程)。

⑤ 实体结构性理论如何过渡到原理性连续理论:真空离散晶体中的位错、旋错、形变、应力平衡，由此得到的运动学-动力学差分方程，就是真空实体性结构理论的物理方程；在超长波极限，即连续极限下，上述差分方程就过渡到连续性的微分方程，即原理性理论的物理方程。

相对论、量子论和粒子物理学，是真空晶体的位错、旋错和形变的量子结构性理论的超长波连续极限，在这个极限下，有限大小的粒子变成点粒子，位错、旋错和形变及其相应的应力张量的离散结构，变成相应的具有奇异性的标量、旋量、矢量和张量的连续场，晶体的离散时空变成了连续的相对论时空，离散的结构性理论(差分方程)变成连续的原理性理论(微分方程),物理学普适原理包含了几何学一般原理,平方反比力律在连续性极限下自然产生,连续极限下的真空属性,自然要用普朗克子真空的光速常数 c、普朗克常数 $\hbar$ 和引力常数 G 表示。

(5) 实体性理论与原理性理论。

实体性理论,在超长波连续极限下,变成原理性理论。

在原理性理论的原理中,有来自离散结构的离散对称性等几何元素,在连续极限下变成时空连续统的几何属性和真空对称性。

原理性理论的普适原理包含有真空连续统的几何属性:

真空晶体连续统几何属性中的时空度量特性保留在狭义和广义相对论中。

真空晶体连续统几何属性中的时空对称性表现为守恒定律、不变性和协变性。

11.5 真空结构研究国内外现状①

近几年的活动:2013—2018 年,访问 24 个校所:四川大学、四川师范大学、电子科技大学、西南交通大学、重庆大学、西南师范大学、理论物理所、物理所、北京师范大学、北京航空航天大学、兰州大学、兰州近代物理所、西安交通大学、上海交通大学、上海大学、武汉大学、华中科技大学、华中师范大学、南京大学、湖州大学、宁波大学、中国科技大学、厦门大学、深圳技术大学。

访问是为了开展交流讨论,动员人们研究,推动合作研究。

11.5.1 国际研究现状

1. 美国

1) 文小刚(MIT)

“物理学的第二次量子革命”和“自旋网络理论”。

文献资料及基本观点:

(i) 文小刚,《物理》,Vol.44,No.4-6,2015。

基本观点:

真空是(充满量子比特 0 和 1 的)量子信息海洋(即由自旋 1/2 态的单元组成);

量子信息海洋的激发形成自旋弦网;

基本粒子问题应从真空量子多体系统纠缠态入手研究;

创新性研究中新颖比正确更重要;

创新研究需要忍受孤独(10 多年没人理会)。

① 本节内容基于 2017 年 7 月 14 日在兰州大学的报告《真空量子结构与物理基础探索——国内外研究现状》整理而成。

(ii) 文小刚，《量子多体理论：从声子的起源到光子和电子的起源》，高等教育出版社，2004.12。

全面介绍“自旋网络凝聚理论”的基本内容与主要结果。

(iii) A unification of light and electrons through string-net condensation in spin models (通过自旋模型中的自旋网络凝聚统一光子和电子)，Michael A. Levin and Xiao-Gang Wen，Rev. Mod. Phys., 77, 871 (2005); cond-mat/0407140。

论文指出：自旋网络凝聚是统一光子和电子，统一规范相互作用和费米-玻色统计的一种途径。

(iv) String-net condensation: A physical mechanism for topological phases(弦网凝聚-拓扑相物理机制)，Michael Levin and Xiao-Gang Wen，Phys. Rev. B, 71, 045110 (2005). cond-mat/0404617。

提出真空弦网密集凝聚与涨落理论模型：不同的真空弦网凝聚基态是不同的宇称不变拓扑相，处理这种拓扑相的数学工具是张量类理论，自旋 1/2 的蜂窝状点阵弦网凝聚实现了容错量子计算机，三维弦网凝聚导致规范玻色子和费米子的涌现，弦网密集凝聚与涨落提供了统一规范玻色子和费米子的机制。

论文指出：①所有规范理论和双 Chen-Simons 理论，都可以通过不同的自旋网络凝聚来实现；②发现了一种机制，可以使凝聚的弦端具有费米统计、分数统计,或非阿贝尔统计;③发现了拓扑序和自旋网络凝聚的数学基础是张量类理论，运用张量类理论对 T 和 P 对称的拓扑序进行分类。

(v) Quantum orders and symmetric spin liquids，Xiao-Gang Wen*，Phys. Rev. B，65，165113，2002。

全面论述了量子序和描述它的数学工具——投影群，仔细研究了对称自旋液体的各种理论模型。

2) 沈致远(杜邦公司院士)

“随机量子空间理论”：基本粒子和宇宙产生于随机量子空间，基于爱因斯坦方程和度规概率化建立大统一场论。

文献资料：

Zhi-Yuan Shen，A new version of unified field theory——Stochastic quantum space theory on particle physics and cosmology，Journal of Modern Physics，Original version: Oct. 2013，pp. 1213-1380; Revised version: May 2015，pp. 2013-1364(粒子物理和宇宙学的随机量子空间理论——统一场论新版)。

基本观点：

真空中每点存在高斯随机量子涨落(涨落宽度为普朗克尺度)，基本粒子质量与某一质数相联系，基本粒子分类按空间某种图形的亏格进行。计算了几十个基本粒子的相互作用参数与实验符合，预言了几十个基本粒子物理量并呼吁实验检测。基于爱因斯坦引力场方程并引进度规场的概率建立大统一场论。

2. 德国

哈根 · 克莱纳特(H. Kleinert，柏林自由大学物理学教授)
“宇宙晶体中的物理学需用多值场论处理”。
文献资料：
(1) 哈根 · 克莱纳特，凝聚态、电磁学和引力中的多值场论，科学出版社，现代物理基础丛书 43，2012. 上海大学姜颖译。
基本观点：
宇宙空间是普朗克尺度的点阵晶体(称宇宙晶体)；
基本粒子是宇宙晶体中的缺陷；
引力与这个宇宙晶体弯曲的曲率相联系；
宇宙晶体中的基本粒子问题和引力问题，应当用“多值场论”处理。
(2) Particles and Quantum Fields(900 多页)。
基本粒子是宇宙晶体的缺陷，爱因斯坦引力理论能解决暗物质问题。

3. 意大利

R. Oliveros： Quantum vacuum，Planck lattice。
文献资料：Quantum vacuum，7 March 2007。
基本观点：
真空是普朗克子点阵。尚未展开深入讨论。

11.5.2 国内研究现状

1. 曹文强，贺恒信(兰州大学)

“科学统一”方向的探索研究和哲学思考(物理-哲学层面的研究)。
文献资料：物理学革命的哲学思考：寻找“科学统一”方向的思索研究(90 万字 800 多页！)，高等教育出版社，2014。
基本观点：限于物理-哲学层面的研究。
物理学面临革命和统一；
物理学现有理论框架难以完成这一目标；
点粒子是物质最基本的存在形态；
空间独立于粒子而存在，粒子填入空间；
物理学应统一于空间中点粒子组成的多体系统的量子统计力学。

2. 王顺金(四川大学)

真空量子结构与物理基础探索。

基本观点：

普朗克子晶胞组成的量子真空是万物之母。现代物理学的基本理论，是从普朗克子量子真空理论中涌现出来的超长波、超低能集体激发的量子多体系统的量子统计理论。具体说：

(1) 物理学的物质基础即宇宙万物的母体是量子真空。

量子真空是由普朗克子量子球密集堆积而成的晶体,真空的晶胞-普朗克子量子球,是真空零点量子涨落基态高斯波包,具有高斯随机分布的零点量子涨落能；量子真空是量子相空间非对易几何的度量算子的基态本征解布满的量子点阵。

(2) 物理系统，从基本粒子到宇宙的万物，都是普朗克子真空晶体的零质量声子型和有质量缺陷型集体激发及其组成的系统。

(3) 物理系统和真空背景组成相互作用的耦合系统，物理系统与普朗克子真空之间频繁交换能量，形成耦合动力学。应当从物质系统-真空背景组成的耦合系统的动力学的观点理解基本物理问题，即

① 从基本粒子作为量子真空零质量激发和非零质量缺陷型激发,与真空背景相互作用的观点，理解基本粒子的性质和相互作用的起源；在量子真空各种激发模式的基础上，理解基本粒子及其相互作用的统一；

② 从宇宙开始于一个普朗克子的爆炸，并不断与真空背景交换能量的观点(即宇宙-真空耦合动力学的观点)，理解宇宙的创生、形成和演化，正能粒子和负能引力的形成，以及暗能量和暗物质的起源；

③ 分别从真空受限和宇宙膨胀两种机制引起的真空普朗克子量子涨落零点能减小的观点，理解平衡态引力的起源(卡西米尔效应)和膨胀宇宙非平衡态引力和暗能量、暗物质的起源(辐射全息效应)。

④ 从基本粒子作为真空晶体缺陷的观点，理解运动的尺子缩短、运动的时钟变慢、运动的质量增加等相对论效应和随之出现的洛伦兹变换协变性表述的相对性原理的物质根源。

总之，从普朗克子真空凝聚体观点，理解量子论、相对论、粒子物理和宇宙学等物理学基本理论。

文献资料：

三篇论文：

(1) Wang Shun-Jin, Microscopic quantum structure of black hole and vacuum versus quantum statistical origin of gravity, arXiv.1212.5862v4[physics-gen-ph], 28, Oct. 2014. 论述真空的微观量子结构和引力的微观量子统计起源。

(2) Wang Shun-Jin，Vacuum quantum fluctuation energy in expanding universe and dark energy，arXiv.1301.1291v4 [physics-gen-ph]，27，Oct. 2014. 论述从普朗克子量子球爆炸开始的宇宙膨胀，导致真空量子涨落能减少和暗能量形成。

(3) Wang Shun-Jin， Planckon densely piled vacuum,American Journal of Modern Physics，Special Issue: New Science Light Path on Cosmological Dark Matter，Vol.4，No.1-1，pp10-17，2015. 综合前面两文，论述真空结构、宇宙膨胀和暗能量起源。

两本书：

(1) 王顺金，真空结构、引力起源与暗能量问题，科学出版社，2016.3 第一版，2017.12 第四次印刷。

(2) 王顺金，真空量子结构与物理基础探索，科学出版社，2020。

图 11-1 真空量子结构与物理基础探索

上书已经得到的结果：

① 普朗克子量子球的属性和真空的普朗克子晶体结构与性质；基于此模型，用微观量子统计理论研究，得到下述结果，或者与现有理论一致，或者与实验观测符合；

② 中性球形黑洞的引力、质量和熵的微观量子统计计算结果，与现有理论一致；新结果：黑洞内部引力势异于常规理论，内、外引力势有超弦理论那样的 T-对偶，视界面有奇怪吸引子特征；

③ 从普朗克子量子球爆炸开始的宇宙膨胀，导致宇宙中的真空量子涨落能减少、相应出现暗能量量子激发和空穴负引力形成，揭示了暗能量的微观量子统计起源和相应的引力径向向外的斥力特征；计算的宇宙能量密度(73%为暗能量密度)和宇宙质量与天文观测符合；微波背景辐射温度与天文观测接近；还论证了宇宙演化动力学的初始边界解和无限远边界解的单向不稳定性，宇宙服从反复膨胀—收缩—再膨胀—再收缩的循环演化动力学；

④ 从基本粒子是真空缺陷的观点，论证了运动的尺缩短、运动的钟变慢，运

动的质量增加等相对论效应的物质根源。

3. 吴岳良(中科院理论物理研究所)的超统一场论

基本观点：

基于两个基本原则建立超统一场论：一是基本粒子的内禀量子数和独立自由度决定时空的维度与结构；二是描述自然规律的作用量遵循规范不变原理且与坐标选取无关。原则之一使基本粒子的内禀特性和对称性与时空的几何特性和对称性建立起对应关联，导致所有基本粒子合并统一成为超时空中的超旋量场，超旋量场的旋量结构反映超时空的几何性质。原则之二导致局域平坦超引力场时空作为自然衍生的非坐标内禀超时空而呈现，使所有基本相互作用统一成为超引力场时空中的超自旋规范相互作用。由此导出规范-引力对应原理。

文献资料：

(1) Yue-Liang Wu，Quantum field theory of gravity with spin and scaling gauge invariance and spacetime dynamics with quantum inflation，Phys. Rev. D，93，024012(2016);

(2) Yue-Liang Wu，Hyperunified field theory and gravitational gauge–geometry duality，Eur. Phys. J. C，78，28(2018).

11.5.3　今后的打算：在国内外推动这项研究

1. 川大研究

已争取到学院支持，正吸引年轻人参加；正争取国家和民间基金支持年轻人自由探索、研究。

2. 校外合作(打算)

(1) 贾成龙(兰州大学)：很有兴趣。已有讨论、交流。

已在凝聚态矢量温度场，反向自旋流，凝聚态孤子问题上开展研讨。贾成龙的教学科研工作繁忙，时间有限。

(2) 姜颖(上海大学教授，段一士的博士生)：已联系交流。姜颖翻译了德国克莱纳特的书《凝聚态、电磁学和引力中的多值场论》，场论和凝聚态理论基础扎实，观点接近。只要愿意，即可合作。

(3) 张胜利(西安交大)：曾在连续介质规范场量子化和缺陷理论方面工作过，打算重新开展这项研究。愿意合作。

3. 国际合作(打算)

(1) 文小刚：未联系上。与我们研究工作的关系：

量子信息海洋就是普朗克子真空；普朗克子自旋 1/2 的量子态就是量子信息海洋的量子比特；基本粒子是自旋 1/2 的普朗克子极端多体系统的集体激发态，即自旋弦网，是高度纠缠的量子多体态；量子信息海洋中的自旋弦网，就是普朗克子真空中自旋为 1/2 的集体激发形成的超弦网络。因此，普朗克子真空是量子信息海洋、自旋弦网的物质基础。他们侧重数学物理模型研究，我们侧重物理直观模型研究，可以互补。

(2) 沈致远：已有很多讨论、交流。下面的观点与我们一致：

真空是“随机量子空间”，存在量子随机涨落；普朗克子是“随机量子空间”的物质基础，普朗克子零点涨落态的高斯波函数提供了量子空间的高斯随机量子涨落，构成了随机量子空间。

(3) H. Kleinert：与我们的观点相当一致，数学工具可取。打算通过姜颖邀请他来华访问。

11.5.4 结语

加州大学伯克利分校、劳伦斯伯克利国家实验理论部 The Quantum Multiverse (量子多宇宙)提出人 Yasunori Nomura 语：

“这里讨论的许多思想，是展望而且激动人心。物理学家用这些思想，讨论理论进展中伟大而深刻的问题。没有人知道，这一探索会把我们带向何方？已经清楚的是，我们生活在一个令人激动的时代。在这个时代，我们的科学探索超越了过去认知的整个物理世界——我们的宇宙，即将达到一个潜在的无限王国。”

附录：转载五篇相关文章

Ⅰ　物理真空介质的超流性①

王顺金

1. 摘要

相对论性粒子的能谱与超导 BCS 理论中准粒子的能谱的相似性，促使人们猜测：作为背景场基态的相对论性物理真空，充满一种超流介质。这一猜测受到下面的论证的强有力的支持：在真空介质中小于光速运动的粒子，虽然与真空相互作用，但不会感受到摩擦力，因而进行着无摩擦的惯性运动。本文不仅建立起真空介质的超流性与动量-能量守恒定律和动量-能量相对论性色散关系之间的深刻的内在联系，而且还论证指出：相对性原理和物理理论的自洽性要求：洛伦兹-爱因斯坦真空必须充满超流介质，而伽利略-牛顿真空必须绝对空虚。

2. 正文

探讨我们宇宙的物理真空的性质，是现代粒子物理学和宇宙学的中心课题之一。本文将论证，作为普遍的背景场的相对论性物理真空，是一种超流介质。

我们的论证基于朗道关于超流问题的天才思想[1,2]的推广。我们的出发点是：(1)粒子具有相对论性能谱；(2)物理过程遵守动量-能量守恒定律。结论是：速度小于光速的粒子，在真空介质中的运动必然是无摩擦的惯性运动；相对论性物理真空是一种超流介质。

考虑一个相对于真空介质静止、质量为 M 、运动速度为 $\vec{V}$ 的粒子。它的能量和动量为

$$E = Mc^2/\sqrt{1-\beta^2}, \quad \vec{P} = M\vec{V}/\sqrt{1-\beta^2} \tag{Ⅰ.1}$$

这里 $\beta = |V|/c$ 。假定：当粒子与真空介质相互作用时，在真空介质中激发了一个动量为 $\vec{p}$ ，能量为 $\varepsilon(\vec{p})$ 的粒子。按照朗道的思想，真空和粒子都具有量子性质，该激发粒子从真空中产生，会导致原来运动粒子的能量、动量向真空介质耗散。

① 本文基于洛斯-阿纳莫斯论文网站 arXiv. org 2007 年的论文: arXiv:gr-qu/0701155。

当粒子 M 从真空介质中激发出粒子后，它的动量和能量均会损失，使其运动速度变为 $\vec{V}_1$，动量变为 $\vec{P}_1$，能量变为 E_1，它们之间满足如下相对论性关系：

$$E_1 = Mc^2/\sqrt{1-\beta_1^2}, \quad \vec{P}_1 = M\vec{V}/\sqrt{1-\beta_1^2} \tag{Ⅰ.2}$$

这里 $\beta_1 = |V_1|/c$。按照动量-能量守恒，我们有

$$Mc^2/\sqrt{1-\beta^2} = Mc^2/\sqrt{1-\beta^2} + \varepsilon(\vec{p}) \tag{Ⅰ.3}$$

$$M\vec{V}/\sqrt{1-\beta^2} = M\vec{V}/\sqrt{1-\beta_1^2} + \vec{p} \tag{Ⅰ.4}$$

从(Ⅰ.4)式可得

$$\begin{aligned}\frac{1}{1-\beta_1^2} &= 1+\left[\frac{M\vec{V}}{\sqrt{1-\beta^2}}-\vec{p}\right]^2 \Bigg/ M^2c^2 \\ &= \frac{1}{1-\beta^2}+\left[\left(\frac{p}{Mc}\right)^2-2\left(\frac{p}{Mc}\right)\frac{\beta\cos\theta}{\sqrt{1-\beta^2}}\right]\end{aligned} \tag{Ⅰ.5}$$

此处 θ 是 $\vec{V}$ 与 $\vec{p}$ 之间的夹角，满足：$\vec{V}\cdot\vec{p} = Vp\cos\theta$。把(Ⅰ.5)式代入(Ⅰ.3)式，可得

$$\frac{2Mc^2(Vp\cos\theta-\varepsilon(\vec{p}))}{\sqrt{1-\beta^2}} + (\varepsilon(\vec{p})^2 - c^2p^2) = 0 \tag{Ⅰ.6}$$

(Ⅰ.6) 式表示动量-能量守恒对物理过程的约束，只有满足(Ⅰ.6)式的物理过程才是可以实现的。

下面讨论两种情况。

(1) M 是宏观粒子的静止质量，而$\{\varepsilon(\vec{p}), \vec{p}\}$是微观粒子的能量和动量。按照朗道的做法，(Ⅰ.6)式左边第二项可以略去，这导致

$$Vp\cos\theta = \varepsilon(\vec{p}), \quad V \geqslant \varepsilon(\vec{p})/p \tag{Ⅰ.7}$$

对于相对论性粒子，我们有 $\varepsilon(\vec{p}) = pc$ 或 $\varepsilon(\vec{p}) = \sqrt{m^2c^4+c^2p^2}$，由此得最小比值为

$$[\varepsilon(\vec{p})/p]_{\min} = c \tag{Ⅰ.8}$$

从(Ⅰ.7)和(Ⅰ.8)两式，可得

$$V \geqslant c \tag{Ⅰ.9}$$

(Ⅰ.9)式在相对论性动力学中不可能实现。因此，在真空介质中以小于光速运动的宏观粒子，不可能从真空介质中激发出微观粒子而出现能量、动量耗散，它只能进行无摩擦的惯性运动。

(2) M 和 m 都是微观粒子的静止质量，而且

$$\varepsilon(\vec{p}) = \sqrt{m^2c^4+c^2p^2}, \quad m \geqslant 0 \tag{Ⅰ.10}$$

从表示能量守恒的(Ⅰ.3)式，可得

$$\frac{1}{1-\beta_1^2}=\frac{1}{1-\beta^2}+\left(\frac{m}{M}\right)^2+\left(\frac{p}{Mc}\right)^2+\frac{2}{\sqrt{1-\beta^2}}\sqrt{\left(\frac{m}{M}\right)^2+\left(\frac{p}{Mc}\right)^2} \tag{Ⅰ.11}$$

比较(Ⅰ.11)式和表示动量守恒的(Ⅰ.5)式，可得

$$\left(\frac{m}{M}\right)^2=-\frac{2}{\sqrt{1-\beta^2}}\left[\sqrt{\left(\frac{m}{M}\right)^2+\left(\frac{p}{Mc}\right)^2}+\left(\frac{p}{Mc}\right)\beta\cos\theta\right]<0 \tag{Ⅰ.12}$$

上式表明，在能量-动量守恒的约束下，(Ⅰ.12)式不可能有粒子静止质量 m 的实数解，故相应的激发微观粒子 m 的物理过程是不能实现的。因此，在真空介质中，运动速度小于光速的微观粒子，也不可能从真空介质中激发出微观粒子而出现动量、能量耗散，只可能进行无摩擦的惯性运动。

从上述讨论可以得出结论：在真空介质中，运动速度小于光速的任何粒子，都不可能从真空介质中激发出粒子而出现动量、能量耗散，只可能进行无摩擦的惯性运动。这一结论是动量-能量守恒定律和相对论性能谱的必然结果。这一结果表明，在动量-能量守恒定律的约束下，相对论性真空介质对于速度小于光速的运动粒子而言，是一种超流介质；与此相反，如果粒子运动速度大于光速，则它将以切伦可夫辐射形式向真空损失能量。这就是为什么物理真空介质中运动粒子的速度不能超过光速的物理原因。

上述论证中假定真空是一种特殊的介质，粒子在这种介质中运动。论证也是在相对于真空介质静止的参考系中进行的。真空介质对运动粒子的摩擦力和耗散来自粒子与真空介质的相互作用。这种相互作用使快速运动粒子从真空介质中激发出微观粒子而损失能量、动量，会逐步慢下来。这是真空介质对其中运动的粒子的摩擦和耗散过程。这里的直观物理图像，直接与朗道的物理图像和物理思想相联系。在论证中，只用到能量-动量守恒定律和相对论性能量-动量色散关系，相对性原理和洛伦兹协变性，没有明显涉及。

然而，论证也可以按另一种方式进行。这另一种论证，除了基于动量-能量守恒外，还基于特殊相对性原理和洛伦兹变换。假定粒子相对于真空介质静止，其质量为 M。显然，该粒子不可能从真空介质中激发出粒子而保持其静止质量 M 不变。因为新粒子的产生要花费能量 $\varepsilon(p)$，产生新粒子的过程破坏了能量守恒定律：新粒子产生后系统的能量大于产生前的能量，$Mc^2+\varepsilon(p)>Mc^2$。通过洛伦兹变换，让该粒子以速度 $\vec{V}$ 相对于真空介质运动。按照爱因斯坦特殊相对性原理，运动粒子和静止粒子一样应服从相同的物理定律，能量守恒对运动粒子也应成立。因此，运动粒子像静止粒子一样也不能从真空介质中激发粒子。这意味着，只要运动粒子的速度小于光速(这是洛伦兹变换对速度的限制)，它就会在真空介质中

进行无摩擦的惯性运动，因而真空介质是一种超流介质。这时的论证是基于动量-能量守恒定律和特殊相对性原理，但得到同一结论。很清楚，两种论证是等价的，因为特殊相对性原理和洛伦兹变换导致相对论性能量-动量色散关系，成为第一种论证的基础之一。

特别有趣的是，与洛伦兹-爱因斯坦相对论性的真空介质相反，伽利略-牛顿的真空介质则没有上述超流性质。因为伽利略-牛顿的真空介质中产生的粒子的能谱不存在能隙。对上述论点的证明如下。

在伽利略-牛顿的真空介质中考虑前面的粒子的运动问题。运动粒子在从真空介质中激发出粒子的前后的伽利略-牛顿能量和动量关系为

$$E=\frac{P^2}{2M},\ \vec{P}=M\vec{V};\quad E_1=\frac{P_1^2}{2M},\ \vec{P}_1=M\vec{V}_1;\quad \varepsilon(\vec{p})=\frac{p^2}{2m},\ \vec{p}=m\vec{v} \qquad (\text{I}.13)$$

显然，(Ⅰ.13)式表示的能谱中无能隙存在。该过程的伽利略-牛顿能量-动量守恒定律为

$$\frac{1}{2}MV^2=\frac{1}{2}MV_1^2+\frac{p^2}{2m},\quad M\vec{V}=M\vec{V}_1+\vec{p} \qquad (\text{I}.14)$$

从(Ⅰ.14)式得到决定V_1的方程，

$$\left(\frac{M}{m}+1\right)V_1^2-\left(2\frac{M}{m}V\cos\theta\right)V_1+\left(\frac{M}{m}-1\right)V^2=0 \qquad (\text{I}.15)$$

此处θ是$\vec{V}$和$\vec{V}_1$的夹角满足：$\vec{V}\cdot\vec{V}_1=VV_1\cos\theta$。(Ⅰ.15)式的解为

$$V_1=V\left[\frac{M}{m}\cos\theta\pm\sqrt{1-(1-\cos^2\theta)\left(\frac{M}{m}\right)^2}\right]\Bigg/\left(\frac{M}{m}+1\right) \qquad (\text{I}.16)$$

实数条件为$(1-\cos^2\theta)\left(\frac{M}{m}\right)^2\leqslant 1$。显然，$\vec{V}_1$依赖$(M,m)$，耗散过程由两个量表征：$\vec{V}_1$和$m$。考虑简单的可能性$\theta=0$。方程(Ⅰ.16)有两种解：ⓘ$V_1=V, p=0$，因$\varepsilon(\vec{p})=0$，故没有耗散；ⓘⓘ$V_1=V(M/m-1)/(M/m+1)$，有耗散，耗散能量为$\varepsilon(\vec{p})=[2(MV)^2/m]/(M/m+1)^2$。一般情形，有许多其他可能性，保持$V_1<V$和$\varepsilon(\vec{p})>0$。因此，这些过程总是耗散的。至此，我们完成了证明：在伽利略-牛顿的真空介质中运动的粒子，由于其能谱不存在能隙，它们会感受到该介质的摩擦力。因此伽利略-牛顿真空介质是耗散性介质而非超流介质。

然而，相对于伽利略-牛顿的真空介质静止的粒子，由于能量-动量守恒，将永远保持静止，不出现耗散。通过伽利略变换，静止粒子变成运动粒子，但前面证明运动粒子有耗散，而静止粒子却无耗散，由伽利略变换联系起来的静止粒子和运动粒子服从不同的物理规律。因此，具有介质的伽利略-牛顿的真空使伽利略

相对性原理遭到破坏。为了保持伽利略相对性原理和牛顿力学的内部自洽性，伽利略-牛顿真空必须空无一物，没有介质的真空自然不会出现摩擦和耗散。

结论：在遵从相对性原理和能量-动量守恒的条件下，伽利略-牛顿真空必须空无一物，而洛伦兹-爱因斯坦真空必须充满超流介质。因为在庞加莱群的框架内，平移不变性导致动量-能量守恒，而洛伦兹不变性导致能量-动量色散关系，因此，洛伦兹-爱因斯坦真空介质的超流性是物理真空介质的庞加莱群不变性的必然结果。

致谢：这项工作得到国家自然科学基金项目 No. 10375039 和 90503008，教育部博士点基金和兰州重离子加速器国家实验室原子核理论基金的资助。

参 考 文 献

[1] Landau L D, Lifshits E M. *Statistical Physics,* Chapter 6, Pergamon Press, 1958.
[2] Landau L D, Lifshits E M. *Statistical Physics Part 2,* Chapter 3, *third edition*, Betterworth-Heineman, 1999.

Ⅱ　从物理学的观点看系统论和系统结构的层次性①

王顺金　曹文强

本文展示出作者们如下的思想发展历程：从对量子多体理论和原子核多体关联动力学，进行系统论和自然哲学的提升，到进一步思考和研究真空和环境在物理学中的意义。

现今，系统论对自然科学、社会科学、工程技术及社会思想(包括社会政治思想和哲学思想)的影响是十分明显的。就物理学领域而言，虽然普利高津和哈肯积极参与了对系统科学的发展工作并做出了卓越的贡献，但许多分支学科的多数物理学家(如粒子物理学、理论物理、核物理、凝聚态物理学家等)，对系统论还是缺乏了解和兴趣的。这种情况，既不利于系统论的发展，也无助于物理学的进步。笔者认为，物理学家和系统论科学家之间相互了解与交流是十分重要的，这将有助于各自学科的共同发展。

本文试图从物理学家，特别是核物理学家的角度，对系统论和系统的层次结构提出一些粗浅的看法，尝试揭示物理学与系统论的共同点，寻求沟通两门科学的途径。笔者特别仔细地分析了原子核多体系统的量子多体理论，以此揭示物理学与系统论之间的密切联系，以及物理学家和系统论科学家之间相互学习的必要性。

---

① 转载自《自然辩证法研究》，Vol.8，No.2，pp8-14，1992。

一、物理学与系统论

1. 系统论及其影响

从20世纪40年代兴起的系统论、控制论和信息论，是自然科学横向联合，自然科学与技术科学相结合，自然科学与哲学相互渗透的产物。系统论体现了哲学的具体化和自然科学的概括化，促进了具体科学和哲学之间的渗透与发展。它们的产生标志着科学观念、科学方法论上的一次大的提高，也表现出科学发展的新的综合趋势，必将对各门具体学科、工程技术和哲学的发展起促进作用。

2. 物理学家对系统论的反应

物理学家对系统论的反应有积极和消极的两个方面。积极的方面是，以普利高京为首的耗散结构学派和以哈肯为首的协同学派直接参与了系统论的发展工作。消极的方面是，物理学许多领域的学者们对系统论采取了漠不关心的态度。

普利高京的耗散结构理论和哈肯的协同学理论的共同点是，都研究具有非线性相互作用的、带耗散的多自由度(组元或要素)开放体系的性质，强调涨落在结构的形成和转变中的突出作用，借助于随机的描述方法。在对环境的处理中，都是单向的，略去系统对环境的反作用，即视环境主动，系统被动。两种理论的不同点是，普利高京研究的是统计热力学系统，主要运用统计热力学描述方法；哈肯研究的是开放的带耗散的动力学系统，主要使用带耗散的动力学方法描述。哈肯向微观理论前进了一步，企图在微观理论的背景上说明宏观结构形成的机理，把宏观结构看作某种相干的集体运动模式，其出现伴随着其他运动模式的衰亡。几年来，借助动力系统理论成果的影响，两个学派的观点正在靠近。

如前所述，除普利高京学派和哈肯学派外，其他物理学家对系统论的反应是旁观的，甚至是冷漠的。造成这种状况的原因是多方面的。从研究对象上说，粒子物理学家和核物理学家所研究的对象，基本上是孤立系，而系统论研究的则是开放系。从科学发展水平说，系统论目前尚处于定性或半定量的模型理论的初级阶段，而物理学已是高度精密的数量科学了，因而多数物理学家感到系统论用不上。从科学语言的使用说，存在着语言不通的现象。如哈肯使用的奴役原理，数学家称之为中心流型定理，而核物理学家则叫做集体自由度支配非集体自由度。同一个对象，各家使用不同的语言，自然影响交流。在使用语言方面，还有一个习惯问题。如日本核物理学家 Sakada 在讨论多自由度非线性动力学方程的解时，喜欢使用物理学家爱用的集体运动子流型和混沌等术语，而不愿使用数学家爱用的极限环和奇怪吸引子等术语。

要改变多数物理学家对系统论的冷漠态度，需要双方面的努力，消除造成隔阂的原因。系统论学者要关心和学习物理学，而物理学家要学习系统论。具体说，物理学家应吸收系统论的观点与方法，去发展和改造物理系统的动力学理论；而系统论学者要研究各种物理系统的动力学理论，发掘其中所包含的系统论要素。普利高津和哈肯的理论，是具有系统论形态的两种物理学理论，适合于宏观系统，且具有横向推广价值。还有微观系统的动力学理论(量子多体理论)，宇观系统的动力学理论，都是系统论在物理学领域的具体形式。总之，有多少种系统，就有多少种特殊、具体的系统的动力学理论。显然，研究各种物理系统的多体动力学理论，并按照系统论的精神加以改造和变形，对于系统论和物理学的发展都是十分有益的。

3. 用系统论观点重新分析物理系统的必要性

1) 物理学与系统论目标一致

物理学研究相互作用的多体系统在不同层次上的结构与运动形态，以及这种结构和运动形态在一定条件下的变化。它的基本目标与系统论是一致的。例如，原子核物理学的研究内容体现出系统论的各个方面，只不过使用不同的语言而已。在其研究领域中，对象：原子核系统(即要素是质子和中子彼此相互作用的系统)；环境：原子核周围的电磁场、中微子场、电子场等；开放性：原子核与上述环境相互作用，可以产生γ-衰变，β-衰变；有机整体性：有机性表现在，如果原子核缺少一个质子或中子，原子核即发生质变；而整体效应则表现在：原子核表现出个别核子所没有的整体性质，且要素的性质也发生改变：中子变得稳定，质子可变得不稳定，核子的有效质量变小等等；结构：原子核结构；功能：核反应。两者的关系是：结构决定反应，反应改变结构。系统的目的性表现为：原子核趋向最稳定的状态。

对上述问题的研究，形成了原子核多体理论(核结构理论是关于系统结构的理论，核反应和核衰变-裂变理论是关于系统功能的理论)，它对原子核系统的结构、运动和功能做出了精确的描述。原则上它可以定量地计算原子核系统各方面的性质，但实际上却存在着核力的复杂性和多体问题求解方面的困难。

因此，在一定意义上说，原子核多体理论就是关于原子核系统的精确而定量的系统理论，但用了核物理学的语言和方法。可以说，原子核多体理论是系统论在原子核物理学领域的具体化。

能否说核物理学家不需要学习系统论呢？一方面，我们的确看到了，不学系统论，核物理学家仍在做核物理工作。但另一方面，我们也看到，核物理却是自发地按系统论精神发展的，故而学习系统论，可以避免盲目性，提高观点，改进方法，提高工作效率；更重要的是，每一次科学上的综合，都必将带动科学整体的提高。将核物理学自觉地融合于系统科学的发展之中，将同时有利于两者的共同发展。

2) 从物理学的观点看系统论的任务

物理学中体现的系统论的任务，可以从物理学认识物质结构的方式中清楚地反映出来。物理学对物质运动及其层次结构的认识分两个方面：a. 纵向地认识物质在不同深度上的运动和层次结构；b. 横向地认识在同一深度上多体系统表现出的运动和结构的横向层次性结构(表Ⅱ-1)。两者的关系体现为：纵向结构和运动的层次性是深一层次的横向多体系统结构和运动层次性的体现，或者说，深一层次的横向多体系统的结构和运动是产生纵向涌现性层次结构的原因。因此，可以说，多体系统的横向联系与相互作用，是理解纵向层次结构的基础。

表Ⅱ-1 物质系统的纵-横结构关系

夸克-胶子	强子	原子核-原子-分子	宏观物质-星体	宇宙
|	|	|	|	|
真空系统	夸克胶子系统	基本粒子系统	核-原子-分子系统	宏观-星体系统

具体说来，只有考察量子真空的缺陷和激发，才能理解夸克-胶子系统；只有把强子看作夸克-胶子系统加以认识，才能理解强子的结构与性质；只有把原子核看作质子、中子等强子(轻子)组成的系统，才能理解原子核的结构与性质；只有把原子看作原子核、电子(轻子)组成的系统，才能理解原子的结构与性质；只有把分子看作原子或离子组成的系统，才能理解分子结构与性质；只有把宏观物体看作原子、分子或离子组成的系统，才能理解宏观物体的结构与功能；只有综合研究星体、星系系统，才能理解宇宙。

由此可见，从物理学的角度看，系统论的任务在于用多体动力学的观点，以纵横立体的视野来认识物质结构和运动的层次性，认识物质系统的结构与功能。而关于物理系统的系统论，就是多粒子物理系统的动力学理论。它可以是带耗散的，也可以是不带耗散的。

二、原子核多体系统的层次结构与原子核多体关联动力学

1. 原子核的四种运动形态

半个多世纪的实验和理论研究表明，原子核结构和运动表现出四种形态或四个层次：①由自洽平均场支配的独立粒子运动；②由于自洽平均场变化而产生的集体运动(如振动、转动和巨共振等)；③由于剩余相互作用或结团力导致的集团运动(如核子成对效应和α集团现象)；④由剩余相互作用的短程高频成分引起的上述三种运动形态以外的无规运动或涨落。上述四种运动形态只具有相对独立性，在实际的原子核中，它们相互耦合，构成相互作用的非线性动力系统。前三种运

动已有相应的动力学理论,而无规运动则只有统计理论而缺乏动力学理论的描述。

对上述四种运动形态的深入研究表明，组元间相互作用导致的各种程度的多体关联是产生这些运动形式的原因：众多核子相互作用的叠加和平均产生的自洽平均场体现了整体关联并决定了多体系统中所有粒子的独立粒子运动；剩余相互作用引起的平均场整体关联的变化造成集体运动；剩余相互作用的结团分量导致多粒子关联并引起集团运动；剩余相互作用中的短程高频分量引起的平均场和多粒子关联结构的涨落，导致无规运动。因此，核内诸元素间因吸引力和排斥力、长程力和短程力,所形成的相互作用和相应的自洽平均场、多体关联(特别是二体、四体关联)及其变化和无规涨落，是理解原子核结构和运动模式的几个基本要素。这四者是原子核多体关联运动模式的四种形态。

自洽平均场作为多体关联的一个极端，是规则的、整体的、稳定的、大尺度的关联。原子核多体系统中的粒子，通过自洽平均场相互联络、通信，任何粒子都在自洽平均场支配下按一定的量子轨道运动，而且其运动状态的变化都会通过反馈引起自洽平均场的变化进而影响其他粒子的运动。这正是多体系统有机整体性的表现。多体系统中的粒子既产生自洽平均场又受制于自洽平均场，这是一种自洽反馈式的非线性过程，保证了系统的有机整体性。

无规涨落运动作为多体关联的另一极端，反映了不规则、不稳定、小尺度的关联。而二体、三体、四体等关联运动，则介乎于两者之间。

因此，相互作用导致的多体关联是更基本的概念。正确描述和处理多体关联运动是理解原子核结构和原子核反应的关键之一。原子核理论的发展，要求发展一种恰当处理原子核多体关联的理论方法，原子核多体理论也正是沿着正确处理多体关联的方向发展的。

2. 原子核多体关联动力学

前面指出，自洽平均场、二体和四体关联，是多体关联的几种具体形式。因此，描述自洽平均场及独立粒子运动的理论，描述自洽平均场变化的集体运动理论,描述集团运动的各种理论,实际上是各种不同等级的多体关联的动力学理论。这些理论彼此分离，缺乏统一性。原子核多体关联动力学正是在各种具体的多体关联理论的启发下，在原子核一般多体理论成果的基础上发展起来的。它企图从微观多体理论的角度，统一地理解和描述各种形式的多体关联及其运动。

原子核多体关联动力学是原子核多体理论的一种变形。它基于原子核结构和运动的层次性，用多体关联描述这种层次性结构，建立起耦合的、非线性的、非微扰的各级多体关联随时间演化的动力学方程组，既反映各级多体关联的相对独立性，又表现出各级多体关联之间的非线性耦合，可以统一描述原子核多体系统中的独立粒子运动、集体运动、集团运动以及非平衡过程中的无规涨落运动，把现有的几种常用的原子核多体理论统一起来，并成为它的不同近似下的结果。从系统论的观点来认识，原子核多体关联动力学实际上就是将笼统的、没有分化的、未显示层次结构的多体理论，改造为明显的、分化的、显示层次结构的多体动力学理论。

理论形式的变化在科学发展中起着重要的作用。物理学的发展史有不少例子表明，一个理论仅当它改变形态之后，才显示出它与其他理论的共同性或联系。经典力学的牛顿形式不能显示它与量子力学或场论的任何联系。但当经典力学变形为哈密顿正则形式、哈密顿-雅可比形式时，就清楚显示出它与量子力学海森伯形式、薛定谔形式的密切类似；而经典力学的拉格朗日-欧拉形式，则不仅显示出它与量子力学费曼路径积分形式的联系，而且显示出力学与场论的密切联系。可以毫不夸张地说，如果牛顿力学不改变形式，量子力学的产生就会推迟。不难理解，当原子核多体理论变形为多体关联动力学，就显示出它与系统论的联系。同样，哲学也要改变自己的形态，才能与其他学科有更多的共同性。

关于原子核多体关联动力学的具体物理数学内容，我们将另文给予较通俗的介绍。下面我们将考察从量子多体理论，特别是原子核多体关联动力学所得到的启发。这些也许对系统论是有用的。

3. 从量子多体理论所得到的启示

从原子核多体关联动力学中，我们觉得可以引申出对系统论有用的概念与方法。

1) 从概念方面的引申

A. 自洽平均场的概念生动地体现了系统的整体性和集体性与元素的个体性和相对独立性两个对立概念的辩证统一。系统论的中心课题之一，是研究系统(整体)与要素(个体)之间的辩证的定量的关系。在建立系统的整体性与要素的相对独立性的动态联系上，自洽平均场是一个中心环节。

第一，自洽平均场体现出系统的整体性和集体性。一方面，系统的整体结构要靠自洽平均场来维持，系统的整体信息要靠自洽平均场传递到每个要素。另一方面，自洽平均场的变化会导致系统作为整体的集体运动。从微观角度考察，集体运动是自洽平均场协调了各个要素的步伐而产生的协同行动和相干运动的结果。因此，不但系统的整体性，而且系统的集体运动也要靠自洽平均场来维持。

第二，自洽平均场不是别的，正是全体要素相互作用叠加而形成的一种平均整体效应，系统的所有要素都对自洽平均场做出贡献，任何要素运动状态的变化都会或多或少影响自洽平均场。从上述意义上说，要素及其相互作用是基本的、第一位的，自洽平均场则是派生的、第二位的。要素及其相互作用决定了自洽平均场，就像社会成员及其相互关系决定了社会结构、国家形式一样。

第三，自洽平均场一旦形成，就会支配系统中每个要素的独立运动方式。系统中要素的独立运动是在自洽平均场支配下的独立运动，要素的独立性是平均场影响下的独立性，要素自身的性质在自洽平均场的影响下也要发生变化。承认系统的整体性，就必然要承认要素的相对独立性。这是因为，体现系统整体性的自洽平均场，不可避免地要产生特定的要素的独立运动。自洽平均场诱导出的、要素的独立运动，不同于要素的自由运动和无规运动，而是一种体现出系统整体性与集体性的、有序的、自组织结构中的独立运动。因此，系统整体的、有序的自组织结构，也要靠自洽平均场来产生和维持。在系统整体结构发生剧烈变化的相变时期，自洽平均场在产生和维持系统整体的自组织结构方面有两种相反的功能：适应新的内外条件并由非线性相互作用逐渐放大的、新的自洽平均场，具有创造新的、有序的自组织结构的积极作用；而不适应新的内外条件并由非线性相互作用逐渐衰亡的、旧的自洽平均场，却具有保持旧的、有序的自组织结构的消极作用。因此，把自洽平均场放在进化的序列中考察时，在新结构的创生期，它有创造和维护新结构、抑制旧结构的积极功能；在向新结构的转变期，它又有保持旧结构、抗拒新结构的消极功能。

自洽平均场的这种自组织作用，来自要素与自洽平均场之间的非线性动态耦合或反馈效应。要素受制于自洽平均场是因为它们产生了这种自洽平均场。不是要素产生的外场虽然也可以改变要素的状态，但外场只有通过影响要素才能影响系统的有机整体结构。因而，系统形成自组织结构的内因是要素之间的相互作用。尽管外部条件也是形成自组织的必要条件，但外场作为外因只有通过内因才能起作用。

综上所述，自洽平均场必然导致两种极端的运动：系统作为整体的集体运动以及系统中每个要素的独立运动，二者的辩证统一，体现出系统的有机整体性和有序的自组织结构的特征。对于物理系统，这一过程是自发的、有规律的实现的；而对于社会系统，这可以是自发的和盲目的，也可以是自觉的和理性的。从上述观点看，社会最优自组织形式应当是能有效地、最大限度地集中社会成员的利益、愿望与力量，以便形成一种能有效地对社会成员的行动实行导向、而社会成员又能自觉接受制约的社会平均场(它要靠社会组织和国家政府来体现和实施)，以便形成社会的优化组织，推动社会的进步。这就需要把民众参与国家公共事务与政治精英集中民利民愿民力有机地结合起来，把民主政治(民众基础)与精英政治(规律理性)结合起来。不是来自社会成员利益和愿望的社会平均场(国家指令)，像外场一样，虽然对社会成员有强制作用，却不能为社会成员自觉接受，也不能成为社会自组织结构变化的内因，因而不能推动社会的进步。

上述分析表明，在系统论中引进自洽平均场的概念和方法是十分有用的，因为它是理解系统和要素之间相互关系的有力的概念与方法。借鉴物理模型，有可能把这一概念和方法定量化。

要把这一概念推广应用到其他系统，如生物系统和社会系统，就需要回答什么是它们的自洽平均场？为此，就应当研究这些系统的要素是什么，要素之间的相互作用如何描述，相互作用怎样叠加平均而形成自洽平均场，如何描述自洽平均场，以及这些自洽平均场以怎样的方式决定要素的独立运动等。如果把社会系统的要素归结为每个社会成员，则社会成员之间的相互作用大体可划分为经济分量、文化分量和政治分量等，其相应的社会自洽平均场自然也由经济、文化、政治等分量组成。因为自洽平均场是全体要素相互作用叠加而形成的整体平均效应，故社会自洽平均场的经济、文化、政治等分量存在于相应领域的平均值参数中。例如，国民经济平均产值、居民的平均工资等可看作经济平均场参数，而社会的共同思想文化、道德意识和平均教育程度等，则可视为文化平均场参数。社会经济平均场(国民经济平均产值、居民的平均工资等)对社会成员经济行为的影响，社会文化平均场(社会的共同思想文化、道德意识和平均教育程度等)对社会成员意识形态的影响，是有目共睹的。这是社会自洽平均场效应的明显例证，问题是如何运用自洽平均场的理论方法加以定量的描述。

B. 剩余相互作用导致的多体关联和集团运动是理解系统层次结构的另一个重要概念。

自洽平均场只是全体要素相互作用叠加后的平均效应，不足以把复杂的要素间的相互作用全部包括其中。因此，在自洽平均场之外必然存在着剩余相互作用以及由此产生的多体关联、集团运动和无规运动。这是不同于独立粒子运动和集体运动的运动和结构成分。因此，一个相互作用的多体系统，必然存在独立粒子运动、集体运动、集团运动和无规运动等既相对独立又相互耦合的现象。多体关联和集团运动靠剩余相互作用中的长程低频分量来运转和维持，而剩余相互作用又是相对于自洽平均场而言的，即是扣除了自洽平均场之外的多体相互作用。正是这种原因，我们看到了它们之间的相互影响：多体关联和集团运动是在特定的自洽平均背景上形成的并叠加在自洽平均背景之上。它们既受自洽平均场的影响，又反过来影响自洽平均场。过强的自洽平均场会使多体关联和集团运动解体或丧失其运转机制，过强的多体关联和集团运动也会改变自洽平均场从而改变整体结构和性质。二者之间是一个非线性、动态的、反馈式的耦合过程。

把上述观点用于社会系统，我们看到：除国家体现的自洽平均场整体效应和集体运动外，还存在像家庭、单位、社会集团和政党等所体现的多体关联和集团运动，还有每个社会成员的独立运动，以及各种形式的随机性的社会无规现象。所有这些运动和结构形态的并存和相互耦合，表现出社会系统丰富多彩的层次结构。

C. 复杂的剩余相互作用中的短程高频分量所导致的无规运动和涨落是系统

层次结构的另一个重要特征。

对于复杂的多体系统，由于要素的性质和功能的多重性以及它们之间相互作用的复杂性，自洽平均场和多体关联还不足以完全包括所有的多体相互作用。这些不能包括在自洽平均场和多体关联场之中的复杂的多体相互作用-剩余相互作用的空间短程、时间高频分量，会导致自洽平均场和多体关联场及其相应的结构和运动的涨落和无规运动。因此，一个复杂的相互作用的多体系统，存在涨落和无规运动，存在与此相联系的随机性和机遇，是不可避免的。

涨落和无规运动是多体系统的一种相对独立的运动形态，是必须承认的客观存在。它是相对于规则的自洽平均场和多体关联场而言的，是规则运动背景上的涨落。它们三者之间也存在着非线性的动态耦合。按照动力学对称性观点，平均场、集体运动和集团运动等规则运动,是与某种动力学对称性和守恒律相联系的；而涨落或无规运动则是与某种动力学对称性或守恒定律的破坏相联系的。从这种观点出发,就不难理解:较强的自洽平均场和多体关联场所体现的守恒律和规则，会抑制涨落和无规运动；而较强的涨落和无规运动又会通过破坏守恒律和规则去改变甚至破坏旧的平均场和多体关联结构。这正体现出守恒的因素(即保持制度、规则的因素)和破坏守恒的因素(即破坏制度、规则的因素)此长彼消的现象。一般说来，每个要素的活动能力越大，它们之间的相互作用越强、作用的时空范围越小、越复杂，破坏动力学对称性的可能性越大，则涨落和无规运动也越强。由于涨落与其他运动模式的耦合,涨落随时间演化有两种情况:负反馈和正反馈模式。在负反馈模式中,由于非线性耦合,一个刚形成的、不适应内外环境条件的涨落,会诱导出一个抑制自身的负反馈作用，使这个涨落随时间衰减最后消失。因此，负反馈的衰减的涨落，保障了系统宏观规则结构和运动模式的稳定性。在正反馈模式中，同样由于非线性耦合，一个刚形成的、适应内外环境条件的涨落，会诱导出一个使自身放大的正反馈作用，使这个涨落在时空规模上越来越大，破坏原有的守恒律(旧的制度和规则)及体现它们的平均场和多体关联结构(旧的国家、社会组织结构和规则)。而放大后的涨落模式本身却变成了另一种新形态的平均场和关联结构(新的国家、社会组织结构和规则)。于是，系统的旧结构被新结构所取代。这就是涨落和无规运动在系统结构变革-相变期(社会变革期)的积极作用。在物理学中，人们看到当物理系统从一相变为另一个相(相变)时，其中存在一个短暂的涨落十分强烈的过渡区(即所谓临界点附近的涨落区域)。在社会系统中，人们也同样看到新旧社会转变时期(即所谓的革命时期)的涨落混乱现象。因此，从多体关联动力学观点看，复合人民利益和社会发展需要、适合新条件的涨落必然放大，这是推动系统结构新旧更替、实现进化的强大动力，也是“星星之火，可以燎原”的根本原因。**对称性结构突变和量子混沌的研究表明：避免对称性结构突变时期出现系统结构混乱、破坏的途径，只能是准静态的、渐进绝热的(即渐进**

改良的)。

总之，一个多要素的相互作用的动力系统，必然存在上述四种基本结构和运动形式。集体运动、集团运动、个体运动和无规运动，既相对独立，又彼此以非线性反馈方式耦合在一起，从而使得具有动态结构的系统表现出丰富多彩的层次性、生动活泼的有机整体性和演化历程。

2) 从方法论方面的引申

建立其他系统(如生物系统、社会系统)的动力学理论，也许可以从建立量子多体理论的方法中找到借鉴，而它的动力学理论的建立通常可以分为三个步骤：

A. 运动学步骤。这一步是解决要素和系统运动状态的描述问题，即要选择一组特征量去描述要素和系统的运动状态。对物理多体系统，通常用广义坐标和广义动量(q, p)来描述。对于概率性问题，还要选取一组特征函数$f_i(q, p)$去描述要素和系统处于某种状态的概率；而量子力学由于运动学变量的代数相容性和波的叠加性，概率波状态用概率幅$\phi(q)$或$\psi(p)$描述。

B. 动力学步骤。这一步要解决要素的惯性和要素之间相互作用的描述问题，以及动力学规律的确定问题。这需要先用相互作用特征函数$V(q, p)$描述要素之间的相互作用，再用包括惯性运动和相互作用二者的特征函数(在物理学中叫拉格朗日函数或哈密顿函数)来刻画系统的动力学性质；进而用表现系统稳定性、对称性和守恒定律的某种原理(如物理学中的作用量变分原理或能量守恒变分原理)，导出状态函数所满足的运动方程。运动方程一般是反映守恒定律或稳定性原理的微分形式或差分形式。系统状态随时间的演化不过是在守恒定律约束下或稳定性原理许可的范围内的轨道，初始条件从这些可能的轨道中挑选出现实轨道。系统内各要素之间的相互作用和运动量转移，导致系统的运动变化。

C. 运动方程变形步骤。这一步是为了把多体(多要素)系统动力学理论改造成为适合描述系统的层次结构而采取的。其关键是选取能恰当描述系统多体层次结构的状态关联函数，把作为描述系统总体的、笼统的状态函数的运动方程，转变为描述系统各个层次子结构的集团或关联函数的运动方程。经过这一转变后，系统的运动方程就变为集团的或关联函数的、非线性的动力学方程组，非线性来自多体相互作用和集团结构-关联结构之间的耦合与反馈。变形后的运动方程的优点是，能清楚显示多体系统的层次结构及其相互耦合，同时可以按对所需的子结构等级做切断而得到近似方程，使得多体动力学方程可以在不同的集团-关联等级近似的精度下求解。

三、系统论的统一数学理论问题

一门学科，当它具有定量形态时，一方面表现其发展阶段的成熟，另一方面则显示其应用上的更大威力。系统论也不例外，只有当它具有某种定量形态时，才能表现它的成熟，同时才能在实践中发挥更大的作用。因此，探讨系统论的统一的数学理论问题，将是十分艰难而具有重大意义的。

一般的、综合统一的理论的形成，往往是在它的各种具体的、特殊的理论的形成和发展之后。但这时的综合统一，仅仅是在当时认识层面上的统一。每一次综合统一，都将丰富人们的思想，深化人们的认识，带动科学整体的提高，同时还会推动各门学科之间的交叉融合并向深层次发展，促进科学认识更精细的发展与综合。综合统一促进的分化，又为在下一个层面上的更高的综合统一创造了条件。因此，认识的综合与分化这两者，是一种互为因果、相互促进的发展过程，是一个无穷的认识发展过程。

按上述认识，我们显然只能在目前科学和认识的水准上来粗略地讨论系统论的统一的数学理论问题。前面分析了物理学中的系统论问题，现在需要同时讨论其他学科的系统论问题。在考察客观世界具有多少种系统时，引述M.邦格对系统的分类是有益的(表Ⅱ-2)。

表Ⅱ-2　M.邦格对客观系统的分类

S1=物理系统	S2=化学系统	S3 =生物系统	S4=社会系统	S5=技术系统	S6=知识系统
微观：基本粒子原子核原子分子	单体化学反应	细胞	家庭	一个机器	个人思想、一本书
宏观：宏观物体	聚合物	多细胞有机体	工厂乡村	农场、工厂、康采恩	学科 计划
宇观：星体银河系宇宙	合成堆	生态系统	大城市、民族、国家、世界	工业系统	社会意识

对于上述系统，都可以建立相应的系统论的数学理论。现在要问，如果上述各个具体系统的数学理论都已经建立起来了，能否建立系统论的一般数学理论？如果能够，至少也得经历两个阶段。A. 确立一般原理、原则、概念的定性阶段。这个阶段由L.V.贝塔朗菲开始，至今仍在发展和完善中。B. 一般原理、原则、概念的形式化、公理化、定量化阶段。这个阶段需要吸收、消化各门具体系统论的数学理论的成果，从中提取出共同的、本质性的东西并加以形式化、公理化和数量化，然后才可能建立系统论的一般数学理论。这个阶段难度很大，目标也较遥远，但前景是十分诱人的。

参考文献

[1] 贝塔朗菲. 一般系统论: 基础、发展、应用. 北京: 社会科学文献出版社, 1987.

[2] 维纳. 控制论(或关于动物和机器中控制和通信的科学). 北京：科学出版社, 1963.
维纳, 等. 行为、目的和目的论. 载于“控制论哲学问题译文集”第一期, 北京：商务印书馆, 1965.
[3] Shannon C E. A mathematical theory of communication. Bell System Tech. J. , 1948, 27.
[4] 格兰斯多夫, 普利高京. 结构、稳定性和涨落的热力学理论. 西安：西北大学出版社, 1971.
[5] Nicolis G, Prigogine I. 非平衡系统的自组织理论, 1977.
[6] 普利高京, 伊唐热. 从混沌到有序. 上海：上海译文出版社, 1987.
[7] Haken H. Synergetics and Introduction. Springer Verlag, 1977.
[8] 哈肯. 高等协同学. 北京：科学出版社, 1989.
[9] 王顺金, 殷 雄. 原子核中的无规运动. 载于《全国重离子物理讨论会回忆录》, 1987, 64.
[10] Wang S J , Cassing W. Annals of Physics, 1985, 159, 328;
Wang S J. Communication in Theor. Phys., 1985, 4, 827;
Wang S J, Cassing W. Nuclear Physics, 1989, A495, 371;
Cassing W, Wang S J. Zeitschrift, fuer Physik, 1990, A337, 1;
Wang S J, Li B A, Bauer W, Randrup J. Annals of Physics, 1991, 209, 251.
[11] 王顺金, 左维. 动力学对称性的丧失和原子核的量子无规运动. 待发表.
[12] M. 邦格. 自然科学哲学问题丛刊, 1986, 4, 46.
[13] 补充参考文献:
王顺金. 量子多体理论与运动模式动力学. 北京：科学出版社, 2013. 3;
物理学前沿——问题与基础. 北京：科学出版社, 2013. 6;
真空结构、引力起源与暗能量问题. 北京：科学出版社, 2016. 3;
真空量子结构与物理基础探索. 北京：科学出版社, 2020.

Ⅲ 量子多体理论的某些进展——在艰辛而诱人的基础研究道路上①

王顺金

摘要：根据自己的学术阅历，作者展望了基础科学研究，特别是物理学基础研究的诱人前景；基于对物理学基本理论的完备性的质疑，预示还有新的物理学基本规律有待人们去发现。作者也强调了物理学横向研究的重要性，并就自己在量子多体理论方面的工作，对关联动力学和代数动力学的主要结果做了介绍。

母校兰州大学将迎来她的 90 华诞。作为她的学生和教员，最好的纪念方式之一，是向她汇报自己的学术历程。鉴于母校的庆典正值世纪之交，自然引发我对世纪之交的科学，特别是物理学的前景的思考。下面结合个人的经历与感受谈点浅见。

① 转载自《兰州大学学报(自然科学版)》，Vol.35， Nol.3，pp56-63，1999。

1. 基础研究的艰辛道路与诱人前景

我自幼就对大自然的奥妙怀着激情，中学就喜爱物理，大学和研究生阶段更选择了核物理和理论物理专业。我立志从事物理学基础研究是从兴趣开始的，后来才觉悟到在科学上应当为中国和人类做点什么。有了这种志向和心愿后，就不感到物理学基础研究的艰辛，尽管它实际上是很艰辛的。按常人的观点，七十二行中，基础研究的道路是十分艰辛的：不仅工作很难，生活也很苦。无论是在中国还是在欧美，从事基础研究的人员的工资菲薄，生活清贫；工作十分单调，对常人来说，枯燥无味；而且总是要啃科学中的硬骨头，要付出巨大的努力才能取得一点像样的成果，没有平坦的道路和侥幸取胜的机会。这些特点，在市场经济的今天，特别引人注目。许多年轻人对这一行业望而生畏，纷纷逃避，有的人甚至对之不屑一顾。因为他们在未来的生活中，期盼着洋房和汽车，而在中国的今天，干这一行不能给他们带来这些享受。

但是，这一行总得有人去做，因为中国需要它，人类需要它。令人欣慰的是，我发现仍有一些“痴心”的年轻人立志做这一行。在市场经济大潮冲击的今天，我对这些年轻人的决定尤为佩服。也许，他们像我们年轻时一样，对自然的奥妙着迷，也想在将来对中国对人类做点什么。但是，我要告诉这些年轻人：你们必须忍受清贫，才可能坚持下来，才有希望做出成绩。

除了市场经济的冲击使不少优秀的年轻人离开基础研究而外，近年来还有一个尚不广为人知的观点，影响着正在做基础研究的年轻人，动摇他们的信心。1997年，《科学美国人》杂志专职选稿人约翰.霍根出版了一本令全世界科学界震惊的书，名为《科学的终结》[1]。本书的作者采访了几十位世界级的科学大师，综合分析后，得出如下结论：①基于相对论和量子论的标准模型的建立标志着物理学的终结；②化学只不过是原子、分子的量子力学，物理学的终结意味着化学的终结；③基于广义相对论和现代粒子物理的大爆炸宇宙论的建立标志着宇宙学的终结；④基于基因和分子水平的进化论和 DNA 双螺旋结构的发现，标志着生物学的终结；⑤科学基本规律的应用和生产技术会有大的发展，但关于基本规律的科学终结了。近年来，各种基本科学研究的减速、受阻，原理现实的数理科学(反讽)的出现，正是科学即将寿终正寝的表现。这本书不仅在科技界引起震动，而且影响了一些国家的科学决策，并且波及中国。

作为基础科学的研究人员，自然要对上述观点做出反应。本人认为，若把“科学的终结”解释为“人类对某一物质层次的基本规律的认识接近于完成”，是有几分道理的。只有人类只能认识某一物质层次的基本规律，而不能从一个物质层次的认识过渡到另一个物质层次的认识，人类对某一物质层次的基本规律的认识的完成，才意味着关于基本规律的科学的终结。更令人信服的论点是：a. 虽然，关于某一物质层次的基本规律是有限的，但人类的实践和认识能从一个物质层次进入另一个物质层次；b. 自然界在纵向(深到微观层次，远到宇观世界)有其基本规律，在横向(多体系统)也有其基本规律，而且横向的基本规律不能完全还原为纵向的基本规律；c. 对现有的几个物质层次(物理层次、生物层次和宇观层次)的基本规律的认识并未完成。仅就物理学而言，且不说基本粒子的标准模型本身并不完善，相对论和量子论仍有待改善[2, 3]；即使上述基本理论完善了，人类对现有物质层次的物理学的基本规律的认识只完成了三分之二，还有三分之一的物理学基本规律有待人们去发现。这仍然是激动人心的：不仅剩下的三分之一的基本规律的发现激动人心，它发现后出现的、关于现有物理层次的一个完整的基本理论(而不是仍停留在以前的三分之二)更加激动人心。关于现有物理学基本理论的不完备性，以及剩余的三分之一的物理学基本规律的可能特征，我们将在别的地方予以讨论[23]。

《科学的终结》一文显然忽视了自然界横向(多体系统)的基本规律的重要性，更忽视了次级规律的意义与作用。设想，如果物理学只有相对论和量子论，而没有把它们应用到具体物质领域的分支学科，则不仅没有今天的科学技术和经济文化，就物理学本身而言，也只剩下一颗只有根茎而没有枝叶花果的、无生命力的病树。一门学科的繁荣昌盛，不仅要有强大的根和茎，而且需要繁茂的枝和叶，更要有给社会带来技术经济效益的花和果。实际上，物理学的横向研究出现了空前的机遇。就核物理学而言，由于放射性束流核物理的发展，原子核物理学的研究领域将从 300—400 种核素扩大到 6000—8000 种核素[4]。很难设想，一个研究领域扩大了 20 倍的学科会是一个垂死的学科！更不用说，把核物理学建立在量子色动力学(QCD)的基础之上，会给核物理学带来何等新的面貌。因此，核物理学研究人员面临的前景是诱人的，很难接受“科学的终结”这一论点。

2. 基础研究包括纵向的和横向的规律的研究

基础科学研究包括纵向规律和横向规律的研究，这是科学发展的历史事实。纵向规律和横向规律是自然界物质规律的两个互相补充的侧面，反映出物质结构在纵横两个方向的延伸。就物理学而言，量子论和基本粒子标准模型代表了人们对物质纵深微观层次的认识，而大量微观粒子组成的凝聚态的规律[5]，特别是统计力学基本规律，则代表了人们对横向规律的认识。生物学存在类似的事实。以细胞为参考点，人们深入到染色体，揭示出 DNA 的双螺旋结构并努力从分子水平上理解生物的奥秘。另一方面，大量细胞的有机结合，经器官组织、生物个体、群体而形成生物界-生态系统，出现了众多的生物学横向规律。横向存在基本规律是一个科学事实，否则人们就会否认热力学定律和神经过程研究的基本重要性。

人们常常容易承认在纵向层次有基本规律，而怀疑在横向层次有基本规律，原因是多种的。就物理学而言，相对论和量子论的普遍性和简洁性，为它们的基本性奠定了基础；而基本粒子的标准模型揭示出基本粒子的运动规律，这些粒子是组成我们的世界的基本要素。因此，它们的基本性是不容置疑的。但是人们怀疑，在横向研究中，即在多体系统的研究中，存在着基本规律。原因之一是，量子场论为基本粒子的相互作用提供了理论框架，因而也为由它们组成的多体系统提供了基本理论。人们相信，物理学中任何多体系统的性质，都可以从相应的量子场论的多体系统的求解中得到说明。正是这种理想主义或还原主义的观点，使人们怀疑量子多体系统中存在基本规律。具有讽刺意味的是，人们宣称；物理世界的一切都可以从量子多体系统的基本理论的求解中得到解释，而至今却没有一个人求解了一个真正意义上的多体系统。量子多体系统未能实现严格求解，不仅是由于人类计算技巧和计算技术的局限性，恐怕有更深层次的原因。对真正意义上的物理多体系统即我们面前的量子场论而言，笔者对物理学的基本理论-基本粒子相互作用的理论提出两点质疑：①对无限粒子系统而言，它可能是不完备的，因而是不可求解的；②对有限粒子系统而言，即使基本粒子相互作用的描述是正确的，也需要提供与环境相联系的新的基本规律作为补充，才能对有限系统做出恰当的描述。

关于当前的物理学基本理论是否完备的问题，是一个重大的基本问题，值得深入研究。基本的量子多体理论不可严格求解，为各种近似方法和模型理论提供了存在和发展的根据，而现有的基本粒子理论可能的不完备性，则要求人们努力去发现新的物理学基本规律。

3. 量子物理中的横向研究：量子多体问题的研究

量子多体问题研究显然是横向规律的研究，但并不是所有横向规律都是基本的。物理学中横向研究的绝大部分，都是努力把量子理论的基本原理用于解决具体的量子多体问题。由于量子多体问题绝大多数不能严格求解，这就要求发展行之有效的近似求解方法。当前人们对量子多体理论近似方法的要求是：①对强相互作用或强关联多体系统，发展出非微扰的可操作的近似方法；②方法本身应具有灵活多变性，允许逐步求得一级比一级精确的近似解；③各级近似应提供尽可能清晰的物理图像，以便理解多体相互作用过程及衍生的物理机制。本人认为，量子多体系统的关联动力学和代数动力学，基本上满足上述要求。这正是笔者几十年来与许多同事共同从事的研究领域。量子多体理论方法很多，这里并不是说其他多体理论方法不好，也不是说上述三条是判断多体理论方法优劣的标准，而只是表达笔者对量子多体理论的一种看法。

1) 关于量子或原子核多体关联动力学[6, 7]

当代科学技术的迅速发展，揭示了越来越多的与强耦合有关的量子多体现象(如凝聚态物理中的高温超导，粒子物理学中的强子结构与夸克禁闭)，这就要求在量子多体理论和量子场论中发展处理强耦合的非微扰理论。由于多体系统中的强耦合必然导致各种等级的多体关联，使得非微扰理论常常又是多体关联理论。因此，从弱耦合的微扰论向强耦合的非微扰论与多体关联理论的发展，是当前量子多体理论和量子场论中一个十分重要的发展方向。而量子多体关联动力学或原子核多体关联动力学，则是在这个方向上的一种努力。

量子多体关联动力学的目的在于，发展量子多体理论和量子场论中处理强相互作用或强耦合的非微扰理论。认识到强耦合必然导致多体关联，因而应从关联动力学入手去发展处理强耦合的非微扰理论。又认识到量子多体系统的关联是从低阶向高阶逐渐表现出来的，故在理论描述中，把多体关联相应地划分为不同的等级，分别以不同阶的多体关联函数去描述。这样，就把描述多体系统整体行为的理论，转变成描述其中各个等级的多体关联子结构(其中包括最重要的平均场整体关联)的动力学理论。自然界中的各阶多体关联的相对独立性和相互耦合，就表现为各阶多体关联函数的运动方程的相对独立性和非线性耦合。各阶多体关联子结构的客观相对独立性，使得其相应的运动方程可以按关联等级做截断近似；而低阶关联截断近似(平均场近似与二体关联近似)在物理上特别重要，在数学上易于求解，因而成为当今最重要的量子多体理论途径。总之，从量子多体关联入手发展强耦合的非微扰理论，把多体系统看作由不同等级的多体关联子结构组成的有机整体，既强调了各阶多体关联子结构的相对独立性，又重视它们之间的非线性耦合，这是量子多体关联动力学理论的基本思想。

量子多体关联动力学理论的基本内容，在非相对论情形，包括多体关联密度矩阵动力学和多体关联格林函数动力学；在相对论情形，包括量子场的关联动力学和 SU(N)规范理论的约束关联动力学。

量子多体关联动力学作为一种有效的非微扰理论途径，在原子核物理学研究中，特别是重离子核反应研究中，得到成功的应用，发展成为原子核多体关联动力学。在核物理学界，参加原子核多体关联动力学发展和应用的学者有 30 人，其中美、德、法、意、日等国学者 20 人，中国学者 10 人，形成了一个国际性的研究领域。在重离子核反应方面的应用包括：非微扰地推导出 BUU 方程，因而为重离子核反应输运理论和 Giessen 模型奠定了微观多体理论基础[8, 9]；建立了强子物质的输运方程，把重离子核反应输运理论从核子层次推进到强子层次，从基于弹性碰撞的输运理论推广到包括非弹性碰撞和反应过程的输运-反应理论[10]，成功地描述了别的理论不能描述的重离子碰撞中π介子产生的双温现象和π-发射的偏向性[11, 12]；在二体关联动力学基础上，建立起重离子核反应的二体关联输运方程，把重离子核反应输运理论从单体分布函数的理论推进到包括两体关联函数的理论，描述了 BUU 理论不能描述的碎裂现象[13]；把二体关联动力学用于研究重离子碰撞中的质量扩散，得到了比 TDHF 好得多的、与核子交换模型一致的结果，解决了一个存在 10 年之久的问题[14]。在用二体关联动力学方程研究原子核小振幅运动方面，对热原子核巨共振进行了非微扰研究，解释了热原子核巨共振衰变宽度的温度无关性这一长期存在的问题[15]；对原子核四极运动的计算得到了与实验符合的结果[16]；发现二体关联动力学运动方程的小振幅极限是高阶 RPA 的推广[17]；单粒子能级的朗道宽度可以从二体关联动力学方程自然得到[18]……。原子核多体关联动力学的其他应用可以从文献[6], [7]找到，该文总结了 1996 年以前的主要进展。近年的进展，除了上面提到的重离子核反应二体关联输运理论外，我们正尝试把量子多体关联动力学方法用于凝聚态物理，对于 Anderson 模型，得到比前人好的结果[19]。这是令人鼓舞的。

量子多体关联动力学显然满足上面提到的人们对现今量子多体理论的要求：非微扰性和可操作性，灵活性和近似度可提升性，以及物理图像的清晰性。此外，原子核多体关联动力学还有以下两个特点。首先，它具有以下系统论的特征：①它以多体关联子结构作为理论的基本要素，而多体关联子结构按复杂程度分为不同的层次；②它既能描述不同层次的多体关联子结构的相对独立性，又能描述它们之间的相互耦合，正体现了多体系统既具有层次结构又具有有机性整体；③它提供了一种自然的、合理的截断方案，使得严格的多体方程组能够在截断后求解，正好符合人们对多体系统逐步逼近的认识要求。多体关联动力学的上述特征，是基于下述客观事实：在原子核结构与原子核反应中(以及一般量子多体系统中)，原子核的多体关联的确以层次结构的形式表现出其相对的独立性，并在不同问题和不同侧面中表现出不同的重要性。因此，在统一的原子核多体理论中，必须以多体关联为基本要素，才能客观地反映出原子核结构和运动中的层次结构特征。当进一步将原子核看作一个一般多体系统，把多体关联与系统结构的层次性联系起来时，人们就可以看出，原子核和量子多体关联理论的发展，是物理学发展中系统论倾向的一个侧面[20]。其次，原子核和量子多体关联动力学的另一个特点是它的统一性和概括力。它把没有分化的、未显示出层次结构的量子多体动力学理论，转变成为分化了的、显示出层次结构的量子多体动力学理论，从微观多体相互作用的角度，以统一的形式去理解和描述各种形式的多体关联体现的层次结构。作为描述原子核多体关联的一种统一的理论形式，它应当把现有的各种分离的原子核多体理论统一起来。研究表明，原子核多体关联动力学的确具有这种性质：核物理的现有的几种理论，如HF，TDHF，Bethe-Goldstone-Brueckner-Faddeev 理论，RPA 理论，Bethe-Salpeter 方程和环形图极化方程，以及重离子核反应的几种主要的输运理论，都可以在不同的截断近似下从多体关联动力学方程得到[6]。

值得注意的是，原子核多体关联动力学在重离子核反应中的应用，揭示出多体动力学理论的局限性以及动力学描述和统计描述之间的互补性[7]。当前，一个流行的观点认为，对中能重离子核反应的完全描述，应当是动力学与统计的二重描述。坚持动力学随机性观点的理想主义者难于接受上述观点；他们认为，作为动力学系统的重离子碰撞，其随机性和统计特征应当具有动力学根源，而无须求助动力学以外的统计因素。然而，从多体动力学的观点看，上述观点在一定条件下是可以接受的。作为复杂的相互作用多体系统时间演化的重离子核反应，随着相对运动能量向内禀运动能量的转化与耗散的出现和时间的推移，从低阶到高阶的多体关联，将逐步发展起来并将在过程中起着越来越重要的作用。也就是说，随着注入的激发能的增加和系统趋向平衡，高阶关联及其相应的涨落会起越来越大的作用；当达到热平衡时，所有的各种关联(特别是与随机性相关的高阶关联)都将发挥各自的作用。然而，任何一个可求解的动力学理论，常常是某种截断的动力学理论，它只包括到某一阶的多体关联而略去了以后的高阶关联。因而，它只能在一定的激发能范围和时间范围对反应做出较精确的描述；超出这个范围，被忽略的高阶关联将起重要作用，理论与实验的分歧就显现出来。特别是在热平衡区，高阶关联和涨落虽然起重要作用而又被理论所忽略，表现出截断的动力学理论的不完备性。正是这种被忽略的高阶关联和涨落，给统计描述留下了余地：统计力学描述正是对热平衡动力学高阶关联与涨落的模拟。因此，截断的多体关联动力学描述与统计力学描述是互补的[7]。

2) 关于量子系统的代数动力学[21, 22]

量子系统动力学对称性理论和非自治系统量子力学，是当今量子物理发展中的两个前沿。经典混沌研究成果的冲击，使量子物理学家认识到，量子运动可区分为规则运动和无规运动两大类。为了从本质上把握这两类运动，必须把经典可积性这一数学概念提升，发展成为动力学对称性这一物理概念：以完备量子数、规则的能谱与波函数结构为特征的、具有动力学对称性的量子系统呈现出规则运动，而动力学对称性的严重丧失导致无规运动。量子运动可用希尔伯特函数空间中的态矢和力学量算子的时间演化来描述；某类量子运动的相对独立性，使得描述它们的算子集成为封闭的代数。揭示量子系统的哈密顿量的代数结构，就可以认证系统的守恒律及其相应的动力学对称性，进而预言系统的运动是规则的或无规的。当前，人类已进入控制单个原子、电子等微观粒子的所谓“量子工程”的时代。人类控制微观粒子的外场常常是时间有关的，使得这样的系统成为非自治系统；非自治系统量子力学应运而生。

在这种形势的激励下，我们把行之有效的动力学对称性理论从原子核系统推广到量子光学系统，从自治系统的定态动力学对称性推广到非自治系统的时间有关的动力学对称性；在对系统的哈密顿量的代数结构和守恒律的分析的基础上，建立起代数动力学的完整的理论体系，其中包括运动学代数和动力学代数，定态动力学对称性和时间有关的动力学对称性，代数动力学方程，规范变换和规范自由度，最佳规范和最佳表象，动力学非绝热基矢，线性系统具有时间有关的动力学对称性的证明，线性系统的量子-经典对应，运动方程的线性化求解等等，一系列分析非自治系统的守恒律、求其严格解的新颖而有效的概念与方法。从理论上说，代数动力学把量子力学理论形式从通常的海森伯代数动力学形式推广到一般的李代数动力学形式；代数动力学继承和发展了Dirac-Heisenberg 关于量子力学是 Hilbert 空间的算子随时间演化的动力学的思想，明确地把量子力学看成是 Hilbert 空间的量子运动学代数在系统的哈密顿量驱动下的代数动力学。代数动力学吸收和推广了核物理中的动力学对称性理论成果，引进了量子场论中规范变换和规范自由度的思想，把微分几何中的活动标架和核物理中的非绝热基矢的概念发展成为动力学基矢的概念，使之成为新颖而有效的理论方法。

目前，参加代数动力学发展和应用的国内外学者有 15 人，解决了非自治线性系统的守恒律分析和方程求解问题；对于非线性系统的研究，也取得了几个十分有意义的成果。把代数动力学应用于量子光学系统和“量子工程”中的非线性系统，解决了有重要实际应用价值的量子系统的求解问题。对于线性非自治系统，解决了：①Paul 阱中粒子的量子运动和时间有关的广义谐振子(su(1,1)动力系统)的严格解，可用于 Paul 阱中粒子运动的控制；②加速器中离子的极化、转动磁场中带自旋粒子和螺旋光纤中激光的非绝热贝利相因子等的严格计算(su(2)系统)，可用于加速器中离子自旋的控制和非绝热贝利相因子的实验检验；③量子辐射场与经典流相互作用系统(hw(4)动力系统)的严格解，可描述变频谐振子与外电场的相互作用；④时间有关的广义谐振子与外场相互作用的系统(su(1,1) + h(3)动力系统)的严格解，可用于研究激光与等离子体碰撞中的非泊松效应；⑤时间有关的朗道系统(sp(4)动力系统)的严格解，可用于研究时间有关的磁场中的量子霍尔效应；⑥时间有关的四极平均场中核子运动的 su(3)近似(su(3)动力系统)，可用于核物理中时间有关的壳模型的研究；⑦一般线性半单李代数动力系统的统一解法，等等。对于非线性系统，解决了：①核四极共振问题(非线性 su(2)动力系统)，可用于研究核四极共振过程；②腔场量子电动力学中 N-能级原子与单模辐射场的多光子交换过程的 J-C 模型的线性化求解(su(N)动力系统)，可用于腔场量子电动力学过程的研究；③时间有关的、推广的 Feymann 的 L-S 系统(su(N)动力系统)，可用于研究时间有关的磁场中原子、分子能级的超精细结构；④时间有关的非线性 su(1,1)动力系统，等等。

为什么动力学对称性的存在如此普遍，代数动力学理论方法如此有用？物理学是研究物质运动规律的科学；规律总是与某种守恒律相联系的，而守恒律又根源于对称性，或者是与时空背景相联系的普遍而严格的对称性，或者是与系统的相互作用相联系的哈密顿量的特殊而近似的动力学对称性。因此，凡是有守恒律的地方，就有动力学对称性问题。按照守恒律的保持与否，运动可分为保持守恒律的规则运动和破坏守恒律的无规运动。研究表明，原子核物理学是两类运动共存和交织的科学。无论是规则运动还是无规运动，只要揭示出系统哈密顿量的代数结构，就可以用代数动力学的方法加以处理。因此，代数动力学的用途是十分广泛的。

4. 结语与展望

基础研究的路是艰辛的，但前景是诱人的。就物理学而言，人们对现有这一物质层次的基本规律的认识并没有完成，还有新的基本规律等待人们去发现。

物理学横向规律的研究是不可或缺的，其中一个重要的任务就是，开发出处理量子多体问题的有效的理论方法。本文介绍了作者从事的因而熟悉的两种理论方法：关联动力学与代数动力学，它们的基本思想和主要结果。

作者对物理学提出的科学质疑，即物理学基本理论对现有这一物质层次的认识的不完备性，或基本粒子理论对无限量子系统的描述的不完备性，是一个值得深入研究的大问题。

作者期盼，有志气的年轻人继续在自然科学基础研究的道路上开拓前进，特别是在物理学基础研究方面，做出新的、重大的贡献与发现。

作者更期盼，母校在 21 世纪培养出大批更加优秀的学子，对中国的经济文化和人类的科学做出应有的贡献。

参 考 文 献

[1] 约翰 · 霍根. 科学的终结. 北京: 远方出版社, 1997.

[2] 李喜先, 等. 21 世纪 100 个科学难题. 长春: 吉林人民出版社, 1998.
[3] 丁亦兵. 统一之路——90 年代理论物理重大前沿问题. 长沙: 湖南科学技术出版社, 1997.
[4] 魏宝文, 等. 兰州重离子加速器冷却储存环 HIRFL-CSR. 兰州: 兰州大学出版社, 1994.
[5] 冯端, 金国钧. 凝聚态物理新论. 上海: 上海科学技术出版社, 1992.
[6] 王顺金, 左维, 郭华. 原子核多体关联动力学——量子多体理论的一种非微扰途径. 物理学进展, 1996, 16, 1, 99-136.
[7] 王顺金. 热原子核巨共振的非微扰研究与二体关联动力学. 物理学进展, 1997, 17, 4, 419-428.
[8] Cassing W, Mosel U. Many-body theory of high energy heavy-ion reactions. Progr. Part. Nucl. Phys. , 1990, 25, 235-323.
[9] Cassing W, Metag V, Mosel U. Production of energetic particles in heavy-ion collisions. Phys. Rep. , 1990, 188, 363-449.
[10] Wang S J, Li B A, Bauer W, Randrup J. Relativistic transport theory for hadronic matter. Ann. Phys, 1991, 209, 251-305.
[11] Li B A, Bauer W. Pion spectra in a hadronic transport model for relativistic heavy-ion collisions. Phys. Rev. C, 1991, 44, 450-462.
[12] Li B A, Bauer W, Bertsch G F. Preferential emission of pions in asymmetric nucleus-nucleus collisions. Phys. Rev. C, 1991, 44, 2095-2099.
[13] Liu J Y, Wang S J, Di Toro M, Liu H. Two-body correlation transport theory for heavy-ion collisions. Nucl. Phys. A, 1996, 604, 341-357.
[14] Gong M, Tohyama M, Randrup J. Time-dependent density matrix theory. Z. Phys. A, 335, 331-340.
[15] De Blasio F V, Cassing W, Tohyama M, et al., Nonperturbative study of the damping of giant resonances in hot nuclei. Phys. Rev. Lett. , 1992, 68, 1663-1666.
[16] Gong M, Tohyama M. Application of a time-dependent density- matrix formalism I: Small amplitude collective motions. Z. Phys. A, 1990, 335, 153-161.
[17] Tohyama M, Gong M. Small amplitude of time-dependent density matrix theory. Z. Phys. A, 1989, 332, 269-274.
[18] Tohyama M . Landau's collision term in time-dependent density matrix formalism. Ztschrift für Physik A Hadrons and Nucl, 1990, 335, 4, 413-416.
[19] Luo H G, Ying Z J, Wang S J. Equation of motion approach to the Anderson model. Phys. Rev. B, 1999, 59, 7710-7713.
[20] 王顺金, 曹文强. 从物理学的观点看系统论和系统结构的层次性. 自然辩证法研究, 1992, 8, 2, 6-14.
[21] Wang S J, Li F L, Weiguny A, Algebraic dynamics and time- dependent dynamical symmetry of non-autonomous systems. Phys. Lett. A, 1994, 180, 189-196.
[22] 王顺金. 人造量子系统的理论研究与代数动力学. 物理学进展, 1999, 19, 4, 331- 370.
[23] 王顺金. 量子多体理论与运动模式动力学, 物理学前沿——问题与基础. 北京: 科学出版社, 2013; 真空结构、引力起源与暗能量问题. 北京: 科学出版社, 2016; 真空量子结构与物理基础探索. 北京: 科学出版社, 2020.

Ⅳ 科学的交叉、融合与发展——兼谈物理学前沿问题[①]

王顺金

一、21世纪科学发展的特点——科学的交叉与融合

(1) 科学发展的内涵： 量的增长 质的提高

常规发展 非常规变革(托夫勒)

(2) 科学发展的形式：从分化到融合。

科学的分化：科学从哲学中分离分化出繁多的分支学科；

隔行如隔山，分化到极端，导致、孤立、隔离；

限制发展需要综合与融合。

科学的综合、融合：是当代科学发展的趋势，新老学科发展的需要。

分化是专一特性的细化发展，综合是多种学科优势特性的融合与发展。

(3) 科学的交叉与融合：是新老学科的大发展的需要。

学科内部各分支的交叉与融合：如天体核物理、天体粒子物理、粒子宇宙学介观物理、团簇物理。

自然学科之间的交叉与融合：如生物物理、量子生物、量子化学、量子信息、量子计算、地球物理、纳米科学、材料科学、能源科学、生物力学与工程医学物理与工程。

自然科学与社会科学的交叉与融合：如物理经济学、数量经济学、系统科学控制论、复杂性科学、信息科学、大数据科学、网络学等。

科学的交叉与融合产生的新兴学科，成为21世纪最活跃的学科生长点，最重要的高科技和知识经济的支撑点。

二、21世纪科学发展的机遇与挑战

1) 科学发展的前景：变革中的机遇与挑战是科学发展的内部动力

21世纪科学发展的前景和面临的变革。

对发展前景两种看法：

(a) 悲观的看法：人类对科学基本规律的认识已经完成，基础科学的发展终结了；(b)乐观的看法：现代科学仍然是不完备的，存在内在矛盾(如相对论与量子论的矛盾，理论与实验的矛盾)，表明21世纪的科学需要、而且面临又一次深

① 2005年以来多次报告的综合。

刻的变革。

(1) J. 霍根的《科学的终结》得出“物理学以及自然科学终结”结论：

(i) 基于相对论和量子论的标准模型的建立标志物理学的终结。

(ii) 化学只不过是原子、分子的量子力学，物理学的终结意味着化学的终结。

(iii) 基于广义相对论和粒子物理的大爆炸宇宙论的建立，标志宇宙学的终结。

(iv) 基于基因和分子水平的进化论和 DNA 双螺旋结构的发现，标志生物学的终结。

(v) 各门自然科学发展受阻、减速，是科学老化，行将终结的表现。基本规律的应用和生产技术会有大发展，但是关于基本规律的科学终结了。

(2) 对霍根观点的评论。

(i) 准模型揭示了基本粒子现有层次的基本规律，标准模型的缺陷和内在矛盾暗示物质下一更深层次及其基本规律的存在；对称性的丢失，夸克禁闭，基本粒子的三代，引力、质量和电荷的起源等问题，只能由更深层次的理论来解决。

(ii) 大爆炸宇宙论并不是完备的，类星体及其能量，暗物质与暗能量，黑洞内部的性质等问题，仍不能解释。

(iii) 分子进化论和 DNA 双螺旋结构并未穷尽生物学的基本规律，遗传密码破译及其表达，神经活动的基本规律，仍未揭示出来。

(iv) 自然界有纵深的规律，也有横向(多体系统)涌现规律，由于物质运动形式及其层次的无限性，这两方面的基本规律形成无限的序列。

(v) 就现有物质层次而言，相对论和量子论只揭示了基本规律的三分之二，另一个基本规律仍有待人们去揭示，同样激动人心。

基本物理常数与基本规律和基本理论的对应，表明缺失一个基本理论

a) 光速 c	相对论	时空观的变革
b) 普朗克常数 $\hbar$	量子论	运动学的变革

基本物理常数的完备性要求另一基本常数和基本理论：

c) 基本长度(质量) $l(m_0G)$	真空结构及耦合动力学	动力学变革

(3) 21 世纪物理学基本理论面临重大变革!科学面临巨大的发展的机遇。

物理学的巨大变革将发生在：基本理论、材料科学、能源科学、量子信息。

化学的变革将发生在：分子剪切、原子组装、分子与化合物设计。

生物学的变革将发生在：遗传密码破译、DNA 剪接与组装、遗传工程、克隆技术导致人体科学与医学变革、神经与思维科学。

信息科学的巨大发展：出现信息网络社会。

2) 知识经济和高科技推动下科学的大发展，是科学发展的外部环境条件和动力

(1) 知识经济时代：要求科学的高度发展和高度普及。

人类社会经历的三个经济时代：

(i) 漫长低下的农业经济时代：公元前5000—公元1600年。

特点：依赖自然的养殖业与渔业；生产力低下，区域性强；对自然环境破坏小。

成就：造就了古代文明。

(ii) 高速增长的工业经济时代：1700—2000年。

特点：以蒸汽机、内燃机、电力为动力，机械工业为骨干，自然资源为原料；生产力高度发展，生产社会化与全球化；对环境破坏大。

成就：造就了现代文明：300年成就>6000年成就。

(iii) 科学合理的知识经济时代：2000年以后。

特点：以知识为基础，科技人文知识和信息支撑着社会经济生活中的生产流通、管理、分配、消费等各环节，劳动者熟练地运用高科技知识，知识本身成为商品；自然资源的合理利用，生产、经济的可持续增长；生产经济全球化；对地球环境的保护，社会、人与自然和谐发展。

成就：将造就以科技、信息网络为基础的现代社会与文明。

(2) 知识经济需要科技创新和高科技支撑。

信息科技需要：计算机技术，数字技术，通信技术。

生物科技、基因工程需要：转基因技术与克隆技术。

微米机电系统与纳米机电系统需要：数理化、材料、机械、电子、信息技术。

人造功能材料需要：物理化学、生物、材料、计算机科学。

宇航科技需要：数、理、化、生、天文、机械、材料、计算机、信息网络。

(3) 知识经济和高科技需要中等教育与高等教育的普及，职业技术教育与终身教育。

(4) 知识经济和高科技为科技发展提供充分的知识、物质、人才条件和优良的环境。

三、物理学与生物学、信息科学、社会科学等的交叉、融合与发展

1. 21世纪物理学的地位

20世纪的高科技与物理学的关系导致如下共识:20世纪是物理学的世纪。其根据是物理学产生的高科技，对社会生活的贡献、影响：基于相对论、量子论的物理学各个分支学科的发展产生了20世纪的新技术，创造了20世纪的文明。具体说：

核物理与粒子物理导致：原子弹、氢弹、核能、核技术、核医学。

半导体物理导致：晶体管、集成电路、计算机、信息与通信技术。

量子光学导致：激光技术、光学通信、光学工程。

原子分子物理、材料科学、量子化学导致：新材料。

天体物理与宇宙学导致：宇航科技、新的宇宙观。

20 世纪的物理学还促进了其他科学的发展：物理学促进下列学科的发展，出现新分支。

化学：量子化学，化学热力学、化学反应动力学、物理学方法、仪器与探测技术在化学中的应用。

生物学：生物物理、量子生物学，物理学方法、仪器与探测技术在生物学中的应用。

21 世纪物理学的地位：

(1) 在自然科学群体中的地位(由群体的知识结构决定)是长期稳定的：

物理学处于基础和领导地位。

回答来自其他学科的争议：

数学：数学形式体系的客观真实性靠物理学认证；数学的发展有两个动力—内部逻辑动力与外部科学需要和直观的动力，物理学促进了非欧几何、微分几何、纤维丛理论、拓扑学、量子群、辫子群、超弦数学、非对易几何等的发展。导致 Witten 与 Donalson 获费尔兹奖，超弦理论产生了新的数学。

化学：量子力学和量子统计热力学是表述化学定律的基础。

生物学：量子力学和量子统计是在分子层次上认识生命现象的基础，生物物理使生物学更定量、更精确。

因此，物理学在自然科学群体中的基础、领导地位，是长期的、不可否认的。

(2) 物理学在社会上的地位：由物理学对社会的贡献决定，物理学对社会的新贡献决定它的现实社会地位，这是变化的。社会地位包括：政府和民众对物理学的重视程度(物质上、精神上的支持)。

21 世纪是生物学的世纪？信息世纪？物理学世纪？三者共享的世纪？

2. 物理学内部几个主要分支的交叉、融合(略，详见《物理学前沿-问题与基础》)

3. 物理学与生物学

生物物理学：研究生命物质的物理性质，生命过程的物理和物理化学规律，以及物理因素对生物系统的作用，是物理学与生物学相结合而产生的交叉学科。

主要研究内容：①分子生物物理学；②膜与细胞生物物理学；③感官与神经生物物理学；④生物控制论与生物信息论；⑤理论生物物理学；⑥光生物物理学；⑦自由基与环境辐射生物物理学；⑧生物力学与生物流变学；⑨生物物理学技术。

量子生物学：在分子层次上，用量子力学研究生物大分子(氨基酸、蛋白质、核酸等分子)的各种生物化学过程。

4. 物理学与信息论

(1) 自然界和社会的三大要素：

自然界	社会
物质、能量、运动状态	物质、能量、信息

运动状态是物质和能量存在的具体形式，是信息的载体。

(2) 信息论：研究信息的本质，信息的产生、存储、传输、编码、译码，信道的有效性与可靠性，噪声的影响等问题。

(3) 信息论与物理学：信息的存储、提取、传输、处理需要借助物理手段。计算机是处理信息的物理实体；信息需要物理载体，物理态可以储存信息，信息是编码在物理态上的知识，是对物理态时空结构的编码；信息的提取是对编码的物理态的测量；信息的传输是编码的物理态的传输；信息的加工处理是在计算中对编码的物理态进行的有控制的量子力学演化。

(4) 经典信息论与量子信息论：

利用经典物理态，进行信息编码、信息处理和传输，是经典信息论；

利用量子物理态，进行信息编码、信息处理和传输，是量子信息论；

量子信息论以量子力学作为物理学基础。

(5) 量子计算与量子通信：

基于量子信息论原理的计算称量子计算；基于量子信息论原理的通信称量子通信；量子信息论是量子通信和量子计算的基础。

(6) 量子计算与量子通信的优点、必要性：

① 经典计算的极限：摩尔法则：18 个月，CPU 能力增加一倍，价格降低一半，芯片线宽达到经典物理极限，芯片设计必须考虑量子效应。此外，经典逻辑运算的不可逆性产生严重的热耗散。

② 量子计算的优点：除平行运算带来的高速外，还有经典计算机没有的特点：

量子计算是可逆的，产生很小的能量耗散，

量子相干性和纠缠带来的新算法和运算加速。

③ 量子通信的优点：量子密码不可破译。

(7) 量子信息学已取得的成绩：

① 建立了 Shannon 编码定理的量子推广。

② 量子纠缠现象已用于量子通信，创造了经典信息论没有的“绝对安全密钥”，“稠密编码”，“隐形传态”。

③ 构造出 “大数质因子分解”，“未整理的数据库搜索” 等量子算法。

④ 在局域网上实现了量子密钥分配。

5. 物理学与高科技

纳米科技：NEMS(纳米机电系统)、MEMS(微米机电系统)。

纳米颗粒与纳米科技：世界高科技，涉及物理、化学、生物、医学、材料、机电、计算机、信息等学科。

纳米维度：一维纳米-准二维系统，二维纳米-准一维系统，三维纳米-准零维系统—纳米颗粒：量子、维度效应。

特点：

(1) 几百—几十万个原子组成，尺度为 1—100 纳米。

(2) 表面-体积比特大，表面-总原子数比大。

(3) 表面活性大。

(4) 电子能带能级分离。

(5) 力学、电磁、光学性质不同于固体。

用途：

(1) 表面化学活性的利用：纳米催化剂。

(2) 力学性质的利用：纳米高强度材料。

(3) 电磁性质的利用：纳米电磁器件(计算机芯片)。

(4) 光学性质的利用：纳米光学器件。

(5) 纳米机电系统(NEMS)：纳米机器人是传感器、控制器和执行器的集成，用于操纵与组装原子。

(6) 纳米科技在生物、医学上的应用：对细胞、蛋白质、DNA 的微观研究，对生物大分子结构和功能的研究、裁剪与嫁接，基因工程，纳米药物和纳米手术等。

纳米科技包括：①纳米物理学，②纳米化学，③纳米材料学，④纳米加工学，⑤ 纳米力学，⑥纳米电子学，⑦纳米生物武器。

纳米科技的主要研究和加工手段是扫描隧道显微镜(用 STM 占工作量的 50%以上)。

重要进展：

(1) IBM 公司用 STM 用原子在镍基板上排出 IBM 字样。

(2) 德、美做成具有韧性的陶瓷氟化钙和二氧化钛。

(3) 纳米生物兴起，在纳米尺度上识别生物大分子，进行裁剪与嫁接。

(4) 纳米机械和纳米机器人的进展(已做出纳米马达)。

6. 物理学与系统论

理论与奠基人：

系统论：L. von 贝特朗菲。

协同学：H. 哈肯非线性动力学理论。

耗散结构理论：I.普里高京非线性耗散动力学理论。

复杂性理论：G. 尼科里斯，I. 普里高京等。

什么是复杂性?

多体(多粒子或多组元)系统由于相互作用产生不同层次的关联和不同层次的时间和空间结构，以及与此相应的不同次的性质与功能，形成系统结构、性质与功能的复杂性；复杂性与系统的结构、性质与功能的层次性密切相关；简单性与复杂性的关系：简单的基本定律在一定条件和环境下的多次应用与关联就会产生不同层次的结构、性质与功能的复杂性。

复杂性的基本概念：系统与组元，系统与环境，运动与约束，非线性相互作用与正负反馈，非线性放大与衰减，有序与关联，分支、对称性破缺与相变，结构与功能，层次性，平衡与非平衡，守恒与耗散，能量、物质、信息的耗散，稳定性与失稳，分叉，自组织，确定论与随机性，相变、涨落与临界现象，涌现(emergence)等。

复杂性的描述(理论描述)：协同学，耗散结构理论。

守恒动力系统的复杂性：非线性动力学，分叉，对称性破缺态。

耗散动力系统的复杂性：非线性耗散动力学，涨落放大，分叉，自组织，耗散结构。

自组织与耗散结构：与外界有物质、能量、信息交换的开放系统在非平衡约束条件下，由非线性相互作用建立起的、其组元之间的稳定的长程的时空关联结构的自组织耗散结构，由涨落诱发，由非平衡约束的环境条件选择自组织模式，由非线性过程放大这种模式，自组织耗散结构的维持要消耗物质、能量和信息(熵减少=信息增加)。

7. 物理学与社会科学

硬科学：精密的、定量的、可用实验严格检验的科学，成熟的科学。

软科学：不能严格定量的或难于用实验严格检验的科学，不成熟的或幼年的科学。

把社会科学从软科学发展成硬科学，靠物理学和数学方法(理论与实验)。

物理经济学：借用物理学方法研究经济结构与经济动力学演化。

物理社会学：借用物理学方法研究社会结构与社会动力学演化。

讨论的问题：组元与系统 结构与功能 系统的层次性 非线性耦合与反馈。

参考文献：王顺金，曹文强. 从物理学的观点看系统论和系统结构的层次性. 自然辩证法研究，1992，8(2)，6。

相互作用的多粒子系统和多组元系统的结构、运动形态和动力学：

运动形态	动力学原因	系统的效应
(1) 独立粒子或独立个体运动	规则的平均场	规则的个体行为
(2) 粒子或个体的集体运动	平均场规则变化引起所有粒子或个体进行的相干协同的集体运动	规则的集体行为
(3) 粒子或个体的集团运动	平均场以外规则的结团力	规则的集团行为
(4) 无规运动或涨落	平均场以外的高频、短程涨落力	个体、集团、集体的随机涨落

社会成员之间的相互作用是社会的基础，是形成社会-国家的平均场的要素，社会-国家的平均场一旦形成，又反过来支配社会成员的个体行为和国家的整体行为。

社会-国家的平均场=经济分量+文化分量+政治分量+自然分量(+国际外场分量-对开放系)。

社会-国家的平均场以外的结团力，决定社团的结构与功能。

社会-国家的平均场以外的随机涨落力，产生个体、集团、集体的随机行为。

社会的结构和形态由社会和国家的平均场的形态决定，社会成员及其相互作用的变化，必然要导致社会平均场和相应的国家形态的变化，社会和国家的平均场形态由社会成员及其相互作用的性质决定，强有力的社会平均场会抑制社会集团运动和社会个体随机行为，强有力的集团力和成员的随机涨落力会破坏社会和国家的平均场；两种结构相差悬殊的社会平均场和国家形态的快速转变必然导致混乱，不引起混乱的转变只能是渐进绝热(准静态)的过程(对称性绝热渐变过程，或渐进改良过程)。

物理学概念、理论、方法可以帮助建立社会科学的定量模型。

8. 科学、数学与哲学

(1) 物理学的特点：

(i) 精密的、定量的、实验的科学：

精密的实验方法：精密的仪器；

严密的理论方法：严格的数学。

(ii) 探索自然本原的科学：要回答一些哲学问题：物质、运动、时空的本性，宇宙的起源与演化，需要自然哲学思维才能回答。

(2) 物理学与数学和哲学的紧密结合：

(i) 伟大的物理学家和科学家都是自然哲学家：

物理学家	科学家
牛顿	
爱因斯坦	
N.玻尔	贝特朗菲(系统论)
海森伯	维纳尔(控制论)
狄拉克	普里高京(自组织理论)

爱因斯坦论哲学与科学：

“哲学的推论必须以科学的成果为依据”，而“哲学又往往促使科学思想进一步向前发展，它能够在许多可行的路线中间为科学指引一条(最恰当的)路线”(爱因斯坦：《物理学的进化》)。

科学的哲学：是从科学成果中总结出来的哲学；不是教条，是思想方法；

受科学实践检验，而不是凌驾于科学之上；

是发展的，而非不变的教条。

可信的自然哲学：唯物论、辩证法。许多流派有可取之处。

(ii) 没有近代和现代数学，就没有现代物理学，也不会有现代科学。

物理学与数学的对应：

物理学	数学
经典力学	微积分
狭义相对论	闵氏几何
广义相对论	黎曼几何
电动力学	偏微分方程
量子力学	希尔伯特空间理论
规范场理论	纤维丛理论
对称性与守恒定律	群论

没有现代数学就没有现代物理学，更没有成熟的硬科学。

(iii) 有作为的物理学家和科学家应掌握必需的现代数学与哲学。

四、结语：年轻学子的历史机遇和历史责任

21 世纪科学的发展：前景美好，机遇颇多；

历史性机遇，时势造英雄：时势已在，英雄待出。

历史责任、使命感和责任感：历史眷顾那些以“天降大任为己任”的人。

成功之路：献身精神，奋斗精神，创新精神；

加强实力抓住机遇；热爱科学，献身科学；

为科学而奋斗，为科学而创新；

为中国和世界科学的发展做出贡献。

参 考 文 献

[1] 王顺金. 物理学前沿——问题与基础. 北京: 科学出版社, 2013.6.

[2] 真空结构、引力起源与暗能量问题. 北京: 科学出版社, 2016.3.

[3] 真空量子结构与物理基础探索. 北京: 科学出版社, 2020.

V　从宇宙演化看物理学大统一

王顺金

摘要：从探讨宇宙的诞生演化，揭示出真空的量子结构；基于真空量子结构，实现物理学大统一。

关键词：宇宙诞生演化，真空量子结构，物理学大统一

一、从宇宙演化了解真空结构

我们从一个宇宙学大问题开始讨论吧：“我们这个宇宙从哪里来，到哪里去？”对这一问题的深刻探索，会把我们引导到对宇宙及物质世界的本质的认识，进一步就是对物理学基础和物理学大统一的认识。

宇宙诞生演化的问题包括：①宇宙诞生成长中的物质和能量从哪里来？②宇宙消失时它的物质和能量又到哪里去了？③宇宙如何演化出高度有序组织结构的基本粒子、原子分子、宏观物体(包括生物)、星球和星系、暗物质和暗能量？宇宙逐渐消失时，宇宙高度有序组织结构的物质又变成了什么，到哪里去了？这些问题只能从孕育宇宙的母体的身上去寻找。孕育宇宙的母体是量子真空，量子真空是万物之母，是物理世界大统一的物质基础。

我们的宇宙不是永恒的。它有一个诞生、发育、成长、演化和终结的历史，是一个极其复杂的、非平衡的发展、演化过程。这一过程发生在量子真空这一母体之内，就像胎儿诞生、发育、成长于母亲身体之内一样。母体的氨基酸等营养

物质给胎儿提供发育所需的物质和能量。氨基酸等营养物质本身并没有人体那样的高度有序的生物学组织结构，但在胎儿发育的新陈代谢的非平衡条件下，在胚胎遗传基因的控制下，母体提供的生物学无序的营养液逐步转化为人体的高度有序的生物学组织结构。

宇宙从真空的一个基元——量子晶胞的爆炸开始，就像婴儿从母体的一个受精卵分裂开始一样。真空晶胞受激而爆炸长大，就像卵子受精而分裂发育一样。婴儿发育成长的物质和能量来自母体氨基酸等营养物质。宇宙发育成长的物质和能量来自何处？它来自量子真空所蕴含的无穷的量子涨落零点无规辐射能量。从一个真空晶胞(称普朗克子)开始的宇宙爆炸，提供了一个非平衡的宇宙演化条件，把真空量子涨落无规辐射能量转化成宇宙高度有序的物质结构的规则运动能量。

宇宙的上述演化图像，使我们认识到：真空不空，它由无数个具有量子涨落零点辐射能量的晶胞(普朗克子)组成。在宇宙暴胀和膨胀这一非平衡的物理条件下，真空量子涨落零点无规辐射能量中的极小的一部分，可以转化成宇宙高度有序组织结构的物质能量。宇宙的诞生、演化过程引导我们认识到真空的物质结构：真空由具有高斯随机分布的量子涨落零点辐射能的晶胞(普朗克子)组成，叫量子真空，具有无限的量子涨落零点辐射能。量子真空是宇宙之母，万物之源。为了理解物质世界的本质和物理学的大统一，现代物理学家提出各种与真空有关的模型理论：超弦理论[1]，圈量子引力理论[2]，随机量子空间理论[3]，双标架时空理论[4]，量子信息海洋理论[5]，宇宙晶体理论[6]，普朗克子量子真空理论[7]，等等。

人体胚胎-婴儿的遗传基因，如何把从母体吸收的氨基酸等营养物质，转化成高度有序的生物组织、器官、人体？宇宙如何把从量子真空母体吸收的量子涨落的零点辐射物质能量，转化成基本粒子、原子分子、宏观物体、星体和星系、暗物质和暗能量？控制转化的宇宙的“遗传基因”是什么？储存在量子真空中的、控制宇宙中各种尺度的物质组织结构形成的“遗传基因 DNA”包括：体现相对论的光速 c、体现量子论的普朗克常数 h，体现引力强度的真空晶胞尺度 l_p，真空微观量子相空间的对称性、宏观庞加莱时空对称性和宇观 di-Sitter 时空对称性及其相应的守恒定律，上述不同层次的真空对称性可能的破缺及相应的可能的缺陷，与这种对称性破缺和缺陷相对应的各种激发模式，这些缺陷引起的真空量子涨落能的局域变化，以及与此局域变化相联系的四种相互作用。所谓各种基本粒子及其四种基本相互作用的大统一过程，就是记载真空在微观尺度量子相空间的对称性及其破缺的“DNA”信息、控制着基本粒子的激发模式、形成四种相互作用的过程。宏观物体、星体、星系等宇宙物质的有序组织结构的形成，则是由量子真空“DNA”基因在宏观尺度和宇观尺度的遗传信息所控制。

宇宙的归宿，像宇宙的诞生一样，都与宇宙动力学方程的两种边界解的不稳定性有关：初始边界解的单向不稳定性使宇宙向外暴胀，无限远边界解的单向不稳定性使宇宙向内收缩。向外暴胀和膨胀的宇宙，从真空量子涨落能获得物质与能量，演化出具有有序组织结构的物质粒子、星体和星系，同时使真空的量子涨落零点能量丢失、亏损形成负引力能(宇宙生成时，真空量子涨落零点无规能量损失，转化为宇宙有序结构的物质的能量，真空-宇宙复合系统能量守恒)。向内收缩的宇宙，随着宇宙温度、密度逐渐升高，物质的有序组织结构逐渐在超高温、超高压下消融，规则运动的宇宙物质结构的能量转化为辐射物质的无规能量，并返还给真空丢失、亏损的那部分量子涨落零点能量(宇宙消失时，宇宙有序结构物质的能量转化为无规辐射能量并返还给真空亏损的量子涨落零点能量,真空-宇宙复合系统能量仍然守恒)[7]。

真空是宇宙之母，万物之源。真空产生宇宙万物这一“无中生有”的过程，涉及宇宙中各个时空层次的物质的精细结构的形成问题，可以分三个层次、四个方面讨论。

(1) 基本粒子及其相互作用的形成，是量子相空间中微观物质有序结构的形成问题,涉及微观量子相空间的局域对称性及其破缺。宇宙在早期量子演化阶段，假真空如何形成、随后如何退激发变为真空而热化，这一过程与真空晶体的两个相的相变有何关系？在具有非对易几何对称性的微观量子相空间中，零质量的辐射量子(中微子、光子、引力子)如何转化为被禁闭的夸克和非零质量的基本粒子(轻子、强子、规范粒子)，转化过程中局域量子相空间对称性如何破缺，这种破缺如何导致基本粒子、规范场及其相互作用的形成。这一层次，还包括量子相空间中原子核、原子、分子的形成，涉及量子场论、量子力学问题。

(2) 宏观物体(晶体)、星体的形成，涉及电磁力和宏观(狭义和广义)相对论时空中对称性及其破缺，是凝聚态(晶体)物理、天体物理问题。

(3) 星系、星云、宇宙的形成，涉及星系和宇观引力时空中对称性及其破缺，是天体物理、广义相对论、宇宙学问题。

(4) 暗物质、暗能量形成问题，涉及量子真空中微观量子相空间、宏观时空和宇观时空三个层次的量子真空的时空对称性及其破缺。对这一特殊问题，必须考虑物理系统与量子真空之间物质、能量交换的耦合过程,同时也涉及量子物理、天体物理、宇宙学问题。

二、从真空量子结构理解物理学大统一

如前所述，目前已有的量子真空模型理论较多。下面仅就普朗克子真空模型理论[7]，探讨物理世界大统一问题，介绍该模型的基本观点和主要结果。

普朗克子晶胞组成的量子真空是万物之母，现代物理学基本理论是从普朗克

子量子真空理论中涌现出来的超长波集体激发的量子多体系统的量子统计理论。具体说：

(1) 物理学的物质基础即宇宙万物的母体是量子真空。量子真空是由半径为 $r_{\mathrm{p}} \approx 10^{-33}\mathrm{cm}$ 的普朗克子量子球密集堆积而成的晶体(液晶)。真空的晶胞-普朗克子量子球，是真空零点量子涨落基态高斯波包，具有高斯随机分布的量子涨落零点能；量子真空是量子相空间非对易几何的度量算子的基态本征解布满的量子点阵。

(2) 物理系统，从基本粒子到宇宙万物，都是量子真空的具有不同自旋的零质量声子型和有质量缺陷型激发及其组成的多体系统。

(3) 物理系统和真空背景组成相互作用的耦合系统，物理系统与普朗克子真空之间频繁交换能量，形成耦合动力学。应当从物质系统-真空背景组成的耦合系统的动力学的观点，理解基本物理问题，即

(i) 从基本粒子作为真空缺陷型激发，与真空背景相互作用的观点，理解基本粒子的性质和相互作用的起源；

(ii) 从宇宙开始于一个普朗克子的爆炸，并不断与真空背景交换能量的观点(即宇宙-真空耦合动力学的观点)，理解宇宙的创生、形成和演化，正能量粒子和负能量引力的形成，以及暗能量和暗物质的起源；

(iii) 分别从真空受限和宇宙膨胀两种机制引起的真空普朗克子量子涨落零点能减小的观点，理解平衡态引力的起源(克西米尔效应)和膨胀宇宙非平衡态引力及暗能量、暗物质的起源(辐射全息效应)；

(iv) 从基本粒子作为真空晶体缺陷的观点，理解运动的尺子缩短、运动的时钟变慢、运动粒子的质量增加等相对论效应和随之出现的洛伦兹变换协变性表述的相对性原理的物理根源。

总之，从普朗克子真空凝聚体观点，理解量子论、相对论、粒子物理学和宇宙学等物理学基本理论。

基于普朗克子真空模型，研究得到的主要结果如下：

(i) 研究了普朗克子量子球的属性和真空的普朗克子晶体结构与性质。基于此模型，用微观量子统计理论得到的下述结果，或者与现有理论一致，或者与天文观测符合：

(ii) 中性球形黑洞的引力、质量和熵的微观量子统计力学计算结果，与现有理论一致。新的结果是：黑洞内部引力势异于常规理论、中心不发散，黑洞内、外引力势有类似超弦理论那样的 T-对偶，视界面有奇怪吸引子特征，黑洞内外的粒子均掉入视界面。

(iii) 从基本粒子是真空缺陷型激发的观点，论证了运动的尺子缩短、运动的时钟变慢，运动的质量增加等相对论效应的物质基础。

(iv) 研究从普朗克子量子球爆炸开始的宇宙膨胀，用宇宙动力学方程计算所得的宇宙物质密度和宇宙总质量，与天文观测符合，微波背景辐射温度与天文观测接近。宇宙膨胀导致宇宙中的真空量子涨落能减少、相应出现暗能量量子激发和空穴负引力势形成。揭示了暗能量的微观量子统计起源，计算所得的暗能量密度与天文观测符合。还论证了：宇宙演化动力学方程的两种极端边界解具有单向不稳定性，导致宇宙具有反复膨胀-收缩-再膨胀-再收缩的循环演化动力学。

三、感言

酷似 19 世纪末、20 世纪初物理学的形势，当前，现代物理学也处于变革前夜。“暗能量”、“暗物质”的难解之谜，基于引力量子化的粒子物理学“大统一场论”的巨大困难，构成了当代物理学三大世纪性难题。在 20 世纪物理学伟大宝库和智慧的教养下，21 世纪物理学的子孙们，不把上述三大难题看作物理学的危机和乌云，反而把它们看作物理学的历史机遇与引路彩霞。爱因斯坦把他的后半生，全部奉献给了引力与其他基本力统一的“大统一场论”。他虽未成功，但是开创了物理学“大统一场论”的伟大目标，成为后继者的光辉榜样。而物理学基础的大统一，则成为后继者追寻的世纪伟业(《爱因斯坦文集》，第二卷)。

在物理学这三大历史性难题挑战的激励下，有物理学洞察力和历史使命感的一些现代物理学家，正在开展更深层次的物理学基础的探索工作。基于对这些探索性工作的学习与研究，特别是基于真空量子结构和物理基础的探索研究，人们可以提出下述看法和建议供研究、讨论：①物理学基础处于变革前夜，突破点在于对真空量子结构的研究；突破后将要出现的理论是比相对论、量子论和基本粒子理论更深一层次的实体性理论——“量子真空论”；“量子真空”是宇宙之母、万物之源，是解决物理学世纪性难题、实现现代物理学大统一的物质基础；现代物理学的基本理论-相对论和量子论、基本粒子理论和宇宙学，将以量子真空的超低能、超长波激发的涌现理论的形式出现，并将在“量子真空各种激发模式的基础上实现基本粒子及其四种相互作用的大统一”；突破需要：理论物理学、粒子物理学和核物理学、天体物理学和宇宙学、凝聚态物理学和数学学者们的协同努力。②中国物理学界应当要抓住这个世纪性的、历史性的、百年难遇的机遇，把它作为中国基础物理学百年发展的目标，在物理学基础突破的探索性研究中，引领潮流，对世界和人类做出杰出的贡献。③中国灿烂的古代文化，给我们以信心；中国近几百年科技落伍、“一穷二白”，让我们焕发出急起直追、复兴中华科学文化的强烈渴望和民族梦想；“一穷二白”也使我们没有自持、自大、自傲和保守的包袱，而能轻装直追，虚心学习西方优秀科技文化，兼收并蓄，后来居上。中国先哲的“道生万物、天人合一、世界大同”的哲理，可以帮助我们提炼出物理学大统一所需要的“整体论哲学”。

我们真诚希望：我国科技部门能支持、鼓励、协调物理学基础世纪性突破和大统一场论的研究，让中国对21世纪的新物理学的建立与发展，做出应有的历史性贡献；让世界感受到当代中华民族对世界科技和全球文明应有的贡献。

解决上述物理学三大世纪性难题、实现物理学基础突破的努力，将在万物之母——量子真空的实体性结构理论的基础之上，解开暗能量和暗物质之谜，解释运动尺子缩短和运动时钟变慢、运动粒子质量增加等相对论效应的物质原因，阐明：基本粒子如何从量子真空中产生、四种基本相互作用如何在量子真空局域对称性破缺中实现大统一，引力的微观量子统计起源，宇宙如何从量子真空母体中诞生、吸收其物质与能量，发育、成长、生成万物，发展至今的过程……

这项研究，与当前物理学常规研究之间，在科学认识论层面，由于存在跳跃而认识脱节，不少人对它不理解，甚至怀疑。我们希望：对国家民族、对科学发展，有历史责任感和科学洞察力的学者和科技领导层，能支持这项研究，并提供宽松的研究环境。

当前，关于真空量子结构和物理学大统一的研究，正处于群雄并起、各显其能的时期。中国学者应抓住这个千载难逢的机遇，在21世纪物理学的突破和新物理学的建立中，做出中华民族应有的贡献。我们热切希望，国家能重视并组织开展这项研究。我们愿为此全力以赴。

致谢：作者感谢沈致远教授建议作者撰写这篇文章，并在写作过程中提出许多宝贵意见。

Title: Knowing the Evolution of the Universe,
Understanding the Grand Unification of Physics

Wang Shun-Jin
College of Physics, Sichuan University,
Chengdu PR China post code 610064
Email: sjwang@home. swjtu. edu. cn

Abstract: The evolution of the universe exposes the quantum structure of vacuum;
based on the quantum structure of vacuum, the grand unification of physics can be carried out.

Key words: Birth and evolution of universe, vacuum quantum structure,
grand unification of physics

参 考 文 献

[1] Polchinski J. String Theory. I and II, Cambridge University Press, 1998;
Smolin L. 1999, arXiv. org/abs/hep-th/9903166.
[2] Ashtekar A. Phy. Rev. Lett, 1986, 57, 2244; Phy. Rev. 1987, D36, 1587;
邵亮, 邵丹, 邵常贵. 空间时间的量子理论. 北京: 科学出版社, 2011.
[3] Shen Z Y. A New Version of Unified Field Theory—Stochastic Quantum Space Theory on Particle

Physics and Cosmology, Journal of Modern Physics, Original version: 2013, 1213-1380; Revised version: 2015, 2013-1364. (粒子物理和宇宙学的随机量子空间理论——统一场论新版).

[4] Wu Y L. Quantum field theory of gravity with spin and scaling gauge invariance and spacetime dynamics with quantum inflation. Phys. Rev. D, 2016, 93, 024012;

Wu Y L, Hyper-unified field theory and gravitational gauge–geometry duality. Eur. Phys. J. C, 2018, 78, 28.

[5] 文小刚. 量子多体理论——从声子的起源到光子和电子的起源. 北京: 高等教育出版社, 2004. 12;

Levin M A and Wen X G. A unification of light and electrons through string-net condensation in spin models(通过自旋模型中的自旋网络凝聚统一光子和电子). Rev. Mod. Phys., 2005, 77, 871; cond-mat/0407140;

Levin M and Wen X G. String-net condensation: A physical mechanism for topological phase(弦网凝聚-拓扑相物理机制), Phys. Rev. B, 2005, 71, 045110. cond-mat/0404617;

Wen X G. Quantum orders and symmetric spin liquids. Phys. Rev. B, 65, 165113.

[6] 哈根 · 克莱纳特. 凝聚态、电磁学和引力中的多值场论. 科学出版社, 现代物理基础丛书 43, 2012. 上海大学姜颖译;

Particles and Quantum Fields, Hagen Kleinert, Professor of Physics, Freie University at Berlin.

[7] Wang S J. Microscopic quantum structure of black hole and vacuum versus quantum statistical origin of gravity. arXiv. 1212. 5862v4[physics-gen-ph], 28, Oct. 2014. 论述真空的微观量子结构和引力的微观量子统计起源;

Wang S J. Vacuum quantum fluctuation energy in expanding universe and dark energy. arXiv. 1301. 1291v4[physics. gen-ph], 27, Oct. 2014. 论述从一个普朗克子量子球爆炸开始的宇宙膨胀, 导致真空量子涨落能减少和暗能量形成;

Wang S J. Planckon densely piled vacuum. American Journal of Modern Physics, Special Issue: New Science Light Path on Cosmological Dark Matter, Vol. 4, No. 1-1, pp10-17, 2015. 综合前面两文, 论述真空结构、宇宙膨胀和暗能量起源.

两本书: (1) 真空结构、引力起源与暗能量问题. 科学出版社, 2016. 3. 第一版, 2017. 10. 第四次印刷; (2) 真空量子结构与物理基础探索. 科学出版社, 2020.

《现代物理基础丛书》已出版书目

(按出版时间排序)

序号	书名	作者	出版时间
1.	现代声学理论基础	马大猷 著	2004.03
2.	物理学家用微分几何(第二版)	侯伯元，侯伯宇 著	2004.08
3.	数学物理方程及其近似方法	程建春 编著	2004.08
4.	计算物理学	马文淦 编著	2005.05
5.	相互作用的规范理论(第二版)	戴元本 著	2005.07
6.	理论力学	张建树，等 编著	2005.08
7.	微分几何入门与广义相对论(上册 · 第二版)	梁灿彬，周彬 著	2006.01
8.	物理学中的群论(第二版)	马中骐 著	2006.02
9.	辐射和光场的量子统计	曹昌祺 著	2006.03
10.	实验物理中的概率和统计(第二版)	朱永生 著	2006.04
11.	声学理论与工程应用	何　琳 等 编著	2006.05
12.	高等原子分子物理学(第二版)	徐克尊 著	2006.08
13.	大气声学(第二版)	杨训仁，陈宇 著	2007.06
14.	输运理论(第二版)	黄祖洽 著	2008.01
15.	量子统计力学(第二版)	张先蔚 编著	2008.02
16.	凝聚态物理的格林函数理论	王怀玉 著	2008.05
17.	激光光散射谱学	张明生 著	2008.05
18.	量子非阿贝尔规范场论	曹昌祺 著	2008.07
19.	狭义相对论(第二版)	刘　辽 等 编著	2008.07
20.	经典黑洞与量子黑洞	王永久 著	2008.08
21.	路径积分与量子物理导引	侯伯元 等 著	2008.09
22.	量子光学导论	谭维翰 著	2009.01
23.	全息干涉计量——原理和方法	熊秉衡，李俊昌 编著	2009.01
24.	实验数据多元统计分析	朱永生 编著	2009.02
25.	微分几何入门与广义相对论(中册 · 第二版)	梁灿彬，周彬 著	2009.03
26.	中子引发轻核反应的统计理论	张竞上 著	2009.03
27.	工程电磁理论	张善杰 著	2009.08
28.	微分几何入门与广义相对论(下册 · 第二版)	梁灿彬，周彬 著	2009.08

29. 经典电动力学 曹昌祺 著 2009.08
30. 经典宇宙和量子宇宙 王永久 著 2010.04
31. 高等结构动力学(第二版) 李东旭 著 2010.09
32. 粉末衍射法测定晶体结构(第二版 · 上、下册)梁敬魁 编著 2011.03
33. 量子计算与量子信息原理 Giuliano Benenti 等 著
——第一卷：基本概念 王文阁，李保文 译 2011.03
34. 近代晶体学(第二版) 张克从著 2011.05
35. 引力理论(上、下册) 王永久 著 2011.06
36. 低温等离子体 B. M. 弗尔曼，И. M. 扎什京 编著
——等离子体的产生、工艺、问题及前景 邱励俭 译 2011.06
37. 量子物理新进展 梁九卿，韦联福 著 2011.08
38. 电磁波理论 葛德彪，魏 兵 著 2011.08
39. 激光光谱学 W. 戴姆特瑞德 著
——第 1 卷：基础理论 姬 扬 译 2012.02
40. 激光光谱学 W. 戴姆特瑞德 著
——第 2 卷：实验技术 姬 扬 译 2012.03
41. 量子光学导论(第二版) 谭维翰 著 2012.05
42. 中子衍射技术及其应用 姜传海，杨传铮 编著 2012.06
43. 凝聚态、电磁学和引力中的多值场论 H. 克莱纳特 著
姜 颖 译 2012.06
44. 反常统计动力学导论 包景东 著 2012.06
45. 实验数据分析(上册) 朱永生 著 2012.06
46. 实验数据分析(下册) 朱永生 著 2012.06
47. 有机固体物理 解士杰，等 著 2012.09
48. 磁性物理 金汉民 著 2013.01
49. 自旋电子学 翟宏如，等 编著 2013.01
50. 同步辐射光源及其应用(上册) 麦振洪，等 著 2013.03
51. 同步辐射光源及其应用(下册) 麦振洪，等 著 2013.03
52. 高等量子力学 汪克林 著 2013.03
53. 量子多体理论与运动模式动力学 王顺金 著 2013.03
54. 薄膜生长(第二版) 吴自勤，等 著 2013.03
55. 物理学中的数学方法 王怀玉 著 2013.03
56. 物理学前沿——问题与基础 王顺金 著 2013.06
57. 弯曲时空量子场论与量子宇宙学 刘 辽，黄超光 著 2013.10
58. 经典电动力学 张锡珍，张焕乔 著 2013.10

89. 引力波探测　　王运永　著　　2020.04
90. 驻极体(第二版)　　夏钟福，张晓青，江　键　著　　2020.06
91. X 射线衍射动力学　　麦振洪等　著　　2020.06
92. 量子物理新进展(第二版)　　梁九卿　韦联福　著　　2020.09
93. 真空量子结构与物理基础探索　　王顺金　著　　2020.10